Reise um die Erde

durch

Nord-Asien und die beiden Oceane

in den Jahren 1828, 1829 und 1830

ausgeführt

von

Adolph Erman.

In einer historischen und einer physikalischen Abtheilung
dargestellt und mit einem Atlas begleitet.

Berlin,
verlegt bei G. Reimer.

1835.

Reise um die Erde

durch

Nord-Asien und die beiden Oceane

in den Jahren 1828, 1829 und 1830

ausgeführt

von

Adolph Erman.

Zweite Abtheilung:

Physikalische Beobachtungen.

Erster Band.

Ortsbestimmungen und Declinationsbeobachtungen auf dem festen Lande.

Berlin,
verlegt bei G. Reimer.
1835.

Vorwort.

Die Arbeiten der Physiker sind von zweierlei Art je nachdem sie einerseits zu völlig neuen und meistens unerwarteten Erscheinungen führen, durch welche in einem weglosen Felde die Richtung zu ferneren Fortschritten bestimmt und die Wissenschaft vor verderblichem Stillstande geschützt wird — oder andererseits, eine solche schon seit lange angewiesene Richtung befolgend, numerische Thatsachen feststellen. Man könnte jene Leistungen mit der Auffindung neuer Länder, diese aber mit einer Eroberung derselben vergleichen, durch welche der Besitz des Aufgefundnen gesichert und der Folgezeit zum Genusse bewahrt wird. — Empirische Untersuchungen über den Magnetismus der Erde haben nun jenen ersten Charakter schon längst verloren. Niemand hofft mehr, durch sie allein, etwas durchaus Unerwartetes zu leisten, indem er etwa, wie noch de Nautonnier im Jahre 1603, das Gesetz der Abweichungen für fasslich genug hielte, um durch magnetische Beobachtungen die geographische Länge bestimmen zu können, oder auch, überschwenglichen Werth auf die Betretung eines magnetischen Poles legend, mit den Worten desselben Schriftstellers *) behauptete: „que ces deux poles (de l'eymant terrestre) méritent d'être recognus par quelqu'insigne édifice ou colonne.... s'ils s'y peuvent asseoir et si quelque prince curieux vouloit commettre des personnes pour recercher le vrai endroit etc." Weit davon entfernt ausschliefslich nach der Erreichung solcher einzelnen Punkte zu streben, denen in einer gegenwärtigen Epoche die mehr auszeichnenden, jedoch schwerer nachweisbaren, Eigenschaften sogenannter Pole zukommen, verlangt man vielmehr jetzt, und mit vollem Rechte, dafs von Zeit zu Zeit ein für die ganze Erde gültiges Netz von genauen Beobachtungen angefertigt und niedergelegt werde, damit man an diesem eine jede der zu erfindenden Theorien prüfen und aus ihm die numerischen Constanten entnehmen könne, deren auch die letzte und siegreiche Hypothese über den magnetischen Zustand unseres Planeten bedürfen wird. Nachdem es mir daher nicht ohne Anstrengung gelungen war, während einer Reise um die Erde eine solche Reihe von magnetischen Messungen möglichst zu vervollständigen, dachte ich keineswegs durch das Er-

*) La Mécographie de l'eymant, page 83.

langte ein augenblickliches und allgemeines Interesse zu wecken: wozu dann unter andrem eine sehr schleunige Mittheilung gehört hätte; vielmehr schien der abermalige und beträchtliche Aufwand von Zeit und Kraft durch den ich seit meiner Rückkehr eine genauere Reduktion der beobachteten Zahlen zu erlangen suchte, dem Geiste des Unternehmens angemessen und zur Erreichung meines Endzweckes unerläfslich.

Die Herausgabe des Bandes den ich jetzt der Nachsicht der Physiker empfehle, wurde aus diesem Grunde bis jetzt verspätet. Er enthält die Bestimmungen der Längen, Breiten und Höhen über dem Meere, die allen meinen magnetischen Messungen auf dem festen Lande zu Grunde zu legen sind und aufserdem die Declinationen welche ich zwischen den Meridianen 10° und 158° östlich von Paris beobachtet habe. In Bezug auf die Darstellung dieser Messungen bemerke ich noch, dafs für eine jede der 163 Beobachtungen mit dem Passage-Instrumente die auf den Seiten 247 bis 305 zu findende Ergänzung derselben zu beachten ist.

Zwischen den genannten Meridianen wurde ein viermaliges Uebergehen der Abweichung aus einem Quadranten in einen andren nachgewiesen und daher die Linie ohne Abweichung viermal durchschnitten. In den drei ersten Fällen liegen die vor und nach dem Zeichenwechsel gemachten Beobachtungen so nahe an einander, dafs sich der zwischen ihnen gelegene Punkt der Linie ohne Abweichung schon aus dem hier Mitgetheilten mit Sicherheit entnehmen läfst. Der vierte Durchschnittspunkt befindet sich auf dem Penjinsker Meere zwischen Ochozk und Tigilsk und seine Lage wird sich, ebenso wie die eines Punktes der Atlantischen Linie ohne Abweichung, in dem folgenden Bande dieser Abtheilung ergeben, für welchen ich die auf dem Meere gemachten Abweichungs-Beobachtungen, und alle Bestimmungen der Intensität, der Neigung und der periodischen Verrückungen des magnetischen Meridianes bewahre.

Wenn ich auch hoffen darf, man werde den vorliegenden Theil meiner Arbeit nicht unnütz für die Geographie von Nord Asien und für die Theorie des Erdmagnetismus erachten, so könnte man doch andrerseits für manche Theile meines Weges eine vollständigere Reihe von Ortsbestimmungen erwartet haben. Namentlich hat sich das astronomische Hülfsmittel dessen ich mich auf Herrn Geheimerath Bessel's Vorschlag bediente, so bequem und zuverlässig bewährt, dafs eben dadurch jene Erwartung noch besser begründet und bis zu den Verdacht eines Mangels an Thätigkeit gesteigert werden könnte. Indessen waren die äufseren Umstände meiner Reise oft so beschaffen, dafs Nichtachtung körperlicher Beschwerden bei weitem nicht ausreichte um alles Gewünschte zu leisten.

So wurde die von mir gebrauchte Kessel'sche Uhr, welche sowohl am Anfange und am Ende der Landreise als auch bei elfmonatlicher Seefahrt den Erwartungen entsprach zu denen der Name des Künstlers berechtigte, dennoch in einigen der Wintermonate zur Zeitübertragung völlig unbrauchbar; denn während der Reisen von Tobolsk nach Irkuzk und von Irkuzk nach Jakuzk blieb sie mehrmals stehen. Luft-Temperaturen von — 20° bis — 30° R. denen dieses Chronometer in jenen Monaten und während der halbstündigen Dauer der Stern-Beobachtungen ausgesetzt wurde, haben wohl offenbar diese Stockungen herbeigeführt, denn damals erkalteten die Instrumente so sehr dafs man die metallischen Theile derselben nur mit Handschuhen berühren durfte, um nicht die Oberhaut von den Fingern zu verlieren. Auffallend ist es aber, und vielleicht der Beachtung der Künstler für ähnliche Fälle nicht unwerth, dafs die Uhr niemals während der Beobachtung selbst, und also bei gröfster Erkaltung des Werkes zu gehen aufhörte, sondern stets in den darauf folgenden Nachtstunden, wo ich sie, unmittelbar nach dem Aufziehen, durch Tragen am Körper erwärmte.

Während der Fahrt längs des Obi und der ganzen Reise von Irkuzk bis Ochozk habe ich oft zur Vorbereitung und Aufstellung des Passage-Instrumentes und zu den Beobachtungen mit demselben nur diejenige Zeit verwenden können, welche zum Wechsel des Vorspannes oder der Saumthiere bestimmt war. Die vorhergehenden und folgenden Nachtstunden wurden zur Reise benutzt. Einige Beschwerden die aus dieser nothwendigen Anordnung hervorgingen und welche durch Rauhigkeit des Sibirischen Klimas verstärkt wurden, zwangen dann bisweilen zur Abkürzung der Beobachtungen, indem sie den Kosaken entmuthigten dessen Beistand ich bei der Beleuchtung des Fernrohrs und der Uhr nicht entbehren konnte.

Der Vortheil gänzlicher Unabhängigkeit von fremder Hülfe wurde in diesen Fällen sehr fühlbar, und ich glaube daher dafs es für künftige Anwendungen desselben Apparates sehr wichtig wäre, auf ein andres Mittel zur Beleuchtung zu denken. —

Für mehrere ausgezeichnete Punkte Sibiriens und Kamtschatkas finden sich Höhenbestimmungen am Ende dieses Bandes, ich habe mich aber bei Mittheilung derselben jeder Bemerkung über die Gestalt und den Zusammenhang der Gebirge denen sie angehören, so wie über die Natur ihres Gesteines geflissentlich enthalten, weil alles dieses eine schicklichere Stelle in der historischen Abtheilung meines Reise-Berichtes findet, deren zweiter Band nächstens erscheinen wird.

Geographische und magnetische Orts-Bestimmungen.

Endzweck aller Forschungen über den magnetischen Zustand unsres Planeten ist der Besitz eines möglichst einfachen Ausdruckes zur Erklärung aller derjenigen Richtungen, welche eine frei bewegliche Magnetnadel annimmt, wenn man sie, nacheinander und zu gegebenen Zeiten, an die verschiedensten Punkte der Erdoberfläche gebracht denkt. Da aber stets und an jedem Orte die Annahme einer solchen Richtung von einer Thätigkeit des Erdkörpers zeugt, so lautet, noch bestimmter ausgedrückt, die Aufgabe dieses Theiles der Wissenschaft: man suche einer an sich beliebigen Anzahl von Punkten der Erdmasse grade diejenigen magnetischen Eigenschaften beizulegen, welche nöthig sind um, als Resultanten, die Kräfte zu bilden, deren Dasein und Beschaffenheit zu einer gegebenen Zeit an der Erdoberfläche durch Magnetnadeln bewiesen und erforscht wurden.

Es ist erfreulich und beruhigend dafs hier bereits völlige Sicherheit herrscht über die Anordnung der empirischen Arbeiten auf denen allein eine Theorie begründet werden kann. Offenbar vermögen wir nämlich nur dann die endlich gesuchten Componenten des tellurischen Magnetismus vollständig, d. h. nach ihrer Richtung und Intensität zu erkennen, wenn zuvor viele ihrer Resultanten, welche allein einer unmittelbaren Wahrnehmung unterliegen, genau unter denselben Gesichtspunkten, nach Richtung und Intensität, bestimmt wurden. Zur Erweiterung unsres Wissens ist daher die direkteste Möglichkeit vorhanden, seitdem allmählige Vervollkommnungen der magnetischen Instrumente uns endlich in den Stand gesetzt haben, mit erwünschtester Genauig- an jedem Orte der Erde, entweder die magnetische Resultante selbst, oder doch grade Linien, welche gegen dieselbe eine bekannte Lage haben (die Axen der Figur von Magnetnadeln), sichtbar darzustellen, und sodann sowohl für zwei Winkelcoordinaten, welche die Lage jener durch den Beobachtungsort gerichteten Resultante bezeichnen, als auch für die Intensität derselben einen passenden Ausdruck zu gewinnen. Namentlich geschieht dieses:

1) Durch Angabe der Declination oder Abweichung, d. h. des Winkels, welchen eine durch jene Kraft und durch das Zenit des Beobachtungsortes gelegte Ebne mit dem astronomischen Meridiane desselben Ortes einschliefst;

2) durch Bestimmung der Inclination oder Neigung der örtlichen magnetischen Kraft gegen die Horizont-Ebne des Beobachters; und

3) endlich durch Ermittlung des bewegenden Momentes welches die zu bestimmenden magnetischen Resultanten verschiedner Orte auf magnetische Massen von gleicher oder vergleichbarer Beschaffenheit ausüben.

In Bezug auf die zwei zuerst genannten Bestimmungen könnte freilich schon hier die Frage entstehen, ob auch, unter den manchfachen Ausdrücken welche für die Richtung einer Linie im Raume gedenkbar sind, der so eben angedeutete am geeignetsten sei um eine theoretische Einsicht in die Erscheinungen zu begründen, oder ob nicht, bei der Angabe der Richtung magnetischer Kräfte, eine andre als die jetzt übliche Anordnung der Coordinaten anschaulichere Ausdrücke verspreche. Es ist jedoch klar, dafs in diesem letztern Falle die Umgestaltung der Resultate durch nachträgliche Rechnung (Transformation der Coordinaten) durchaus ebenso zweckmäfsig wäre, wie eine Ändrung der Beobachtungsmethoden, und dafs man daher bei der Wahl dieser letztern nur allein darnach zu streben habe, dafs die an sich willkührlichen Mittel zur Richtungsbestimmung eine möglichst grofse Schärfe besitzen. Vergleichung der Richtung einer magnetischen Resultante, einerseits mit der Richtung der Schwere, welche ein Bleiloth oder eine Wasserwage an jedem Orte und mit beliebiger Genauigkeit sichtbar darzustellen vermögen, und andrerseits mit der Ebne des astronomischen Meridianes, besitzen aber den Charakter einfacher und daher zuverlässiger Ausführbarkeit in einem hohen Grade.

Eine hier mitzutheilende Reihe von Beobachtungen der Declination, der Inclination und der Intensität magnetischer Kräfte habe ich vom April 1828 bis zum November 1830, theils auf dem Festlande, theils auf den Meeren, längs einer Linie angestellt, welche alle Meridiane der Erde durchschneidet, und sich dabei vom 67sten Grade Nördlicher bis zum 60sten Grade Südlicher Breite erstreckt. Es schien daher zu hoffen, dafs, in Folge so bedeutender Verschiedenheit in der Lage der Beobachtungsorte und ihr entsprechender Unterschiede in den magnetischen Erscheinungen, die erhaltnen Zahlenwerthe der theoretischen Einsicht in einem Grade förderlich sein könnten, welcher zunächst nur durch die beim Beobachten erreichte Gränze der Genauigkeit bedingt würde. Um aber ein vollständiges Urtheil über die jedesmalige Sicherheit meiner numerischen Resultate zu begründen, werde ich im Verfolge, neben jedem berechneten Werthe, die beobachteten Zahlen stets vollständig mittheilen, ausserdem aber die Voraussetzungen und die Hauptmomente jeder Rechnung umständlich darlegen. Zu demselben Zwecke wird endlich ein jeder der besondern Abschnitte über eine bestimmte Klasse von Beobachtungen mit vollständiger Beschreibung und Würdigung der dazu angewandten Methoden und Instrumente beginnen. — Zu vorläufiger Übersicht kann es daher hier genügen die technische Ausrüstung, welche mir zu magnetischen und geographischen Beobachtungen diente, nur summarisch namhaft zu machen, und zwar:

Ein Chronometer von Kessels in Altona, mit der Bezeichnung No. 1253.

Ein tragbares Passageinstrument, welches gleichzeitig zu Declinationsbeobachtungen und zu geographischen Ortsbestimmungen diente. Die Verglasung des Fernrohrs wurde in München in der

Reichenbachschen Werkstatt angefertigt, die übrigen Theile des Apparats aber in der Werkstatt von Pistor und Schick in Berlin.

Ein Declinatorium zur Bestimmung der periodischen Veränderungen der Declination, von Gambey in Paris.

Ein Inclinatorium nebst zwei dazu gehörigen Nadeln und Magnetstäben zur Inversion der Pole, von Gambey.

Zwei Magnetnadeln zur Vergleichung der Intensitäten verschiedner magnetischer Resultanten, die eine von Duwe in Berlin, und die andre von Coulomb gehärtet und gestrichen, und die nöthigen Vorrichtungen, um dieselben in horizontaler Stellung aufzuhangen, und um ihre Schwingungsbogen und ihre Temperaturen zu messen.

Ein 9zölliger Spiegelsextant von Messer.

Ein Glashorizont von Duwe.

Ein 3zölliger Vollkreis zur Messung von Azimutal- und Höhenwinkeln, nach Capitain Kater's Angabe von Robison.

Eine Vorrichtung zu absoluter Messung der Intensität verschiedner magnetischer Resultanten nach der von Poisson in Vorschlag gebrachten Methode (Connoissance des tems pour l'an 1828), und endlich, zur Aufstellung der Instrumente, das durch Figur 1 dargestellte Stativ. Dasselbe ist 2,5 Fufs hoch, theils aus starkem Eichenholze, theils aus Messing gearbeitet, und besteht aus 6 von einander trennbaren Stücken. Das erste oder die obere Platte A ist, zur Vermeidung hygroskopischer Ausdehnung, aus mehreren einzelnen Brettern zusammengeleimt, deren Holzfasern gegen einander rechtwinklich liegen. Dieselbe ist ferner an drei gleichweit von einander entfernten und ihrem Rande nahe gelegnen Stellen durchbohrt, und an ihrer Unterfläche, in der Umgebung dieser Löcher, mit Messingblech bedeckt. Ein jeder der drei pyramidalen Träger B ist an seinem untern Ende mit Messing beschlagen, während in seiner obern Gränzfläche drei kleine messingne Stifte gegen einander in einem gleichseitigen Dreieck, und ein längerer, stärkerer und mit Schraubengängen versehener in deren Mitte durch äufserst starke Reibung in dem Holze befestigt sind. Beim Gebrauche wird ein jeder dieser Träger mittels jenes längern Stiftes 2 durch eines der erwähnten Löcher der Platte A gesteckt, und mittels einer Schraubenmutter 2 und des Schlüssels 2 an dieselbe befestigt. Von den drei kleineren Stiften 1 eines jeden Trägers dringt gleichzeitig ein jeder in eine für ihn bestimmte Vertiefung des Metalles, welches die Unterseite der Platte in der Nähe der Löcher bedeckt, so dafs, nach Anziehung der Schraubenmutter 2, eine Drehung der Träger um ihre Axe, nicht nur durch Reibung, sondern auch durch Widerstand an den Wänden jener Vertiefungen verhindert wurde. Den 5ten Theil des Statives bilden die drei messingnen Stäbe 4, die durch Scharniere mit einer messingnen Platte und mittels dieser unter einander verbunden sind, und welche, wenn sie in einerlei Ebne gestellt werden, drei gleichweit entfernte Radien eines Kreises einnehmen. Die andren Enden dieser drei verbundenen Stäbe sind hakenförmig gekrümmt, und ein jedes derselben dringt beim Gebrauche in einen starken messingnen Ring 3, welcher an jedem Träger B etwas unterhalb seiner Mitte befestigt ist. Ein dreiseitiges Brett wurde dann endlich auf diese Stäbe gelegt und mit Steinen belastet.

Die zwei Gambey'schen Instrumente hatte mir die Königl. Preussiche Akademie der Wissenschaften für die Dauer der Reise verliehen, und das so eben beschriebne Stativ, welches an jedem Orte die wichtigste Bedingung einer unveränderlichen Aufstellung der Instrumente vollständig gewährte, hatte Herr Bessel nach seiner Anordnung in Königsberg ausführen zu lassen die Güte. — Zur Aufstellung der magnetischen Instrumente auf der See wurde erst in Ochozk die später zu beschreibende Vorrichtung angefertigt.

Beobachtungen mit dem Passageinstrumente zur Bestimmung der magnetischen Abweichung und der geographischen Lage der Beobachtungsorte.

Der Erfolg der Methoden, deren man sich bisher auf Reisen bediente um die magnetische Abweichung zu bestimmen, war stets an die gröfsere oder geringere Genauigkeit anderweitiger, mit einem höhenmessenden Winkelinstrumente angestellter Beobachtungen gebunden. Nachdem man nämlich, durch eines der dazu in Vorschlag gebrachten Mittel, die Null-Linie der anzuwendenden Boussole in den Vertikalkreis eines bekannten Gestirnes versetzt hatte, mufste gleichzeitig das Azimut dieses letztern bestimmt werden, und auf die Berechnung dieser Hülfsgröfse übte dann stets die in Folge anderweitiger Höhenmessungen gemachte Annahme über die Polhöhe des Ortes einen bedeutenden Einfluss, ausserdem aber auch noch andre, bald im Augenblicke der Declinationsbestimmung, bald früher gemessne Höhen welche den Stundenwinkel des angewandten Gestirnes entweder direkt oder durch Vermittlung einer Uhr ergaben, deren Gang als bekannt vorausgesetzt wurde. Die Nachtheile, welche daraus entspringen dafs Reisende auf diese oder ähnliche Weise mehrere mit verschiednen Instrumenten und oft nicht unter gleich günstigen Umständen gemessne Gröfsen zu einem Endresultate beitragen lassen, sind ebenso einleuchtend als anerkannt, denn diejenige Correction jenes Resultats, welche durch spätere und genauere Ermittlung eines oder mehrerer der concurrirenden Elemente erheischt wird, ist alsdann bedeutend erschwert, ja sogar unmöglich gemacht, wenn nicht, ausser den direkt in die Rechnung eingehenden Beobachtungen, auch alle indirekt einwirkende vollständig mitgetheilt wurden. Ebenso wird es auch in solchen Fällen theils schwierig, theils unmöglich, den wahrscheinlichen Fehler oder Grad der Zuverlässigkeit des Endresutaltes zu ermitteln; zu geschweigen dafs der absolute Betrag dieses Fehlers stets wächst, wenn die Zahl der durch Beobachtung zu bestimmenden Elemente zunimmt. —

Äusserst erwünscht war es daher dafs eine neue von Professor Bessel vorgeschlagne Methode, deren ich mich auf dem Festlande ohne Ausnahme zur Declinationsbestimmung bediente, nicht nur von diesen eben gedachten Nachtheilen durchaus frei war, sondern auch von einer erheblichen Unsicherheit derjenigen Hülfsmittel, welche von frühern Reisenden zur Einstellung der Null-Linie ihres Instrumentes in den Vertikalkreis des Gestirnes angewendet wurden. Wesentlich erhöht waren aber die praktischen Vorzüge dieser neuen Messungsart noch dadurch, dafs durch dieselbe auch die Polhöhe eines Ortes und der Stand einer Uhr mit sehr genügender Schärfe bestimmt, ja sogar die magnetische Abweichung stets als ein blofses Corollar aus denselben Beobachtungen geschlossen werden konnte, welche man zu einer jener geographischen Bestimmungen anstellte.

Der Apparat, welcher zu diesen Declinationsbeobachtungen diente, besteht aus 6 einzelnen Hauptstücken, die zu sicherer und bequemerer Verpackung während der Reise von einander getrennt, und dann in derselben Ordnung zum Gebrauche zusammengesetzt und angewendet wurden, in welcher ich sie jetzt beschreibe. Die dabei zu nennenden Dimensionen sind in Pariser Linien ausgedrückt, und die meisten der beschriebnen Theile durch Fig. 2 bis Fig. 4 dargestellt.

I. Ein messingner Ring AA von 87‴,0 im äussern Durchmesser, 63‴,0 im Lichten und 6‴,0 Dicke bildet ein unveränderliches Ganze mit dem senkrecht auf seine Ebne gestellten konischen Zapfen B (von 41‴,0 Länge, 6‴,8 und 5‴,3 gröfsten und kleinsten Duchmesser) und mit den drei Trägern C, deren jeder mit einer Fufsschraube versehen ist. Er mufs bei jeder Beobachtung auf einen möglichst unerschütterlichen und von magnetischen Substanzen freien Unterbau gesetzt werden, den man am bequemsten von halber Mannshöhe wählt; das oben beschriebne Stativ habe ich in den meisten Fällen dazu angewendet, und äusserst zweckmäfsig befunden.

II. Zwei gezogne Messingröhren D, von 114‴,0 Höhe und 12‴,0 äusserem Durchmesser, bilden ein zweites Ganzes mit einer 105‴,0 langen und 5‴,6 dicken Brücke aus gegossenem Messing, auf deren Oberfläche sie senkrecht stehen. Die Axen dieser hohlen Pfeiler sind um 78‴,0 von einander entfernt, und in der Mitte der Brücke, oder des Verbindungsstückes zwischen beiden, befindet sich eine konische hohle Röhre, welche, beim Gebrauche des Instruments über den Zapfen B geschoben, sich völlig genau an denselben anschliefst, so dafs dann die zwei Pfeiler senkrecht auf die Ebne des Ringes und zugleich ihre Axen auf zwei Punkte irgend eines Durchmessers desselben zu stehen kommen. Das obere Ende jener konischen Röhre mündet in ein zweites Verbindungsstück zwischen den Pfeilern, dessen Queerschnitt ein Quadrat von 6‴,0 Seite bildet, und ausserdem ist ein jeder der Pfeiler noch drittens durch zwei geneigte Stäbe befestigt, welche von 40‴,0 Höhe bis zur früher erwähnten Brücke hinabreichen. — Diese letztere ragt zu jeder Seite bei a 9‴,0 weit über den Rand des Ringes A hinaus. Ein jeder dieser Vorsprünge ist durchbohrt, um einer starken Pressshcraube b den Durchgang zu gestatten, deren Unter-Enden in die Ansatzstücke c eindringen. Diese sind von gleicher Breite mit der Brücke und wie rechtwinkliche Haken gestaltet, so dafs sie den Ring A umfassen, d. h. sich sowohl an die senkrecht stehende Gränzfläche, als auch an die horizontale Unterfläche desselben anlegen. Nach Anziehung der Schrauben üben daher diese Ansatzstücke die Wirkung einer Zange, vermöge welcher die bis dahin um den Zapfen B drehbare Ebne der Pfeiler nunmehr in durchaus feste Verbindung mit dem Ringe A versetzt wird. —

Ein jeder der Pfeiler trägt an seinem Ober-Ende ein Stück Glockenmetall dd', welches zuerst parallelopipedisch gestaltet sodann aber, wie die Figur es zeigt, von oben her mit einem grabenförmigen Einschnitte versehen ist. Bei diesen beiden Stücken dd', welche ich nun die Zapfenlager nennen werde, müssen die angedeuteten Einschnitte völlig gleiche Dimensionen besitzen, und es ist vortheilhaft, wenn, so wie bei dem von mir angewandten Instrumente, die zwei gegeneinander geneigten Flächen eines jeden derselben nicht eben sondern cylindrisch gekrümmt sind. Dadurch werden nämlich die zwei Gränzflächen eines Zapfenlagers einen an sie gelehnten Kreiscylinder, dessen Axe in der Ebne der Pfeiler und senkrecht auf die Axen dieser letzteren gelegt wird, nur in zwei Punkten, nicht aber, wie Ebnen es thun würden, längs zweier graden Linien berühren. Ausserdem ist noch das eine der Zapfenlager d' mittels dreier Schrauben einer Lagenveränderung gegen den tragenden Pfeiler fähig, und kann daher so gestellt werden, dafs seine Entfernnng von der Ebne des Ringes A genau gleich wird mit dem Abstande des andren unveränderlich mit seinem Pfeiler verbundnen Zapfenlagers von derselben Ebne.

Bei näherer Betrachtung des Gebrauches selbst wird sich zeigen, dafs manche der Bedingungen welche wir uns vorläufig von dem Künstler bei der Anfertigung dieses Apparats erfüllt denken, ja manche Theile dieses letzteren nur allein zur Bequemlichkeit des Beobachters vorhanden sind, während das zur Genauigkeit des Endresultats Beitragende merklich einfacher ist als die hier gegebne Beschreibung. Namentlich aber gehören in jene erste Klasse eine auf dem Kreise A angebrachte Theilung und eine an der Brücke E befestigte Alhidade, deren Vorderrand e als Nonius zu der genannten Azimutaltheilung vorgerichtet ist, und 2 Minuten unmittelbar angiebt. *) Bei stets vorauszusetzender Festigkeit der Fufspunkte C, und horizontaler Lage des Limbus A können daher durch dieses Mittel Verändrungen im Azimute der Pfeilerebne bis auf 0',5 genau gemessen werden.

Der magnetische Gebrauch dieser Vorrichtung besteht nun darin, dafs, bei unveränderter Lage der Pfeilerebne, für eine gewisse innerhalb der zwei Axenlager gelegne und im Verfolge näher zu bezeichnende Linie

1) das astronomische Azimut mittels der unter III. und IV. zu beschreibenden Theile des Apparats, sodann aber

2) mittels der Stücke V. und VI. das magnetische Azimut bestimmt wird, oder der Winkel, welchen die Projektion jener Linie auf den Horizont mit der durch die Richtung der magnetischen Resultante gelegten Vertikalebne (magnetischem Meridiane) einschliefst. Die Differenz der zwei eben genannten Bestimmungen ist dann die gesuchte magnetische Abweichung. Wir haben daher nunmehr die Theile von III. bis VI. und deren Anwendungen im Einzelnen zu betrachten.

III. Ein astronomisches Fernrohr von 14''',5 Apertur und 164''',0 Länge in welchem die Brennweiten des Objectivs, Collectivs und Oculars respective 162''',68, 9''',52 und 3''',75, die lineare Vergrösserung 26,3 Mal und der Durchmesser des Gesichtsfeldes 78',3 in Bogen eines gröfsten Kreises betragen, ist mittels einer dicker gehaltnen Stelle seiner Fassung fest eingeschroben in den messingnen Ring f, welcher mit den 71''',2 langen abgestumpft konischen Fortsätzen gg aus einem Stücke gegossen ist. In das Ende eines jeden dieser konischen Fortsätze ist ein stählerner Kreiscylinder hh von 5''',25 Durchmesser und 9''',0 Länge so eingetrieben, dafs die Axen beider Cylinder in dieselbe grade Linie zusammenfallen. — Legt man nun diese cylindrischen Zapfen hh in die oben beschriebnen Zapfenlager dd', so wird ein jeder derselben nur in zwei Punkten berührt, und wenn man dann der

*) Zu bequemerer Verpackung des Stückes II. ist die genannte Alhidade bei ε mit einem Scharniere versehen, vermöge dessen nach dem Gebrauche die Oberfläche e an den Zapfen B gelehnt wird.

optischen Axe des Fernrohrs nach einander verschiedne Neigungen gegen den Horizont ertheilt, so geht die lineare Axe der dazu erforderlichen Drehung oder die ruhende Linie durch die Mittelpunkte derjenigen zwei Kreise, nach denen die beiden cylindrischen Zapfen von zweien Ebnen geschnitten werden, welche man respective durch die zwei Berührungspunkte ein und desselben Lagers senkrecht auf die Axe des Zapfens gelegt denkt. Der Abstand eines jeden der so eben bezeichneten Kreismittelpunkte von der festen Unterlage des gesammten Instruments und daher auch die davon abhängige Neigung der Axe der Drehung (ruhenden Linie) bleibt demnach durchaus constant, welche Neigung man auch der optischen Axe des Fernrohrs ertheilen möge. Diese Voraussetzung wird am sichersten erfüllt, wenn

1) ein jeder der Zapfen senkrecht auf seine Axe nur kreisförmige Durchschnitte darbietet, und wenn

2) die Linie welche die Mittelpunkte eines erzeugenden Kreises des einen und andern Zapfens verbindet, zugleich für einen jeden derselben die Axe der Figur ist. — Bildete die Axe des einen Zapfens einen Winkel mit jener Linie durch die zwei Mittelpunkte, so würde die jedesmalige Gestalt beider erwähnten Durchschnitte, und die Neigung der Drehungsaxe gegen den Horizont sich verändern, je nach veränderter Neigung der optischen Axe. Wären hingegen zwar die erwähnten zwei Bedingungen erfüllt, besäſse aber einer der kreiscylindrischen Zapfen einen gröſsern Durchmesser als der andre, so würde dessen ungeachtet die Drehungsaxe mit der Axe der Figur beider Zapfen identisch sein, und auch in diesem Falle wären daher Neigung und Azimut jener Linie durchaus unabhängig von der Neigung der optischen Axe des Fernrohrs, und, abgesehen von ausserwesentlichen Erschütterungen des ganzen Instrumentes, als constant zu betrachten. — Während jedoch in dem zuerst erwähnten Falle gleichen Durchmessers beider kreiscylindrischen Zapfen, die Lage der ruhenden Linie auch dann noch constant blieb, wenn man das Fernrohr umlegte, d. h. wenn man den einen der Zapfen in dasjenige Lager brachte, welches früher den andern aufnahm und vice versa, so würde, bei ungleichem Durchmesser beider, diese Umlegung nicht ohne Einfluss bleiben. —

Es ist aber diese mehrerwähnte ruhende Linie oder Drehungsaxe des Fernrohrs, deren Azimut zuerst durch astronomische Beobachtungen bestimmt, und sodann, mit Hülfe einer Boussole (V. und VI.), mit dem Azimute des magnetischen Meridianes verglichen werden soll. Zu beiden Zwecken ist es nöthig, dafs die Neigung dieser Linie gegen den Horizont zuvor gemessen werde, und, zu genauer Anwendung der Boussole, noch ausserdem dafs man die Ebne des Ringes A mittels der Fufsschrauben C senkrecht auf die Richtung der Schwere am Beobachtungsorte stelle, — Wie mittels einer Wasserwage diese beiden Erfordernisse erfüllt werden, ist unter IV. näher anzugeben, zuvor aber hier noch einiger wesentlichen Theile des Fernrohrs zu erwähnen. In der Ebne einer Blendung, welche sich in der Mitte zwischen dem Oculare und dem Collective und im Brennpunkte des erstern befindet, sind 4 unter einander parallele und von einem 5ten unter rechten Winkeln durchkreuzte Spinnenfäden befestigt, die von dem Beobachter deutlich und vergröfsert gesehen werden. Mittels der Schrauben ii kann der Oculareinsatz um seine optische Axe gedreht, und daher der kreuzende Faden parallel mit der ruhenden Linie in der Drehungsaxe (Seite 10), die 4 andren unter sich parallelen Fäden aber senkrecht auf dieselben gestellt werden. Über die Winkelabstände unter welchen die vier 4| Parallelfäden dem Beobachter erschienen, ist unten das Nähere beizubringen. —

Ferner wurde an dem Objektiv-Ende des Fernrohrs während der astronomischen Beobachtungen ein versilberter Planspiegel K befestigt, von dessen um 45° gegen die optische Axe geneigter und mit der blanken Seite dem Objektive zugekehrter Ebne das Licht einer seitwärts bei l gehaltnen Lampe sich in das Innre der Röhre verbreitete, und die Spinnenfäden auch bei Nachte sichtbar machte. Derselbe ist ringförmig elliptisch gestaltet, und die Höhlung des Ringes der Projektion des Objektivglases auf eine um 45° gegen die optische Axe geneigte Ebne gleich, so dafs dem Fernrohre kein Licht der zu sehenden Gegenstände entzogen wurde. —

Es befand sich endlich ein dreiseitiges Prisma von Flintglas vor der Einsicht des Oculars, um, wenn die optische Axe des Fernrohrs gegen das Zenit gerichtet war, dem Lichte der zu sehenden Sterne durch Reflexion eine nahe horizontale Richtung zu ertheilen, und die Beobachtungen zu erleichtern. Die dem Ocular zugekehrten Flächenwinkel des Prismas betrugen: der obere 90°, der untere 45°, und die Ebne an welcher sie lagen war um nahe 20° gegen die Oberfläche des Oculars geneigt. Es bildeten daher (wegen 1,639 Refract. quot. von Luft in Flintglas, oder 37°,6 Gränzwinkel für Brechung und Zurückwerfung) der obre und untre Randstrahl des Feldes respective Einfallswinkel von 46°,75 und 66°,63 bei der 2ten, und von — 1°,75 und —21°,63 bei der 3ten Fläche, und es konnte also ein jeder derselben, von jener Fläche vollständig reflectirt, von dieser vollständig hindurch gelassen werden. *) Auch war eine Verminderung der Lichtstärke der Bilder bei dem Gebrauche des Prisma nicht in wahrnehmbaren Grade vorhanden. Endlich ist, zu Erleichterung der astronomischen Beobachtungen, an dem einen Ende der Umdrehungsaxe und senkrecht auf dieselbe ein Kreislimbus F von 60‴,0 Durchmesser und auf demselben eine Theilung in halbe Grade angebracht. Mit dieser Theilung wird einer von zweien Nonien, welche sich an dem einen und andren Pfeiler befinden mm, so in Verbindung gebracht, dafs er eine horizontale Stellung der optischen Axe des Fernrohrs mit 0 bezeichnet, und eine jede Neigung derselben gegen die Ebne des Horizonts bis auf 0′,50 sicher abzulesen erlaubt. Um das Einlegen des Fernrohrs in die Zapfenlager nicht zu hindern, ist ein jeder dieser Nonien zwischen zweien senkrecht auf die Ebne der Pfeiler stehenden Schrauben gehalten, und um dieselben drehbar. Diese Einrichtung bietet zugleich ein mechanisches Mittel, um einen Collimations-Fehler dieses Höhenmessers zu verbessern indem man, je nachdem es nothwendig gefunden wird, den Nonius mittels der zwei erwähnten Schrauben senkrecht gegen die Ebne der Pfeiler in der einen oder andren Richtung bewegt.

IV. — Die Wasserwage G enthält wie gewöhnlich in einer

*) Legte man hingegen die Vorderseite des Prisma parallel mit der Oberfläche des Oculars, so gelangte nur von einem mondsförmigen Ausschnitte des Feldes das vollständige und weifse Licht und ausserdem noch, von einem schmalen Saume, blaues Licht ins Auge. Erst bei 6° gegenseitiger Neigung jener Flächen begann auch der Unterrand des Feldes sich zu zeigen.

cylindrischen Messingröhre ein mit Weingeist und Luft gefülltes Glasgefäfs, dessen Äusseres cylindrisch gestaltet ist, während sein Innres diejenige Gestalt besitzt, welche durch Umdrehung eines Kreisbogens um eine mit seiner Sehne parallele aber näher als diese an dem Mittelpunkte des Kreises gelegne Linie entsteht In die durch einen Schlitz in der Messingröhre sichtbare Oberfläche des Glases sind Theilstriche gerizt, welche gleiche Bogentheile jenes erzeugenden Kreises zwischen sich enthalten. Über den Werth eines solchen Theiles ist unten das Nähere beizubringen. Zwei ebne Glasdeckel verschliefsen die Enden der Röhre, konnten aber geöffnet werden um Weingeist hinzuzufügen, wenn das Volumen der enthaltnen Luftblase durch Erkältung oder Verdampfung der Flüssigkeit zu grofs geworden war. Bekanntlich ist nun die Neigung der Längenaxe dieser Glasröhre gegen den Horizont stets erkennbar, und, wenn einer der auf ihre Oberfläche geritzten Kreistheile als Einheit genommen wird, gleich der Anzahl von Strichen, um welche der Mittelpunkt der Luftblase von der mit 0 bezeichneten dünnsten Stelle des Glases absteht. Zu dem ersten der obengedachten Zwecke (Seite 11) kommt es daher nur darauf an die Stellung der Luftblase für den Fall des Parallelismus zwischen der Axe der Glasröhre und der r u h e n d e n L i n i e zu ermitteln, und zwar sowohl für eine ursprüngliche Lage des Fernrohrs, als auch wenn ein Unterschied dadurch bewirkt wird n a c h U m l e g u n g (Seite 10) desselben. — Die zwei Schenkel oder Träger an den Enden der messingnen Röhre der Wasserwage nn haben ein jeder gegen sein Ende einen Einschnitt, welcher völlig ähnlich mit den Einschnitten des Zapfenlagers gestaltet ist. Dafs die zwei Schnittflächen an dem einen und andren Träger gleiche Neigung gegen einander besitzen, ist eine n o t h w e n d i g e und von dem Künstler leicht zu erfüllende Bedingung. — Mittels dieser Einschnitte wird die Wasserwage von oben her auf die Zapfen aufgesetzt, so dafs sie einen jeden derselben in zwei Punkten berührt. Das unterste Ende eines jeden Trägers dringt dabei in ein Loch o in der horizontalen Endfläche eines jeden Pfeilers, und die Axe der Messingröhre wird vermöge dieser Einrichtung bei jeder Aufsetzung der Wasserwage in einerlei Ebne mit den Pfeilern erhalten. Damit man die Neigung der Axe des

Niveaus gegen eine feste Linie durch die Einschnitte des einen und andren Trägers ändern könne, ruht das Glasgefäfs auf einer Feder welche in ihrer Mitte im Innern und auf dem untern Boden der messignen Fassung befestigt und mit ihren beiden Enden aufwärts gebogen ist. Durch Umdrehung einer gröfsern und einer kürzern Schraube pp′ kann man daher die unter ihnen liegenden Enden der Glasröhre nach Willkühr erniedrigen, indem deren Druck auf die Glasröhre dem einen oder andren Ende der nachgebenden Feder sich mittheilt. Zwei ähnliche Schrauben und eine ähnliche Feder berühren die Glasröhre in vier andren Punkten, welche beim Gebrauche der Wasserwage in einer horizontalen Ebne liegen. Sie dienen um vorläufig die Axe der Glasröhre in die Ebne der Pfeiler zu versetzen, in welcher sich, wie schon gesagt, die Mitte der messingnen Fassung stets befindet.

Zu näherer Bestimmung der Operationen, durch welche die Neigung der ruhenden Linie zu messen ist, kann man das Ende der Umdrehungsaxe, an welchem sich der Stellkreis befindet, durch den Namen des Kreis-Endes bezeichnen, und zu ähnlicher Unterscheidung das mit der längern Schraube versehne Ende der Wasserwage das Schrauben-Ende nennen. Denkt man nun die Schnittebnen eines jeden Zapfenlagers nach unten verlängert, bis sie sich durchschneiden, bezeichnet mit h und h′, respective für den links und rechts vom Beobachter gelegnen Pfeiler, die nach der Richtung der Schwere gemessne Höhen dieses Durchschnittpunkts über der Ebne des Azimutalkreises (A der Figur);

mit u } die Neigungswinkel der Schnittebnen { an den Axenlagern
- α } { an den Niveauträgern;

mit s und s′ die Längen des Trägers am Schrauben-Ende und am andren Ende der Wasserwage, von der Axe der Glasröhre bis an den Durchschnittspunkt der Schnittebnen an den Niveauträgern gerechnet; mit rr′ die Durchmesser der Zapfen am Kreis-Ende und am andren Ende der Umdrehungsaxe;

mit d } den Abstand der Berührungspunkte { mit den Zapfenlagern
- δ } der Zapfen { mit den Niveauträgern,

und endlich mit n die in Sekunden ausgedrückte Neigung des Azimutalkreises gegen den Horizont und mit a den Azimutalabstand zwischen der Pfeilerebne und dem am stärksten geneigten Durchmesser dieses Kreises, so wie mit p p′ p″ p‴, b b′ respektive Neigungen der Axe des Niveaus und der ruhenden Linie, sämmtlich in Sekunden ausgedrückt, und positiv genommen wenn der Zapfen am Kreis-Ende, oder doch der ihm zugekehrte Theil des Niveaus, höher liegt als der entgegengesetzte, setzt zur Abkürzung

$$\frac{h-h'}{d \sin 1''} = \Delta h,\quad \frac{s-s'}{\delta \sin 1''} = \Delta s,\quad \frac{r-r'}{\sin 1''} = \Delta r,\quad \frac{\operatorname{cosec}\frac{u}{2}}{d} = \operatorname{tg}\mu,\quad \frac{\operatorname{cosec}\frac{\alpha}{2}}{\delta} = \operatorname{tg}\nu$$

und legt dann nacheinander

I. das Kreis-Ende in das linke Zapfenlager, das Schrauben-Ende der Wasserwage ebenfalls nach links,

II. das Kreis-Ende nach links und das Schrauben-Ende nach rechts,

III. das Kreis-Ende nach rechts, das Schrauben-Ende nach links und

IV. das Kreis-Ende nach links, das Schrauben-Ende nach rechts,

so erhält man für die jedesmaligen Ablesungen am Niveau folgende Ausdrücke:

$$\begin{array}{ll} \text{I.} & n \cos a + \Delta h + \Delta s + \Delta r\,(\operatorname{tg}\mu + \operatorname{tg}\nu) = p \\ \text{II.} & n \cos a + \Delta h - \Delta s + \Delta r\,(\operatorname{tg}\mu + \operatorname{tg}\nu) = p' \\ \text{III.} & -n \cos a - \Delta h - \Delta s + \Delta r\,(\operatorname{tg}\mu + \operatorname{tg}\nu) = p'' \\ \text{IV.} & -n \cos a - \Delta h + \Delta s + \Delta r\,(\operatorname{tg}\mu + \operatorname{tg}\nu) = p''' \end{array}$$

Die eigentlich zu messenden Gröfsen sind aber:

1) Wahre Neigung der ruhenden Linie für Kreis-Ende links,

2) - - - - - - - - - rechts,

und werden ausgedrückt:

$$1)\quad n \cos a + \Delta h + \Delta r \operatorname{tg}\mu = b = \frac{p+p'}{2} - \Delta r \operatorname{tg}\nu$$

$$2)\quad -n \cos a - \Delta h + \Delta r \operatorname{tg}\mu = b' = \frac{p''+p'''}{2} - \Delta r \operatorname{tg}\nu;$$

zwei Gröfsen, welche, allgemein zu reden, aus den vier gemachten Ablesungen p bis p‴, nicht anders bestimmt werden können, als wenn zuvor der Neigungswinkel der Schnittebnen für die Zapfenlager u und für die Niveauträger α und die Abstände der zwei Lager d und der zwei Träger δ bekannt sind. Die constante Correction:

$$-\Delta r \operatorname{tg}\nu = -\frac{p+p'+p''+p'''}{4} \cdot \frac{d \cdot \sin\frac{u}{2}}{\delta \sin\frac{\alpha}{2} + d \sin\frac{u}{2}}$$

müfste dann ein für allemal berechnet und einer jeden gemachten Ablesung hinzugefügt werden. Es werden dahingegen die Mittel aus den Ablesungen I. und II. und aus den Ablesungen III. und IV., sowohl unter sich gleich und entgegengesetzt, als auch respective gleich den gesuchten Neigungen der ruhenden Linie vor und nach der Umlegung, b und b′, in dem besondern Falle wo die bei Aufsetzung der Wasserwage senkrecht stehenden Durchmesser beider Zapfen einander gleich sind, oder $\Delta r = 0$ ist. Zur Ermittlung der Gröfse $r - r'$ bei dem von mir angewandten Instrumente wurden unter andren, den obigen Bezeichnungen gemäfs bei verschiednen Neigungen der ruhenden Linie und bei verschiedner Beschaffenheit der Wasserwage folgende Beobachtungen gemacht:

p	p′	p″	p‴
− 0″,38	+ 2″,32	+ 0″,38	− 1″,93
− 3,09	0,00	+ 2,70	0,00
0,00	− 8,49	0,00	+ 7,72
− 3,86	− 7,72	+ 4,63	+ 7,72
− 18,52	0,00	+ 18,52	0,00
− 16,98	− 1,93	+ 14,67	+ 2,32
− 16,98	+ 0,77	+ 16,98	− 0,99
− 16,98	− 1,98	+ 17,37	+ 1,98
− 9,26	0,00	+ 9,64	− 0,39
− 10″,96	− 1″,44	+ 12″,35	+ 1″,44

oder im Mittel $p = -\ 9'',701$

$p' = -\ 1,847$

$p'' = +\ 9,724$

$p''' = +\ 1,787$

deren Summe: $-\ 0'',037$ unbedeutend genug ist, um für das hier in Rede stehende Instrument die von nun an stets zu machenden Voraussetzungen $\Delta r = 0$, und somit

$$\frac{p + p'}{2} = -\frac{p'' + p'''}{2} = b = -b'$$

zu rechtfertigen.

Sowohl diese Ablesungen, als auch diejenigen, welche jeder einzelnen astronomischen Beobachtung vorhergingen, konnten indessen nur dann erhalten werden, wenn sich die optische Axe des Fernrohrs in nahe horizontaler Lage befand; um aber die etwanige Verändrung zu ermitteln, welche die Lage der Umdrehungsaxe erleidet, wenn man dem Zenite näher gelegne Gegenstände beobachtet, wurde das Fernrohr aus dem ringförmigen Theile der Umdrehungsaxe herausgeschroben, und dieser letztern, während die Wasserwage aufgesetzt blieb, durch successive Drehung alle diejenigen Stellungen gegeben, welche sie bei 0°, + 20° . . + 80° — 80° . . — 20° Höhe der optischen Axe annimmt. Niemals, sowohl vor als auch nach der Reise, wurde bei dieser Operation eine Verändrung in dem Stande der Luftblase wahrgenommen, welche mehr als 0″,40 betragen hätte, z. B. im November 1830:

Höhenkreis.	Wasserwage.	Höhenkreis.	Wasserwage.
0°,0	+ 2″,90	— 80°,0	+ 2″,70
+ 20,0	2,90	— 60,0	2,90
+ 40,0	2,90	— 40,0	3,02
+ 60,0	2,90	— 20,0	2,90
+ 80,0	+ 2″,90	0,0	+ 2″,90

Es zeigte sich also dafs, für alle hier mitzutheilende Beobachtungen, der bei 0°,0 Höhe ermittelte Werth von b oder b′ auch bei einer jeden andren Höhe gültig ist, weil die senkrecht auf die Pfeilerebne genommnen Durchschnitte der Zapfen bei dem angewandten Instrumente entweder völlig genaue Kreise oder, was bei weitem unwahrscheinlicher, aber für den praktischen Gebrauch gleich bedeutend ist, zwei anderweitige aber einander ähnliche Curven mit vollkommen paralleler Lage ihrer homologen Dimensionen waren.

Es ist zweckmäfsig, dafs bei den astronomischen Beobachtungen die Neigungen b, b′ nicht mehr als einige Secunden betragen. Man erfüllt aber diese Bedingung sehr leicht dadurch, dafs man, nach einer ersten Aufsetzung der Wasserwage, die Luftblase vermöge der Fufsschrauben (C der Figur) der Mitte der Theilung sehr nahe bringt, ihren Stand sowohl vor als auch nach Umlegung der Wasserwage bei ungeänderter Lage der Umdrehungsaxe abliest, und von dem etwanigen Betrage der Summe beider Ablesungen die eine Hälfte durch die Fufsschrauben, die andre Hälfte durch die Niveauschraube p der Figur (welche, nach der obigen Bezeichnung, respective nur auf n und nur auf Δs wirken) aufhebe. Eine nochmalige Umlegung des Niveaus zeigt dann den Erfolg des

Verfahrens, indem stets das Mittel aus je zwei dergleichen Ablesungen zwischen denen die Schrauben nicht berührt wurden als wahre Neigung der ruhenden Linie zu betrachten ist.

Nach Ausführung dieser Operation wird die erhaltne horizontale Lage der ruhenden Linie nur dadurch bewirkt, dafs $n \cos a + \Delta h = 0$ ist; um aber die zweite der mit Hülfe der Wasserwage zu erfüllenden Bedingungen (Seite 11), die Horizontalität des untern Stellkreises herbeizuführen oder $n = 0$ zu machen, hat man nach einer Ablesung der Wasserwage das Azimut der Pfeilerebne oder die Gröfse a zu ändern, und die dadurch erfolgte Verrückung der Blase zur Hälfte durch die Fufsschrauben, zur Hälfte durch die Schrauben am Zapfenlager, welche respective nur auf n und nur auf Δh wirken, zu verbessern. Es ist übrigens klar dafs zu diesem Zwecke eine einmalige Azimutalveränderung der Pfeilerebne nur dann genügt, wenn sie eine Verändrung in dem Stande der Blase herbeiführte; denn nimmt die Blase in den Azimuten a und a′ einerlei Stelle ein, so kann dies ebenso wohl auf $a = -a'$ als auf $n = 0$ deuten, und eine Gleichheit der Ablesungen entscheidet daher nur dann für $n = 0$, wenn sie in drei verschiednen Azimuten erhalten wurde.

Die astronomischen Beobachtungen, welche dazu dienten, neben dem Stande einer Uhr gegen Sternzeit des Ortes oder auch neben der Polhöhe des Ortes, stets auch das Azimut der mehr erwähnten ruhenden Linie in der Umdrehungsaxe zu messen, und die Berechnung derselben werde ich weiter unten beschreiben. Ich kann daher für jetzt diese Beobachtungen als bereits vollendet, das Azimut der genannten Linie aber durch sie schon ermittelt annehmen, und diejenigen Theile des Apparats betrachten, durch welche der Winkel zwischen der Horizontalprojektion jener Linie und der Vertikalebne durch die magnetische Kraft am Beobachtungsorte (dem magnetischen Meridiane) gemessen wird. Schon hier ist es indefs zweckmäfsig zu bemerken, dafs das astronomische Azimut eines jeden Endes der ruhenden Linie, so wie es einem in der Mitte der Umdrehungsaxe gedachten Auge erschien, von Norden an rechts herum positiv von 0 bis 360° gezählt und von den zwei auf diese Weise erhaltnen Zahlen stets die auf das Kreis-Ende jener Linie (Seite 14) bezügliche genannt wurde.

V. und VI. Nach Vollendung der astronomischen Beobachtungen und unter sorgsamster Vermeidung einer Verrückung der Fufspunkte C, legte man in die Zapfenlager an die Stelle des Fernrohrs eine Axe von gegossenem Messing II (Fig. 3 und 4), welche an ihren Enden zwei messingne und kreiscylindrische Zapfen trägt, deren Axen der Figur in einerlei graden Linie liegen. Diese Mittellinie befindet sich daher genau in derselben Vertikalebne und erhält gegen den Horizont dieselbe geringe Neigung b welche früher die Axe der Stahlcylinder des Fernrohrs besafs. Zugleich aber ist nun der Apparat durchaus frei von magnetischen Metallen und daher zur Beobachtung der Abweichung vorbereitet. — Um den Winkel jener ruhenden Linie mit dem magnetischen Meridiane zu bestimmen, wird die Boussole I, I mittels zweier Träger rr, welche ebenso wie die oben (Seite 13) beschriebnen der Wasserwage gestaltet sind, auf die Axe gesetzt. In die früher erwähnten Löcher oo, in der obern Endfläche der Pfeiler (Seite 13) dringt nun das Ende eines jeden dieser Träger rr, und der getheilte Limbus der Boussole erhält dadurch eine mit der Ebne des untern Azimutalkreises parallele oder, da dieser zuvor fast völlig horizontirt worden ist, eine höchst nahe horizontale Lage. Nur in der Richtung des Durchmessers, welcher mit der ruhenden Linie parallel ist, wird nämlich die Ebne des Limbus noch jene geringe Neigung besitzen, welche wir früher mit b bezeichnet haben; es kann aber dieselbe im ungünstigsten Falle den am Limbus zu messenden Winkel nur um eine durch $\frac{b^2 . \sin 1''}{2}$ ausgedrückte Anzahl von Secunden, d. h. sogar für b = 60″ um nicht ganz 0″,009 vergröfsern.

Die Theilung der Boussole ist auf einem silbernem Ringe von 72‴,0 Durchmesser aufgetragen. Jede 10te Minute ist durch einen sehr scharfen Strich bezeichnet, und den einzelnen Graden sind in der Ordnung, in welcher sie für ein im Mittelpunkte gedachtes Auge von der Linken gegen die Rechte aufeinander folgen, die Zahlen von 0 bis 360 hinzugefügt. Dieser getheilte Ring liegt um 3‴,50 höher als der mit ihm parallele Boden der Boussole, welcher äusserst nahe am Mittelpunkte der Theilung einen stählernen Stift zur Unterstützung der Magnetnadel trägt. Diese letztere hat, mit

Ausnahme ihres mittlern Theiles, die Gestalt eines graden und rechtwinklichen Parallelepipedum von 70‴,37 und 0‴,60 Länge derjenigen Kanten welche beim Gebrauche senkrecht gegen den Unterstützungsstift gelegt werden, und von 1‴.50 Länge ihrer übrigen Kanten. Gegen seine Mitte bildet aber der Stahl der Nadel einen hohlen und graden Kreiscylindervon 2‴,00 innerem, 3‴,00 äusserem Durchmesser und parallel mit den Grundflächen der Nadel gelegner Basis. In diesen wird ein ähnlicher aber hohler und längerer Messingcylinder, dessen eine Endfläche eine Achatplatte bildet, durch Reibung so befestigt, dafs seine offne Seite nach Willkühr der einen oder andern der senkrecht auf den Unterstützungsstift zu legenden Oberflächen der Nadel zugekehrt ist. Beim Gebrauche liegt die Spitze dieses Stiftes und daher der ruhende Punkt der Achatplatte, um 1‴,50 höher, als die nach oben gekehrte Fläche der Nadel. Auf jedes Ende dieser letztern ist endlich ein ihr ähnliches aber hohles Prisma aus Silberblech durch Reibung so befestigt, dafs die Axen der Figur beider Körper zusammenfallen, und ihre ähnlichen Flächen aufeinander liegen. Auf jeder derjenigen Flächen jedes Prismas, welche beim Gebrauche entweder nach oben oder nach unten gekehrt werden, liegt ein feiner Strich n a h e an dem Durchschnitt mit einer durch die Axe der Figur gelegten und jene Flächen halbirenden Ebne, und es sind bei jeder Beobachtung die zwei nach oben gekehrten unter diesen vier Strichen, deren Stellung gegen die Theilstriche des Limbus abgelesen wird. — Wenn nun sowohl die Oberfläche des Limbus als auch die Axe der Figur der Nadel eine horizontale Lage haben, so befinden sich jene Indexstriche völlig in einerlei Ebne mit den Theilstrichen; die Endpunkte der erstern sind alsdann von den Endpunkten der ihnen zunächst gelegnen letztern nur um 0‴,10 entfernt, und, mit Hülfe einer Lupe von 10‴,00 Brennweite, bleibt daher bei einmaliger Ablesung des Standes der Nadel eine Unsicherheit von nie mehr als e i n e r Minute zurück. —

Durch eine nähere Betrachtung der Kräfte, welche die Bewegung und die Gleichgewichtslage eines magnetischen Körpers bedingen, erhält man leicht die nöthige Einsicht, sowohl über die technischen Mittel zur Herbeiführung der Horizontalität der Indexlinie unsrer Nadel, als auch die durchaus unerläfsliche über den

Zusammenhang zwischen der allein sichtbaren Lage jener Linie und der Lage des magnetischen Meridianes. — Die beschriebne Anordnung der Boussole verleiht nur allein dem Berührungspunkte zwischen der Achatplatte und dem Stifte eine völlig unveränderliche Lage, und es sind die Bedingungen zu finden, unter denen eine bestimmte Linie (Indexlinie) des auf diese Weise gehemmten Systemes in Ruhe kommt. — Die hierzu nöthigen Ausdrücke erhalten eine vielseitigere Anwendbarkeit und namentlich auch auf alle bei Inclinationsbeobachtungen vorkommende Fragen, wenn man durch jenen festen Punkt drei aufeinander rechtwinklige Axen in übrigens beliebiger Richtung gelegt denkt, und dann einzeln die Bedingungen sucht, unter denen der Körper das Bestreben zur Drehung um eine jede dieser Axen verliert; mit dem Eintritte völliger Ruhe ist dann die Erfüllung dieser Bedingungen offenbar identisch.

Zunächst aber sind Intensität und Richtung der hier wirksamen Kräfte auszudrücken. Wenn μ die irgend einem Punkte der Nadel zukommende boreale Kraft, x, y, z die vom festen Drehungspunkte an gezählten rechtwinklichen Coordinaten des Punktes, $dx\,dy\,dz = dm$ das Differential der Masse bezeichnen, so werden

$$\frac{\int \mu . x . dm}{\int \mu . dm} = X', \frac{\int \mu . y . dm}{\int \mu . dm} = Y', \frac{\int \mu . z . dm}{\int \mu . dm} = Z'$$

die Coordinaten eines Punktes in welchem die Summe aller borealen Kräfte der Nadel, oder $\int \mu . dm = K'$, unter Einwirkung der für alle Punkte der Nadel gleichen und gleich gerichteten Resultante des Erdmagnetismus, dasselbe Drehungmoment auf den Anfangspunkt der Coordinaten ausüben würde, wie die in den einzelnen Punkten vorhandnen borealen Kräfte. Auf durchaus gleiche Weise ergeben sich die Coordinaten X'', Y'', Z'' und die ihm beizulegende Intensität K'' für einen zweiten Punkt, der die Wirkung aller mit australem Magnetismus begabten Punkte der Nadel vollständig ersetze. Bekanntlich ist es eine ebenso allgemeine als leicht zu bestätigende Eigenschaft aller selbstständig magnetischen Körper, dafs, wenn f die Intensität der tellurischen Resultante an irgend welchem Beobachtungsorte bezeichnet, die Kräfte $K'f$ und $K''f$ welche respective auf die zwei genannten Punkte in paralleler aber entgegengesetzter Richtung wirken, einander völlig gleich sind, so daſs stets f (K′ + K″) = 0 zu nehmen ist. Mit Bezug auf Drehung um den festen Anfangspunkt der Coordinaten werden sich daher endlich auch die zwei zuletzt genannten Angriffspunkte und die auf sie wirkenden Kräfte vollständig ersetzen lassen, wenn man

$$K'(X' - X'') = Ka$$
$$K'(Y' - Y'') = Kb$$
$$K'(Z' - Z'') = Kc$$

setzt und a, b, c als Coordinaten eines neuen und dann allein zu betrachtenden Angriffpunktes, Kf aber als Intensität der an ihm angebrachten Kraft annimmt. Die an sich willkürliche Gröſse und das Vorzeichen von $\sqrt{a^2 + b^2 + c^2}$ kann man z. B. so gewählt denken, daſs der neue Angriffpunkt in der sich nach Norden wendenden Hälfte des magnetischen Körpers und um die Einheit der Entfernung vom Drehungspunkte entfernt zu liegen komme. — Eine Linie vom Anfangspunkte der Coordinaten zu diesem fingirten Kraftpunkte, welchen ich den Magnetpunkt nennen will, wird stets parallel mit derjenigen sein welche die zwei Punkte der Nadel, deren Coordinaten X′, Y′, Z′, X″, Y″, Z″ sind, verbindet. Es seien nun ferner x, y, z die rechtwinklichen Coordinaten des Schwerpunkts des Körpers, und es werde sowohl bei dieser als bei der frühern Bezeichnung für die Axe der Z die durch den festen Punkt gehende Richtung der Schwere, für die XZ-ebne aber, die Ebne des durch denselben Punkt gehenden magnetischen Meridianes genommen, so wird die Kraft Kf an dem durch die Coordinaten a, b, c gegebnen Punkte mit der Z- und X-axe die Winkel 90° — i und i, mit der Y-axe den Winkel 90° einschlieſsen, wenn i die Neigung der magnetischen Kraft am Beobachtungsorte bezeichnet. Ebenso wirkt dann an dem Punkte, dessen Coordinaten x, y, z sind, die Kraft P, welche mit der Z-axe den Winkel 0, mit jeder der beiden andren einen Winkel von 90° einschlieſst, wenn P das Gewicht des zu betrachtenden Körpers andeutet. Die Coordinaten Z, X, Y seien respective positiv für Punkte die oberhalb des Horizontes in dessen Nordhälfte und in dessen Osthälfte, gelegen sind.

Denkt man nun durch den festen Punkt drei aufeinander rechtwinkliche Linien 1, 2 und 3 gelegt, so daſs 1 mit der magnetischen Nordlinie (X-axe) den Winkel u, mit der Ostlinie (Y-axe) den Winkel v, und mit der Schwerrichtung den Winkel w einschliefse, 2 aber innerhalb einer durch 1 und die Schwerrichtung gelegten Ebne sich befinde, so wird der angeregte Körper kein Bestreben zur Drehung um eine oder um eine jede der Linien 1, 2 und 3 besitzen, je nachdem respective einer oder einer jeden der Gleichungen I, II und III Genüge geschieht:

$$\text{I.}\quad 0 = Kf \left\{ \sin i\,(a \cos v + b \cos u) + \cos i\,(b \cos w + c \cos v) \right\} + P\,(x \cos v + y \cos u)$$

$$\text{II.}\quad 0 = Kf \left\{ \sin i\,(a \cos u + b \cos v) - c \cos i \cos u \right\} + P\,(x \cos u + y \cos v)$$

$$\text{III.}\quad 0 = Kf \left\{ \sin i\,(a \cos v + b \cos u) - \cos i\,[b\,(\cos^2 v - \cos^2 u) + c \cos v \,.\, \cos w] \right\} + P\,(x \cos v + y \cos u) \cos w.$$

Ist, wie es bei Inclinationsnadeln geschieht, eine ganz feste Drehungsaxe vorhanden, für welche u, v, w die Winkel mit der Nord-, Ost- und Schwerrichtung bezeichnen, so braucht anstatt jenen dreien Gleichungen nur der I Genüge zu geschehen. Es treten aber alsdann noch ausserdem die Bedingungen

$$a \cos u + b \cos v + c \cos w = \cos \mu$$

$$x \cos u + y \cos v + z \cos w = r \cos \mu'$$

$$a x + b y + c z = r \cos \mu''$$

hinzu, in denen respective μ, μ', μ'' die constanten zwei Winkel zwischen der Drehungsaxe und den vom Anfangspunkte der Coordinaten gezognen Linien zum Magnetpunkt und zum Schwerpunkt, so wie den dritten Winkel zwischen beiden letztern Linien, r aber den Abstand des Schwerpunkts vom Umdrehungspunkte bezeichnen.

Bei der hier in Rede stehenden Declinationsboussole soll hingegen den Gleichungen I, II und III gleichzeitig genügt werden, und zwar unter den besondern Umständen, dafs w = 0 und daher v = u = 90° sei. Es entstehen aber in diesem Falle aus I die folgende 1; ferner sowohl aus II, als aus III die folgende 2 und 3, wenn man sie zuvor nach u oder nach v differenzirt, und nach der Differentiation v oder u = 90° setzt, und man erhält endlich den Ausdruck 4 für die auch hier stattfindende Unveränderlichkeit eines Dreieckes zwischen Drehungspunkt, Magnetpunkt und Schwerpunkt, wenn man überall anstatt der rechtwinklichen Coordinaten a, b, c; x, y, z respective das magnetische Azimut A und den Höhenwinkel H für den vom Umdrehungspunkt aus betrachteten Magnetpunkt, und die analogen Gröfsen α und γ für den von eben daselbst gesehnen Schwerpunkt einführt.

1) $0 = Kf \cos i \cos H \sin A$

2) $0 = Kf \sin i \cos H \sin A + P r \cos\gamma \sin\alpha$

3) $0 = Kf \left\{\sin i \cos H \cos A - \cos i \sin H\right\} + P r \cos\gamma \cos\alpha$

4) $0 = \cos H \cos\gamma \cos(A - \alpha) + \sin H \sin\gamma - \cos\mu$.

Da der Fall $H = 90°$, oder des Parallelismus zwischen Umdrehungs- und Magnetaxe des Körpers, in der Praxis niemals vorkommen kann, so folgt aus 1: dafs, sobald die Drehung um den Unterstützungsstift aufgehört hat, stets $A = 0$ ist, d. h. dafs jedenfalls der fingirte Magnetpunkt in der Ebne des magnetischen Meridianes, und daher die Magnetaxe der Nadel oder die Linie welche ihre zwei Kraftmittelpunkte (X', Y', Z'; X'', Y'', Z'') verbindet, stets parallel mit derselben Ebne sich befindet. — Damit aber auch den übrigen Ausdrücken, 2 bis 4, gleichzeitig genügt werde, oder völlige Ruhe eintrete, mufs für $A = 0$ stets auch $\alpha = 0$ sein, d. h. der Schwerpunkt stellt sich stets ebenso wohl wie der Magnetpunkt in die Vertikalebne des magnetischen Meridianes, und zwar liegt vom Umdrehungspunkt aus gesehen jener von diesem um den constanten Winkel μ entfernt (nach 4 durch Substitution von $A = \alpha = 0$).

Es können aber nun weder der fingirte Magnetpunkt selbst, noch auch durch ihn der magnetische Meridian, in welchem er zur Ruhe kommt, direkt sichtbar gemacht werden, sondern es ist vielmehr, wie oben erwähnt, nur eine auf der Nadel gezogne Indexlinie (Seite 20), deren jedesmalige Lage bekannt wird. Denkt man eine Parallele mit dieser Linie durch den Anfangspunkt der Coordinaten gelegt, und bezeichnet mit B und h die so wie früher gezählten Azimut- und Höhenwinkel derselben, durch m aber den Winkel, welchen sie mit einer vom Anfangspunkte der Coordinaten zum Magnetpunkte gezognen Linie einschliefst, positiv genommen wenn die letztere sich rechts von der erstern befindet, so hat man für $A = 0$

5) $$\cos(A - B) = \cos c = \frac{\cos m - \sin H \sin h}{\cos H \cos h}$$

und es ist daher der Winkel c, welchen man einer jeden an beiden Enden der Boussole-Nadel geschehenen Ablesung B hinzufügen mufs, um den richtigen Azimutalabstand zwischen der Null-Linie der Theilung und dem magnetischen Meridiane zu erhalten. Da aber weder der Winkel m, noch auch H, oder die Neigung der Magnetaxe einer direkten Messung fähig sind, so bleibt zur Bestimmung des Winkels c für eine gegebene Declinationsnadel kein andres Mittel übrig, als dafs man, nach Ablesung des zur Ruhelage gehörigen Azimutes der Indexlinie, $B = A - c$, die gegenseitige Lage der in Betracht kommenden Punkte der Nadel so ändere, dafs die Indexlinie nachweisbar in einem neuen Azimute $B_{,} = A + c$ zur Ruhe komme, wobei dann, nach dem vorherigen, sowohl vor als nach jener Verändrung, A stets das constante Azimut des magnetischen Meridianes bezeichnet. —

Dieser Anforderung soll durch die sogenannte Umsteckung des Hütchens oder des oben erwähnten Messingcylinders (Seite 20) genügt werden, vermöge deren man die Nadel so auf den Stift legt, dafs die während einer ersten Ablesung nach unten gekehrte Fläche derselben, nunmehr bei einer zweiten Ablesung nach oben gekehrt ist; zugleich aber soll, um die Ablesung zu erleichtern (Seite 20), sowohl vor als nach der Umsteckung die Indexlinie horizontal oder $h = 0$ sein. Zufolge No. 5 werden diese Bedingungen nur für $H_{,} = \pm H$ von dem Verlangten $B_{,} = A + c$ begleitet sein, wenn $B_{,}$, $H_{,}$ u. s. w. respective diejenigen Werthe bezeichnen, welche B, H u. s. w. nach der Umsteckung annehmen. Namentlich wird aber $H_{,} = - H$ stattfinden, sobald ausser der Indexlinie auch irgend eine mit der Nadel fest verbundne Ebne sowohl vor als nach der Umsteckung horizontal oder, was identisch ist, mit der Limbusebne parallel liegt. Man hat daher stets auf die Erfüllung dieses leicht wahrnehmbaren Umstandes zu achten, und ihn, wenn er nach der zweiten Auflegung nicht von selbst sich einstellen sollte, durch Anbringung von kleinen unmagnetischen Gewichten an passende Punkte der Nadel herbeizuführen. Namentlich aber zeigt sich leicht, dafs bei allen Nadeln, bei denen H einen von Null verschiedenen Werth hat, d. h. bei denen während der ersten Art des Gebrauches die Magnetaxe gegen den Horizont geneigt ist, die nach der Umsteckung gefor-

derten Bedingungen $h_, = h = 0$, $H_, = -H$ sich nur in besondern Fällen selbstständig, d. h. ohne Hinzufügung neuer Gewichte einstellen werden. Es müfste zu diesem Zwecke in dem neuen Ruhezustande $-P r_, \cos\gamma_, = Kf \sin(i + H)$
anstatt des Frühern

$$-P r \cos\gamma = Kf \sin(i - H) \quad \text{(siehe oben 3)}$$

eintreten, wo wiederum $-r_,$, $\gamma_,$ die Werthe bezeichnen, welche die frühern Coordinaten des Schwerpunkts $-r$, γ durch Umdrehung des stählernen Theiles der Nadel um eine horizontale und im magnetischen Meridiane gelegne Axe erlangen. Der hierdurch neu hinzu tretenden Bedingung

$$6) \quad P(r_, \cos\gamma_, - r\cos\gamma) = 2Kf \cos i \sin H$$

könnte insofern genügt werden, als die Gröfsen $r, \gamma, r_,, \gamma_,$ nicht nur von dem Gewichte p'' und den nur auf bedingte Weise veränderlichen Schwerpunktscoordinaten r'', α'', γ'' für den stählernen Theil der Nadel, sondern auch von dem Gewichte p' und den mehr unabhängig veränderlichen Schwerpunktscoordinaten für das Hütchen r', α', γ' abhangen. Namentlich ist klar, dafs nach der Umsteckung an die Stelle des Winkels α' der ganz willkührliche $\alpha'_,$ gesetzt werden kann, während durch dieselbe Operation aus α'' nur allein $-\alpha''$ werden, und die Horizontalprojektionen der Schwerpunktsabstände, sowohl für den stählernen Theil der Nadel $r''\cos\gamma''$, als für das Hütchen $r'\cos\gamma'$ stets unverändert bleiben sollen. — Man hat daher vor der Umsteckung:

$$p'r'\cos\gamma'\cos\alpha' + p''r''\cos\gamma''\cos\alpha'' = P r\cos\gamma$$
$$p'r'\cos\gamma'\sin\alpha' + p''r''\cos\gamma''\sin\alpha'' = 0$$

nach der Umsteckung aber:

$$p'r'\cos\gamma'\cos\alpha'_, + p''r''\cos\gamma''\cos\alpha'' = P r_,\cos\gamma_,$$
$$p'r'\cos\gamma'\sin\alpha'_, - p''r''\cos\gamma''\sin\alpha'' = 0$$

aus denen zunächst:

$$\sin\alpha' = -\frac{p''r''\cos\gamma''}{p'r'\cos\gamma'}\sin\alpha'' \text{ und } \alpha'_, = \alpha' + 180^\circ$$

sodann aber durch Verbindung mit 6

$$p'r'\cos\gamma'\cos\alpha' = \frac{P r\cos\gamma\cos i\sin H}{\sin(i - H)}$$

$$p''r''\cos\gamma''\cos\alpha'' = \frac{P r\cos\gamma\sin i\cos H}{\sin(i - H)}$$

folgen. Nur wenn die hierdurch angedeutete Beziehungen zwischen den Gewichten und den Schwerpunktscoordinaten für die einzelnen Theile des Systemes stattfänden, würde die verlangte Stellung der Nadel nach der Umkehrung dadurch erhalten werden können, dafs man den Schwerpunkt des Hütchens, der sich zuerst in dem Azimut α' befinden mufste, nunmehr an eine Stelle der Nadel versetzt, welche respective nach und vor der Umkehrung die Azimute $180° + \alpha'$ und $180° - \alpha'$ besitzt. — Diese Art der Compensation für eine Nadel, in welcher die Magnetaxe gegen die zu horizontirende Oberfläche derselben geneigt ist, würde indessen nur für einen ganz bestimmten Werth von i oder der Neigung der magnetischen Kraft, ausführbar sein, und in allen andren Fällen könnte eine solche Nadel nach der Umsteckung nur dann in der geforderten Lage beharren, wenn man, in dem Horizontalabstande des gesammten Schwerpunktes, eine Gewichtsverstärkung von $\frac{2P\cos i \sin H}{\sin(i - H)}$ angebracht und zugleich den Schwerpunkt des Hütchens stets in einerlei Queerschnitt des Stahls, d. h. respective vor und nach der Umsteckung in den vom magnetischen Meridiane an gezählten Azimuten α' und $-\alpha'$ erhalten hätte. —

Bei der von mir angewandten Nadel befindet sich ein Zeichen auf der einen, und ein andres auf der andren der horizontal zu stellenden Ebnen des Stahlprisma, und beide liegen, bei richtigem Gebrauche der Nadel, in einerlei senkrechten Queerschnitt durch den Umdrehungspunkt. Man konnte daher stets nach der Umsteckung dem Schwerpunkte des Hütchens ein seinem frühern gleiches und entgegengesetztes Azimut ertheilen, wenn man ein drittes, am Unterrande des Messingcylinders vorhandnes Zeichen, auf das eine oder andre jener zwei auf dem Stahlprisma befindlichen einstellte. Es erhielt sich aber unter Anwendung dieses Hülfsmittels die Nadel vor und nach der Umsteckung ohne Gewichtsvermehrung so vollständig in einerlei Lage, dafs bei ihr die Gröfse $\frac{2P\cos i \sin H}{\sin(i - H)} = 0$, und daher auch $H = 0$, oder die Magnetaxe des Stahlprisma mit dessen horizontal zu stellenden Ebnen vollkommen parallel zu betrachten war. — Zur Bestätigung dieses Verhältnisses, welches die richtige Umsteckung erleichtert und somit auch die Sicherheit der Messung des Winkels c oder der Correction einer Ablesung der Indexlinie erhöht, diente noch die Wahrnehmung, dafs wenn man diese Nadel durch einen horizontalen Zug aus ihrer Ruhelage abgelenkt hatte, ein jeder ihrer Punkte sich während der ganzen Dauer der alsdann beginnenden Schwingungen in einerlei Horizontal-Ebne bewegte. Der Ausdruck 3 (Seite 24) zeigt nämlich, dafs für verschiedne Werthe von A, oder in verschiednen Azimuten, die Gröfse H oder die Neigung der Magnetaxe nur dann constant bleiben kann, wenn für A = 0 auch H = 0 gewesen ist, d. h. wenn die Magnetaxe in horizontaler Lage zur Ruhe kam; in allen andren Fällen wird daher sowohl der Magnetpunkt als auch ein jeder andre Punkt der Nadel sich nie anders als in einer Curve von doppelter Krümmung um den Umdrehungspunkt bewegen können.

Die Bedingung für die Horizontalität der Indexlinie und Oberfläche reducirte sich also für die hier in Rede stehende Nadel auf

$$-\,P\,r\cos\gamma = K f \sin i$$

$$\text{und } P\,r\cos\gamma = p' r' \cos\gamma' \cos\alpha' + p'' r'' \cos\gamma'' \cos\alpha''$$

$$\sin\alpha' = -\frac{p'' r'' \cos\gamma''}{p' r' \cos\gamma'} \sin\alpha''$$

Es würde nicht zweckmäfsig gewesen sein, die Gröfse r' völlig $= 0$ zu machen, oder den Schwerpunkt des Hütchen in dessen Axe zu verlegen; denn man hätte alsdann den Vortheil einer genau parallelepipedischen Form des stählernen Theiles der Nadel und eines Zusammenfallens seines Schwerpunkts mit seiner Axe der Figur aufgeben müssen, um den etwa vorhandnen Winkel zwischen der Magnetaxe und der Axe der Figur α'' aufzuheben, welchen man nunmehr bestehen lassen, und unter gleichzeitiger Vermehrung des Gewichtes des Stahlprisma p'', durch eine passende Stellung des Hütchens (Auswahl von α') unschädlich machen konnte. —

Um für die vorliegende Nadel zunächst die Gröfse Kf sin i für einen gegebenen Ort der Erde, und somit auch für jeden andren Ort, an welchem Neigung und Intensität der magnetischen Kraft bekannt waren, das Moment der Schwere zu bestimmen, welches zur Erhaltung der Horizontalität erfordert wurde, reichte es hin, die Zeit zu ermitteln, in welcher dieselbe Nadel an jenem ersten Orte unter Einwirkung des horizontalen Theiles der magnetischen

Erdkraft eine Schwingung um ihren gewöhnlichen Unterstützungsstift vollendete. Denn da diese Zeit nur von dem Verhältnisse der Gröfse Kf cos i zu den Dimensionen und dem Gewichte der Nadel abhängt, so lehrt sie die erstere durch diejenige Einheit ausdrücken, welche letztern zu Grunde liegen. Namentlich aber erhält man durch die obige Gleichung 1 (Seite 24) für die Schwingungen um die verticale Axe:

$$Kf \cos i = \frac{P\lambda^2}{lt^2}$$

wo P wie früher das Gewicht, $P\lambda^2$ aber das Moment der Trägheit der Nadel, letzteres in Bezug auf die Umdrehungsaxe, l die Länge des einfachen Secundenpendels für den Beobachtungsort, und t die in Secunden ausgedrückte Zeitdauer einer Schwingung der Nadel um die senkrechte Axe bedeuten. — Es fand sich nun $P = 133{,}25^{\text{gran}}$ Nürnberger Mediz. Gewicht und, nach den oben (Seite 20) angegebenen Dimensionen, für Pariser Linien $\lambda^2 = 413$, und ferner zu Berlin bei: $f = 1{,}35$, $i = 68°{,}66$ und $l = 440''',8$, $t = 4'',78$ M. Zeit. Es folgt $K = 11{,}11$ und daher für den Ort und die Zeit des Versuches, das zum Äquilibriren der Nadel nöthige Moment $Pr \cos \gamma = -13{,}98$, d. h. wenn man zuerst den Schwerpunkt im Umdrehungsstifte dächte, gleich einem an der Südhälfte der Nadel anzubringenden Zusatzgewichte von $1{,}40^{\text{gran}}$ in 10‴ Horizontalabstand vom Umdrehungsstifte oder von $0{,}39^{\text{gran}}$ am Ende der Nadel. Bei völliger Gleichheit der beiden Hälften des Stahlprisma hatte der Künstler die Horizontalität für Berlin herbeigeführt, theils durch den Messingcylinder, theils durch eine verschiedne Länge der zwei Prismen von Silberblech welche, wie oben erwähnt, die Enden der Nadel bedecken, und auf denen sich die Indexpunkte befinden. Aber während der Reise, und namentlich schon in der Gegend von Tobolsk bei $i = 71°{,}0$, $f = 1{,}54$, zeigte sich eine Zunahme des verticalen Theiles der magnetischen Kraft um 2,21 oder um $2{,}0^{\text{gran}}$ bei 1‴,10 Horizontalabstand, durch eine sichtbare Neigung der Nadel, und wurde durch ein feines und ringförmiges Gegenwicht compensirt, welches in der Südhälfte des Stahles symmetrisch um die Axe der Figur vertheilt, den Azimutalabstand zwischen dem Schwerpunkt dieses Theiles und dem Magnetpunkt, oder den Winkel α'', nicht zu ändern vermochte. Nachher wurde stets durch kleine Verrückungen desselben Gewichts die nöthige Compensation leicht bewirkt, namentlich aber betrug das erforderte Moment der Schwere in den beiden extremen Fällen, in denen das in Rede stehende Instrument gebraucht wurde, auf Sitcha und zu Rio-Yaneiro respective — 18,60 und + 2,35 d. h. es mufste zu der ursprünglichen Anordnung der Nadel ein Gegengewicht von 2gran im erstern Falle an der Südhälfte und in 2''',31 Horizontalabstand vom Umdrehungsstifte, im letztern aber an der Nordhälfte und in 8''',16 Horizontalabstand hinzugefügt werden.

Bei Ausführung der oben (Seite 25) angedeuteten Operation zur Messung des Winkels c, oder der Correction einer jeder Ablesung an der Boussole, habe ich meistens nach der Umkehrung des Hütchens anstatt der zuerst benutzten Indexlinie die andre auf der entgegengesetzten Fläche der Prismen aus Silberblech befindliche angewendet (Seite 20). Es konnten aber auch diese Prismen allein, und ohne Ändrung in der Lage des Stahls, um ihre Axe der Figur gewendet werden, so dafs wenn man die eine Indexlinie mit 1, die andre mit 2 und ebenso die eine Horizontalfläche des Stahls mit A, die andre mit B bezeichnet denkt, die vier Combinationen A1, A2, B1, B2 zu Ablesungen benutzt werden konnten, und zwar läfst sich die gesuchte Correction einer Ablesung bei gewöhnlicher Stellung des Hütchens alsdann folgendermafsen ausdrücken:

$$c = \frac{B2 - A1}{2} - \gamma$$

$$\gamma = \frac{A1 - A2}{2} = \frac{B2 - B1}{2}$$

wo γ, oder die Hälfte der gegenseitigen Neigung der zwei Indexlinien, durchaus unveränderlich war, und daher nur einmal bestimmt zu werden brauchte, c aber, oder die Neigung der Magnetaxe gegen eine zwischen beiden Indexlinien gelegne Linie, nur dann sich ändern konnte, wenn man die Nadel mit andren magnetischen Körpern in Berührung gebracht oder sie umgestrichen hatte. Bei allen zu Declinationsbestimmungen anzuwendenden Ablesungen war die Nadel in dem durch A1 bezeichneten Zustande, die Gröfse c mufste daher zu ihnen addirt werden.

Die folgenden Zahlen, von denen eine jede das arithmetische Mittel aus der Angabe der Nordspitze und der der Südspitze der Nadel ist, dienten zur Bestimmung von γ.

A1	A2
319° 24',50	319° 24',00
24,00	23,50
25,00	24,50
24,00	24,50
24,50	23,00
24,25	23,25
24,00	23,50
23,75	23,20
25,00	24,50
24,00	23,60

es folgt aus ihnen im Mittel: A1 = 319° 24′ 18″.0

A2 = 23′ 45″,3

und somit γ = + 0′ 16″,3

Ferner wurde gefunden:

	A1		B2		c
Potsdam 1828 April 8.	259°	0′,00	259°	0′,00	— 0′ 16″,3
Königsberg 1828 April 30.	201	40,00	201	40,00	— 0′ 16″,3
Tobolsk 1828 October 17.	90	10,00	90	10,00	— 0′ 16″,3
Irkuzk 1829 Februar 8.	132	11,60	132	7,50	— 2′ 19″,3

Der letzte Werth von c hatte sich offenbar seit 1829 Januar 12. eingefunden, weil die Nadel an diesem Tage in Tara, ohne hinreichende Vorsicht mit zwei Magnetstäben gestrichen wurde. Seit sorgfältiger Magnetisirung durch den Doppelstrich in Irkuzk, fand sich aber stets wiederum $\frac{B2 - A1}{2} = 0{,}00$

und es war daher auch wie früher c = — 0′ 16″,3 zu nehmen.

Bei jeder Aufsetzung der Boussole auf ihre Axe lag also, wenn B das Mittel aus der Angabe beider Spitzen bedeutet,

die Nordhälfte des magnetischen Meridianes,

rechts vom Nullpunkte der Theilung um B + c ± 90°

Befand sich daher

der Nullpunkt rechts vom Kreis-Ende der

ruhenden Linie (Seite 14) um c′ ± 90°

das Kreis-Ende rechts vom astronomischen Nordpunkt um a,

so war entweder a + B + c + c′ oder a + B + c + c′ ± 180° die gesuchte Declination, und zwar eine östliche, wenn das Resultat dieser Addition positiv, und eine westliche, wenn es negativ ist. Da aber stets nur ein Werth dieses Ausdruckes der Bedingung genügen kann: zwischen + 90° und — 90° enthalten zu sein, so bleibt kein Zweifel über die Wahl, in allen denjenigen Fällen, in welchen man vorläufig weiſs, daſs der Azimutalabstand des astronomischen vom magnetischen Nordpunkte 90° nicht übertreffe. Nur wenn der entgegengesetzte Fall möglich geachtet wird, muſs bei der Beobachtung angemerkt werden:

1) welche der zwei Ablesungen an der Nadel dem sogenannten Nord-Ende derselben angehörte;

2) ob der Nullpunkt der Boussole-Theilung sich in der Nord- oder Südhälfte des Horizonts befand. —

Der Winkel c′ zwischen der Null-Linie der Boussole-Theilung und einem andren auf die ruhende Linie senkrechten Durchmesser derselben ist positiv zu nehmen, wenn für ein im Mittelpunkte der Theilung befindliches Auge letzterer links vom erstern liegt. Zur Bestimmung desselben dient eine eigne Vorrichtung Fig. 4., welche mit der messingnen Axe H in Verbindung ist. Ein sehr ähnlicher Apparat wurde früher von Ramsden angewendet, um bei Passageinstrumenten die Wasserwage durch ein Bleiloth zu ersetzen, und die Idee desselben auf die hier vorhandne Aufgabe, durch Herrn Pistor sehr glücklich übertragen.

An der messingnen Axe, auf welche die Boussole gesetzt wird, ist eine länglich rechtwinkliche Platte von starkem Messing K so befestigt, daſs ihre Mittellinie die Mittellinie jener Axe oder die ruhende Linie (Seite 19) unter nahe rechten Winkeln schneidet, und daſs sie, je nachdem man die Zapfen der Axe in den Lagern dreht, bald in eine horizontale, bald in eine senkrechte Ebne versetzt werden kann. An jedem Ende dieser Platte ist ein Mikroskop an einem mit seiner optischen Axe oder Absehenslinie parallelem Träger L befestigt. Ein jeder dieser Träger ist zwischen zweien Schrauben s s geklemmt, welche parallel mit der Ebne der Platte und senkrecht auf deren Mittellinie liegen, und die Absehenslinie eines jeden der Mikroskope kann daher eine Drehung erleiden, bei der jene Schrauben als Axe dienen, und welche stets in einer auf die ruhende Linie des Instrumentes beinahe senkrechten Ebne vollendet wird. Vermöge der Schrauben ss kann aber ferner auch eine jede dieser Absehelinien, welche durch ein Fadenkreuz im Innern des Mikroskopes bestimmt ist, parallel mit der ruhenden Linie und nach beiden Seiten hin bewegt werden, und man ist daher im Stande, jene Fadenkreuze in eine Linie zu versetzen, welche die ruhende Linie genau unter rechten Winkeln durchschneidet, sobald man nur zuerst einem gradlinigen Faden diese verlangte Richtung ertheilt, und denselben zum Objekt für die Mikroskope gemacht hat. — Dieses geschieht nun auf die folgende Weise:

Vermöge der Wasserwage wird die Mittel-Linie der Axe H genau horizontirt (Seite 15), alsdann durch Drehung der Zapfen in ihren Lagern die Platte K in eine ungefähr senkrechte Ebne gestellt, so dafs das Mikroskop M, nach oben und zugleich sein Objektiv, ebenso wie das des andren Mikroskopes, gegen eine von zwei in jener Platte befindlichen Öffnungen gerichtet ist. Vermöge einer kleinen Zange, welche mit der Fassung des oberen Mikroskopes verbunden ist, wird der Faden eines Bleilothes so befestigt, dafs er zwischen den genannten Öffnungen und den Objektiven des Mikroskopes liege, und in den Sehfeldern der letzteren sich deutlich zeige. Bewegt man nun mittels der Schrauben die Mikroskope so lange, bis von jedem Fadenkreuze eine Stelle dieses Pendelfadens gedeckt werde, so befinden sich die Absehepunkte für die Mikroskope in der Richtung der Schwere, während die ruhende Linie des Instruments horizontal liegt, d. h. eine Linie durch beide Absehepunkte bildet nun genau rechte Winkel mit der ruhenden Linie.

Man versetzt nun die Scheibe K in horizontale Lage, entfernt dann, durch Drehung um die Schrauben ss, die Okular-Enden der Mikroskope so weit von einander, als nöthig ist um die Boussole ebenso wie zu einer Declinationsbeobachtung auf ihre Axe H zu setzen (Seite 19), und dreht dann, nachdem dieses geschehen ist, die Mikroskope in ihre vorherige Lage, bei welcher nun ihre optischen Axen senkrecht auf den Boussole-Limbus gerichtet sind, so dafs ein Theilstrich dieses Limbus unter jedem Fadenkreuz deutlich und vergröfsert gesehen wird. — Die Verbindungslinie der zwei auf diese Weise erkannten Theilstriche besitzt dann die geforderte Eigenschaft genauer Senkrechtheit auf die ruhende Linie, insofern nur diejenige Drehung der Mikroskope, welche der Aufsetzung der Boussole vorhergehen mufste, keine Veränderung in der Lage ihrer optischen Axen bewirkt hat. Entscheidung über diesen Zweifel erhält man nach vollendeter Ablesung an der Boussole, indem man alsdann, wenn es nöthig sein sollte, die Axe II von neuem horizontirt, und ohne die Schrauben ss zu berühren den Pendelfaden wiederum einhängt. Nur wenn die Deckung desselben durch die Fadenkreuze ebenso wie früher stattfindet, ist die vorhergegangne Ablesung für gelungen zu halten. Bei dem von mir angewandten Instrumente war dieses ohne Ausnahme der Fall, wenn man nur je zwei zusammengehörige Schrauben ss stets bis zur vollständigen Berührung mit dem zwischen ihnen befindlichen Mikroskopträger angezogen hatte. —

Sind nun n und n' die Zahlen für die unter den Fadenkreuzen gelegnen zwei Theilstriche, so wird

$$c' = \begin{matrix} 90^\circ \\ 270 \end{matrix} - \frac{n + n'}{2}$$

je nachdem n zu den Zahlen des ersten oder zu denen des vierten Quadranten der Theilung gehört. Es bedarf übrigens keiner Erwähnung, dafs, wegen Gleichheit der zwischen Parallel-Linien enthaltnen Bogen eines Kreises, das Resultat dieser Messung nicht geändert wird, die Linie durch die Fadenkreuze möge einen Durchmesser der Boussole oder eine mit ihm parallele aber excentrische Sehne bilden. Dieser Winkel c' wurde nun folgendermafsen bestimmt:

			n		n'		c'	
Potsdam	1828 Apr.	8.	359°	38',0	180°	22',0	0'	0",0
Königsberg	1828 Apr.	30.	0	27,0	179	33,0	0	0,0
Petersburg	1828 Mai	28.	359	50,0	180	10,0	0	0,0
Tobolsk	1828 Oct.	17.	1	9,0	178	48,0	+1	30,0
Tara	1829 Jan.	14.	358	52,0	181	5,2	+1	24,0
Troizko Sawsk	1829 Febr.	18.	0	7,4	179	49,5	+1	33,0
Berlin	1830 Nov.	30.	0	0,0	179	57,0	+1	30,0

Eine Veränderung in dem Werthe dieser Correction ist daher offenbar nur 1828 October 15. erfolgt, weil an diesem Tage der Boussolenring absichtlich aus dem umgebenden Körper des Instrumentes herausgenommen wurde, in welchem er durch äusserst starke Reibung befestigt war.

Bei der folgenden Mittheilung der Declinationsbeobachtungen und deren Berechnung habe ich die Gröfse c + c′ stets durch das Wort Collimation bezeichnet, und es wurde daher mit Rücksicht auf die oben angeführten Werthe von c (Seite 31) von

1828 April 8. bis 1828 Octbr. 15. Collimation = − 0′ 16″,3
1828 Oct. 15. bis 1829 Januar 12. Collimation = + 1 13,7
1829 Jan. 12. bis 1829 Februar 8. Collimation = − 0 49,3
1829 Febr. 8. bis 1830 Novbr. 30. Collimation = + 1 13,7
gesetzt.

Zur Bestimmung des astronomischen Azimutes der ruhenden Linie wurden in allen Fällen die Uhrzeiten beobachtet, zu denen bekannte oder später zu erkennende Gestirne durch die Vertikalfäden des Fernrohrs (Seite 11) hindurchgingen. —

Wenn diese Beobachtungen gleichzeitig zur Ermittlung des Uhrstandes oder zur Zeitbestimmung dienen sollten, so habe ich, nach Aufstellung des Instruments auf dem oben beschriebnen Stative und nach Horizontirung des Azimutalkreises (Seite 19), die Pfeiler-Ebne so gestellt, dafs sich der Polarstern, oder ein andrer dem damals sichtbaren Pole nahe gelegner Stern, in der Nähe eines Fadens, und die ruhende Linie daher nahe an der Ebne des ersten Vertikales befand. Nach Befestigung der Pfeiler-Ebne durch die Press-Schrauben bb (Fig. 2) und nach Ablesung der in Niveautheilen ausgedrückten Neigung der ruhenden Linie (Seite 17), wurde der Antritt jenes dem Pole nahen Sternes an den ihm zunächst gelegnen Faden beobachtet, sodann aber, innerhalb des Raumes welchen das Feld des Fernrohrs bei Drehung um die Zapfen beschrieb, in der Nähe des Äquators gelegne Sterne aufgesucht und deren Antrittszeiten an jedem der Fäden beobachtet, und zwar theils bei einerlei Lage des Kreis-Endes der Umdrehungsaxe, theils unter Umlegung des Fernrohrs (Seite 10). Das Kesselsche

Chronometer, welches bei allen diesen Beobachtungen diente, machte 5 Schläge während zwei Secunden und sein Secundenzeiger coïncidirte sehr genau bei jedem Schlage welcher das Ende einer graden Anzahl von Secunden bezeichnet mit einem Theilstriche des Zifferblattes. Um die Momente eines Sterndurchgangs ohne fremde Hülfe zu bestimmen, habe ich daher diese Uhr auf das Stativ, nahe am Oculare des Fernrohrs, gestellt, und von dem Augenblicke des Antritts an einen Faden bis zur beliebig späteren Wahrnehmung der Coïncidenz des Uhrzeigers mit dem n^{ten} Theilstriche des Zifferblattes, alle Schläge des Chronometers gezählt. Das in Secunden und deren Zehntheilen ausgedrückte Moment des Antrittes erhielt man dann z. B. $= n'' - 1'',2$, $n'' - 2'',8$, $n'' - 5'',2$, $n'' - 5'',8$ oder allgemein $n - \frac{4.S}{10}$, je nachdem 3, 7, 13, $14\frac{1}{2}$ oder allgemein S Schläge gezählt worden waren. Zur Vermeidung von Irrungen beim Niederschreiben habe ich es sehr vortheilhaft befunden, diese Reduction im Kopfe auszuführen, und nur deren Resultat, nicht aber besonders die Secunde der Coïncidenz und die Anzahl der Schläge, aufzuzeichnen. — Der Name des Quadranten des Horizontes, in welchem sich das Kreis-Ende der Umdrehungsaxe befand, wurde sodann neben jedem beobachteten Antrittsmomente aufgeschrieben: ausserdem aber die an dem Stellkreise abgelesene Höhe des beobachteten Sternes, welche bei nachheriger Berechnung zu leichterer Auffindung desselben diente. — Die Aufsetzung und Ablesung der Boussole wurde nach vollendeter Beobachtung zur Zeitbestimmung stets auf die oben erwähnte Weise (Seite 19) ausgeführt. —

Beobachtungen welche die Polhöhe ergeben sollten, habe ich ebenfalls mit Einstellung des Fernrohrs in die Nähe eines Polarsterns begonnen; sodann aber das Azimut der Pfeiler-Ebne, mit Hülfe der Horizontaltheilung A (Fig. 1), um 90° geändert, so dafs sich die Abschelinie in der Nähe des ersten Vertikales, die ruhende Linie in der Nähe des Meridianes befand. Nach Befestigung der Pfeiler durch die Press-Schrauben bb und Nivellirung der ruhenden Linie wurden Antritte von Sternen beobachtet, welche östlich und westlich vom Zenit und wo möglich in der Nähe desselben durch den vom Felde des Fernrohrs beschriebnen Raum hindurchgingen. Die Uhrangaben für diese Antrittsmomente wurden genau wie die zu Zeitbestimmungen dienenden erhalten, und, auch ebenso wie bei jenen, einem jeden Sterndurchgange die dabei stattfindende Lage des Kreis-Endes und die Höhe des Sternes, meist für den Augenblick seines Antritts an den dritten Faden, hinzugefügt. — —

Die nun folgenden theoretischen Betrachtungen, welche sowohl bei der eben erwähnten Anordnung der Beobachtungen, als auch bei deren Berechnung leiteten, entnehme ich aus Herrn Bessel's Abhandlung über den allgemeinen Gebrauch des Passageinstruments (Schuhmachers astronomische Nachrichten 1828), welche bei meiner Reise noch nicht im Druck erschienen, aber von dem Herrn Verfasser mit der ihm eignen Geneigtheit mir abschriftlich mitgetheilt worden war.

Man nenne, wie früher erwähnt, dasjenige Ende der ruhenden Linie, an welchem sich der Höhenkreis befindet, das Kreis-Ende, und bezeichne mit a und mit 90 — b das Azimut und die Zenitdistanz des Punktes in welchem die Himmelskugel getroffen wird, wenn man die ruhende Linie über das Kreis-Ende hinaus verlängert, wobei dieses und alle folgenden Azimute von Norden über Osten positiv von 0° bis 360° gezählt werden. Nennt man dann ferner e und z das Azimut und die Zenitdistanz eines Sternes in dem Augenblicke seines Antritts an einen der Fäden, 90 + c den Winkel zwischen der Collimationslinie und der ruhenden Linie, immer auf das Kreis-Ende der letztern bezogen, f den Winkelabstand des Fadens, an welchem der Stern beobachtet wurde, von der Collimationslinie, positiv genommen wenn ersterer sich zwischen letzterer und dem Kreis-Ende befindet, so erhält man aus dem Dreiecke zwischen der Projektion des Kreis-Endes, dem Sterne und dem Zenite:

$$[1] \quad -\sin(c + f) = \sin b \cos z + \cos b \sin z \cos(e - a)$$

Bezeichnet man ferner die Polhöhe mit φ, und für den beobachteten Stern die Declination mit δ und den von der obren Culmination nach der Richtung der täglichen Bewegung gezählten Stundenwinkel mit t, so kann aus dieser Gleichung, welche ein jeder Sternantritt darbietet, durch Elimination vermöge der Ausdrücke:

$$[2]\quad \begin{cases} \cos z = \sin\varphi \sin\delta + \cos\varphi \cos\delta \cos t \\ \sin z \cos c = \cos\varphi \sin\delta - \sin\varphi \cos\delta \cos t \\ \sin z \sin c = -\cos\delta \cos t \end{cases}$$

eine andre erhalten werden, in welche der Stundenwinkel des Sterns, die Polhöhe des Orts und das Azimut der Umdrehungsaxe eingehen. — Der Stundenwinkel t ist aber, wenn T die beobachtete Zeit der Uhr, θ ihre Reduction auf Sternzeit und α die grade Aufsteigung des Sternes, eine jede der drei letztern durch Multiplication mit 15 in Kreistheile verwandelt, ausdrücken

$$[3]\qquad t = T + \theta - \alpha.$$

Bezeichnet man dann den Werth jeder Secunde der Uhr in Sternzeit ausgedrückt mit $1 + i$, so verwandelt sich die Correction der Angabe derselben, wenn sie zu einer bestimmten Uhrzeit θ ist, nach Verlauf der Uhrzeit h, in $\theta + ih$. Hat man aber diese seit irgend einem willkührlichen Momente eingetretne Verändrung von θ einer jeden der beobachteten Uhrzeiten hinzugefügt, so ist in dem Ausdrucke eines jeden t, θ als unveränderlich und für jenes willkührliche aber bestimmte Moment gültig zu nehmen, so dafs dann sämmtliche Stundenwinkel ausser dem völlig bekannten Theile $T - \alpha$, einerlei Constante θ enthalten.

Um nun aus Beobachtungen, welche auf die oben erwähnte Weise bei constantem Azimute der Umdrehungsaxe des Passageinstrumentes gemacht wurden, das Azimut des Kreis-Endes a und die Correction der Uhr θ, oder auch das Azimut a und die Polhöhe φ zu bestimmen, kann man von Näherungswerthen dieser gesuchten Gröfsen ausgehen, und dann ihre Correctionen $\Delta\alpha$, $\Delta\theta$, $\Delta\varphi$ so bestimmen, dafs sie alle gemachten Beobachtungen am vortheilhaftesten darstellen. — Zur Ableitung der hierzu nöthigen Ausdrücke setze man in [1]: $z + \Delta z$, $c + \Delta c$, $a + \Delta a$, anstatt z, c und a, wo z und c die mit Näherungswerthen von φ und θ berechneten Werthe der Zenitdistanz und des Azimuts, Δz, Δc die von $\Delta\varphi$, $\Delta\theta$ abhängigen Correctionen derselben bezeichnen, und substituire alsdann in dieser neuen Gleichung für Δz und Δc diejenigen ihnen gleichen Funktionen von $\Delta\varphi$ und $\Delta\theta$, welche man durch Differentiation von [2] erhält, so ergiebt sich, wenn man Alles bei der wirklichen Anwendung unbemerklich werdende wegläfst, und das nicht unmittelbar in Secunden ausgedrückte Glied mit $\varrho = 206264'',8$ multiplicirt:

$$[4]\quad c + f + b \cos z + \varrho \sin z \cos(e - a) = -\Delta a \sin z \sin(e - a)$$
$$+ \Delta\varphi \cos z \cos a + \Delta\theta \cos\delta \left\{ \cos t \sin a - \sin t \cos a \sin\varphi \right\}$$

Ein jeder beobachteter Sternantritt liefert alles Erforderte zur Bildung einer Gleichung von dieser Form, in welcher nur die, während einerlei Beobachtungsreihe unveränderlichen, Gröfsen $\Delta\varphi$, Δa, $\Delta\theta$, c unbekannt sein können. Von diesen Unbekannten können daher stets einige, vermöge mehrerer, bei unveränderter Lage der Umdrehungsaxe und bei verschiedner Höhe des Fernrohrs, beobachteter Sternantritte, bestimmt werden: namentlich aber nur diejenigen mit Vortheil, welche in den, durch einerlei Beobachtungsreihe dargebotnen Gleichungen, unter sich verschiedne und zum Theil der Einheit nahe Coëfficienten erhalten. Dieses erwägend, sieht man genugsam in der Gleichung [4] den Grund für die oben beschriebne Anordnung der Beobachtungen, vermöge deren zur Bestimmung von $\Delta\theta$ oder des Uhrstandes, a nahe 90° oder 270° und daher e nahe 0° oder 180°, zur Bestimmung von $\Delta\varphi$ oder der Polhöhe aber a nahe 0 oder 180° und daher e nahe 90° oder 270° gewählt wurden. Ebenso zeigt sich nun auch, vermöge derselben Gleichung, aus der Gröfse welche die Coëffizienten von $\Delta\theta$, $\Delta\varphi$, Δa erlangen, dafs Sterne in der Nähe eines Poles verbunden mit Sternen in der Nähe des Äquators zur Zeitbestimmung, Sterne in der Nähe und auf beiden Seiten des Zenits aber zur Messung der Polhöhe am günstigsten sind; dafs ferner das Azimut der Axe oder Δa zwar aus beiden Arten von Beobachtungen, jedoch aus denen zur Zeitbestimmung am vortheilhaftesten bestimmt wird, während endlich die Gröfse c oder die Collimation des Fernrohrs sich nur dann ergiebt, wenn bei einer jener beiden Beobachtungsarten zwei Antritte bei gleicher oder nahe gleicher Neigung des Fernrohrs, und bei entgegengesetzter Lage des Kreis-Endes, d. h. respective bei a und bei $a_{,} = 180° + a$, beobachtet wurden.

Die Gröfsen z und e, deren man zur Bildung der Gleichung [4] bedarf, werden jedesmal mittels der angenommenen Näherungswerthe von φ und θ, vermöge der Formeln:

$$
[5] \quad \begin{cases} \cos\delta \cos t = g \sin G \\ \sin\delta = g \cos G \\ \cos z = g \sin (G + \varphi) \\ \sin z \cos e = g \cos (G + \varphi) \\ \sin z \sin e = - \cos\delta \sin t \end{cases}
$$

berechnet, nachdem zuvor aus den beobachteten Uhrzeiten T, die Stundenwinkel t durch No. [3] gebildet worden sind. Man kann dabei entweder die beobachtete Zeit des Antrittes an irgend einem Faden direkt anwenden, und hat dann für die auf der linken Seite der Gleichung [4] befindliche Gröſse f den jedesmaligen Abstand dieses Fadens von der Collimationslinie zu setzen, oder auch zuvor aus jeder der für den Uhrgang corrigirten Zeiten T', T'', T'''..... des Antrittes eines Sternes an die verschiednen Fäden des Netzes, die entsprechenden Stundenwinkel nach Nr. [3], aus jedem derselben aber denjenigen Stundenwinkel $t_{,}$ zu bilden bei welchem derselbe Stern die Collimationslinie erreichte, und endlich das arithmetische Mittel aus den auf diese Weise erhaltnen Werthen ein und derselben Gröſse $t_{,}$ zur Berechnung der Coëfficienten einer Gleichung [4] anwenden, in deren linke Seite alsdann die Gröſse f nicht mehr eingeht.

Um zu diesem Zwecke das Zeitintervall zu berechnen, welches zwischen dem Antritte eines Sternes an die Collimationslinie und dessen Antritt an irgend einen um f von derselben entfernten Faden verflossen ist, seien t und t' respective die Stundenwinkel jenes Sternes im ersten und zweiten Momente, so erhält man durch Verbindungen der Gleichungen [1] und [2]

$$
1) \quad -c = b \left\{ \sin\varphi \sin\delta + \cos\varphi \cos\delta \cos t \right\} + \cos a \left\{ \cos\varphi \sin\delta - \sin\varphi \cos\delta \cos t \right\} - \sin a \cos\delta \sin t
$$

$$
2) \quad -c - f = b \left\{ \sin\varphi \sin\delta + \cos\varphi \cos\delta \cos t' \right\} + \cos a \left\{ \cos\varphi \sin\delta - \sin\varphi \cos\delta \cos t' \right\} - \sin a \cos\delta \sin t'
$$

und durch Subtraction beider Ausdrücke

$$
f = -2 \sin \tfrac{1}{2} (t' - t) \, m \cos\delta \sin \left\{ \frac{t' + t}{2} - M \right\}
$$

oder zur Rechnung:

$$
[6] \quad 2 \sin \tfrac{1}{2} (t' - t) = \frac{-f}{m \cos\delta \sin \left\{ t - M + \tfrac{1}{2} (t' - t) \right\}}
$$

wenn zuvor

$$[7] \qquad \cos a \sin \varphi - b \cos \varphi = m \cos M$$
$$\sin a = m \sin M$$

berechnet wurde. Bei praktischer Anwendung dieser Ausdrücke kann in No. [7] $b \cos \varphi$ stets vernachlässigt, und in dem Nenner der rechten Hälfte von No. [6] für die noch unbekannte Gröfse $t' - t$ ein Näherungswerth dieser Gröfse gesetzt werden. Sind mehr als ein Antritt desselben Sternes beobachtet worden, so kennt man $t' - t$ zu diesem Zwecke genugsam, — in jedem andren Falle genügt eine zweite Auflösung der Gleichung [6], wenn man bei dieser das Resultat einer ersten Auflösung als neuen Näherungswerth benutzt. —

Von der Construction des Instrumentes abhängige Gröfsen, deren man zur Ermittlung der Resultate bedurfte, waren der Werth eines Niveautheils (Seite 13) und die gegenseitigen Abstände der Fäden (Seite 11). Ersterer ist zu 3″,86 angenommen worden, nachdem sich bei Befestigung des Niveaus an der Alhidade eines vertikalen Winkelmessers folgende Ablesungen ergeben hatten:

1828 April 14.				1830 November 14.		
Niveau.		Nonius.		Niveau.		Nonien
Süd-Ende.	Nord-Ende.	I.	II.	Süd-Ende.	Nord-Ende.	im Mittel.
18,7 p	2,8 p	18″	40″	8,5 p	21,0 p	+ 1″,3
10,5	11,0	42	65	12,5	17,1	22,5
7,3	14,2	60	75	17,7	12,1	40,0
6,5	15,0	67	90	20,5	9,2	51,3
2,5	19,5	75	93	9,0	21,0	1,3
17,0	5,0	27	42	19,5	11,0	50,0
7,4	15,1	64	85	16,1	14,1	31,3
15,5	7,0	35	52	11,0	19,0	10,0

Für den Unterschied zwischen den Werthen $1^p = 3'',72$
$= 3,49$
und $= 4,36$

von denen die zwei ersteren aus den vor der Reise, der letztere aber aus den nach derselben gemachten Ablesungen folgen, ist der Grund in nicht völlig fester Aufstellung der gebrauchten Winkelinstrumente zu suchen, denn obgleich eine jede der ersteren Reihen für den mittleren Fehler ihres Resultates nur 0″,4 die letztere aber nur 0″,2 andeuten, so sind doch diese aus nur 8 Ablesungen geschlossnen Gränzen der Zuverlässigkeit offenbar enger als die in der Wirklichkeit stattfindenden, und man hatte daher keinen Grund, den Werth eines Niveautheils während der Reise als veränderlich, und von 3″,86 oder dem Mittel verschieden zu nehmen.

Die gegenseitigen Winkelabstände der fünf Vertikalfäden des Fernrohrs wurden sowohl durch mehrere zu diesem Zwecke beobachtete Sterndurchgänge bestimmt, als auch nach dem von Gauss vorgeschlagnen Verfahren, durch direkte Messungen an dem Bilde, welches sie durch das Objectiv des Fernrohrs gesehen darboten. Vor meiner Abreise hatte Herr Professor Encke die Güte, nach dieser Methode mittels eines Repetitionskreises die folgenden Messungen anzustellen, bei denen respective V, IV ... I die verschiednen Fäden in derjenigen Ordnung bezeichnen, in welcher sie von dem Kreis-Ende der Umdrehungsaxe gegen das andere Ende auf einander folgen.

1828 April 12.

V — III	16′	57″	1fach	IV — III	8′	25″	1fach
	84	47	5fach		42	12	5fach
I — III	17	8	1fach	II — III	8	31	1fach
	84	29	5fach		42	47	5fach

1828 April 13.

V — III	17′	4″	1fach	IV — III	8′	32″	1fach
	84	56	5fach		42	16	5fach
I — III	17	1	1fach	II — III	8	34	1fach
	84	39	5fach		42	18	5fach.

Nach der Reise habe ich ähnliche Messungen mittels eines Reichenbachschen Theodoliten wiederholt, dessen Theilung in horizontaler Ebne lag, während die optische Axe des Passagefernrohrs, nach Ablesung am Stellkreise desselben, um 31° 21′ gegen den Horizont geneigt war. Die folgenden Zahlen sind daher aus den unmittelbaren Beobachtungen dadurch erhalten, dafs ein jedes Mittel aus den Ablesungen an zwei Nonien mit cos (31° 21′) multiplizirt wurde.

1830 November 15.

V — III	17′	9″,81	1fach		IV — III	8′	44″,97	1fach
	85	14,66	5fach			42	43,41	5fach
I — III	17	10,14	1fach		II — III	8	32,15	1fach
	85	31,44	5fach			42	24,18	5fach

1830 November 16.

V — III	17′	4″,73	1fach		IV — III	8′	34″,29	1fach
	85	2,33	5fach			42	32,40	5fach
I — III	17	13,15	1fach		II — III	8	25,75	1fach
	85	25,41	5fach			43	0,94	5fach.

Die Messungen aus den Jahren 1828 und 1830 stimmen darin überein, die Intervalle zwischen je zwei einander zunächst gelegnen Fäden innerhalb der Gränze der Beobachtungsfehler einander gleich erscheinen zu lassen. Für die Gröfse eines Interwalles, welche

aus jenen zu 8′ 29″,69
aus diesen zu 8 32,34

folgt, wurde aber ausschliefslich der letztere Werth oder 34″,156 Sternzeit den Rechnungen zu Grunde gelegt, weil auch alle auf der Reise beobachteten Sterndurchgänge sich demselben so genügend anschlossen, dafs zu vermuthen steht, das Fadennetz habe sich bei jenen ersten Messungen etwas näher an dem Objektive des Instrumentes befunden, als während des nachherigen Gebrauches.

Bei der Ableitung der End-Resultate aus den Beobachtungen verdanke ich der uneigennützigen Freundschaft des Herrn Direktor Herter in Berlin, ebenso erfolgreiche als wesentliche Unterstützung. Eine von jeder Beobachtung geführte vorläufige Rechnung mit fünf Decimalen, verschaffte uns nur diejenigen Näherungswerthe für a, φ und θ, welche Herr Herter einer vollständigen und unabhängigen Wiederholung mit 7stelligen Logarithmen zum Grunde legte. Das unten abgedruckte Beispiel der Berechnung einer Zeitbestimmung und einer Polhöhe, zeigt alle Einzelnheiten der sehr zweckmäfsig befundenen und daher in jedem einzelnen Falle beibehaltnen Anordnung.

Den dort mitgetheilten Operationen ging stets eine andre zur Erkennung der meist ganz unbekannten Sterne und zu deren Auffindung in den Sternverzeichnissen vorher. Aus einer ersten Annahme über das Azimut der Umdrehungsaxe a, wurde eine andre für das Azimut des fraglichen Sternes $c = a \pm 90$ erhalten, und aus dieser, verbunden mit der durch die Ablesung vom Stellkreise erhaltnen Zenitdistanz z, ein angenäherter Werth für den Stundenwinkel t und die Declination δ nach den Gleichungen [5] bestimmt. Aus t ergab sich $\alpha = T + \theta - t$ mit demselben oft sehr starken Fehler behaftet, welchen eine erste Annahme über die Uhrcorrection θ besafs. — Aus den Sternverzeichnissen wurden sodann alle innerhalb einiger Grade der Rectascension sowohl als Declination an den Ort $\left\{\alpha, \delta\right\}$ angränzende Sternörter ausgeschrieben, und unter diesen der wirklich beobachtete durch folgendes Hülfsmittel erkannt. Wenn Azimut und Stundenwinkel beim Antritt an den 3ten Faden, so wie oben angedeutet (Seite 37) gezählt werden, so ist $\sin\varphi \cos t - \operatorname{cotg} c \sin t = \operatorname{tg}\delta \cos\varphi$.

Mithin wenn man $\sin\varphi = M \sin N$

$$\operatorname{cotg} c = M \cos N$$

nimmt

$$M \sin (N - t) = \operatorname{tg}\delta \cos\varphi$$

Setzt man daher $N - t = Q$, so wird, wegen $\alpha = T + \theta - t$,

$$\alpha = -N + T + \theta + Q.$$

Man rechnete daher zuerst N, welches zu diesem Zwecke für alle bei einerlei Beobachtung vorkommenden Sterne als constant betrachtet wurde, bildete dann für jeden fraglichen Stern die Gröfse $-N + T + \theta$, und endlich, mit den verschiednen δ der mit ihm identisch vermutheten Sterne des Cataloges, den Winkel Q durch:

$$\sin Q = \frac{\cos\varphi \operatorname{tg}\delta}{M}$$

Das für jeden der zu untersuchenden Sterne des Cataloges erhaltne

$$\alpha = -N + T + \theta + Q$$

wurde dann mit der Angabe des Cataloges verglichen, und für jeden derselben: AR der Rechnung — AR des Cataloges = Fehler der Hypothese vermerkt. — Verfährt man ebenso für jeden der zu einerlei Beobachtung gehörigen Sterne, so unterscheidet man unter den dafür vermutheten Angaben des Cataloges die wirklich entsprechenden von den falschen dadurch, dafs für alle ersteren die Gröfse: Fehler der Hypothese einen (höchst nahe allein von der fehlerhaften Annahme über c nnd θ abhängigen und daher) höchst nahe gleichen Werth, für die letzteren aber unter einander sehr verschiedne Werthe erhält. — —

Wir erlauben uns nun, die gesammte Anordnung der Rechnung an folgenden Beispielen näher zu zeigen.

1828 November 28. wurden zu Schorkal am Obi die folgenden Sternantritte zum Behuf der Zeitbestimmung beobachtet.

Bezeichnung und Höhe des Sternes.	Geschätzte Gröfse.	Faden I.	Faden II.	Faden III.	Faden IV	Faden V.	Lage des Kreises.
α Urs. min.	. . . .	. . .	. . .	3ʰ 35′ 43″,2	. . .	. . . .	W
Süd 69° 31′	4ter — 5ter	. . .	39′ 35″,2	3 40 22,0	41′ 6″,4	41′ 54″,4	O
Süd 31 58	3ter — 5ter	. . .	. . .	3 43 54,4	44(30,0)	45 3,2	O
Süd 55 35	5ter — 6ter	. . .	. . .	3 46 57,2	47 35,6	48 14,6	O
Nord 21 28	3ter — 4ter	. . .	. . .	3 52 54,0	53 46,0	54 38,0	O
α Urs. min.	. . . .	. . .	. . .	3	57 26,2	. . . .	O
Süd 51° 18′	4ter — 6ter	. . .	. . .	4 0 48,0	1 25,6	2 3,2	O
Süd 32 8	4ter — 6ter	. . .	. . .	. . . .	3 44,4	4 19,6	O
Süd 55 20	2ter — 3ter	9′ 44″,8	10 23,6	4 11 2,0	11 40,8	12 18,8	O

Wasserwage.		Boussole.
3ʰ 34	p 0,0	189° 45′,5
3 56	0,0	9 49,0

Vermittels der angegebenen Höhen und der vorläufigen Annahme $\theta = 19^h\ 52',0$ $\alpha = 271^\circ\ 25'$ für Kreis West, wurden die beobachteten Sterne sehr leicht für α Urs. minoris, ι Andromedae, ι Piscium, 78 Pegasi, χ Urs. majoris, α Urs. minoris, ψ Pegasi, ω Piscium und α Andromedae erkannt. Was nun die Reduction der Angabe der Sternverzeichnisse auf den Anfang des Jahres oder auf den mittleren Sternort anbelangt, so geschah diese, wenn der Stern sich in: Bessel's Fundamentis Astronomiae pro anno 1755 fand, sowohl für Declination als für Rectascension nach der Formel:

$$\text{loc. med. pro init. anni}$$
$$= \text{loc. pr. a. } 1755 + (45+t)\left\{p' - \frac{45-t}{90}(p'-p)\right\} + \frac{45+t}{45}\,\mu$$

wo p die jährliche Praecession für 1755, p′ dieselbe für 1800, μ die eigne Bewegung des Sternes sich neben jedem Sterne in den Fundamentis befinden, und t den Überschuss der Jahreszahl über 1800 bedeutet. Fanden sich aber die Sterne nicht daselbst, so wurden sie aus Piazzi: praecipuarum stellarum inerrantium positiones mediae ineunte saeculo XIX. Panormi 1814; aus Bessel's Beobachtungen der Sterne nach Zonen der Abweichung, oder endlich aus Lalande Histoire céleste entnommen. In diesem Falle, wo die eigne Bewegung des Sternes nicht berücksichtigt werden kann, ist $(t' - t)\,p''$ die dem Sternorte des Verzeichnisses hinzuzufügende Praecession vom Jahre $1800 + t$ bis zum Jahre $1800 + t'$, und für den Piazzischen Catalog, für welchen $t = 0$ ist, reduzirt sich dieser Ausdruck auf: $t'\,p''$, wobei allgemein p'' die zu dem Jahre $1800 + \frac{t' + t}{2}$ gehörige Annualpraecession bedeutet, und bei Anwendung eines andren Cataloges als desse nder Fundamente, nach den allgemeinen Formeln:

$$\text{für A. R. } p'' = m + n \sin \alpha \operatorname{tg} \delta$$
$$\text{für Declin. } p'' = n \cos \alpha$$

berechnet wurde, in denen α und δ die angenähert bekannte AR. nud Declination des Sternes für $1800 + \frac{t' + t}{2}$ bezeichnen, während m, n aus Bessel's Tabulis Regiomontanis Tab. III, mit dem Argumente $1800 + \frac{t' + t}{2}$ genommen wurden. Beim Gebrauch der Histoire céleste und bei der Berechnung von A. R. und Declination eines Sternes aus der daselbst angegebenen Antrittszeit und Zenitdistanz in Paris, wurden stets Schuhmacher's Reductionstafeln für die Sterne der Hist. cél. benutzt.

Um ferner für die angewandten Sterne die scheinbaren Örter für das Beobachtungsmoment aus den auf diese Weise berechneten mittlern Örtern für den Jahresanfang zu erhalten, wurde allgemein hinzugefügt:

Zur mittlern A.R. $A\,m + g \sin(G + \alpha) \operatorname{tg} \delta + h \sin(H + \alpha) \sec \delta + \tau \mu + E$

- - Declin. $g \cos(G + \alpha) + h \cos(H + \alpha) \sin \delta + C \operatorname{tg} \omega \cos \delta + \tau \mu'$

wo α und δ die mittlere A. R. und Declinatiou, τ die in Theilen des Jahres ausgedrückte, vom Jahresanfang bis zum Beobachtungsmoment verflossne Zeit, μ und μ' die jährliche eigne Bewegung des

Sterns, ω die aus Bessel's Tab. Regiom. Tabul. IV am Ende entnommene mittlere Schiefe der Ekliptik bezeichnen, g, G, h, H aber durch

$$g\cos G = An \qquad h\cos H = D$$
$$g\sin G = B \qquad h\sin H = C$$

gefunden werden, in denen A,B,C,D,E die vom Beobachtungsmomente abhängigen, in Bessel l. l. Tab. VIII enthaltnen Gröfsen bezeichnen, und m und n die für den Jahresanfang aus Tab. III zu entnehmenden Werthe haben. Die Gröfsen A, B, C, D, E wurden aus der für sie genannten Tafel mit dem Argumente

Datum + K + d + g′ + i entnommen, von denen i = 0 ist vom Anfange des Jahres bis zu der Zeit, zu welcher die A. R. der ⊙ der Sternzeit der Beobachtung gleich wird, hernach aber = 1 wird; g′ nach Tab. VIII gleich der Sternzeit der Beobachtung + 5^h 20′; K aus Tab. I und d gleich der Länge des Ortes, letztere von Paris an positiv, und beide in Theilen des Tages zu nehmen sind. Zu bemerken ist noch, dafs A und B aus der Tafel VIII, welche deren Werthe von 10 zu 10 Tagen angiebt, für das genannte Argument interpolirt, C und D aber, welche innerhalb 10tägiger Intervalle nicht gleichförmig wachsen, aus Tab. IX, woselbst sie für jeden Tag berechnet sind, entnommen wurden.

Für den Ort von ι Andromedae, welcher sich in den Fundament. Astron. befindet, und zu dem daher, ebenso wie zu allen von dort entnommenen Sternen, als Reduction auf den Anfang des Jahres 1828 die Gröfse:

$$73\left\{p' - \frac{17}{90}(p' - p) + \frac{\mu}{45}\right\}$$

zu addiren war, fügen wir beispielsweise die gesammte Reductionsrechnung auf das oben genannte Moment der Beobachtung in Schorkal hinzu:

Andromedae. 7ter Gr.*)

$\alpha = 351^\circ\ 32'\ 54'',8$	[Ort der Fundament. astr. für 1755]	$\delta = +41^\circ\ 54'\ 47'',1$
$+43,352$	. . . . p	$+19,832$
$+43,514$	. . . . p′	$+19,855$
$+\ 0,162$	. . p′ − p . .	$+\ 0,023$
$+\ 0,031$	. . $\frac{17}{90}(p'-p)$ . .	$+\ 0,004$
$+43,483$	$p' - \frac{17}{90}(p'-p)$	$+19,851$
$-\ 1,3$	. . . . μ	$+\ 2,4$
$-\ 0,029$	. . . . $\frac{\mu}{45}$	$+\ 0,053$
$+43'',454$	$\frac{\text{Reduct.}}{73}$	$+19,904$

$+\ 52'\ 52'',1 =$	(Reduction auf 1828) $=$	$+\ 24'\ 13'',0$
$\alpha = 352^\circ\ 25'\ 46'',9$	[Mittlerer Ort für 1828]	$\delta = +42^\circ\ 19'\ 0'',1$

ferner: Datum = Nov. 28,000
K = + 0,117
d = − 0,175
g′ = + 0,203
i = + 1,000

Argument = Nov. 29,145
m = 1,6633 n = 1,3023
$\omega = 23^\circ\ 27',7$

l. I. = l. A m =1,6516	l. A =9,9883	l. C =0,8711	
	l. B =0,9625	l. D =1,2686	l. s. $(H+\alpha)$ =9,3613
l. s. $(G+\alpha)$ =9,4804	l. A n =1,2906		l. cs $(H+\alpha)$ =9,9864
l. cs. $(G+\alpha)$ =9,9792	l. tg G =9,6719	l. tg H =9,6025	l. s. δ =9,8282
l. Cp. cs. δ =0,1311	G = 25° 9′,8	H = 21° 49′,3	l. cs. δ =9,8689
l. tg δ =9,9593	G + α = 17 35,6	H + α = 14 15,1	l. g cs. $(G+\alpha)$ =1,3131 = l. I
l. II. = l. g. s. $(G+\alpha)$ tg δ =0,7736			l. h. cs. $(H+\alpha)$ s. δ =1,1155 = l. II
l. h s. $(H+\alpha)$ =0,6922	l. g =1,3339	l. h =1,3009	l. C. tg ω =0,5086
l. III. = l. hs. $(H+\alpha)$ sec. δ =0,8233	l. cs. G =9,9567	l. cs. H =9,9677	l C. tg ω cs. δ =0,3775 = l. III
l. τ = 9,9588	l. s. G =9,6286	l. s. H =9,5702	l. τ = 9,9588
l. μ = 8,4609n			l. μ = 8,7267
l. IV. = l. $\tau\mu$ = 8,4197n			l. $\tau\mu$ = 8,6855 = l. IV

$\alpha = 352^\circ\ 25'\ 46'',9$	[Mittlerer Ort für 1828]	$\delta = +42^\circ\ 19'\ 0'',1$
+ 44,8 = I.		I. = + 20,6
+ 5,9 = II.		II. = + 13,0
+ 6,7 = III.		III. = + 2,4
0,0 = IV.		IV. = + 0,0
0,0 = E		
$\alpha = 352^\circ 26'\ 44'',3$	{Ort von ι Andromedae für das Beobachtungsmoment.}	$\delta = +42^\circ\ 19\ 36'',1$

*) Nach Bradley.

Genau auf dieselbe Weise ergab sich für die Sterne:

	ι Piscium 4ter — 5ter Gr.		78 Pegasi 5ter Gr.	
	α	δ	α	δ
Ort der Fundam.	351° 50′ 20″,6	+ 4° 18′ 2″,9	352° 55′ 40″,1	+28° 0′ 21″,8
Mittlerer Ort für 1828	352 46 35,4	4 41 42,7	353 50 22,3	28 24 34,2
Ort für das Beobachtungsmoment	352 47 26,2	4 42 7,6	353 51 17,2	28 25 6,6
	Argum. Nov 29,148		Nov. 29,154.	

	χ Ursae majoris 4ter Gr.		ψ Pegasi 5ter — 6ter Gr.	
	α	δ	α	δ
Ort der Fundam.	173° 15′ 7″,1	+49° 8′ 12″,3	356° 19′ 44″,1	+23° 46′ 48″,3
Mittlerer Ort für 1828	174 13 50,4	48 43 58,8	357 15 6,8	24 11 12,5
Ort für das Beobachtungsmoment	274 14 18,4	48 43 26,1	357 16 2,5	24 11 43,0
	Argum. Nov. 29,154.		Nov. 29,160.	

	ω Piscium.	
	α	δ
Ort der Fundam.	356° 41′ 8″,1	+ 5° 30′ 26″,0
Mittlerer Ort für 1828	357 37 16,0	5 54 41,3
Ort für das Beobachtungsmoment	357 38 8,6	5 55 6,2
	Argum. Nov. 29,161.	

Befand sich unter den beobachteten Sternen einer der sogenannten Fundamentalsterne, so wie hier α Andromedae, so wurde der scheinbare Ort unmittelbar aus Tab. Regiom. X. entnommen, unter Anwendung eines auf die oben angeführte Weise und mit Berücksichtigung der in der Tafel selbst enthaltnen Nachweisung über i berechneten Argumentes. So wurde in dem gegenwärtigen Falle:

Datum =	Nov. 28,000
k =	+ 0,117
d =	— 0,175
g =	+ 0,224
l =	+ 1,000
Argum. =	Nov. 29,166

Tabula X. Sect. IV. α Andromedae,

1828 Nov 29,166	AR.	Declination.
Mittlerer Ort + Funct. ☊	23ʰ 59′ 31″,317	+28° 8′ 27″,51
Mittlere Bewegung + Aberr. + Solar-Nutat. Nov. 26.	+ 3,343	+ 29,25
Derselben Veränderung bis Nov. 29,166.	— 0,033	+ 0,09
	23 59 34,627	

Ort für das Beobachtungsmoment α = 359° 53′ 39″,40 28° 8′ 56″,85 = δ.

Ebenso wurde endlich auch bei dem häufig gebrauchten Polarsterne zu unmittelbarer Berechnung des scheinbaren Ortes die genannte Tafel: Tab. Regiom. X. angewendet, Die zweiten Differenzen wurden bei der Interpolation berücksichtigt. Im gegenwärtigen Falle hatte man:

Datum =	Nov. 28,000
k =	+ 0,117
d =	− 0,175
g′ =	+ 0,200
i =	+ 2,000
Argum. =	Nov. 30,142

Tabula X. Sect. IV. α Ursae minoris.

	AR.	Declination.	☉+☊	☽	
Aus 1. 1828 Nov. 30,142	$0^h\ 59'\ 22'',41$	$+88^\circ 23' 29'',01$	364	221	
Aus 2. für 1820	+ 41,21	+ 33,52	863	195	
Var. für 8 Jahr	+ 1,67	− 0,14	227	416	Arg.
Mit Argum. ☉+☊	+ 0,05				
Mit Argum. ☽	− 0,05	+ 0,08			
	1 0 5,29				

Ort für das Beobachtungsmoment $\alpha = 15^\circ\ 1'\ 19'',35$ $\quad 88^\circ\ 24'\ 2,47'' = \delta$

Nachdem auf diese Weise die scheinbaren Orte aller angewandten Sterne für den Augenblick der Beobachtung gefunden waren, wurde für einen jeden und aus jedem beobachteten Antritte der Stundenwinkel im Augenblicke des Antritts an den 3ten Faden nach den oben mit 6 und 7 bezeichneten Formeln (S. 40 u. 41) berechnet. Die dazu nöthigen Näherungswerthe waren bei der gegenwärtigen Beobachtung:

$\varphi = 62^\circ\ 44'\ 12'',3.$ a für $\left\{\begin{matrix}\text{Kreis Ost} \\ \text{Kreis West}\end{matrix}\right. = \begin{matrix}91^\circ \\ 271\end{matrix}\ 26'\ 25'',2.$ $\vartheta = 19^h\ 52'\ 7'',3$

für $3^h\ 35'$ K, und man erhielt für alle bei derselben Beobachtung vorkommende Antritte:

l.cs.a = $8{,}4002946^n$, l.s.a = 9,9998627, l.tgM = 1,6507156, l.s.M = 9,9998915
l.s.φ = 9,9488525, l.cs.a s.φ = $8{,}3491471^n$ M = $91^\circ 16' 49'',32$, l.cs.M = $8{,}3491759^n$
m = 9,9999712.

Sodann aber für ι Andromedae
$\alpha = 352^\circ\ 26'\ 44'',3$ l. Cp. m cos $\delta = 0{,}1311978$.

	I.	II.	IV.	V.	III.
Antrittszeit bei Kreis Ost	..	$3^h\ 39'\ 35'',20$	$3^h\ 41'\ 6'',40$	$3^h\ 41'\ 54'',40$	$3^h\ 40'\ 22'',00$
Für Gang der Uhr seit $3^h\ 35'$	..	+ 0,75	+ 1,00	+ 1,13	+ 0,88
Sternzeit des Antritts	..	23 31 43,25	23 33 14,70	23 34 2,83	23 32 30,18
In Bogen	..	352° 55 48,75	353° 18 40,50	353° 30 42,45	353° 7 32,70
t′	..	0 29 4,45	0 51 56,20	1 3 58,15	$0^\circ 40' 48'',40$ nach III
$\frac{t+t'}{2}$	..	0 34 56,42	0 46 22,30	0 52 23,28	0 40 37,54 » II
$\frac{t+t'}{2} - M$	..	−90 41 52,90	−90 30 27,02	−90 24 26,04	0 40 23,13 » IV
.Cp.s $.\left(\frac{t+t'}{2} - M\right)$	..	0,0000323	0,0000170	0,0000110	0 40 52,03 » V
l. f. Cp.m cos δ	..	7.5263510	7.5263310	7,8273610	161,10
s. t−t′	..	7,5263633	7,5263480	7,8273720	$+0^\circ\ 40'\ 40'',27 = t$ im Mittel bei Kreis Ost.
t−t′	..	$+0^\circ\ 11'\ 33'',09$	$-0^\circ\ 11'\ 33'',07$	$-0^\circ\ 23'\ 6'',12$	

Ebenso ergaben sich für die übrigen Sterne der in Rede stehenden Beobachtung:

		t nach Faden	t im Mittel.
α Ursae minoris Kreis West.	III	$+336^\circ\ 56'\ 16'',20$	$+336^\circ\ 56'\ 16'',20$
ι Piscium . . . . . . Kreis Ost	III	+ 1 13 36,20	+ 1 13 29,54
	IV	13 24,59	
	V	13 27,84	
78 Pegasi . . . . . . Kreis Ost	III	+ 0 55 19,70	+ 0 55 17,76
	IV	55 14,76	
	V	55 18,83	
χ Ursae majoris Kreis Ost	III	+182 1 45,20	+182 1 50,50
	IV	1 50.52	
	V	1 55,78	
α Ursae minoris Kreis Ost.	IV	+336 53 13,55	+336 53 13,55
ψ Pegasi . . . . . . Kreis Ost	III	+ 0 58 50,60	+ 0 58 54,42
	IV	58 54,37	
	V	58 58,30	
ω Piscium . . . . . Kreis Ost	IV	+ 1 12 22,58	+ 1 12 29,77
	V	12 36,96	
α Andromedae . . Kreis Ost	I	+ 0 55 8,02	+ 0 55 8,51
	II	55 12,37	
	III	55 8,90	
	IV	55 11,44	
	V	55 1,84	

Die oben ermittelten Sternörter (Seite 48—50), die eben angeführten Stundenwinkel und die angenommenen Näherungswerthe $\varphi = 62^\circ\ 44'\ 12'',30$ $a = \frac{271^\circ}{91^\circ}\ 26'\ 25''20$ $\frac{\text{Kreis West}}{\text{Kreis Ost}}$ und $\vartheta = 19^h\ 52'\ 7'',3$ für $3^h\ 35'$ K. wurden nun wie folgt, bei der Rechnung nach den Formeln [4] u [5] (Seite 39 u. 40) gebraucht, vermöge welcher sich sowohl die bekannten Glieder in den gesuchten Bedingungsgleichungen zwischen $\Delta\theta$, Δa, $\Delta\varphi$, als auch die numerischen Coefficienten dieser Unbekannten in denselben Gleichungen ergeben.

ZUR ZEITBESTIMMUNG.

	α Urs. min.	ι Andromed	ι Piscium.	78 Pegasi.
l. — cos δ sin t . .	8,0387464	7,9418354$_n$	8,3284709$_n$	8,1506345$_n$
l. sin t	9,5929865$_n$	8,0730044	8,3299351	8,2064011
l. cos δ	8,4457599	9,8688310	9,9985358	9,9442334
l. cos t	9,9638258	9,9999696	9,9999007	9,9999438
l. cos δ cos t . . .	8,4095857	9,8688006	9,9984365	9,9441772
l. sin δ	9,9998307	9,8282454	8,9136827	9,6775232
l. tg G	8,4097550	0,0405552	1,0847538	0,2666540
G	1° 28′ 17″,67	47° 40′ 16″,71	85° 17′ 48″,54	61° 34′ 42″,23
G + φ	64 12 29,97	110 24 29,01	148 2 0,84	124 18 54,53
l. cos G	9,9998568	9,8282620	8,9137815	9,6775666
l. sin G	8,4096118	9,8688172	9,9985353	9,9442206
l. b cos z = l. A . .	— ∞	— ∞	— ∞	— ∞
l. b	— ∞	— ∞	— ∞	— ∞
l. g sin (G + φ) .	9,9542007	9,9718310	9,7237035	9,9169100
l. sin (G + φ) . . .	9,9542268	9,9718476	9,7238023	9,9169534
l. g	9,9999739	9,9999834	9,9999012	9,9999566
l. cos (G + φ) . . .	9,6385893	9,5424568$_n$	9,9285794$_n$	9,7510823$_n$
l. g cos (G + φ) . .	9,6385632	9,5424402$_n$	9,9284806$_n$	9,7510389$_n$
l. tg e	8,4001832	8,3993952	8,3999903	8,3995956
e	1 26 22,23	181 26 12,84	181 26 19,93	181 26 15,23
— a	—271 26 25,20	— 91 26 25,20	— 91 26 25,20	— 91 26 25,20
e — a	—270 0 2,97	+ 89 59 47,64	+ 89 59 54,73	+ 89 59 50,03
l. cos e	9,9998629	9,9998634$_n$	9,9998630$_n$	9,9998633$_n$
l. sin e	8,4000461	8.3992586$_n$	8,3998532$_n$	8,3994589$_n$
l. ϱ s. z cs. (e — a) = l. B	0.1114046	0.6381086	0.6504117	0,7498663
l. cos (e — a)	5,1582791	5,7811066	5,4073689	5,6842655
l. sin z	9,6387003	9,5425768	9,9286176	9,7511756
l. sin (e — a)	0,0000000	0.0000000	0.0000000	0.0000000
l — s. z s (e — a) = l. C	9,6387003$_n$	9.5425768$_n$	9,9286176$_n$	9.7511756$_n$
l. cos z cos a = l. D	8,3544953	8.3721256$_n$	8.1239981$_n$	8,3172046$_n$
l. cos δ cos t sin a .	8,4094484$_n$	9,8686633	9,9982992	9,9440399
Ejusdem Num. .	—0,0256713	+0,7390320	+0,9960915	+0,8791032
l. — cs. δ s. t cs. a s. φ	6,3878935	6,2909825	6,6776180	6,4997816
Ejusdem Num. .	+0 0002413	+0,0001934	+0.0004760	+0,0003161
E	—0,0254270	+0,7392274	+0,9965675	+0,8794193

SCHORKAL. 1828. NOVEMBER 28.

χ Urs. major.	α Urs. min.	ψ Pegasi.	ω Piscium.	α Andromed.
8,3687696	8,0396485	8,1939399$_n$	8,3216878$_n$	8,1505207$_n$
8,5494310$_n$	9,5938886$_n$	8,2338718	8,3240089	8,2051887
9,8193386	8,4457599	9,9600681	9,9976789	9,9453320
9,9997272$_n$	9,9636619	9,9999362	9,9999034	9,9999441
9,8190658$_n$	8,4094218	9,9600043	9,9975823	9,9452761
9,8759519	9,9998307	9,6126227	9,0133083	9,6737285
9,9431139$_n$	8,4095911	0,3473816	0,9842740	0,2715476
−41° 15′ 29″,65	1° 28′ 15″,67	65° 48′ 5″,67	84° 4′ 49″,10	61° 50′ 52″,11
21 28 42,65	64 12 27,97	128 32 17,97	146 49 1,40	124 35 4,41
9,8760705	9,9998568	9,6126758	9,0134039	9,6737720
9,8191844$_n$	8,4094479	9.9600574	9,9976779	9,9453196
−∞	−∞	−∞	−∞	−∞
−∞	−∞	−∞	−∞	−∞
9,5635432	9,9543986	9,8932600	9,7381411	9,9155090
9,5636618	9,9544247	9,8933131	9,7382367	9,9155525
9,9998814	9,9999739	9,9999469	9,9999044	9,9999565
9,9687420	9.6385981	9,7945145$_n$	9,9226877$_n$	9,7540592$_n$
9,9686234	9,6385720	9,7944614$_n$	9,9225921$_n$	9,7540157$_n$
8,4001462	8,4010765	8,3994784	8,3990957	8,3965050
1 26 21,79	1 26 32,90	181 26 13,83	181 26 9,28	181 25 38,55
−91 26 25,20	−91 26 25,20	−91 26 25,20	−91 26 25,20	−91 26 25,20
−90 0 3,41	−89 59 52,30	+89 59 48,63	+89 59 44,08	+89 59 13,35
9,9998629	9,9998623	9,9998634$_n$	9,9998636$_n$	9,9998652$_n$
8,4000091	8,4009388	8,3993417$_n$	8,3989593$_n$	8,3963702$_n$
0,5014984$_n$	0,5252005	0,8503550	1,1246702	1,4230020
5,2183127$_n$	5,5720656	5,7413318	5,8875165	6,3544263
9,9687605	9,6387097	9,7945980	9,9227285	9,7541505
0.0000000$_n$	0,0000000$_n$	0.0000000	0,0000000	0,0000000
9,9687005	9,6387097	9,7945980$_n$	9.9227285$_n$	9,7541505$_n$
7,9638378$_n$	8,3546932$_n$	8,2935546$_n$	8,1384357$_n$	8,3258036$_n$
9,8189285$_n$	8,4092845	9,9598670	9.9974450	9,9451388
−0,6590653	+0,0256616	+0,9117316	+0,9941342	+0.8813304
6,7179167$_n$	6,3887956$_n$	6,5430870	6,6708349	6,4996678
−0,0005223	−0,0002448	+0,0003492	+0,0004686	+0,0003160
−0,6595876	+0,0254168	+0,9120808	+0,9946028	+0,8816464

Man hatte nun den obigen Formeln [5] u. [4] (Seite 40 u. 39) gemäfs:

$$0 = -A - B - c + C\,\Delta a + D\,\Delta\varphi + E\,\Delta\theta$$

wo c den nach früherer Bemerkung zu betrachtenden Collimationsfehler des Fernrohrs bezeichnet. Wenn man die hier gefundenen Zahlenwerthe für A, B, C, D, E substituirt, und zugleich diejenigen Glieder, welche die *zu bestimmenden* Unbekannten enthalten ($c, C\Delta a, E\Delta\theta$) in jeder Gleichung *voran*, dasjenige hingegen, welches stets kleine Coefficienten erhält, und daher nur dienen wird, um die Abhängigkeit der Resultate von einer aus den Beobachtungen nicht zu ermittelnden Unbekannten zu zeigen ($D\Delta\varphi$), in jeder Gleichung zuletzt schreibt, so ergiebt sich:

$$\begin{array}{l}
0 = -\ 1'',2924 - c - 0{,}43521\ \Delta a - 0{,}02543\ \Delta\theta + 0{,}02262\ \Delta\varphi \\
0 = -\ 4{,}3462 - c - 0{,}34880 \text{ » } + 0{,}73923 \text{ » } - 0{,}02356 \text{ »} \\
0 = -\ 4{,}4712 - c - 0{,}84842 \text{ » } + 0{,}99657 \text{ » } - 0{,}01330 \text{ »} \\
0 = -\ 5{,}6217 - c - 0{,}56387 \text{ » } + 0{,}87942 \text{ » } - 0{,}02076 \text{ »} \\
0 = +\ 3{,}1732 - c + 0{,}93059 \text{ » } - 0{,}65959 \text{ » } - 0{,}00920 \text{ »} \\
0 = -\ 3{,}3512 - c + 0{,}43522 \text{ » } + 0{,}02542 \text{ » } - 0{,}02263 \text{ »} \\
0 = -\ 7{,}0852 - c - 0{,}62316 \text{ » } + 0{,}91208 \text{ » } - 0{,}01966 \text{ »} \\
0 = -13{,}3251 - c - 0{,}83701 \text{ » } + 0{,}99460 \text{ » } - 0{,}01375 \text{ »} \\
0 = -26{,}4851 - c - 0{,}56774 \text{ » } + 0{,}88165 \text{ » } - 0{,}02117 \text{ »}
\end{array}$$

Diese Gleichungen würden nur dann wahr sein, wenn jeder der Antritte fehlerfrei beobachtet worden wäre; da dies aber nicht der Fall ist, so hat man in der linken Hälfte einer jeden anstatt 0, einen unbekannten und zufälligen Beobachtungsfehler $f, f', f'' \ldots$ zu denken, sie fallen daher unter die Form:

$$\left.\begin{array}{l}
f = n + ax + by + cz + du \\
f' = n' + a'x + b'y + c'z + d'u \\
f'' = n'' + a''x + b''y + c''z + d''u \\
\cdot \qquad\qquad \cdot \\
\cdot \qquad\qquad \cdot \\
\cdot \qquad\qquad \cdot
\end{array}\right\} \text{(A)}$$

und die Werthe der Unbekannten x, y . . u sind aus ihnen so zu bestimmen, dafs $[f^2]$ = minimum oder $[f\frac{df}{dx}] = 0$, $[f\frac{df}{dy}] = 0$, $[f\frac{df}{du}] = 0$ werde, wobei hier und in Folgendem [ ] stets eine *Summe analoger Glieder aus den verschiednen Gleichungen* andeutet. Als identisch mit dieser Bedingung erhält man sogleich:

$$\left.\begin{aligned}
0 &= [an] + [aa]\,x + [ab]\,y + [ac]\,z + [ad]\,u\\
0 &= [bn] + [ba]\,x + [bb]\,y + [bc]\,z + [bd]\,u\\
0 &= [cn] + [ca]\,x + [cb]\,y + [cc]\,z + [cd]\,u\\
0 &= [dn] + [da]\,x + [db]\,y + [dc]\,z + [dd]\,u
\end{aligned}\right\}\quad (B)$$

Diese linearischen Ausdrücke werden nun am bequemsten durch den folgenden Algorithmus aufgelöst, welcher wesentlich darin besteht, daſs man den Werth einer Unbekannten aus der ersten Gleichung des Systemes (B) in jede folgende gesetzt, und dann mit den erhaltnen transformirten Gleichungen wiederum ebenso verfahren denkt wie mit dem ursprünglichen u. s. f. bis daſs zuletzt eine Endgleichung für eine der Unbekannten bleibt, deren ermittelter Werth dann in aufsteigender Ordnung in jedes der Systeme bis zum ursprünglichen (B) substituirt werde.

Bezeichnet man:

$$[bn] - \frac{[ba]\,[an]}{[aa]} = [bn_{,}]$$

$$[bb] - \frac{[ba]\,[ba]}{[aa]} = [bb_{,}]$$

$$[bc] - \frac{[ba]\,[ca]}{[aa]} = [bc_{,}]$$

$$[bd] - \frac{[ba]\,[da]}{[aa]} = [bd']$$

ferner: $[cn_{,}] - \frac{[bc_{,}]\,[bn_{,}]}{[bb_{,}]} = [cn_{,,}]$

$$[cc_{,}] - \frac{[bc_{,}]\,[bc_{,}]}{[bb_{,}]} = [cc_{,,}]$$

$$[cd_{,}] - \frac{[bd_{,}]\,[bc_{,}]}{[bb_{,}]} = [cd_{,,}]$$

endlich $[dn_{,,}] - \frac{[cd_{,,}]\,[cn_{,,}]}{[cc_{,,}]} = [dn_{,,,}]$

$$[dd_{,,}] - \frac{[cd_{,,}]\,[cd_{,,}]}{[cc_{,,}]} = [dd_{,,,}]$$

so ergeben sich zur Bestimmung der Unbekannten die Gleichungen (C):

$$\begin{aligned}
&[an] + [aa]\,x + [ab]\,y + [ac]\,z + [ad]\,u = 0\\
&[bn_{,}] + [bb_{,}]\,y + [bc_{,}]\,z + [bd_{,}]\,u = 0\\
&[cn_{,,}] + [cc_{,,}]\,z + [cd_{,,}]\,u = 0\\
&[dn_{,,,}] + [dd_{,,,}]\,u = 0
\end{aligned}$$

von denen die 4te u unmittelbar, die 3te z nach Substitution des Werthes von u, die 2te y nach Substitution der Werthe von u und z u. s. w. ergeben.

Zugleich aber ist $[dd_{,,,}]$ das sogenannte Gewicht von u, oder die Anzahl direkter Beobachtungen mit deren Sicherheit, die der Bestimmung von u proportional zu achten ist; so daſs wenn ε den mittleren Fehler einer Gleichung bezeichnet, der wahrscheinliche Fehler von u stets gleich: $\frac{\varepsilon}{\sqrt{\text{Gewicht } u}}$ zu nehmen ist. Bei den hier in Rede stehenden Beobachtungen wird nun stets sowohl $[dd_{,,,}]$ als auch $[dn_{,,,}] = 0$, d. h. es bestätigt sich der gleich anfangs aus der steten Kleinheit der Coeffic. von $\Delta\varphi$ gefolgerte Umstand, daſs diese Gröſse aus den zur Zeitbestimmung gemachten Beobachtungen nicht bestimmt werden könne. Es ergiebt sich daher sogleich bei dieser 1sten Rechnung aus der 3ten Gleichung

das Gewicht von $z = [cc_{,,}] =$ Gewicht $\Delta\theta$

und die Gröfse selbst $z = -\frac{[cn_{,,}]}{[cc_{,,}]} - \frac{[cd_{,,}]}{[cc_{,,}]}\,u = \Delta\theta + \alpha\Delta\varphi$,

sodann aber aus der 1sten und 2ten respective Δa, und c nebst deren Abhängigkeit von $\Delta\varphi$, wenn man erinnert, dafs $\Delta a = y$, $c = x$, $\Delta\varphi = u$ gesetzt worden ist.

Um aber auch für die zwei letzteren Gröfsen y und x (in unserem Falle Δa und c) die ihnen zukommenden Gewichte zu bestimmen, und um zugleich die so eben berechneten Werthe dieser Unbekannten zu controliren, wurden zwei der ersteren durchaus analoge Rechnungen so geordnet, dafs bei ihnen respective y und x (nicht aber wie bisher z) die zuletzt in den Gleichungen bleibenden werden. Namentlich in beiden Fällen ausgehend von der 3ten der ursprünglichen Gleichungen (B) (Seite 65):

$$[cn] + [cc]z + [cb]y + [ca]x = 0$$

bildete man für das Gewicht

von y | von x

$$\left.\begin{aligned}&[bn_{,}] + [bb_{,}]y + [ab_{,}]x = 0\\&[bn_{,,}] + [bb_{,,}]y \qquad\qquad = 0\end{aligned}\right\}(D)\quad\left|\quad\begin{aligned}&[an_{,}] + [ab_{,}]y + [aa_{,}]x = 0\\&[an_{,,}] \qquad\qquad + [aa_{,,}]x = 0\end{aligned}\right\}(E)$$

Wobei respective:

für y | für x

$$[bn] - \frac{[cn]\,[bc]}{[cc]} = [bn_{,}] \qquad\Big|\qquad [an] - \frac{[cn]\,[ac]}{[cc]} = [an_{,}]$$

$$[bb] - \frac{[bc]\,[bc]}{[cc]} = [bb_{,}] \qquad\Big|\qquad [aa] - \frac{[ac]\,[ac]}{[cc]} = [aa_{,}]$$

für beide: $[ab] - \frac{[ac]\,[bc]}{[cc]} = [ab_{,}]$ aus den primitiven Gleichungen (A) und (B). — Sodann aber:

$$[bn_{,}] - \frac{[an_{,}]\,[ab_{,}]}{[aa_{,}]} = [bn_{,,}] \qquad\Big|\qquad [an_{,}] - \frac{[bn_{,}]\,[aa_{,}]}{[bb_{,}]} = [an_{,,}]$$

$$[bb_{,}] - \frac{[ab_{,}]\,[ab_{,}]}{[aa_{,}]} = [bb_{,,}] \qquad\Big|\qquad [aa_{,}] - \frac{[ab_{,}]\,[ab_{,}]}{[bb_{,}]} = [aa_{,,}]$$

aus den so eben derivirten (D) und (E) genommen wurden.

Nachdem nun auf diese Weise die gesuchten Gröfsen berechnet und für die wahrscheinlichen Fehler respective die folgenden Ausdrücke für $\Delta\theta$: $\frac{\varepsilon}{\sqrt{[cc_{,,}]}}$, für Δa: $\frac{\varepsilon}{\sqrt{[bb_{,,}]}}$ und für c: $\frac{\varepsilon}{\sqrt{[aa_{,,}]}}$ erhalten, und die Nenner derselben numerisch bestimmt sind, bleibt nur ε, oder der ihnen gemeinschaftliche Zähler, zu ermitteln. Zu diesem Zwecke bieten nun die bis hierher berechneten Gröſsen drei verschiedne Mittel. Namentlich können die Gröſsen f, f′, f″ ...., welche als Beobachtungsfehler in den einzelnen Gleichungen zurückbleiben, zuerst direkt bestimmt werden, wenn man in jede der Gleichungen des Systemes A (Seite 54) die für x, y, z gefundnen Zahlwerthe substituirt; bildet man dann $[f^2]$, so ist, wenn π die Anzahl der Gleichungen, ϱ die Anzahl der aus ihnen berechneten Unbekannten bedeutet: $\frac{\sqrt{[f^2]}}{\pi-\varrho} = \varepsilon^2$.

Nun zeigt sich aber ferner, wenn man die Gleichungen des Systemes A vor der Substitution quadrirt und addirt, und den dadurch erhaltnen Ausdruck für $[f^2]$ durch Einführung der Bedingungen des Systemes B vereinfacht.

$$(2)\quad [f^2] = [hn] - \frac{[an]\,[an]}{[aa]} - \frac{[bn_{,}][bn_{,}]}{[bb_{,}]} - \frac{[cn_{,,}][cn_{,,}]}{[cc_{,,}]}$$

insofern nämlich die Gröſsen $[dn_{,,,}]$ und $[dd_{,,,}]$, wie oben bemerkt, $=0$, die Ausdrücke $[bn_{,}]$, $[cn_{,}]$, $[bb_{,}]$, $[cc_{,}]$ aber nach der Bezeichnung des Systemes C verstanden werden.

Führt man hingegen endlich in die Summe der quadrirten und gehörig reduzirten Gleichungen A, die nach den Bezeichnungen der Systeme D und E verstandnen Ausdrücke ein, so ergeben sich noch, sowohl:

$$(3)\quad [f^2] = [nn] - \frac{[cn\,[cn]}{[cc]} - \frac{[an_{,}][an]}{[aa_{,}]} - \frac{[bn_{,,}]\,[bn_{,,}]}{[bb_{,,}]}$$

als auch:

$$(4)\quad [f^2] = [nn] - \frac{[cn]\,[cn]}{[cc]} - \frac{[bn][bn]}{[bb]} - \frac{[an_{,,}]\,[an_{,}]}{[aa\,]}$$

und es ist klar, daſs im Falle richtiger Rechnung eine jede dieser 4 Methoden für $[f^2]$ und mithin auch für $\varepsilon^2 = \frac{[f^2]}{\pi-\varrho}$ und für den wahrscheinlichen Fehler eines Elements $= \frac{\varepsilon}{\sqrt{\text{Gewicht}}}$ einerlei Werth ergeben müsse.

Endlich wird noch eine Controle der Rechnungen dadurch gewährt, daſs man für jede der ursprünglichen Gleichungen eine Hülfsgröſse $s = a + b + c + d$ einführt, und dann auch für diese die Summen

$$\left.\begin{array}{r} [as],\ [bs] \ldots\ldots [ns] \\ [bs_{,}] \ldots\ldots [ns_{,}] \\ [cs_{,,}] \ldots [ns_{,,}] \\ [ds_{,,,}][ns_{,,,}] \end{array}\right\}$$

genau so wie die ähnlichen Ausdrücke für die eigentlichen Coeffic. d. Unbekannten in den Gleichungen bildet.

Namentlich und z. B. ist $[bs_{,}] = [bs] - \frac{[as]\,[ab]}{[aa]}$ u. s. w. genommen.

Man erhält alsdann, wie man sich leicht überzeugt, zur Prüfung der einzelnen Theile der Rechnung bis zur Auflösung des Systemes (C) (Seite 55)

$[as] = [aa] + [ab] + [ac] + [ad]$; $[bs] = [ba] + [bb] + [bc] + [bd]$ .... $[us] = [na] + [ub] + [uc] + [nd]$

$[bs_{,}] = [bb_{,}] + [bc_{,}] + [bd_{,}]$ .... $[us_{,}] = [ub_{,}] + [uc_{,}] + [ud_{,}]$

$[cs_{,,}] = [cc_{,,}] + [cd_{,,}]$ ... $[us_{,,}] = [uc_{,,}] + [ud_{,,}]$

Für die Zeitbestimmung in SCHORKAL gestaltete sich daher
1828. NOVEMBER 28. Angenommen für $3^h\ 35'$ K:

l. n =	0,11140$_n$	0,63811$_n$	0,65041$_n$	0,74987$_n$
l. a =	0,00000$_n$	0,00000$_n$	0,00000$_n$	0,00000$_n$
l. b =	9,63870$_n$	9.54258$_n$	9,92682$_n$	9,75118$_n$
l. c =	8,40530$_n$	9,86878	9,99851	9.94420
l. d =	8,35450	8,37213$_n$	8,12400$_n$	8,31720$_n$
l. s =	0,15776$_n$	9,80149$_n$	9.93709$_n$	9,84832$_n$

nn	na	nb	nc	nd	ns	bb	bc
+ 1,67	+ 1,292	+ 0,562	+ 0,033	–0,029	+ 1,859	+0,18941	+0,01107
+ 18,89	+ 4,346	+ 1,516	– 3,213	+0,102	+ 2,752	+0.12166	–0,25785
+ 19,99	+ 4,471	+ 3,793	– 4.456	+0,059	+ 3,868	+0,71985	–0,84554
+ 31,60	+ 5,622	+ 3,170	– 4,944	+0,117	+ 3,964	+0,31795	–0,49589
+ 10,07	– 3,173	+ 2,953	– 2,093	–0 029	– 2,342	+0,86600	–0,61380
+ 11,23	+ 3,351	– 1,458	– 0,085	+0,076	+ 1,883	+0,18942	+0,01106
+ 50,20	+ 7,085	+ 4,415	– 6,462	+0,139	+ 5,177	+0,38833	–0,56837
+ 177,58	+13,325	+11,153	–13.253	+0,183	+11,408	+0,70058	–0,83250
+ 701,45	+26.485	+15,037	–23.350	+0,561	+18,732	+0,32233	–0,50055
+1022,68	+62,804	+40,141	–57,823	+1,179	+47,301	+3,81553	–4,09237

aa	ab	ac	ad	as	an
+9,00000	+ 2,85840	–4,74395	+0,12141	+7,23586	+62,804
0.95424	0,45612	0,67614$_n$	9,08425	0,85949	1,79799...log

	bb	bc	bd	bs	bn
0,84375$_n$					
0,75194	+3,81553	–4,09237	+0,03873	+2,62029	+41,141
9,85213$_n$	+0.90782	– 1.50668	+0.03856	+2.29810	+19.947
8,13001$_n$	+2,90771	–2,58569	+0,00017	+0 32219	+21 194 ... (bn')
8,46208	0,46355	0,41258$_n$	6,23045	9,50811	1,32621...log
8,19057$_n$					

c = –2″,040
–0,00002 Δφ

0,86266$_n$
0,97907
5,76690$_n$ Δφ
8,68921 Δφ

cc	cd	cs	cn
+5,34777	–0,09427	–3.58282	–57,823
+2.50057	–0,06400	–3.81406	–33,105
+2,84720	–0,03027	+0,23124	–24,718...(cn')
+2,29934	–0,00015	–0.28650	–18.847
+0,54786	–0,03012	+0,51774	–5,871 ... (cn'')
9,73867	8,47885$_n$	9,71411	0,76871$_n$ ... log

Δa = + 2″,240
+ 0,04883 Δφ
log. 0,35025
8,68869

1,03004
874018 Δφ

Δθ = +10″,716
+0,05498 Δφ

nn
+ 1022,68
– 438,28
– 54,47
– 62,91
367,02

$\pi = 9$, $\varrho = 3$ } 6
61 ,17 = ε^2
7,82 = ε

dd	ds	dn	sn
0,00329	+0,06916	1,179	+47,301
0,00164	+0 09761	0.847	+50,493
0,00165	–0,02845	0,332	–3,192 (sn')
0.00000	+0.00002	0.001	+2.348
0,00165	–0,02847	0.331	–5.540 (sn'')
0,00166	–0.02846	0 323	–5,548
– 0,00001	–0,00001	0,008	+0,008 (sn''')

Es folgt daraus: $\Delta\varphi = \frac{0}{0}$ $c = -2'',040 - 0{,}00002\,\Delta\varphi$;

die Auflösung der oben angeführten Gleichungen so wie folgt:
$\theta = 19^h\,52'\,7'',3$, $a = 91^\circ\,26'\,25'',2$, $\varphi = 62^\circ\,44'\,12'',3$.

0,50150	0,52520$_n$	0,85035$_n$	1.12467$_n$	1,42300$_n$
0,00000$_n$	0,00000$_n$	0,00000$_n$	0,00000$_n$	0,00000$_n$
9,96876$_n$	9,63871	9,79460$_n$	9,92273$_n$	9,75415$_n$
9,81927$_n$	8,40512	9,96003	9,99765	9,94529
7,96384$_n$	8,35469$_n$	8,29355$_n$	8,13844$_n$	8,32580$_n$
9,86817$_n$	9,74973$_n$	9,86376$_n$	9,93255$_n$	9.84958$_n$

b d	b s	c c	c d	c s	d d	d s
−0,00985	+0,62583	+0,00065	−0,00057	+0,03656	+0,00051	−0,03253
+0,00822	+0,22084	+0,54646	−0,01741	−0,46802	+0,00055	+0,01491
+0,01129	+0,73401	+0.99316	−0,01326	−0,86219	+0,00018	+0.01151
+0,01170	+0,39765	+0,77340	−0,01825	−0,62019	+0,00043	+0.01464
−0,00856	−0,68696	+0,43505	+0,00607	+0 48689	+0,00008	+0,00679
−0,00985	−0,24459	+0,00065	−0,00057	−0,01428	+0,00051	+0,01272
+0,01225	+0,45537	+0,83188	−0,01793	−0,66649	+0,00039	+0,01436
+0,01151	+0,71660	+0,98924	−0 01368	−0,85154	+0,00019	+0,01178
+0,01202	+0,40154	+0,77728	−0 01867	−0,6 354	+0,00045	+0,01498
+0,03873	+2,62029	+5,34777	−0,09427	−3,58280	+0,00329	+0,06916

Für das Gewicht.

c c	b c	a c	c n
+ 5,34777	− 4.09237	− 4,74395	− 57,823
0,72817	0,61198$_n$	0,67614$_n$	1,76210$_n$

b b	a b	b n	a a	a n
+ 3,81553	+ 2,85840	+ 41,141	+ 9,00000	+ 62,804
+ 3.13178	+ 3.63025	+ 44.250	+ 4 20830	+ 51.294
+ 0,68375	− 0,77185	− 3,109	+ 4,79170	+ 11,510
9,83490	9,88753$_n$	0,49262$_n$	0,68049	1,06108
+ 0,12433		− 1,854	+ 0,87128	+ 3.509
0,55942		− 1,255	+ 3,92042	+ 8,001
9,74774		0,09864$_n$	0,59334	0,90314
			0,30980$_n$	
			− 2″,040 = c	

n n	n n
+ 1022,68	+ 1022,68
− 652,20	− 625,20
− 14,14	− 27,65
− 16,33	− 2,81
367,01	367,02

[Fehler der Gleichungen]

− 0″,50	+ 0,25
+ 4,83	+ 23,38
+ 6,35	+ 40,29
+ 4,58	+ 20,98
+ 0,23	+ 0,05
− 0,06	+ 0,00
+ 3,33	+ 11,10
− 2,50	+ 6.26
− 16.27	+ 264 68
Summa 0,00	367,40

Gew. von c 3.920 Wahrscheinl. Fehler 3″,95
» » Δa 0,559 » » 10,47
» » $\Delta\theta$ 0,548 » » 10,57

$\Delta a = +2'',240 + 0{,}04883\,\Delta\varphi$; $\Delta\theta = +10'',716 + 0{,}05498\,\Delta\varphi$.

Eine Unsicherheit über die Polhöhe hätte daher im gegenwärtigen Falle auf die Bestimmung der Collimation des Fernrohrs durchaus keinen wahrnehmbaren Einfluss ausgeübt, während sie auf das berechnete Azimut, so wie auf die magnetische Abweichung nur mit $\frac{1}{21}$ und auf die in Sternzeit ausgedrückte Uhrcorrection nur mit nahe $\frac{11}{200.15} = \frac{1}{275}$ ihrer eignen Gröfse einzuwirken vermochte.

Es wurde aber in Schorkal diese geringe Unsicherheit noch vollständiger gehoben durch Beobachtung von Stern-Antritten in einem um nahe 90° von dem vorigen verschiedenen Azimute.

Namentlich habe ich beobachtet:

1828. NOVEMBER. 28. SCHORKAL. *Zur* Polhöhe.

Bezeichnung und Höhe des Sternes.	Geschätzte Gröfse der Sterne.	I.	II.	h ′ ″	IV.	V.	Kr.
W 30° 30′ an V.	2—3 dop.	. . .	. . .	4 34 54,0	. . .	36 25,6	*N*
W 33 8	4 - 6	. . .	. . .	4	. . .	39 11,6	*N*
O 60 14	4—6	. . .	. . .	4	. . .	40 44,4	*N*
O 17 25	4—6	. . .	. . .	4	. . .	43 56,8	*N*
O 59 56	5 – 6	47 10,0	48 23,2	4 49 37,6	50 54,8	52 9,2	*N*

Wasserwage.

h ′	*p*
4 33,0	0,0
4 46,0	0,0

Als Näherungswerthe wurden der Rechnung zu Grunde gelegt. $\theta = 19^h\ 52'\ 7'',3$ für $3^h\ 35'$ K und die zu corrigirenden a $= 1°\ 19'\ 18'',0$ und $\varphi = 62°\ 44'\ 12'',3$.

Durch das oben angebene Mittel (Seite 44) wurden die Sterne erkannt für: β Cygni, φ Cygni, λ Persei, ν Orionis, b Persei. Die vier ersten fanden sich in dem Cataloge der Fund. astron., der letztere in dem von Piazzi, und ihre scheinbaren Orte für das Beobachtungsmoment ergaben sich:

Reduzt. Tag.	Nov.	29,183	β Cygni	$\alpha = 290° 57' 2'',4$	$\delta = +27° 36' 33'',9$
» »	»	29,185	φ Cygni	293 9 6,9	+29 46 14,8
» »	»	29,185	λ Persei	58 28 37,2	+49 52 34,2
» »	»	29,188	ν Orionis	89 27 20,8	+14 46 48,6
» »	»	29,193	b Persei	61 21 41,5	+49 51 50,9

letzterer mit p″ {AR. 66″,8975 / Decl. 9,7020

Ferner die Stundenwinkel für den Antritt an den mittleren Faden mit l. m = 9,9488832, M = 1° 29' 12'',44 Kr. N.

	β Cygni.	φ Cygni.	λ Persei.	ν Orionis.	b Persei.
nach I.	....	....	....	....	309 7 64,72
» II.	....	....	....	....	7 43,52
» III.	75° 50' 44,70	....	....	....	7 35,90
» IV.	....	....	....	....	7 65,47
» V.	51 12,88	74 20 6,39	309 9 11,02	279 16 26,80	7 48,07
Mittel . .	75° 50' 58,79	74 20 6,39	309 9 11,02	279 16 26,80	309 7 51,53

u. endlich die Berechnung der Coefficienten in den Bedingungsgleichungen:

	β Cygni.	φ Cygni	λ Persei	ν Orionis.	b Persei.
l.— cs. δ s. t	9,9341147$_{n}$	9,9220911$_{n}$	9,6987442	9,9796726	9,6989887
l. s. t. . . .	9,9866185	9,9835620	9,8895605$_{n}$	9,9942857$_{n}$	9,8896968$_{n}$
l. cs. δ . .	9,9474962	9,9385291	9,8091837	9,9853869	9,8092919
l. cs. t . . .	9.3882202	9,4313806	9,8003006	9,2072516	9,8000951
l. cs. δ cs. t	9,3357164	9,3699097	9,6094843	9,1926385	9,6093870
l. s. δ . . .	9,6659951	9,6959467	9.8834646	9,4067293	9,8833878
l. tg. G . .	9,6697213	9,6739630	9,7260197	9,7859092	9,7259992
G	25° 3' 10'',93	25° 16' 6'',17	28° 1' 8'',01	31° 25' 1'',86	28° 1' 3'',96
G + φ . .	87 47 23,23	88 0 18.47	90 45 20,31	94 9 14,16	90 45 16,26
l. cs. G . .	9,9570880	9,9563213	9,9458587	9,9311498	9,9458632
l. s. G . .	9.6268093	9.6302843	9.6718784	9,7170590	9.6718624
l. b cs. z	— ∞	— ∞	— ∞	— ∞	— ∞
l. b	— ∞	— ∞	— ∞	— ∞	— ∞
l. g s. (G-φ)	9,7086839	9,7393621	9,9375681	9,4744371	9,9374868
l. s. (G+φ)	9,9996769	9,9997367	9,9999622	9.9988576	9,9999622
l. g	9,7089071	9,7396254	9,9376059	9,4755795	9,9375246
l. cs. (G+φ)	8,5862039	8,5417041	8,1201807$_{n}$	8,8599563$_{n}$	8,1195336$_{n}$
l g cs. (G+φ)	8,2951110	8,2813295	8.0577866$_{n}$	8.3355358$_{n}$	8.0570582$_{n}$
l. tg. e . .	1,6390037$_{n}$	1,6407616$_{n}$	1,6409576$_{n}$	1,6441368$_{n}$	1,6419305$_{n}$
e	271 18 55,27	271 18 36,15	91 18 34,03	91 17 59,65	91 18 23,48
— a	—1 19 18,00	—1 19 18,00	—1 19 18,00	—1 19 18,00	—1 19 18,00
e — a . . .	+269 59 37,27	269 59 18,15	+89 59 16,03	+89 58 41,65	+89 59 5,48
l. cs. e . .	8,3608819	8,3591249	8,3589289$_{n}$	8,3557514$_{n}$	8,3579565$_{n}$
l. s. e . . .	9,9998855$_{n}$	9.9998865$_{n}$	9,9998866	9.9998882	9.9998871
l g s. z c. (e-a)	1.2908877$_{n}$	1.5438998$_{n}$	1 3420140	1.8748154	1.4356394
l. cs. (e—a)	6,0421734$_{n}$	6,3072700$_{n}$	6,3287311	6.5806058	6,4221125
l. sin z . .	9,9342291	9,9222046	9,6988577	9,9797844	9,6991017
l. sin (e—a)	0,0000000$_{n}$	0.0000000$_{n}$	0.0000000	0.0000000	0.0000000
l.-s. z s. (e-a)	9.9342291	9,9222046	9.6988577$_{n}$	9.9797844$_{n}$	9.6991017$_{n}$
l. cs. z cs. a	9.7085683	9.7392465	9.9374525	9.4743215	9,9373713
l cs δ cs. t s. a	7,6986772	7,7328705	7,9724451	7,5555993	7,9723478
Num . . .	+0,0049966	+0,0054059	+0,0093852	+0,0035942	+0,0093831
l.—cs. δ s. t cs. a s. φ	9,8828516$_{n}$	9,8708280$_{n}$	9,6474811	9,9284095	9,6477256
Num . . .	—0.7635747	—0.7427248	+0,4441003	+0,8480266	+0,4443504
	—0,7585781	—0,7373189	+0,4534855	+0.8516208	+0,4537335

Man erhält demnach die folgenden Gleichungen wenn man, ebenso wie es oben für die Zeitbestimmung angedeutet wurde, in einer jeden derselben diejenige Unbekannte zuletzt schreibt, welche aus den vorhandnen Beobachtungen nicht bestimmt werden konnte; in dem gegenwärtigen Falle einer Beobachtung in dem ersten Vertikale findet dieses für $\Delta\theta$ statt.

1) $0 = +19{,}5383 - c + 0{,}85947\,\Delta a + 0{,}51117\,\Delta\varphi - 0{,}75858\,\Delta\theta$

2) $0 = +34{,}9864 - c + 0{,}83600$ » $+0\,54859$ » $-0{,}73732$ »

3) $0 = -21{,}9793 - c - 0{,}49987$ » $+0{,}86587$ » $+0{,}45349$ »

4) $0 = -74\,9576 - c - 0{,}95452$ » $+0{,}29807$ » $+0{,}85162$ »

5) $0 = -27{,}2671 - c - 0{,}50015$ » $+0{,}86571$ » $+0{,}45373$ »

Oder wenn man $\Delta a = x$, $\Delta\varphi = y$, $\Delta\theta = z$ nimmt und die numerischen Coefficienten durch Buchstaben bezeichnend:

$$0 = n + ax + by + cz \qquad s = a + b + c$$
$$0 = n' + a'x + b'y + c'z \qquad s' = a' + b' + c'$$
$$\vdots \qquad\qquad\qquad \vdots$$

setzt, wobei die Gröfse $-c$ oder die Collimation des Fernrohrs, welche durch die vorherige Beobachtung $c = -2'',040$ gefunden ist, bereits zu dem ganz bekannten Gliede einer jeden Gleichung hinzugefügt und die entstehenden Summen durch $n\,n'\ldots$ dargestellt gedacht werden: so erhielt man dann ferner zur Auflösung dieser Gleichungen (siehe oben Seite 54):

nn	an	bn	cn	sn	aa	ab
+ 465,6	+ 18,546	+11,030	− 16,368	+13,207	+0,73868	+0,43934
+1371,0	+ 30,953	+20,312	− 27,301	+23,966	+0,69887	+0,45862
+ 397,6	+ 9,967	−17,264	− 9,042	−16,340	+0,24987	−0,43282
+5317,1	+ 69,602	−21,734	− 62,100	−14,232	+0,91108	−0,28450
+ 636,4	+ 12,617	−21,840	− 11,446	−20,668	+0,25016	−0,43299
+8187,7	+141,685	−29,496	−126,257	−14,066	+2,84866	−0,25235

ac	as	bb	bc	bs	cc	cs
−0,65197	+0,52604	+0,26130	−0,38777	+0,31287	+0.57544	−0,46429
−0,61640	+0,54111	+0,30095	−0,40449	+0,35519	+0,54365	−0,47724
−0,22668	−0,40964	+0,74972	+0,39265	+0,70958	+0,20565	+0,37163
−0,81288	−0,18629	+0,08885	+0,25385	+0,05817	+0,72527	+0,16621
−0,22693	−0,40976	+0,74948	+0,39281	+0,70928	+0,20588	+0,37174
−2,53486	+0,06146	+2,15030	+0,24705	+2,14499	+2,25589	−0,03195

aa	ab	ac	as	an
+2,84866	−0,25235	−2,53486	+0,06146	+141,685
0,45464	9,40201$_n$	0,40396$_n$	8,78859	2,15132

	bb	bc	bs	bn
{1,69668$_n$ 9,84843}				
9,94932$\Delta\theta$	+2,15030	+0,24705	+2,14499	−29,496
6,97141$_n$ »	+0,02236	+0,22456	−0,00544	−12,552
$\Delta a = -49''{,}031$	+2,12794	+0,02249	+2,15043	−16,944
+0,88889$\Delta\theta$	0,32796	8,35199	0,33253	1,22901$_n$
	0,90105			
	8,02403$_n\Delta\theta$			

	cc	cs	cn	sn
$\Delta\varphi = +7''{,}962$	+2,25589	−0,03195	−126,257	−14,066
−0,01057$\Delta\theta$	+2,25566	−0,05469	−126,077	+ 3,057
	+0,00023	+0,02274	− 0,180	−17,123
	+0,00023	+0,02274	− 0,180	−17,123
	0,00000	0,00000	0,000	0,000

nn
8187,7
− 7047,0
− 134,9
1005,8

$\pi = 5$, $\varrho = 2$ } 3

Gew. von Δa 2,819 Wahrsch. Fehl. 10″,9

» » $\Delta\varphi$ 2,128 » » 12,5

$\varepsilon^2 = 335{,}2$

$\varepsilon = 18''{,}31$

[Fehler der Gleichungen.]

	− 16,49	272,0
	+ 0,40	0,2
	+ 11,47	131,4
	− 23,74	563,8
	+ 6,19	38,3
Summe	− 22,17	1005,7

Für das Gewicht.

bb	ba	bn	aa	an	nn
+2,15030	−0,25235	−29,496	+2,84866	+141,685	8178,7
0,33250	9,40200$_n$	1,46976$_n$	+0,02961	+ 3,461	− 404,6
			2,81905	+138,224	− 6777,2
			0,45011	2,14058	1005,9
			1,69047$_n$	$-49''{,}031 = \Delta a$	

Die Summe der Fehler erhält hier deſswegen einen von Null verschiednen Werth, weil die Collimation als bekannt betrachtet wird, und daher nicht, so wie sonst, ein in allen Gleichungen constantes Glied vorhanden ist.

Durch Substitution der gefundnen Werthe von $\Delta\varphi$ in die obigen Resultate (Seite 59 a. E.) und des Werthes von $\Delta\theta$ in das letztere Resultat, erhält man endlich:

1828. November 28. SCHORKAL.

$$\text{Angenommen für } 3^h\ 35'\ \text{K.}\ \theta = 19^h\ 52'\ 7'',30$$

$$\frac{\Delta\theta + 0{,}05498\,\Delta\varphi}{15} = \quad +\ 0{,}74$$

$$\text{Mithin für } 3^h\ 35'\ \text{K. Beobachtete}\ \theta = 19^h\ 52'\ 8'',04$$

$$a = 91^\circ\ 26'\ 25'',20$$

$$\Delta a + 0{,}04883\,\Delta\varphi = \quad +\ 2{,}63$$

$$\text{Beobachtete}\ a = 91^\circ\ 26'\ 27'',83$$

$$\text{Boussole} = 99\ \ 47\ \ 15{,}00$$

$$\text{Collimation} = +\ 1\ \ 13{,}70$$

$$\text{Declination} = 11^\circ\ 14'\ 56'',53\ \text{Ost.}$$

$$\text{Angenommen}\quad \varphi = 62^\circ\ 44'\ 12'',30$$

$$\Delta\varphi + 0{,}01057\,\Delta\theta = \quad +\ 8{,}07$$

$$\text{Beobachtete}\ \varphi = 62^\circ\ 44'\ 20'',37$$

Da das angewandte Chronometer der mittleren Zeit ungleich näher als der Sternzeit folgte, so war es für die nachherige Untersuchung der Längendifferenzen bequem, aus den beobachteten Werthen von θ, oder den Ständen gegen Sternzeit, sogleich die Stände des Chronometers gegen mittlere Zeit abzuleiten. Bei den im Verfolge abgedruckten Beobachtungen zur Zeitbestimmung bezeichnet: S—M die mittlere AR. der Sonne oder die Differenz zwischen Sternzeit und mittlerer Zeit stets für dasselbe Moment für welches θ bestimmt wurde. Es ist daher: $\theta - (S - M) = M - K$ der Stand des Kessel'schen Chronometers gegen M. Zt. des Beobachtungsortes für das mehr genannte Moment gültig und positiv wenn die Uhr vor der mittleren Zeit voraussteht. Die Gröfse S—M findet sich in Bessel's Tab. Regiom. VI. mit dem Argumente:

Mittlere Pariser Zeit + k

wo k, die früher (Seite 47) erwähnte Bedeutung hat und daher, ebenso wie dort, mit der Jahreszahl als Argument, aus Tab. I. entnommen wird. Ist nun T das Moment der Kessel'schen Uhr, für welches S—M gesucht wird, so war: Argum. Tab. VI. $= T + u + k$, wo u während längerer Abschnitte der Reise eine der Zeit proportionale Gröfse war, welche für irgend ein Moment stets durch Beobachtungen an zwei Orten von nahe bekanntem Längenunterschiede mit Paris bestimmt wurde. So z. B. gaben Zeitbestimmungen in Berlin und Tobolsk und die in der Connoiss. des tems enthaltnen Angaben über die Längen dieser beiden Orte, von 1828 April 24 bis 1828 December 31.:

$$u = -46' \, 22'',9 - \left\{ \text{Datum} - \text{April } 24{,}27 \right\} 1'',004$$

mit einer zu diesem Zwecke hinreichenden Genauigkeit.

Die Ableitung von S — M gestaltete sich also in dem gegenwärtigen Falle wie folgt:

T = Nov. 28.	3h 35′ 0″	Nov. 28.		16h 28′ 56″,315
u =	— 0 50 1,8		5h	0 49,282
für 1828 k =	+ 2 48 10,9		33′	5,421
			9″,1	0,025
Arg. Tab. VI =	5h 33′ 9″,1	Nutat. Tab. IV		0,254
			S — M =	16 29 51,297
			θ =	19 52 8,04

und daher Schorkal Nov. 28. 3h 35′ K. M — K = 3h 22′ 16″,74

Die unten folgenden numerischen Einzelnheiten sämmtlicher Beobachtungen zur Zeit- oder Polhöhen-Bestimmung scheinen nun durch diese Beispiele vollständig erläutert, wenn nur im allgemeinen bemerkt wird, dafs, so oft für die Gröfse b oder die Neigung der ruhenden Linie im Verlaufe einer Beobachtung verschiedene Werthe gemessen wurden, wir zur Bildung der einzelnen Gleichungen die Veränderungen von b nach den Zwischenzeiten proportionirt haben. Nachweisungen, welche sich speziell auf die Beobachtungslokale oder ähnliche Nebenumstände der Messungen an einzelnen Tagen oder deren Berechnung beziehen, folgen unten auf die numerischen Darstellungen in chronologischer Ordnung als Anmerkungen zu denselben. — Hier habe ich aber zunächst noch zu erwähnen, dafs während des ersten Theiles der Reise das Passageinstrument defswegen zur Polhöhenbestimmung seltner als zur Zeitbestimmung angewendet wurde, weil die letztere, zu gleichzeitiger Declinationsbestimmung geeigneter, dem beständig angestrebten Hauptzwecke unserer Expedition näher lag, während ich damals an der Ausführung beider Arten von Messungen an jedem Nachtlager durch äufserst kurze Dauer des jedesmaligen Aufenthalts verhindert wurde. Aufserdem hatte Herr

Hansteen übernommen die Breite der Hauptpunkte auf jenem Theile unsres Weges durch vortreffliche Sextantenbeobachtungen zu bestimmen; die Resultate dieser Messungen verbunden mit den Breiten-Unterschieden welche die vom Russischen Generalstabe herausgegebenen Charten der einzelnen Gouvernements nach frühern Detail-Aufnahmen zeigten, gewährten dann über die Polhöhe der zwischen jenen Hauptpunkten gelegnen Beobachtungsstationen den nöthigen Aufschluss.

Um die magnetische Declination an Orten zu bestimmen, an denen auch der Stand der Uhr bereits als anderweitig bekannt angesehen werden konnte, habe ich bisweilen die Boussole auf ihre Axe aufgesetzt nachdem Antritte nur eines Gestirnes an die Fäden des Passagefernrohrs beobachtet worden waren. Die Gleichung [4] (Seite 39) konnte auch in diesem Falle gebildet und aufgelöst werden, und ergab dann Δa mit einem auf bekannte Weise von $\Delta\varphi$ und $\Delta\theta$ abhängigen Theile behaftet.

Namentlich wurde des Nachts nur allein der Polarstern auf diese Weise mehrmals angewendet, und gewährte den Vortheil, dafs die etwa vorhandene Unsicherheit des angenommenen Uhrstandes und der angenommenen Polhöhe, nur mit einer sehr geringen Aliquote ihrer eignen Gröfse auf das Endresultat einzuwirken vermochten. Vergl. unten die Beobachtungen von 1828 August 12., 24., 29. u. a.

Am Tage habe ich aber bisweilen die Antritte beider Sonnenränder ebenfalls ohne den eines anderen dem Pole nahen Gestirnes, und nicht selten in einem vom Meridiane beträchtlich entfernten Azimute beobachtet. Der Collimationsfehler des Fernrohrs ergab sich stets aus diesen Beobachtungen selbst mit grofser Sicherheit, indem das Fernrohr während derselben umgelegt, und, aus den respective während der einen oder der andern Lage des Kreis-Endes beobachteten Antritten, zwei End-Gleichungen erhalten wurden, deren Summe nur allein c und eine ihr gleiche Anzahl von Secunden enthielt. Auch blieben die zufälligen Fehler in jeder dieser End-Gleichungen niemals beträchtlich, weil einer jeden derselben meistens 4 einzelne Antritte zum Grunde lagen, welche, bei zweckmäfsiger Blendung des Sonnenlichtes, sehr scharf beobachtet werden konnten. Dahingegen behielten aber stets die etwanigen Fehler der Annahmen über die Polhöhe und den Uhrstand, oder die Gröfsen $\Delta\varphi$ und $\Delta\theta$, einen starken und oft ihre eigne Gröfse übertreffenden Einfluss auf Δa, und daher auch auf die als Endresultat gefolgerte magnetische Declination. — In mehreren Fällen wurde nun dieses Verfahren an Orten angewendet, für welche, durch Nachtbeobachtungen mit dem Passageinstrumente, die Gröfsen $\Delta\varphi$ und $\Delta\theta$ vollständig bekannt waren; das Resultat der Sonnendurchgänge mufste alsdann einem ähnlichen direkt aus Nachtbeobachtungen geschlossnen an Sicherheit höchst nahe kommen, und man erreichte daher völlig den Zweck dieses Verfahrens: an einerlei Instrument die periodischen Declinationsveränderungen zu ermitteln, oder die Verrückungen welche der magnetische Meridian des Beobachtungsortes von einer der früheren Tagesstunden bis zu einer der späteren Nachtstunden erlitt. — An einigen andren Orten wurden Sonnendurchgänge beobachtet, während Polhöhe und Uhrstand nur durch Höhenmessungen bestimmt waren, obgleich aber alsdann die als Endresultat beabsichtigte Declination nicht auf dasselbe Vertrauen wie die aus einer normalen Sternbeobachtung erhaltene Anspruch machen konnte, so glaubte ich dennoch ein solches Verfahren nicht versäumen zu dürfen, wenn an einem auf der Reise erreichten Orte das Verweilen bis zum Sichtbarwerden der Nachtgestirne durch anderweitige Umstände verhindert, die Kenntnifs der Declination aber wünschenswerth war. Die Coefficienten der Abhängigkeit von dem Fehler der Polhöhe $\Delta\varphi$, und dem des Uhrstandes $\Delta\theta$ haben wir nun in diesen wie in allen übrigen Fällen den erschlossnen Declinationen angehängt, und sie gestatten auch für diese eine Beurtheilung der absoluten Sicherheit, deren in den Anmerkungen zu den einzelnen Beobachtungen besonders erwähnt ist.

Zur Berechnung dieser Sonnendurchgänge wurde zuerst sowohl die Declination der Sonne δ, als auch deren Rectascension α, oder die Gröfse: Wahre Zeit — Sternzeit, aus Schumacher's oder Enke's Ephemeriden, sodann aber der stets mit θ bezeichnete Uhrstand oder die Gröfse: Sternzeit — Kessels, aus den dafür vorhandnen Angaben, sämmtlich für einen gegen den Anfang der Beobachtungen gelegnen Augenblick τ interpolirt. Den einzelnen beobachteten Antrittszeiten wurden sodann die Verändrungen der Gröfse: Wahre Zeit — Kessels, von jenem constanten Momente τ bis zu dem Augenblicke jedes Antrittes hinzugefügt (vergl. Seite 40), und aus den auf diese Weise corrigirten Uhrzeiten T', T'' .... T^n die entsprechenden Stundenwinkel t', t''... t^n nach Nr. [3] (Seite 38) mit den erwähnten constanten Werthen von α und θ gebildet. Aus jedem dieser Stundenwinkel t^n ergab sich der Stundenwinkel t des Sonnenmittelpunktes im Augenblicke seines Antrittes an den Faden III, nach der Formel:

$$2 \sin \left\{\frac{t - t^n}{2}\right\} = \frac{f \pm r}{m \cos \delta^n \sin \left\{\frac{t + t^n}{2} - M\right\}}$$

In dieser bezeichnen m und M die nach Nr. [7] (Seite 41) berechneten Constanten, deren Bestimmung ein, wie gewöhnlich durch vorläufige direkte Auflösung erhaltner, Näherungswerth von a zu Grunde gelegt wurde; δ^n ist die Sonnendeclination für die in Minuten ausgedrückte Uhrzeit $\frac{T^n + T}{2}$, wenn der Sonnenmittelpunkt zur Uhrzeit T an III antrat und man nahm daher

$$\delta^n = \delta + \left\{\frac{T^n + T}{2} - \tau\right\} \frac{\mu}{2880}$$

wenn μ die in den Ephemeriden enthaltne zweitägige Veränderung der Sonnendeclination bezeichnet; endlich bedeutet r den zum Beobachtungstage gehörigen Sonnenhalbmesser, welcher zum Fadenabstande f (Seite 43) mit dem oberen oder unteren Zeichen hinzugefügt wurde, je nachdem sich das zu reduzirende t^n aus einem Antritte des vorderen oder hinteren Sonnenrandes ergeben hatte.

Unter den so erhaltnen Werthen für den Stundenwinkel des ☉Mittelpunkts am III Faden oder die Gröfse t bildete man zwei Mittel, indem man diejenigen vereinigte welche auf Beobachtungen bei einerlei Lage des Kreis-Endes beruhten. Mit jedem der zwei Mittelwerthe von t wurde endlich, wie oben angedeutet, eine Endgleichung zwischen c, Δa, $\Delta\vartheta$, $\Delta\varphi$ abgeleitet. In allen Fällen war der Unterschied dieser zwei Mittelwerthe von t so klein, dafs in beiden Gleichungen nur das ganz bekannte Glied sich unterschied, die Coefficienten der einzelnen Unbekannten aber innerhalb der 5 ersten Decimalen von völlig gleicher Gröfse, und daher nur durch ihre von der Lage des Kreis-Endes abhängigen Vorzeichen verschieden waren. Die Auflösung der Gleichungen nach c und Δa wurde dadurch noch erleichtert.

Das folgende Beispiel zeigt endlich auch für diese Art von Beobachtungen die Einzelnheiten der Rechnung, und es bezeichnet darin u die oben (Seite 64 u. 65) erwähnte Gröſse, und E die von Paris an gegen Osten positiv gezählte und in Zeit ausgedrückte Länge des Ortes für welchen die Schumacherschen Ephemeriden von 1828 gelten. Die Lage des Kreis-Endes und der Stand der Wasserwage sind bei dieser und bei allen übrigen ⊙Beobachtungen so angegeben, wie sie einem mit dem Gesicht gegen die ⊙ gekehrten Individuum erscheinen.

1828. OCTOBER 20. TOBOLSK in der oberen Stadt.

Namen.	I.	II.	h ′ ″	IV.	V.	Kreis.
⊙ 1ster Rand	5 40,6	6 16,0	21 6 51,6	7 26,8	. . . . .	Rechts
⊙ 2ter Rand	. . . .	8 28,9	21 9 4,4	9 39,6	10 15,2	Links

Wasserwage.		Boussole.
$21^h\ 5'$	$1^p,50$ links	$174°\ 52',0$
21 11	4,00 rechts	354 55,0

October 23. $21^h\ 5'$ K
— $49\ 26'' = u$ für October 23,88
+ $30\ 26 = -$ E

October 23. $20\ 46\ 0 =$ M. Zt. } der Schumacherschen
$21\ 1\ 41 =$ W. Zt. } Ephemeriden.

u. daher $S-W = \alpha = 13^h\ 55'\ 5'',95$
$\delta = -11°\ 47\ 57,2$
$r = 16\ 7,2$

Beobachtet:

$$S-K=\vartheta=\begin{cases} 17^h\ 10'\ 3'',8 \text{ für October } 15.\ 3^h\ 8'\ K \\ 17\ 29\ 53,0 \text{ » » } 20.\ 4\ 30 \text{ »} \\ 17\ 49\ 16,7 \text{ » » } 25.\ 3\ 0 \text{ »} \end{cases}$$

Daraus: $\vartheta = 17^h\ 44'\ 23'',3$ für October 23. $21^h\ 5'$ K

$\Delta(S-W) = +\ 0'',15922$ Zeit in 1 Minute.
$\Delta(S-K) = +\ 0,16344$ » » 1 »

$\Delta(W-K) = +\ 0,00422$ Zeit in 1 Minute
$\frac{\mu}{2880} = \Delta\delta = -\ 0,8692$ Bogen in 1 Minute.
$\varphi = 58°\ 11'\ 40'$

Angenommen:

$$a = \frac{284°}{104}\ 50'\ 0''$$

$$t = 14\ 18\ 45$$

l. cos a sin φ = 9,3375919^n	l. Cp. sin M = 0,0107301^n
l. sin a . . . = 9,9852803	l. Cp. cos M = 0,6584185
l. tg. M . . . = 0,6476884^n	l. m . . . . = 9,9960104
M . . = $\frac{282°}{102}$ 41′ 2″,51	$\frac{t}{2}$ − M = $\frac{-275°}{-95}$ 31′ 40″

	I. 1ster Rand.	II. 1ster Rand.	III. 1ster Rand.	IV. 1ster Rand.
T^n Kr. R. . . .	21h 5′ 40″,6	21h 6′ 16″,0	21h 6′ 51″,6	21h 7′ 26″,8
$(\vartheta - \alpha)$	3 49 17,35	3 49 17,35	3 49 17,35	3 49 17,35
$\Delta(W-K)$ . .	+ 0,00	+ 0,01	+ 0,01	+ 0,01
t^n	0 54 57,95 13° 44 29,25	0 55 33,36 13° 53 20,40	0 56 8,96 14° 2 14,40	0 56 44,16 14° 11 2,40
$\frac{t^n}{2}$	6° 52′ 15″	6° 56′ 40″	7° 1′ 7″	7° 5′ 31″
$\frac{t+t^n}{2} - M$ . .	91 20 35	91 25 0	91 29 27	91 33 51
l. Cp. sin . . .	1193	1328	1471	1619
l. Cp. m. cs. δ^n	0,0132650	0,0132651	0,0132652	0,0132653
δ^n	−11° 47′ 58″,8	−13° 47′ 59″,1	−11° 47′ 59″,3	−11° 47′ 59″,4
f ± r	+ 33′ 11″,88	+ 24′ 39″,54	+ 16′ 7″,20	+ 7′ 34″,86
$t - t^n$	+ 34 14,22	+ 25 25,88	+ 16 37,53	+ 7 49,06

Kreis Rechts.

t nach I.	14° 18′ 43″,47	
t » II.	46,28	
t » III.	51,93	
t » IV.	51,46	
Mittel	14° 18′ 48″,28	
	b = − 0″,46	

	II. 2ter Rand.	III. 2ter Rand.	IV. 2ter Rand.	V. 2ter Rand.
T^u Kr. L. . .	21h 8′ 28″,9	21h 9′ 4″,4	21h 9′ 39″,6	21h 10′ 15″,2
$(\vartheta - \alpha)$	3 49 17,35	3 49 17,35	3 49 17,35	3 49 17,35
Δ (W — K) .	+ 0,01	+ 0,02	+ 0,02	+ 0,02
t^u	0 57 46,26 14°26 33,90	0 58 21,77 14°35 26,55	0 58 56,97 14°44 14,55	0 59 32,57 14°53 8,55
$\frac{t^u}{2}$	7° 13′ 17″	7° 17′ 43″	7° 22′ 7″	7° 26′ 34″
$\frac{t + t^u}{2} - M$ . .	271 41 37	271 46 3	271 50 27	271 54 54
l. sin Cp. . . .	1897	2067	2242	2426
l. Cp. m. cs. δ^u	0,0132656	0,0132658	0,0132660	0,0132661
δ^u	—11°48′ 0″,0	—11°48′ 0″,3	—11°48′ 0″,6	—11°48′ 0″,8
f ± r	— 7′ 34″,86	— 16′ 7″,20	— 24′ 39″,54	— 33′ 11″,88
$t - t^u$	— 7 49,07	— 16 37,67	— 25 26,20	— 34 14,81

Kreis links.

t nach II.	14° 18′ 44″,83	
t » III.	48,88	
t » IV.	48,35	
t » V.	53,74	
Mittel	14° 18′ 48″,95	
	b = — 9″,50	

	Kreis rechts.	Kreis links.
t	14° 18′ 48″,28	14° 18′ 48″,95
l. — cos δ sin t .	$9{,}3838181_n$	$9{,}3838251_n$
l. sin t	9,3930938	9,3931008
l. cos δ	9,9907243	9,9907243
l. cos t	9,9863049	9,9863045
l. cos δ cos t . . .	9,9770292	9,9770288
l. sin δ	$9{,}3106759_n$	$9{,}3106759_n$
l. tg G	$0{,}6663533_n$	$0{,}6663529_n$
G	102° 10′ 0″,04	102° 10′ 0″,08
G + φ	160 21 40,04	160 21 40,08
l. cos G	$9{,}3237806_n$	$9{,}3237810_n$
l. sin G	9,9901339	9,9901339
l. b cos z	$9{,}1761069_n$	$0{,}4924462_n$
l. b	$9{,}6627550_n$	$0{,}9790950_n$
l. g sin (G + φ) .	9,5133519	9,5133512
l. sin (G + φ) . .	9,5264566	9,5264563
l. g	9,9868953	9,9868949
l. cos (G + φ) . .	$9{,}9739723_n$	$9{,}9739723_n$
l. g cos (G + φ) .	$9{,}9608676_n$	$9{,}9608672_n$
l. tg e	9,4229505	9,4229579
e	194° 49′ 57″,27	194° 49′ 58″,16
— a	284 50 0,00	104 50 0,00
e — a	—90 0 2,73	+89 59 58,16
l. cos e	$9{,}9852818_n$	$9{,}9852812_n$
l. sin e	$9{,}4082321_n$	$9{,}4082393_n$
l. ϱ sin z cos (e—a)	$0{,}4085552_n$	0,2404037
l. ϱ cos (e — a) . .	$0{,}4329693_n$	0,2648178
l. sin z	9,9755859	9,9755859
l. sin (e — a) . . .	$0{,}0000000_n$	0,0000000
l. — sin z sin (e—a)	9,9755859	$9{,}9755859_n$
l. cos z cos a . . .	$8{,}9216058_n$	8,9256051
l. cos δ cos t sin a	$9{,}9623095_n$	9,9623091
Num.	— 0,9168736	+ 0,9168728
l.— cs. δ s. t cs. a s. φ	$8{,}7214100_n$	8,7214170
Num.	— 0,0526514	+ 0,0526514
	— 0,9695250	+ 0,9695242

b cos z	$-0'',1500$	$-3'',1077$
ϱ sin z cos (e — a)	$-\ 2{,}5618$	$+\ 1{,}7394$

$$0 = \begin{matrix} +2'',712 \\ +1{,}368 \end{matrix} - c \pm 0{,}94533\,\Delta a \mp 0{,}96952\,\Delta\vartheta \mp 0{,}08349\,\Delta\varphi$$

$-1'',344$	$+0{,}96952$	$+0{,}08349$
lg. $0{,}12840_n$	9,98656	8,92160
0,02441	0,02441	0,02441
$0{,}15281_n$	0,01097	8,94601

$$\Delta a = -1'',422 + 1{,}02558\,\Delta\vartheta + 0{,}08831\,\Delta\varphi$$
$$c = +2'',040.$$

Beobachtet:

a	=	284°	49′	58″,58
Bouss.	=	264	53	30,00
Coll.	=	+	1	13,70
Declin.	=	9°	44′	42″,28 O

In Bezug auf sämmtliche Declinationsbeobachtungen ist endlich noch zu bemerken, dafs die Ablesung der Boussole stets um 10 Minuten nach der letzten Beobachtung eines Sternantrittes geschah, und dafs daher auch die ermittelten Declinationen stets für die sich hieraus ergebende Tageszeit gültig sind; namentlich wenn T die Angabe der Kessel'schen Uhr im Augenblicke des letzten Sternantrittes bei der in Rede stehenden Beobachtung bedeutet, so gilt die vorhandene Declination für eine durch

$$T + \{M - K\} + 10'$$

ausgedrückte mittlere Zeit des Ortes.

Beobachtungen

mit dem Passage - Instrument.

1828. APRIL 7.

I. POTSDAM.

Beobachtungen.

Namen.	Az.	I.	II.	h ′ ″	IV.	V.	Kr.
α Ursae min.	N	29 6,4	. . . . .	9 » »	. . . . .	. . . . .	O
α Ursae maj.	N	50 20,00	51 36,80	9 52 51,20	54 4,40	55 20,40	W
α Ursae min.	N	. . . . .	. . . . .	10 11 58,00	. . . . .	. . . . .	W
β Leonis	S	34 29,20	35 3,00	10 35 37,20	36 13,60	36 50,00	W

Wasserwage.			Boussole.
h ′	p		° ′
9 46,0	0,55	O	163 38,00
10 12,0	2,00	O	343 38,00
10 39,0	1,35	O	

Angenommene Werthe.

Namen.	α	δ		$9^h\ 29'$ K
	° ′ ″	° ′ ″		h ′ ″
α Ursae min.	14 40 7,05	+ 88 23 33,97	ϑ	1 1 49,30
α Ursae maj.	163 16 14,40	+ 62 40 34,75	a	88°53 41,00
β Leonis	175 4 45,87	+ 15 31 45,40	φ	52 23 14,0

Gleichungen.

$$0 = -\ 46'',868 - c + 0,62805\ \Delta a - 0,02267\ \Delta\vartheta + 0,01501\ \Delta\varphi$$
$$0 = -\ 35,228 - c + 0,17866\ \text{»} + 0,45887\ \text{»} + 0,01898\ \text{»}$$
$$0 = -\ 40,270 - c - 0,63014\ \text{»} + 0,02535\ \text{»} - 0,01498\ \text{»}$$
$$0 = -\ 65,835 - c + 0,59989\ \text{»} - 0,96342\ \text{»} + 0,01543\ \text{»}$$

woraus folgt:

$$c = -\ 43'',641 + 0,00432\ \Delta\varphi$$
$$\Delta a = +\ 4,502 - 0,02763\ \text{»}$$
$$\Delta\vartheta = -\ 20,203 - 0,00863\ \text{»}$$

Resultate.

a	= 88° 53′ 45″,50		April 7.	$9^h\ 29'$ K
Bouss.	= 253 38 0,00		ϑ =	1 1 47″,95
Coll.	= − 0 16,30		$S - M$ =	1 4 19,80
Declin.	= 17° 28′ 30″,80 W.		$M - K$ =	− 0^h 2′ 31″,85

1828. APRIL 7.

II. POTSDAM.

Beobachtungen.

Namen.	I.	II.	h ′ ″	IV.	V.	Kreis.
⊙ 1ster Rand	43 15,0	43 49,2	23 » »	....	....	Links
⊙ 1ster Rand	....	....	23 » »	45 6,8	45 41,2	Rechts
⊙ 2ter Rand	....	....	23 » »	47 16,8	....	Rechts

Wasserwage.		Boussole.
$23^h\ 36'$	$1^p,20$ *O*	$169^\circ\ 0',00$
23 49	3,72 *O*	349 0,00

Angenommene Werthe.

Namen.	α	δ	$23^h\ 43'$ K	
⊙ für $23^h\ 43'$ K	$17^\circ\ 7'\ 37'',6$	$+\ 7^\circ\ 16'\ 59'',5$	ϑ	$1^h\ 4'\ 5'',79$
			a	83°24 26,7
			φ	52 23 14,0

Gleichungen.

$$0 = \begin{matrix} -\ 72'',650 \\ -\ 44,768 \end{matrix} - c \mp 0{,}71025\ \Delta a \pm 0{,}97467\ \Delta\vartheta \pm 0{,}07895\ \Delta\varphi$$

woraus folgt: $c = -\ 58'',709$

$$\Delta a = -\ 19{,}628 + 1{,}37231\ \Delta\vartheta + 0{,}11116\ \Delta\varphi$$

Resultat.

a	=	83° 24′ 7″,07
Bouss.	=	259 0 0,00
Coll.	=	— 0 16,30
Declin.	=	17° 36′ 9″,23 *W.*

1828. MAI 19.

III. PETERSBURG, in der Stadt.

Beobachtungen.

Namen.	Azim.	I.	II.	h ' "	III.	IV.	Kreis.
φ Draconis	*N*	. . .	32 6,0	8 » »	. . .	. . . .	*W*
23 k Berenicae	*S*	14 9,6	. . .	8 15 27,6	16 6,8	16 46,8	*W*

Wasserwage.		Boussole.
h '	p	° '
8 26,5	2,00 *W*	315 11,00
8 33,5	2,25 *W*	135 4,00
9 9,0	4,37 *W*	

Angenommene Werthe.

Namen.	α	δ	$8^h\,32'$ K	
φ Draconis	275° 48' 46",9	+ 71° 14' 40",2	ϑ	4^h 54' 49",27
23 k Berenicae	186 34 30,1	+ 23 34 22,4	α	308° 7 30,10
			φ	59 56 29,00
			c	0,00

Gleichungen.

$$0 = -\ 1'',439 - 0,49674\ \Delta\alpha + 0,08796\ \Delta\vartheta + 0,53582\ \Delta\varphi$$
$$0 = +\ 0,857 + 0,65149\ \text{»} - 0,86281\ \text{»} + 0,46839\ \text{»}$$

woraus folgt: $\Delta\alpha = -\ 3'',140 + 1,35616\ \Delta\varphi$ in Bogen.
$\Delta\vartheta = -\ 1,378 + 1,56690$ » » »

Resultate.

α	= 308° 7' 26",96		Mai 19.	= 8^h 32' K
Bouss.	= 225 7 30,00		ϑ	= 4 54 49",18
Coll.	= − 0 16,30		*S* − *M*	= 3 49 45,60
Declin.	= 6° 45' 19",34 *W*.		*M* − *K*	= 1^h 5' 3",58

1828. MAI 20.

IV. PETERSBURG, in der Stadt.

Beobachtungen.

Namen.	Azim.	I.	II.	h ′ ″	IV.	V.	Kreis.
α Coronae	*S*	. . . .	. . . .	10 » »	28 1,5	28 40,0	*W*
α Serpentis	*S*	34 16,5	34 50,5	10 35 25,0	35 59,5	36 33,8	*W*
γ Serpentis	*S*	47 5,4	47 40,0	10 48 16,0	48 51,8	49 27,5	*O*
π Serpentis	*S*	53 31,0	54 7,5	10 54 44,5	55 21,5	55 59,4	*O*

Wasserwage.		Boussole.
h ′	p	° ′
10 12,0	0,00	173 40,00
10 25,0	2,00 *W.*	353 41,00
10 37,0	3,50 *O.*	
10 47,0	1,50 *O.*	

Angenommene Werthe.

Namen.	α	δ		$10^h\ 28'$ K
α Coronae	231° 51′ 44″,9	+ 27° 17′ 53″,3	ϑ	4h 59′ 2″,85
α Serpentis	233 57 42,9	+ 6 58 18,0	a	269°33 31,98
γ Serpentis	237 8 21,7	+ 16 13 45,2	φ	59 56 29,00
π Serpentis	238 44 17,4	+ 23 17 18,5		

Gleichungen.

$$0 = -\ 49{,}121 - c + 0{,}53941\ \Delta a - 0{,}88862\ \Delta\vartheta - 0{,}00648\ \Delta\varphi$$
$$0 = -\ 44{,}407 - c + 0{,}79832\ \text{»} - 0{,}99260\ \text{»} - 0{,}00464\ \text{»}$$
$$0 = +\ 68{,}702 - c - 0{,}69104\ \text{»} + 0{,}96014\ \text{»} + 0{,}00556\ \text{»}$$
$$0 = +\ 45{,}756 - c - 0{,}59697\ \text{»} + 0{,}91852\ \text{»} + 0{,}00618\ \text{»}$$

woraus folgt:
$$c = +\ 6'',199 + 0{,}01688\ \Delta\vartheta + 0{,}00026\ \Delta\varphi$$
$$\Delta a = +\ 77{,}770 + 1{,}40984\ \text{»} + 0{,}00837\ \text{»}$$

Resultat.

a	=	269° 34′ 49″,75
Bouss.	=	263 40 30,00
Coll.	=	− 0 16,30
Declin.	=	6° 44′ 56″,55 *W.*

1828. MAI 28.

V. PETERSBURG, in der Stadt.

Beobachtungen.

Namen.	Azim.	I.	II.	h ′ ″	IV.	V.	Kreis.
β Herculis	*S*	....	....	11 » »	....	1 53,2	*W*
α Ursae min.	*N*	....	41 24,8	11 » »	....	....	*W*
η Herculis	*S*	....	....	11 12 16,0	12 59,0	13 42,8	*W*
ι Ophiuchi	*S*	23 51,8	24 27,2	11 25 1,8	25 36,8	26 10,2	*W*
ε Herculis	*S*	....	....	11 » »	30 54,8	31 33,6	*W*
α Ophiuchi	*S*	4 34,4	5 7,6	12 5 43,4	6 18,2	6 54,0	*O*
α Ursae min.	*N*	....	....	12 35 12,8	....	....	*O*

Wasserwage.		Boussole.
h ′	p	° ′
10 41,0	1,50 *O*.	170 11,00
11 14,0	4,00 *O*.	350 11,00
11 40,0	2,50 *O*.	
12 36,0	1,50 *O*.	

Angenommene Werthe.

Namen.	α	δ		11h 0′ K
	° ′ ″	° ′ ″		h ′ ″
β Herculis	245 42 57,0	+ 21 52 15,8	ϑ	5 30 24,47
α Ursae min.	14 45 48,1	+ 88 23 21,1	*a*	273° 6 0,70
η Herculis	249 15 30,8	+ 39 15 19,5	φ	59 56 29,00
ι Ophiuchi	251 28 45,6	+ 10 27 29,0		
ε Herculis	253 26 13,6	+ 31 11 11,7		
α Ophiuchi	261 44 59,1	+ 12 41 34,0		

Gleichungen.

$0 = +\ 37{,}448 - c + 0{,}61701\ \Delta a - 0{,}92763\ \Delta\vartheta + 0{,}04256\ \Delta\varphi$
$0 = -\ 15{,}996 - c - 0{,}50662$ » $+ 0{,}00727$ » $+ 0{,}04663$ »
$0 = +\ 13{,}527 - c + 0{,}35356$ » $- 0{,}77386$ » $+ 0{,}05059$ »
$0 = +\ 12{,}347 - c + 0{,}76058$ » $- 0{,}98301$ » $+ 0{,}03511$ »
$0 = +\ 4{,}936 - c + 0{,}48142$ » $- 0{,}85506$ » $+ 0{,}04740$ »
$0 = -\ 25{,}625 - c - 0{,}73468$ » $+ 0{,}97519$ » $- 0{,}03669$ »
$0 = +\ 8{,}182 - c + 0{,}50702$ » $- 0{,}00773$ » $- 0{,}04661$ »

woraus folgt: $c = -\ 4'',910 + 0{,}00001\ \Delta\varphi$ in Bogen
$\Delta a = -\ 5{,}387 + 0{,}09356$ » » »
$\Delta\vartheta = +\ 23{,}932 + 0{,}10810$ » » »

Resultate.

a = 273° 5′ 55″,31		Mai 28.	11h 0′ K
Bouss. = 260 11 0,00		ϑ =	5 30 26″,07
Coll. = — 0 16,30		*S* — *M* =	4 25 38,89
Declin. = 6° 43′ 20″,99 *W*.		*M* — *K* =	1h 4′ 47″,18

1828. MAI 29.

VI. PETERSBURG, in der Stadt.

Beobachtungen.

Namen.	I.	II.	h	IV.	V.	Kreis.
⊙ 1ster Rand	49 31,6	50 11,2	0 » »	....	....	Rechts
⊙ 1ster Rand	...	....	....	51 30,4	52 9,2	Links
⊙ 2ter Rand	....	52 37,2	0 53 16,9	....	....	Rechts
⊙ 2ter Rand	....	....	....	....	54 35,6	Links

Wasserwage.		Boussole.
h 0 43,5	p 0,50 links	° 310 55,50
0 56,0	1,75 links	130 54,00

Angenommene Werthe.

Namen.	α	δ		0^h 49 K
⊙ für 0^h 49′ K	66° 14 20″,5	+ 21° 39 42,5	ϑ	5^h 32 41,40
			a	312° 11 2,40
			φ	59 56 29,00

Gleichungen.

$$0 = \begin{matrix} -\ 20'',203 \\ +\ 19,146 \end{matrix} - c \mp 0,69096\ \Delta a \pm 0,86634\ \Delta\vartheta \mp 0,48543\ \Delta\varphi$$

woraus folgt:

$$c = -\ 0'',528$$

$$\Delta a = -\ 28'',460 + 1,25382\ \Delta\vartheta - 0,70254\ \Delta\varphi$$

Resultat.

a	=	312°	10′	33″,94
Bouss.	=	220	54	45,00
Coll.	=	−	0	16,30
Declin.	=	6°	54′	57″,36 W.

1828. MAI 31.

VII. PETERSBURG, in der Stadt.

Beobachtungen.

Namen.	Azim.	I.	II.	h ′ ″	IV.	V.	Kreis.
α Ursae min.	*N*	. . . .	. . . .	11 0 2,0	. . . .	. . . .	*O*
δ Herculis	*S*	. . . .	. . . .	11 32 16,0	32 53,0	. . . .	*O*
α Ophiuchi	*S*	51 21,2	51 56,0	11 52 30,8	53 6,8	53 42,0	*W*

Wasserwage.		Boussole.
10^{h} 42′,0	0^{p},60 *W.*	350° 41′,00
11 50,0	7,00 *O.*	170 41,00

Angenommene Werthe.

Namen.	α	δ		11^{h} 0′ K
α Ursae min.	14° 46′ 4″,2	+ 88° 23′ 20″,9	ϑ	5^{h} 42′ 9″,25
δ Herculis	256 59 59,3	+ 25 3 0,6	*a*	92°35 5,27
α Ophiuchi	261 44 59,7	+ 12 41 34,6	φ	59 56 29,00

Gleichungen.

$$0 = -\ 9{,}552 - c + 0{,}51490\ \Delta a - 0{,}01670\ \Delta\vartheta - 0{,}03836\ \Delta\varphi$$
$$0 = -\ 36{,}452 - c - 0{,}57228\ \text{»} + 0{,}90565\ \text{»} - 0{,}03698\ \text{»}$$
$$0 = -\ 13{,}861 - c + 0{,}73454\ \text{»} - 0{,}97526\ \text{»} + 0{,}03060\ \text{»}$$

woraus folgt:

$$c = -\ 26'',593 + 0{,}00001\ \Delta\varphi$$
$$\Delta a = -\ 35{,}448 + 0{,}07806\ \text{»}$$
$$\Delta\vartheta = -\ 12{,}618 + 0{,}09017\ \text{»}$$

Resultate.

a	= 92° 34′ 29″,82		Mai 31.		11^{h} 0′ K
Bouss.	= 260 41 0,00		ϑ	=	5 42 8″,41
Coll.	= − 0 16,30		*S* − *M*	=	4 37 28,55
Declin.	= 6° 44′ 46″,48 *W.*		*M* − *K*	=	1^{h} 4′ 39″,86

1828. JUNI 2.

VIII. PETERSBURG, in der Stadt.

Beobachtungen.

Namen.	I.	II.	h ′ ″	IV.	V.	Kreis.
⊙ 1ster Rand	1 24,0	2 6,0	1 » »	....	....	Rechts
⊙ 1ster Rand	....	....	1 » »	3 26,0	4 4,4	Links
⊙ 2ter Rand	....	4 33,2	1 5 12,8	5 52,8	6 33,2	Links

Wasserwage.		Boussole.
h ′	p	° ′
1 0,0	1,00 rechts	307 5,67
1 7,0	1,00 rechts	127 5,67

Angenommene Werthe.

Namen.	α	δ	$1^h\,1'$ K	
⊙ für $1^h\,1'$ K	$70^\circ\,19'\,50'',7$	$+\,22^\circ\,13'\,38'',2$	ϑ	$5^h\,48'\,22'',32$
			a	315°58 11,25
			φ	59 56 29,00

Gleichungen.

$$0 = \begin{matrix} -\,12'',171 \\ +\,9,288 \end{matrix} - c \mp 0{,}69669\ \Delta a \pm 0{,}85274\ \Delta\vartheta \mp 0{,}51578\ \Delta\varphi$$

woraus folgt: $c = -\,1{,}441$

$$\Delta a = -\,15{,}401 + 1{,}22400\ \Delta\vartheta - 0{,}74033\ \Delta\varphi$$

Resultat.

a	= 315°	57′	55″,85	
Bouss.	= 217	5	40,00	
Coll.	= −	0	16,30	
Declin.	= 6°	56′	40″,45	*W.*

1828. JUNI 3.

IX. PETERSBURG, im botanischen Garten.

Beobachtungen.

Namen.	I.	II.	h ′ ″	IV.	V.	Kreis.
⊙ 1ster Rand	32 0,0	32 36,8	0 » »	....	....	Links
⊙ 1ster Rand	....	....	0 » »	33 58,4	34 37,2	Rechts
⊙ 2ter Rand	....	35 4,0	0 35 41,8	....	....	Rechts
⊙ 2ter Rand	....	....	0 » »	....	37 1,8	Links

Wasserwage.		Boussole.
h ′ ″ 0 30,0	p 1,35 rechts	° ′ ″ 316 20,50
0 39,0	0,00	136 20,50

Angenommene Werthe.

Namen.	α	δ	$0^h\ 32'$ K	
⊙ für 0^h 32′ K	71° 20′ 6″,3	+ 22° 20′ 53″,8	ϑ	5h 52′ 19″,72
			a	126°37 50,60
			φ	59 58 31,00

Gleichungen.

$$0 = \begin{matrix} -\ 17'',861 \\ +\ \ 6,993 \end{matrix} - c \mp 0{,}66464\ \Delta a \pm 0{,}87508\ \Delta\vartheta \mp 0{,}45312\ \Delta\varphi$$

woraus folgt: $c = -\ 5{,}434$

$$\Delta a = -\ 18{,}696 + 1{,}31662\ \Delta\vartheta - 0{,}68175\ \Delta\varphi$$

Resultat.

a	= 126°	37′	31″,90	
Bouss.	= 226	20	30,00	
Coll.	= −	0	16,30	
Declin.	= 7°	2′	14″,40	W

1828. JUNI 3.

X. PETERSBURG, im botanischen Garten.

Beobachtungen.

Namen.	Azim.	I.	II.	h ′ ″	IV.	V.	Kreis.
α Ursae min.	*N*	37 15,0	. . . .	11 » »	. . . .	. . . .	*W*
β Ophiuchi	*S*	. . . .	51 48,4	11 52 23,2	52 57,2	53 30,8	*W*
ϑ Herculis	*S*	1 32,0	2 14,0	12 2 58,0	3 40,0	4 23,0	*O*
o Herculis	*S*	13 34,6	14 13,6	12 14 51,8	15 31,0	16 9,8	*O*

Wasserwage.		Boussole.
11ʰ 35′,0	*p* 1,00 *O.*	349° 44′,00
12 18,0	3,75 *W.*	169 44,00

Angenommene Werthe.

Namen.	α	δ		11ʰ 30′ K
α Ursae min.	14° 46′ 31″,9	+ 88° 23′ 20″,6	ϑ	5ʰ 54′ 8″,88
β Ophiuchi	263 45 21,2	+ 4 38 57,1	*a*	273°29 30,42
ϑ Herculis	267 35 52,9	+ 37 16 49,8	φ	59 58 31,00
o Herculis	270 13 8,7	+ 28 44 48,1		

Gleichungen.

$$0 = -\ 0'',251 - c - 0,50987\ \Delta a + 0,01184\ \Delta\vartheta + 0,05347\ \Delta\varphi$$
$$0 = -\ 32,878 - c + 0,82287\ » - 0,99623\ » + 0,03532\ »$$
$$0 = +\ 25,671 - c - 0,38628\ » + 0,79509\ » - 0,05734\ »$$
$$0 = +\ 12,505 - c - 0,51896\ » + 0,87620\ » - 0,05314\ »$$

woraus folgt:

$$c = -\ 3'',666 + 0,00000\ \Delta\varphi$$
$$\Delta a = +\ 4,213 + 0,10779\ »$$
$$\Delta\vartheta = -\ 25,034 + 0,12448\ »$$

Resultate.

a = 273° 29′ 34″,66		Juni 3.	11ʰ 30′ K
Bouss. = 259 44 0,00		ϑ =	5 54 7″,21
Coll. = − 0 16,30		*S* − *M* =	4 49 23,14
Declin. = 6° 46′ 41″,64 *W.*		*M* − *K* =	1ʰ 4′ 44″,07

1828. JULI 13.

XI. NOWGOROD WELIKJI.

Beobachtungen.

Namen.	I.	II.	h	IV	V.	Kreis.
⊙ 1ster Rand	46 51,5	47 28,5	0 » »	....	....	Rechts
⊙ 1ster Rand	....	....	0 » »	48 44,5	49 22,5	Links
⊙ 2ter Rand	....	....	0 » »	51 12,5	51 52,5	Links

Wasserwage.		Boussole.
$0^{h}\,50{,}0$	p 0,25 rechts	$132^{\circ}\,50{,}50$
		312 53,00

Angenommene Werthe.

Namen.	α	δ		$0^{h}\,46'$ K
⊙ für $0^{h}\,46'$ K	$112^{\circ}\,39'\,47{,}2$	$+\,21^{\circ}\,49\,25{,}6$	ϑ	$8^{h}\,32'\,49{,}88$
			a	$310^{\circ}37\,22{,}90$
			φ	58 31 4,00

Gleichungen.

$$0 = \begin{matrix} +\,32'',954 \\ -\,80,980 \end{matrix} - c \mp 0,66635\ \Delta a \pm 0,86382\ \Delta\vartheta \mp 0,48548\ \Delta\varphi$$

woraus folgt: $c = -\,24,013$

$$\Delta a = +\,85,492 + 1,29637\ \Delta\vartheta - 0,72857\ \Delta\varphi$$

Resultat.

$a = 310^{\circ}\ 38'\ 48'',39$

Bouss. = 222 51 45,00

Coll. = − 0 16,30

Declin. = 6° 29′ 42,91 *W*

1828. JULI 20.

XII. MOSKWA, in der Stadt.

Beobachtungen.

Namen.	I.	II.	h ′ ″	IV.	V.	Kreis.
⊙ 1ster Rand	27 41,6	28 18,0	22 28 55,2	....	....	Links
⊙ 2ter Rand	29 58,4	30 35,0	22 31 12,0	31 48,0	32 24,8	Rechts

Wasserwage.		Boussole.
h ′	p	° ′
22 26,0	1,5 links	178 30,00
22 33,0	2,0 links	358 31,00

Angenommene Werthe.

Namen.	α	δ		$22^h\ 27'$ K
⊙ für $22^h\ 27'$ K	$120^\circ 37' 21'',9$	$+ 20^\circ 28' 40'',6$	ϑ	$9^h\ 28'\ 51'',78$
			a	$88^\circ 33\ \ 4,5$
			φ	55 46 30,00

Gleichungen.

$$0 = \begin{matrix} -\ 12'',090 \\ -\ 18,933 \end{matrix} - c \mp 0,57793\ \Delta a \pm 0,93642\ \Delta\vartheta \pm 0,02063\ \Delta\varphi$$

woraus folgt: $c = -\ 15'',511$

$$\Delta a = +\ 5,919 + 1,62030\ \Delta\vartheta + 0,03570\ \Delta\varphi$$

Resultat.

a	=	88° 33′ 10″,42
Bouss.	=	268 30 30,00
Coll.	=	− 0 16,30
Declin.	=	2° 56′ 35″,88 *W.*

1828. JULI 22.

XIII. MOSKWA, zu Sakolnikowoe Pole.

Beobachtungen.

Namen.	I.	II.	h ′ ″	IV.	V.	Kreis.
⊙ 1ster Rand	0 15,2	0 52,2	21 1 31,6	. . . .	. . . .	Rechts
⊙ 2ter Rand	2 38,4	3 17,2	21 3 55,6	4 35,2	5 14,0	Links

Wasserwage.		Boussole.
h ′	p	° ′ ″
20 57,0	0,12 rechts	31 39,50
21 6,0	0,07 rechts	211 40,50

Angenommene Werthe.

Namen.	α	δ	21h 0′ K	
⊙ für 21h 0′ K	122° 33′ 13″,5	+ 20° 5′ 30″,6	ϑ	9h 36′ 37″,96
			α	235° 15 33,40
			φ	55 45 13,00

Gleichungen.

$$0 = \begin{matrix} +\ 5'',525 \\ +\ 10,329 \end{matrix} - c \mp 0,63630\ \Delta a \pm 0,88272\ \Delta\vartheta \pm 0,43961\ \Delta\varphi$$

woraus folgt: $c = +\ 7'',927$

$$\Delta a = -\ 3,775 + 1,38726\ \Delta\vartheta + 0,69090\ \Delta\varphi$$

Resultat.

a	=	235° 15′ 29″,62
Bouss.	=	121 40 0,00
Coll.	=	− 0 16,30
Declin.	=	3° 4′ 46″,68 *W.*

1828. JULI 23.

XIV. MOSKWA, zu Sakolnikowoe Pole.

Beobachtungen.

Namen.	Azim.	I.	II.	h ′ ″	IV.	V.	Kreis.
α Ursae min.	N	....	....	7 44 10,0	....	....	O
α Ophiuchi	S	54 36,0	55 10,4	7 55 46,0	56 21,6	56 56,0	W
β Ophiuchi	S	3 26,8	4 1,8	8 4 36,4	5 10,8	5 45,2	W

Wasserwage.		Boussole.
h ′	p	° ′
7 24,0	1,00 W	354 26,00
8 6,0	1,25 W	174 26,00

Angenommene Werthe.

Namen.	α	δ		7^h 30′ K
	° ′ ″	° ′ ″		h ′ ″
α Ursae min.	14 55 58,9	+ 88 23 22,2	ϑ	9 38 20,46
α Ophiuchi	261 45 3,3	+ 12 41 44,1	a	92°34 20,52
β Ophiuchi	263 45 24,7	+ 4 39 4,3	φ	55 45 13,00
			c	+ 6,00

Gleichungen.

$$0 = +15'',339 + 0,57266\ \Delta a - 0,01252\ \Delta\vartheta - 0,03779\ \Delta\varphi$$
$$0 = +15,742 + 0,68303\ » - 0,97521\ » + 0,03366\ »$$
$$0 = +13,326 + 0,77855\ » - 0,99637\ » + 0,02893\ »$$

woraus folgt: $\Delta a = -26'',119 + 0,06766\ \Delta\varphi$ in Bogen

$\Delta\vartheta = -4,604 + 0,08199$ » » »

Resultate.

a	= 92° 33′ 54″,40	Juli 23.	7^h 30′ K
Bouss.	= 264 26 0,00	ϑ	= 9 38 20″,15
Coll.	= − 0 16,30	S − M	= 8 5 51,39
Declin.	= 3° 0′ 21″,90 W.	M − K	= 1^h 32′ 28″,76

1828. JULI 29.

XV. BOGORODSK.

Beobachtungen.

Namen.	I.	II.	h ′ ″	IV.	V.	Kreis.
⊙ 1ster Rand	8 5,2	8 50,6	16 » »	. . . .	. . . .	Links
⊙ 1ster Rand	. . . .	. . . .	16 » »	10 17,6	11 2,0	Rechts
⊙ 2ter Rand	. . . .	11 32,4	16 12 16,0	13 1,2	13 45,4	Rechts

Wasserwage.		Boussole.
$16^h\ 9',0$	p 1,0 links	$101°\ 19',00$
		281 20,00

Angenommene Werthe.

Namen.	α	δ	$16^h\ 8'$ K	
⊙ für $16^h\ 8'$ K	$129°\ 14'\ 51'',0$	$+ 18°\ 34'\ 33'',4$	ϑ	$10^h\ 6'\ 13'',60$
			a	345°20 53,00
			φ	55 46 56,00

Gleichungen.

$$0 = \begin{matrix} -\ 3'',233 \\ +\ 0,589 \end{matrix} - c \mp 0,97610\ \Delta a \pm 0,79383\ \Delta\vartheta \pm 0,21026\ \Delta\varphi$$

woraus folgt: $c = -\ 1'',322$

$$\Delta a = -\ 1,958 + 0,81328\ \Delta\vartheta + 0,21541\ \Delta\varphi$$

Resultat.

a	=	345° 20′ 51″,04
Bouss.	=	191 19 30,00
Coll.	$=_i$	− 0 16,30
Declin.	=	3° 19′ 55″,26 W.

1828. AUGUST 1.

XVI. Am 10ten Werstpfahl nach SUDOGDA.

Beobachtungen.

Namen.	I.	II.	h ′ ″	IV.	V.	Kreis.
⊙ 1ster Rand	32 58,2	33 35,0	20 34 13,4	....	....	Links
⊙ 2ter Rand	35 20,0	....	20 » »	37 16,8	....	Rechts

Bei diesem Durchgange war der Nonius am Azimutalstellkreise auf .... 81° 58′
und, ohne Verrückung jenes Kreises, wurde die Ebne der Pfeiler gedreht, bis dafs der genannte Nonius auf .... 91° 2′
kam, und dann beobachtet:

Namen.	I.	II.	h ′ ″	IV.	V.	Kreis.
⊙ 1ster Rand	....	....	21 » »	1 53,0	....	Rechts
⊙ 2ter Rand	....	2 55,2	21 3 33,8	4 10,0	4 48,0	Rechts

Wasserwage.		Boussole.
h ′	p	° ′
20 36	1,5 rechts	207 48,00
21 2	1,5 links	27 48,00

Angenommene Werthe.

Namen.	α	δ	20h 32′ K	
⊙ für 20h 32′ K	132° 20′ 35″,0	+ 17° 47′ 1″,8	ϑ	10h 28′ 33″,50
			a	51° 44 25,0
			a′	240 49 40,0
			φ	55 57 0,0

Gleichungen.

$$0 = \begin{matrix} +\ 15'',477 \\ -\ 18,204 \end{matrix} - c \mp 0{,}68259\ \Delta a \pm 0{,}88687\ \Delta\vartheta \pm 0{,}45254\ \Delta\varphi$$

$$0 = +\ 12{,}474 - c + 0{,}65543\ \Delta a' - 0{,}91230\ \text{»} + 0{,}36811\ \text{»}$$

woraus folgt:

$$c = -\ 1'',363$$

$$\Delta a = +\ 24{,}672 + 1{,}36448\ \Delta\vartheta + 0{,}66298\ \Delta\varphi$$

$$\Delta a' = -\ 21{,}111 + 1{,}46170\ \text{»} + 0{,}56163\ \text{»}$$

Resultat.

a′	= 240° 49′ 18″,89
Bouss.	= 117 48 0,00
Coll.	= − 0 16,30
Declin.	= 1° 22′ 57″,41 *W.*

1828. AUGUST 3.

XVII. OSABLIKOWO.

Beobachtungen.

Namen.	Azim.	I.	II.	h	IV.	V.	Kreis.
γ Aquilae	*S*	....	....	9 » »	5 14,0	5 49,0	*W*
β Aquilae	*S*	....	....	9 13 53,6	14 29,6	15 4,4	*O*
α Ursae min.	*N*	....	....	9 » »	26 40,0	....	*O*

Wasserwage.		Boussole.
h	p	°
9 3,0	0,00	177 14,00
9 20,0	0,00	357 14,00

Angenommene Werthe.

Namen.	α	δ	9^h 0 K	
	°	°		h
γ Aquilae	294 32 5,4	+ 10 12 20,4	ϑ	10 40 48,49
β Aquilae	296 43 50,2	+ 5 59 18,6	*a*	272°32 38,06
α Ursae min.	14 57 44,1	+ 88 23 24,0	φ	55 54 30,00

Gleichungen.

$$0 = +\,51'',973 - c + 0,71600\,\Delta a - 0,98386\,\Delta\vartheta + 0,03098\,\Delta\varphi$$
$$0 = +\;\;8,052 - c - 0,76542 \;\text{»}\; + 0,99423 \;\text{»}\; - 0,02856 \;\text{»}$$
$$0 = +\;41,108 - c + 0,55417 \;\text{»}\; + 0,00718 \;\text{»}\; - 0,03695 \;\text{»}$$

woraus folgt: $c = +\,30'',528 + 0,00000\,\Delta\varphi$ in Bogen
$\Delta a = -\;19,195 + 0,06564$ » » »
$\Delta\vartheta = +\;7,829 + 0,07926$ » » »

Resultate.

a	= 272° 32′ 18″,86	Aug. 3.	9^h 0 K
Bouss.	= 267 14 0,00	ϑ	= 10 40 49 ,01
Coll.	= − 0 16,30	*S* − *M*	= 8 49 28,28
Declin.	= 0° 13′ 57″,44 *W*.	*M* − *K*	= 1^h 51 20 ,73

1828. AUGUST 4.

XVIII. DOSKINO.

Beobachtungen.

Namen.	I.	II.	h ′ ″	IV.	V.	Kreis.
⊙ 1ster Rand	23 58,0	24 38,8	19 25 19,6	....	....	Rechts
⊙ 2ter Rand	....	27 10,0	19 27 52,0	28 32,4	29 14,4	Links

Wasserwage.		Boussole.
19ʰ 26′	0ᵖ,25 rechts	235° 29′,00
		55 21,00

Angenommene Werthe.

Namen.	α	δ		19ʰ 23′,0 K
⊙ für 19ʰ 23′,0 K	135° 11′ 31″,20	+ 17° 0′ 18″,2	ϑ	10ʰ 50′ 57″,56
			a	215° 2 49,00
			φ	56 9 15,00

Gleichungen.

$$0 = \begin{matrix} +\ 12'',106 \\ +\ 14,826 \end{matrix} - c \mp 0{,}76330\ \Delta a \pm 0{,}84058\ \Delta\vartheta \pm 0{,}52891\ \Delta\varphi$$

woraus folgt: $c = +\ 13'',466$

$$\Delta a = -\ 1{,}782 + 1{,}10124\ \Delta\vartheta + 0{,}69292\ \Delta\varphi$$

Resultat.

a	= 215°	2′	47″,22	
Bouss.	= 145	25	0,00	
Coll.	= −	0	16,30	
Declin.	= 0°	27′	30″,92	O.

1828. AUGUST 7.

XIX. NIJNEI NOWGOROD.

Beobachtungen.

Namen.	I.	II.	h	IV.	V.	Kreis.
⊙ 1ster Rand	29 44,8	30 21,8	23 31 0,4	....	...	Links
⊙ 2ter Rand	....	32 40,0	23 33 17,2	33 55,0	34 32,4	Rechts

Wasserwage.		Boussole.
$23^h\ 32,0$	$1^p,87$ links	$150^\circ\ 36,67$
		330 32,00

Angenommene Werthe.

Namen.	α	δ		23^h 29 K
⊙ für $23^h\ 29$	$138^\circ\ 13\ 43,5$	$+\ 16^\circ\ 7\ 25,9$	ϑ	$11^h\ 4\ 51'',55$
			a	120°11 39,50
			φ	56 19 20,00

Gleichungen.

$$0 = \begin{matrix} -\ 8\ ,829 \\ -\ 1,3\dot{2}9 \end{matrix} - c \mp 0,68522\ \Delta a \pm 0,91930\ \Delta\vartheta \mp 0,36630\ \Delta\varphi$$

woraus folgt: $c = -\ 5\ ,079$

$$\Delta a = -\ 5,473 + 1,34168\ \Delta\vartheta - 0,53458\ \Delta\varphi$$

Resultat.

a	=	120° 11 34',93
Bouss.	=	240 34 20,00
Coll.	=	− 0 16,30
Declin.	=	0° 45 38 ,63 *O*.

1828. AUGUST 10.

XX. TSCHUGUNUI.

Beobachtungen.

Namen.	Azim.	I.	II.	h ′ ″	IV.	V.	Kreis.
ν Capricorni	*S*	. . . .	. . . .	9 » »	. . . .	1 24,2	*W*
1 Cygni	*S*	9 26,0	10 7,2	9 10 48,4	11 30,2	12 12,4	*W*
α Ursae min.	*N*	. . . .	. . . .	9 24 10,8	. . . .	. . . .	*O*
r Vulpeculae	*S*	28 13,9	. . . .	9 29 30,2	30 8,0	30 46,0	*O*
ν Cygni	*S*	31 54,2	32 38,0	9 33 24,0	34 8,4	34 53,6	*O*

Wasserwage.		Boussole.
$9^h\ 0',0$	p 0″,00	178° 51′,50
9 35,0	0,00	358 50,00

Angenommene Werthe.

Namen.	α	δ		$9^h\ 0'$ K
ν Capricorni	302° 47′ 41″,8	— 13° 17′ 13″,3	ϑ	11^h 21′ 5″,87
1 Cygni	306 49 1,1	+ 34 40 23,2	a	272° 38 35,60
α Ursae min.	14 58 52,6	+ 88 23 25,8	φ	56 6 24,00
r Vulpeculae	311 12 15,4	+ 26 27 53,5		
ν Cygni	312 42 17,1	+ 40 30 58,5		•

Gleichungen.

$$0 = +13{,}394 - c + 0{,}93622\,\Delta a - 0{,}97289\,\Delta\vartheta + 0{,}01625\,\Delta\varphi$$
$$0 = +19{,}256 - c + 0{,}36356\ \text{»} - 0{,}82201\ \text{»} + 0{,}04281\ \text{»}$$
$$0 = +18{,}234 - c + 0{,}54768\ \text{»} + 0{,}01149\ \text{»} - 0{,}03838\ \text{»}$$
$$0 = +13{,}555 - c - 0{,}49484\ \text{»} + 0{,}89484\ \text{»} - 0{,}03998\ \text{»}$$
$$0 = +16{,}937 - c - 0{,}26892\ \text{»} + 0{,}75979\ \text{»} - 0{,}04429\ \text{»}$$

woraus folgt: $c = +16'',486 + 0{,}00000\,\Delta\varphi$ in Bogen

$\Delta a = +\ 1{,}109 + 0{,}06806$ » » »

$\Delta\vartheta = +\ 1{,}192 + 0{,}08215$ » » »

Resultate.

a	= 272° 38′ 36″,71	Aug. 10.	9^h 0′ K
Bouss.	= 268 50 45,00	ϑ	= 11 21 6″,93
Coll.	= — 0 16,30	*S* — *M*	= 9 17 4,14
Declin.	= 1° 29′ 5″,41 *O*.	*M* — *K*	= 2^h 4′ 2″,79

1828. AUGUST 12.

XXI. ANGIKOWA.

Beobachtungen.

Namen.	Azim.	I.	II.	h ′ ″	IV.	V.	Kreis.
α Ursae min.	*N*	....	....	8 53 7,2	....	....	*O*

Wasserwage.		Boussole.
8h 50′	p 0,00	178° 59′,50
8 55	0,00	358 58,00

Angenommene Werthe.

Namen.	α	δ		8h 53′ K
α Ursae min.	14° 59′ 8″,7	+ 88° 23′ 26″,2	ϑ	11h 39′ 36″,28
			a	92°40 50,19
			φ	56 0 0,00
			c	0,00

Gleichungen.

$$0 = -15'',147 + 0,55041\ \Delta a + 0,01005\ \Delta\vartheta - 0,03905\ \Delta\varphi$$

woraus folgt: $\Delta a = +27'',519 - 0,01825\ \Delta\vartheta + 0,07094\ \Delta\varphi$

Resultat.

a	=	92° 41′ 17″,71
Bouss.	=	268 58 45,00
Coll.	=	— 0 16,30
Declin.	=	1° 39′ 46″,41 *O*.

1828. AUGUST 15.

XXII. KASAN.

Beobachtungen.

Namen.	Azim.	I.	II.	h ′ ″	IV.	V.	Kreis.
α Ursae min.	*N*	. . . .	. . . .	7 20 52,0	. . . .	. . . .	*W*
6 Vulpeculae	*S*	. . . .	33 12,4	7 33 50,0	34 27,6	35 5,2	*O*
β Cygni praec.	*S*	. . . .	. . . .	7 » »	. . . .	36 54,0	*O*
γ Aquilae	*S*	. . . .	. . . .	7 52 4,4	52 38,8	53 14,4	*O*
α Aquilae	*S*	55 25,6	55 59,2	7 56 34,0	57 9,2	57 43,6	*O*

Wasserwage.		Boussole.
7h 20′,0	6p,75 *W.*	359° 29′,50
8 0,0	7,00 *W.*	179 33,00

Angenommene Werthe.

Namen.	α	δ	7h 20′ K	
α Ursae min.	14° 59′ 35″,6	+ 88° 23′ 26″,9	ϑ	11h 54′ 13″,76
6 Vulpeculae	290 23 52,8	+ 24 19 46,5	*a*	272° 50 14,40
β Cygni praec.	290 57 30,2	+ 27 36 32,4	φ	55 47 50,00
γ Aquilae	294 32 4,9	+ 10 12 22,1	*c*	0,00
α Aquilae	295 36 42,9	+ 8 25 34,7		

Gleichungen.

$$0 = +29{,}568 - 0{,}56107\,\Delta a - 0{,}00070\,\Delta\vartheta + 0{,}04097\,\Delta\varphi$$
$$0 = +26{,}102 - 0{,}52247 \;\text{»}\; + 0{,}91077 \;\text{»}\; - 0{,}04221 \;\text{»}$$
$$0 = +26{,}697 - 0{,}47270 \;\text{»}\; + 0{,}88569 \;\text{»}\; - 0{,}04362 \;\text{»}$$
$$0 = +31{,}365 - 0{,}71471 \;\text{»}\; + 0{,}98378 \;\text{»}\; - 0{,}03462 \;\text{»}$$
$$0 = +27{,}083 - 0{,}73610 \;\text{»}\; + 0{,}98881 \;\text{»}\; - 0{,}03351 \;\text{»}$$

woraus folgt: $\Delta a = +48'',075 + 0{,}07296\,\Delta\varphi$ in Bogen

$\Delta\vartheta = +1{,}895 + 0{,}08820$ » » »

Resultate.

a	= 272° 51′ 2″,48		Aug. 15.	7h 20′ K
Bouss.	= 269 31 15,00		ϑ	= 11 54 13″,89
Coll.	= − 0 16,30		*S* − *M*	= 9 36 30,47
Declin.	= 2° 22′ 1″,18 *O.*		*M* − *K*	= 2h 17′ 43″,42

1828. AUGUST 20.

XXIII. MITJESCHKA.

Beobachtungen.

Namen.	Az.	I.	II.	h ′ ″	IV.	V.	Kr.
α Ursae min.	N	.....	.....	7 23 20,0	.....	.....	O
γ Aquilae	S	28 12,0	28 46,4	7 29 21,2	29 55,4	30 31,2	W
α Aquilae	S	32 41,6	33 16,4	7 33 51,8	34 25,6	35 0,0	W
β Aquilae	S	37 27,2	38 0,8	7 38 35,6	39 10,0	39 44,8	W

Wasserwage.		Boussole.
h	p	°
7 23,0	2,00 W	359 50,50
7 40,0	5,50 W	179 53,50

Angenommene Werthe.

Namen.	α	δ	7h 0 K	
α Ursae min.	15° 0′ 21″,4	+ 88° 23′ 28″,3	ϑ	12h 17′ 6″,66
γ Aquilae	294 32 4,4	+ 10 12 22,8	a	92°53 7,90
α Aquilae	295 36 42,5	+ 8 25 35,4	φ	56 13 0,00
β Aquilae	296 43 49,6	+ 5 59 20,6	c	0,00

Gleichungen.

$$0 = +43'',092 + 0,55242\,\Delta a + 0,00374\,\Delta\vartheta - 0,04309\,\Delta\varphi$$
$$0 = +21,525 + 0,71982 \;\text{»} - 0,98375 \;\text{»} + 0,03588 \;\text{»}$$
$$0 = +23,011 + 0,74104 \;\text{»} - 0,98878 \;\text{»} + 0,03471 \;\text{»}$$
$$0 = +17,267 + 0,76894 \;\text{»} - 0,99412 \;\text{»} + 0,03305 \;\text{»}$$

woraus folgt: $\Delta a = -75'',241 + 0,07738\,\Delta\varphi$ in Bogen
$\Delta\vartheta = -36,835 + 0,09309$ » » »

Resultate.

a	= 92° 51 52″,66		Aug. 20.	7h 0′ K
Bouss.	= 269 52 0,00		ϑ	= 12 17 4,20
Coll.	= − 0 16.30		S − M	= 9 56 9,94
Declin.	= 2° 43′ 36″,36 O		M − K	= 2h 20′ 54″,26

1828. AUGUST 24.

XXIV. DUBROWA.

Beobachtungen.

Namen.	Azim.	I.	II.	h ′ ″	IV.	V.	Kreis.
α Ursae min.	*N*	....	....	7 0 50,0	....	....	*O*

Wasserwage.		Boussole.
7ʰ 0′,0	0^p,00	3° 11′,00
		183 13,00

Angenommene Werthe.

Namen.	α	δ		7ʰ 1′ K
α Ursae min.	15° 0′ 52″,5	+ 88° 23′ 29″,6	ϑ	12ʰ 52′ 45″,52
			a	92° 49 9,00
			φ	57 41 58,00
			c	0,00

Gleichungen.

$$0 = -8'',396 - 0,52946\ \Delta a + 0,00521\ \Delta\vartheta - 0,04271\ \Delta\varphi$$

woraus folgt: $\Delta a = -15'',851 + 0,00983\ \Delta\vartheta - 0,08067\ \Delta\varphi$

Resultat.

a	=	92° 48′ 53″,15
Bouss.	=	93 12 0,00
Coll.	=	− 0 16,30
Declin.	=	6° 0′ 36″,85 *O*.

1828. AUGUST 25.

XXV. PERM.

Beobachtungen.

Namen	Az.	I.	II.	h ′ ″	IV.	V.	Kr.
α Ursae min.	*N*	. . . .	. . . .	9 37 40,0	. . . .	. . . .	*W*
β Piscium	*S*	. . . .	. . . .	9 » »	59 1,0	59 36,4	*O*
n Pegasi	*S*	. . . .	3 40,0	10 4 16,0	4 50,4	5 25,6	*O*
γ Piscium	*S*	. . . .	. . . .	10 11 35,2	12 8,4	12 43,2	*O*
α Ursae min.	*N*	. . . .	. . . .	10 » »	. . . .	25 20,4	*O*
Bessel Zone 38.	*S*	. . . .	35 34,6	10 36 9,6	36 44,8	37 20,4	*O*
276 Andromedae	*S*	57 42,4	58 20,8	10 58 59,8	. . . .	. . . .	*O*
α Andromedae	*S*	59 30,4	0 9,0	11 0 48,4	1 27,2	2 6,8	*O*

Wasserwage.		Boussole.
h ′	*p*	° ′
9 34,0	0,00	5 1,00
9 52,0	2,00 *O*.	185 3,50
11 3,0	2,20 *O*.	

Angenommene Werthe.

Namen.	α	δ		9h 30 K
	° ′ ″	° ′ ″		h ′ ″
α Ursae min.	15 0 59,7	+ 88 23 29,8	ϑ	13 2 39,93
β Piscium	343 47 42,1	+ 2 54 14,8	*a*	271°49 30,14
n Pegasi	345 21 19,3	+ 8 53 56,7	φ	58 1 13,00
γ Piscium	347 4 37,3	+ 2 21 4,0		
Bessel Zone 38.	353 18 41,8	+ 6 18 19,5		
276 Andromedae	359 26 11,8	+ 28 4 45,3		
α Andromedae	359 53 40,6	+ 28 8 43,4		

Gleichungen.

$0 = - 36{,}526 - c - 0{,}51014\,\Delta a - 0{,}02257\,\Delta\vartheta + 0{,}02739\,\Delta\varphi$

$0 = + 18{,}427 - c - 0{,}82044$ » $+ 0{,}99857$ » $- 0{,}01821$ »

$0 = + 6{,}534 - c - 0{,}75623$ » $+ 0{,}98782$ » $- 0{,}02084$ »

$0 = + 11{,}588 - c - 0{,}82592$ » $+ 0{,}99902$ » $- 0{,}01795$ »

$0 = + 38{,}035 - c + 0{,}51012$ » $+ 0{,}02346$ » $- 0{,}02739$ »

$0 = - 0{,}519 - c - 0{,}78507$ » $+ 0{,}99381$ » $- 0{,}01973$ »

$0 = + 13{,}980 - c - 0{,}49924$ » $+ 0{,}88214$ » $- 0{,}02759$ »

$0 = + 7{,}236 - c - 0{,}49819$ » $+ 0{,}88159$ » $- 0{,}02761$ »

woraus folgt: $c = - 0'',268 + 0{,}00000\,\Delta\varphi$ in Bogen

$\Delta a = - 63{,}529 + 0{,}05091$ » » »

$\Delta\vartheta = - 56{,}892 + 0{,}06007$ » » »

Resultate.

a	= 271° 48′ 26″,61		Aug. 25.		9h 30 K
Bouss.	= 95 2 15,00		ϑ	=	13 2 36 ,14
Coll.	= — 0 16,30		*S* — *M*	=	10 16 17,34
Declin.	= 6° 50′ 25 ,31 *O*.		*M* — *K*	=	2h 46′ 18 ,80

1828. AUGUST 26.

XXVI. PERM.

Beobachtungen.

Namen.	Az.	I.	II.	h ′ ″	IV.	V.	Kr.
α Ursae min.	N	. . . .	. . . .	10 9 30,0	. . . .	. . . .	O
1 ϰ Piscium	S	. . . .	15 40,0	10 16 14,0	16 48,8	17 22,0	W
ι Piscium	S	27 48,0	. . . .	10 28 58,0	29 32,4	30 6,4	W
α Andromedae	S	. . . .	. . . .	10 55 57,2	56 36,4	57 16,0	O
γ Pegasi	S	. . . .	1 3,4	11 » »	2 13,8	2 50,0	O
Bessel Zone 36.	S	13 22,8	13 56,0	11 14 31,6	15 4,8	15 39,6	O

Wasserwage.		Boussole.
h ′	p	° ′
10 8,0	0,00	4 58,00
11 17,0	0,00	185 0,00

Angenommene Werthe.

Namen	α	δ		9h 30′ K
α Ursae min.	15° 1′ 6″,5	+ 88° 23′ 30″,1	ϑ	13h 6′ 30″,82
1 ϰ Piscium	349 32 26,4	+ 0 19 20,3	a	91° 23 20,37
ι Piscium	352 47 30,1	+ 4 42 5,7	φ	58 1 13,00
α Andromedae	359 53 40,8	+ 28 8 43,7		
γ Pegasi	1 6 44,8	+ 14 13 56,8		
Bessel Zone 36.	4 9 42,2	+ 0 59 39,5		

Gleichungen.

$$0 = + 4{,}046 - c + 0{,}50816\,\Delta a + 0{,}02496\,\Delta\vartheta - 0{,}02088\,\Delta\varphi$$
$$0 = - 15{.}469 - c + 0{,}84531 \text{ » } - 0{,}99990 \text{ » } + 0{,}01295 \text{ »}$$
$$0 = + 1{,}395 - c + 0{,}80204 \text{ » } - 0{,}99655 \text{ » } + 0{,}01448 \text{ »}$$
$$0 = - 2{,}785 - c - 0{,}49818 \text{ » } + 0{,}88166 \text{ » } - 0{,}02102 \text{ »}$$
$$0 = - 4{,}208 - c - 0{,}69207 \text{ » } + 0{,}96922 \text{ » } - 0{,}01750 \text{ »}$$
$$0 = + 6{,}317 - c - 0{,}83899 \text{ » } + 0{,}99977 \text{ » } - 0{,}01319 \text{ »}$$

woraus folgt:

$$c = - 3'',238 + 0{,}00064\,\Delta\varphi \text{ in Bogen}$$
$$\Delta a = - 7{,}031 + 0{,}06941 \text{ » » »}$$
$$\Delta\vartheta = - 8{,}914 + 0{,}04578 \text{ » » »}$$

Resultate.

a =	91° 23′ 13″,34	Aug. 26.	9h 30′ K
Bouss. =	94 59 0,00	ϑ =	13 6 30″,23
Coll. =	— 0 16,30	S — M =	10 20 13,89
Declin. =	6° 21′ 57″,04 O.	M — K =	2h 46′ 16″,34

1828. AUGUST 29.

XXVII. BUIKOWSKAJA STANZIA.

Beobachtungen.

Namen.	Azim.	I.	II.	h "	IV.	V.	Kreis.
α Ursae min.	N	. . . .	. . . .	7 2 46,0	. . .	. . . .	O

Wasserwage.		Boussole.
7h 3,0	p 0,00	184° 28,00
		4 22,50

Angenommene Werthe.

Namen.	α	δ	7h 2,75 K	
α Ursae min.	15° 1′ 28″,6	+ 88° 23′ 30″,9	ϑ	13h 25 41,45
			a	92° 46 5,00
			φ	57 1 0,00
			c	— 3,20

Gleichungen.

$$0 = -22'',289 + 0{,}53857\,\Delta a + 0{,}00909\,\Delta\vartheta - 0{,}04126\,\Delta\varphi$$

woraus folgt: $\Delta a = 41'',385 - 0{,}01689\,\Delta\vartheta + 0{,}07661\,\Delta\varphi$

Resultat.

a	=	92°	46′	46″,39
Bouss.	=	94	25	15,00
Coll.	=	—	0	16,30
Declin.	=	7°	11	45″,09 O.

1828. AUGUST 30.

XXVIII. KIRGISCHANSK.

Beobachtungen.

Namen.	Azim.	I.	II.	h ' "	IV.	V.	Kreis.
α Ursae min.	*N*	....	....	6 2 36,0	....	....	*O*
γ Aquilae	*S*	....	12 51,2	6 13 26,0	14 1,2	14 36,0	*W*
α Aquilae	*S*	16 46,0	17 21,2	6 17 56,0	18 30,8	19 5,2	*W*
β Aquilae	*S*	21 30,0	22 6,0	6 22 40,0	23 14,8	23 49,2	*W*

Wasserwage.		Boussole.
h '	p	° '
6 2,0	0,00	183 42,50
6 24,0	2,25 *O.*	3 49,50

Angenommene Werthe.

Namen.	α	δ		6^h 2,'5 K
α Ursae min.	15° 1' 36,"7	+ 88° 23' 31,"2	ϑ	13^h 33' 19,"76
γ Aquilae	294 32 3,1	+ 10 12 23,9	*a*	92°55 27,09
α Aquilae	295 36 41,3	+ 8 25 36,4	φ	56 50 30,00
β Aquilae	296 48 48,4	+ 5 59 21,6	*c*	— 3,00

Gleichungen.

$$0 = +\ 6'',799 + 0,54381\ \Delta a + 0,00324\ \Delta\vartheta - 0,03950\ \Delta\varphi$$
$$0 = -\ 9,396 + 0,72733\ » - 0,98384\ » + 0,03230\ »$$
$$0 = -\ 1,263 + 0,74831\ » - 0,98887\ » + 0,03122\ »$$
$$0 = +\ 1,470 + 0,77585\ » - 0,99421\ » + 0,02970\ »$$

woraus folgt: $\Delta a = -\ 13'',110 + 0,07215\ \Delta\varphi$ in Bogen

$\Delta\vartheta = -\ 13,027 + 0,08618$ » » »

Resultate.

a	= 92° 55' 13",98		Aug. 30.	6^h 2',5 K
Bouss.	= 93 46 0,00		ϑ	= 13 33 18",89
Coll.	= — 0 16,30		*S* — *M*	= 10 35 26,00
Declin.	= 6° 40' 57",68 *O.*		*M* — *K*	= 2^h 57' 52",89

1828. AUGUST 31.

XXIX. JEKATARINBURG.

Beobachtungen.

Namen.	Azim.	I.	II.	h ′ ″	IV.	V.	Kreis.
α Ursae min.	N	....	....	6 35 40,0	....	....	O
i Cygni	S	13 44,8	44 24,0	6 » »	45 43,0	46 23,6	W
β Delphini	S	....	53 31,8	6 54 9,6	54 44,0	....	W
α Cygni	S	....	....	6 » »	56 28,0	57 18,0	W

Wasserwage.		Boussole.
h 6 35,0	p 2,50 O.	° 184 38,00
6 59,0	2,50 O.	4 32,00

Angenommene Werthe.

Namen.	α	δ		6^h 35′ K
α Ursae min.	15° 1′ 45″,5	+ 88° 23′ 31″,5	ϑ	13h 43′ 12″,59
i Cygni	305 36 21,3	+ 29 48 28,8	a	92° 49 19,64
β Delphini	307 23 1,9	+ 14 0 44,5	φ	56 50 38,00
α Cygni	308 54 26,0	+ 44 40 36,8	c	— 3,20

Gleichungen.

$$0 = + 24'',102 + 0,53944\,\Delta a + 0,00835\,\Delta\vartheta - 0,04146\,\Delta\varphi$$
$$0 = + 38,807 + 0,45460\ \text{»} - 0,86728\ \text{»} + 0,04385\ \text{»}$$
$$0 = + 48,840 + 0,68018\ \text{»} - 0,96987\ \text{»} + 0,04544\ \text{»}$$
$$0 = + 28,682 + 0,21095\ \text{»} - 0,71057\ \text{»} + 0,04813\ \text{»}$$

woraus folgt: $\Delta a = - 41'',922 + 0,07401\,\Delta\varphi$ in Bogen
$\Delta\vartheta = + 23,172 + 0,09207$ » » »

Resultate.

a =	92° 48′ 37″,72	Aug. 31.	6^h 35′ K
Bouss. =	94 35 0,00	ϑ =	13 43 14″,13
Coll. =	— 0 16,30	S — M =	10 39 27,89
Declin. =	7° 23′ 21″,42 O.	M — K =	3^h 3′ 46″,24

1828. SEPTEMBER 1.

XXX, JEKATARINBURG.

Beobachtungen.

Namen.	Az.	I.	II.	h ′ ″	IV.	V.	Kr.
α Ursae min.	*N*	. . . . .	. . . . .	5 52 48,00	. . . . .	. . . . .	*W*
γ Aquilae	*S*	58 33,40	59 8,00	5 59 41,80	60 17,20	60 51,80	*O*
α Aquilae	*S*	3 3,20	3 38,00	6 4 14,80	4 47,20	5 21,80	*O*

Wasserwage.		Boussole.
h ′	p	° ′
5 50	2,50 *O*	4 30,00
6 5	3 *W*	,50

Angenommene Werthe.

Namen.	α	δ		5h 50′ K
	° ′ ″	° ′ ″		h ′ ″
α Ursae min.	15 1 53,2	+ 88 23 31,8	ϑ	13 47 0,96
γ Aquilae	294 32 2,7	+ 10 12 24,1	*a*	272°54 47,33
α Aquilae	295 36 41,0	+ 8 25 36,6	φ	56 50 38,0
			c	— 3,20

Gleichungen.

$$0 = + 9'',267 - 0,54336\ \Delta a - 0,00365\ \Delta\vartheta + 0,04266\ \Delta\varphi$$
$$0 = + 6,616 - 0,72738\ \text{»} + 0,98378\ \text{»} - 0,03488\ \text{»}$$
$$0 = + 15,559 - 0,74835\ \text{»} + 0,98881\ \text{»} - 0,03371\ \text{»}$$

woraus folgt: $\Delta a = + 17'',292 + 0,07785\ \Delta\varphi$ in Bogen.
$\Delta\vartheta = + 1,684 + 0,09301$ » » »

Resultate.

a = 272° 55′ 4″,62		Sept. 1.	5h 50′ K
Bouss. = 94 29 45,00		ϑ	= 13 47 1″,07
Coll. = — 0 16,30		*S* — *M*	= 10 43 17,04
Declin. = 7° 24′ 33″,32 *O*.		*M* — *K*	= 3h 3′ 44″,03

1828. SEPTEMBER 8.

XXXI. KUSCHWA.

Beobachtungen.

Namen.	Az.	I.	II.	h ′ ″	IV.	V.	Kr.
α Ursae min.	*N*	. . . . .	. . . . .	5 23 30,00	. . . . .	. . . . .	*W*
β Sagittae	*S*	. . . . .	30 1,60	5 30 38,40	31 14,00	31 52,00	*O*
γ Aquilae	*S*	. . . . .	35 36,40	5 35 12,40	36 47,20	37 22,00	*O*
α Aquilae	*S*	39 32,80	40 6,80	5 40 42,40	41 16,80	41 52,00	*O*
ξ Aquilae	*S*	43 6,00	43 40,40	5 44 15,60	44 50,00	45 25,60	*O*

Wasserwage.		Boussole.
5h 22′	5,00p *W.*	184° 48′,00
5 46	5,00 *W.*	4 41,00

Angenommene Werthe.

Namen.	α	δ	5h 20′ K	
α Ursae min.	15° 2′ 37″,8	+ 88° 23′ 34″,6	ϑ	14h 11′ 6″,70
β Sagittae	293 20 34,5	+ 17 5 30,7	*a*	273° 3 29,85
γ Aquilae	294 32 1,2	+ 10 12 24,8	φ	58 18 24,00
α Aquilae	295 36 39,4	+ 8 25 37,2	*c*	— 4,81
ξ Aquilae	296 29 23,4	+ 8 1 52,5		

Gleichungen.

$$0 = -40'',271 - 0,52233\ \Delta a - 0,00293\ \Delta\vartheta + 0,04550\ \Delta\varphi$$
$$0 = +0,467 - 0,65927\ \text{»} + 0,95542\ \text{»} - 0,04012\ \text{»}$$
$$0 = -8,782 - 0,74468\ \text{»} + 0,98377\ \text{»} - 0,03561\ \text{»}$$
$$0 = -28,954 - 0,76664\ \text{»} + 0,98881\ \text{»} - 0,03422\ \text{»}$$
$$0 = -7,303 - 0,76949\ \text{»} + 0,98979\ \text{»} - 0,03407\ \text{»}$$

woraus folgt: $\Delta a = -78'',977 + 0,08646\ \Delta\varphi$ in Bogen
$\Delta\vartheta = -47,825 + 0,10165$ » » »

Resultate.

a	= 273° 2′ 10″,87	Sept. 8.	5h 20′ K
Bouss.	= 94 44 30,00	ϑ	= 14 11 3″,51
Coll.	= — 0 16,30	*S* — *M*	= 11 10 47,96
Declin.	= 7° 46′ 24″,57 *O.*	*M* — *K*	= 3h 0′ 15″,55

1828. SEPTEMBER 8.

XXXII. KUSCHWA.

Beobachtungen.

Namen.	Azim.	I.	II.	h ′ ″	IV.	V.	Kreis.
3 Andromedae	*O*	. . . .	. . . .	6 1 28,4	2 59,8	4 26,8	*S*
8 Andromedae	*O*	. . . .	. . . .	6 6 33,0	7 58,0	. . . .	*S*
σ Herculis	*W*	. . . .	. . . .	6 12 21,6	13 29,6	14 34,0	*N*

Wasserwage.

h ′	p
6 0	0,00
6 15	0,00

Angenommene Werthe.

Namen.	α	δ		5^h 20′ K
3 Andromedae	344° 8′ 11″,1	+ 49° 7′ 24″,8	ϑ	14h 11′ 3″,51
8 Andromedae	347 27 58,1	+ 48 4 57,9	*a*	183° 3 17,03
σ Herculis	247 8 37,0	+ 42 48 8,2	φ	58 16 42,30
			c	— 4,81

Gleichungen.

$$0 = + 28'',517 + 0{,}42972\ \Delta a - 0{,}90172\ \Delta\varphi - 0{,}39053\ \Delta\vartheta$$
$$0 = + 37{,}554 + 0{,}45656\ \text{»} - 0{,}88847\ \text{»} - 0{,}41300\ \text{»}$$
$$0 = + 0{,}065 + 0{,}62808\ \text{»} + 0{,}77708\ \text{»} - 0{,}55291\ \text{»}$$

woraus folgt: $\Delta a = - 28'',547 + 0{,}89030\ \Delta\vartheta$ in Bogen
$\Delta\varphi = + 22{,}807 - 0{,}00806$ » » »

Resultat.

$\varphi = 58°\ 17'\ 5'',11.$

1828. SEPTEMBER 8.

XXXIII. Bei KUSCHWA. Höchster Punkt des Magnetberges Blagodàt.

Beobachtungen.

Namen.	I.	II.	h ′ ″	IV.	V.	Kreis.
⊙ 1ster Rand	58 53,2	59 27,2	19 60 2,0	....	....	Rechts
⊙ 1ster Rand	....	....	20 » »	....	1 10,8	Links
⊙ 2ter Rand	....	1 35,8	20 2 10,8	2 45,6	3 21,6	Links

Wasserwage.		Boussole.
h ′	p	° ′
19 57	0,00	85 19,00
20 4	0,00	265 19,00

Angenommene Werthe.

Namen.	α	δ		19h 58′ K
⊙ für 19h 58′ K	167° 36′ 0″,9	+ 5° 19′ 25″,6	ϑ	14h 13′ 13″,40
			a	252° 42 8,0
			φ	58 16 56,0

Gleichungen.

$$0 = \begin{matrix} -\ 5'',329 \\ -\ 5,281 \end{matrix} - c \mp 0{,}80968\ \Delta a \pm 0{,}98333\ \Delta\vartheta \pm 0{,}17448\ \Delta\varphi$$

woraus folgt: $c = -\ 5'',305$

$$\Delta a = -\ 0{,}059 + 1{,}21445\ \Delta\vartheta + 0{,}21551\ \Delta\varphi$$

Resultat.

a	=	252° 42′ 7″,94
Bouss.	=	175 19 0,00
Coll.	=	— 0 16,30
Declin.	=	68° 0′ 51″,64 *O.*

1828. SEPTEMBER 11.

XXXIV. WERCHOTURA.

Beobachtungen.

Namen.	Azim.	I.	II.	h ′ ″	IV.	V.	Kreis.
α Ursae min.	*N*	....	....	6 15 15,0	....	....	*W*
ε Aquarii	*S*	....	....	6 » »	....	23 11,6	*O*
ν Cygni	*S*	....	27 32,0	6 28 17,6	29 2,8	29 48,0	*O*

Wasserwage.		Boussole.
h ′	*p*	° ′
6 14	0,50 *W.*	185 53,00
6 30	0,50 *O.*	6 1,00

Angenommene Werthe.

Namen.	α	δ		6^h 15′ K
α Ursae min.	15° 2′ 56″,3	+ 88° 23′ 35″5	ϑ	14° 27′ 12″,5
ε Aquarii	309 36 15,9	— 10 6 39,8	*a*	272 51 30,70
ν Cygni	312 42 25,7	+ 40 30 59,6	φ	58 52 19,00
			c	— 5,30

Gleichungen.

$$0 = + \; 6'',114 - 0{,}50753\,\Delta a - 0{,}01102\,\Delta\vartheta + 0{,}04277\,\Delta\varphi$$
$$0 = + \; 9{,}184 - 0{,}93348 \;\text{»}\; + 0{,}98413 \;\text{»}\; - 0{,}01780 \;\text{»}$$
$$0 = - \; 14{,}736 - 0{,}31460 \;\text{»}\; + 0{,}75979 \;\text{»}\; - 0{,}04712 \;\text{»}$$

woraus folgt:
$$\Delta a = + \; 23'',556 + 0{,}08221\,\Delta\varphi \text{ in Bogen}$$
$$\Delta\vartheta = + \; 18{,}996 + 0{,}09606 \;\text{» » »}$$

Resultate.

a = 272° 51′ 54″,26	Sept. 11. 6^h 15′ K
Bouss. = 95 57 0,00	ϑ = 14 27 13″,77
Coll. = — 0 16,30	*S* — *M* = 11 22 46,65
Declin. = 8° 48′ 37″,96 *O.*	*M* — *K* = 3^h 4′ 27″,12

1828. SEPTEMBER 24.

XXXV. JEKATARINBURG.

Beobachtungen.

Namen.	Az.	I.	II.	h ′ ″	IV.	V.	Kr.
α Ursae min.	N	. . . . .	. . . . .	4 33 23,20	. . . . .	. . . . .	*O*
ξ Aquilae	*S*	36 13,60	36 48,80	4 37 24,80	37 58,00	38 33,20	*O*
17 Vulpeculae	*S*	. . . . .	. . . . .	4 » »	. . . . .	50 27,20	*W*
ϑ Aquilae	*S*	53 46,80	54 22,80	4 54 56,40	55 31,60	56 6,00	*W*

Wasserwage.

h ′	p
4 32	0,00
4 45	9,75 *O*.
4 57	19,00 *O*.

Angenommene Werthe.

Namen.	α	δ		$4^h\ 33'$ K
α Ursae min.	$15^\circ\ 3'\ 51'',9$	$+\ 88^\circ\ 23'\ 39'',8$	ϑ	$15^h\ 17'\ 12'',30$
ξ Aquilae	296 29 20,0	+ 8 1 53,4	a	272°52 5,00
17 Vulpeculae	299 53 17,2	+ 23 7 57,8	φ	56 50 38,0
ϑ Aquilae	300 37 11,6	− 1 19 3,6		

Gleichungen.

$$0 = -\ 43'',988 - c + 0,54229\ \Delta a + 0,00495\ \Delta\vartheta - 0,04204\ \Delta\varphi$$
$$0 = -\ 67,047 - c - 0,75289\ \text{»} + 0,98981\ \text{»} - 0,03293\ \text{»}$$
$$0 = +\ 54,389 - c + 0,55534\ \text{»} - 0,91919\ \text{»} + 0,04161\ \text{»}$$
$$0 = +\ 56,848 - c + 0,84984\ \text{»} - 0,99936\ \text{»} + 0,02637\ \text{»}$$

woraus folgt: $c = -\ 6'',628 - 0,00003\ \Delta\varphi$ in Bogen

$$\Delta a = +\ 63,184 + 0,07645\ \text{» » »}$$
$$\Delta\vartheta = +\ 110,621 + 0,09140\ \text{» » »}$$

Resultat.

Sept. 24. $4^h\ 33'$ K

$$\vartheta = 15\ 17\ 19,67$$
$$S - M = 12\ 13\ 45,03$$
$$M - K = 3^h\ 3'\ 34'',64$$

1828. OCTOBER 2.

XXXVI. SUGAZKAJA STANZIA.

Beobachtungen.

Namen.	Azim.	I.	II.	h ′ ″	IV.	V.	Kreis.
α Ursae min.	N	....	....	6 23 52,8	....	....	O
η Aquarii	S	30 12,0	30 46,8	6 31 21,6	31 56,4	32 30,0	W
λ Pegasi	S	....	....	6 41 17,2	41 54,4	42 32,0	W
μ Pegasi	S	....	44 1,6	6 44 38,8	45 16,8	45 54,0	W
λ Aquarii	S	47 50,4	48 25,2	6 49 0,0	49 35,2	50 9,6	W
β Ursae maj.	N	0 22,8	1 26,8	7 2 30,8	3 34,4	4 37,2	O

Wasserwage.		Boussole.
h ′	p	° ′
6 25	5,00 W.	6 4,00
6 58	5,00 W.	186 2,00

Angenommene Werthe.

Namen.	α	δ		6h 23′ K
	° ′ ″	° ′ ″		h ′ ″
α Ursae min.	15 4 9,3	+ 88 23 42,8	ϑ	16 1 36,50
η Aquarii	336 38 36,6	— 0 59 31,0	α	91°53 43,80
λ Pegasi	339 34 52,7	+ 22 40 24,5	φ	56 59 48,00
μ Pegasi	340 26 26,2	+ 23 42 14,4	c	— 1,00
λ Aquarii	340 55 22,9	— 8 29 5,2		
β Ursae maj.	162 51 10,2	+ 57 17 48,1		

Gleichungen.

$0 = - 2'',169 + 0,52891\ \Delta\alpha + 0,02136\ \Delta\vartheta - 0,02795\ \Delta\varphi$
$0 = + 6,825 + 0,84653$ » $- 0,99969$ » $+ 0,01753$ »
$0 = - 9,022 + 0,56160$ » $- 0,92254$ » $+ 0,02725$ »
$0 = - 25,504 + 0,54663$ » $- 0,91546$ » $+ 0,02758$ »
$0 = - 18,905 + 0,90873$ » $- 0,98889$ » $+ 0,01375$ »
$0 = - 0,436 + 0,91244$ » $- 0,53999$ » $- 0,01348$ »

woraus folgt: $\Delta\alpha = - 6'',389 + 0,05043\ \Delta\varphi$ in Bogen
$\Delta\vartheta = - 16,278 + 0,06025$ » » »

Resultate.

			Oct. 2.	6h 23′ K
α	=	91° 53′ 37″,41	ϑ	= 16 1 35″,41
Bouss.	=	96 3 0,00	S — M	= 12 45 35,49
Coll.	=	— 0 16,30		
Declin.	=	7° 56′ 21″,11 O.	M — K	= 3h 15′ 59″,92

1828. OCTOBER 3.

XXXVII. TJUMEN.

Beobachtungen.

Namen.	I.	II.	h ′ ″	IV.	V.	reis.
⊙ 1ster Rand	27 3,6	27 38,0	18 28 14,4	....	....	Links
⊙ 1ster Rand	....	....	....	28 51,2	29 25,6	Rechts
⊙ 2ter Rand	....	29 54,4	18 30 29,2	31 4,8	31 40,4	Rechts

Wasserwage.		Boussole.
18h 27′	5p,00 rechts	41° 20′,00
18 33	10,50 rechts	221 20,00

Angenommene Werthe.

Namen.	α	δ		$18^h\ 27'$ K
⊙ für $18^h\ 27'$ K	190° 3′ 51″,0	− 4° 20′ 12″,8	ϑ	16h 14′ 20″,09
			a	57°51 23,50
			φ	57 9 35,00

Gleichungen.

$$0 = \begin{matrix} + 10'',465 \\ - 14,045 \end{matrix} - c \mp 0,91264\ \Delta a \pm 0,95450\ \Delta\vartheta \pm 0,21750\ \Delta\varphi$$

woraus folgt: $c = -\ 1'',790$

$$\Delta a = +\ 13,428 + 1,04588\ \Delta\vartheta + 0,23833\ \Delta\varphi$$

Resultat.

a	=	57° 51′ 36″,93
Bouss.	=	131 20 0,00
Coll.	=	− 0 16,30
Declin.	=	9° 11′ 20″,63 O.

1828. OCTOBER 5.

XXXVIII. JUJAKOWSKAJA STANZIA.

Beobachtungen.

Namen.	Azim.	I.	II.	h ′ ″	IV.	V.	Kreis.
α Ursae min.	N	....	....	8 20 22,4	....	....	W
4 φ Ceti	S	....	....	....	....	24 52,8	O
ε Piscium	S	....	26 52,8	8 27 27,6	28 1,6	28 36,8	O

Wasserwage.		Boussole.
h ′	p	° ′
8 19	0,00	189 7,00
8 30	0,00	9 5,00

Angenommene Werthe.

Namen.	α	δ		8h 20′ K
	° ′ ″	° ′ ″		h ′ ″
α Ursae min.	15 4 15,0	+ 88 23 44,0	ϑ	16 27 9,33
4 φ Ceti	12 32 40,7	— 12 18 13,6	a	270°11 3,70
ε Piscium	13 31 23,1	+ 6 58 6,8	φ	57 31 50,0
			c	— 2,00

Gleichungen.

$0 = -17'',152 - 0,51528\,\Delta a - 0,02795\,\Delta\vartheta + 0,00334\,\Delta\varphi$

$0 = -1,004 - 0,93780$ » $+ 0,97703$ » $- 0,00135$ »

$0 = +0,687 - 0,77067$ » $+ 0,99261$ » $- 0,00249$ »

woraus folgt: $\Delta a = -30'',604 + 0,00606\,\Delta\varphi$ in Bogen

$\Delta\vartheta = -26,379 + 0,00720$ » » »

Resultate.

a = 270° 10′ 33″,10		Oct. 5.	8h 20′ K
Bouss. = 9 6 0,00		ϑ	= 16 27 7″,57
Coll. = — 0 16,30		S — M	= 12 57 44,35
Declin. = 9° 16′ 16″,80 O.		M — K	= 3h 29′ 23″,22

1828. OCTOBER 15.

XXXIX. TOBOLSK.

Beobachtungen.

Namen.	Az.	I.	II.	h ′ ″	IV.	V.	Kr.
α Ursae min.	N	. . . .	. . . .	3 8 47,60	. . . .	. . . .	O
ι Cygni	S	17 23,60	18 3,00	3 18 44,20	19 23,00	20 3,20	W
ε Delphini	S	. . . .	23 6,00	3 23 38,80	24 16,00	24 50,80	W

Wasserwage.		Boussole.
3ʰ 7′	3,60ᵖ O.	186° 40′,75
3 26	3,50 O.	6 42,50

Angenommene Werthe.

Namen.	α	δ		3ʰ 8′ K
α Ursae min.	15° 4′ 25″,5	+ 88° 23′ 47″,7	ϑ	17ʰ 10′ 5″,40
ι Cygni	305 36 9,8	+ 29 48 34,1	a	92° 54 37,50
ε Delphini	306 15 33,8	+ 10 44 1,4	φ	58 11 24,00
			c	— 6,00

Gleichungen.

$$0 = + 2'',571 + 0,51957\ \Delta a + 0,00826\ \Delta\vartheta - 0,04338\ \Delta\varphi$$
$$0 = - 24,837 + 0,47566\ \text{»} - 0,86727\ \text{»} + 0,04466\ \text{»}$$
$$0 = - 21,136 + 0,73711\ \text{»} - 0,98214\ \text{»} + 0,03431\ \text{»}$$

woraus folgt: $\Delta a = - 6'',333 + 0,08202\ \Delta\varphi$ in Bogen

$\Delta\vartheta = - 28,819 + 0,09650$ » » »

Resultate.

a	= 92° 54′ 31″,17		Oct. 15.	3ʰ 8′ K
Bouss.	= 6 41 37,50		ϑ	= 17 10 3″,48
Coll.	= + 1 13,70		S — M	= 13 36 18,60
Declin.	= 9° 37′ 22″,37 O.		M — K	= 3ʰ 33′ 44″,88

1828. OCTOBER 18.

XL. TOBOLSK.

Beobachtungen.

Namen.	I.	II.	h	IV.	V.	Kreis.
⊙ 1ster Rand	....	....	21 3 18,0	3 53,6	4 29,2	Links
⊙ 2ter Rand	....	....	21 5 31,2	6 7,2	6 41,2	Rechts

Wasserwage.		Boussole.
21^h 2	0^p,00	355° 37,00
21 7	5,25 *O*.	175 38,50

Angenommene Werthe.

Namen.	α	δ		21^h 3 K
⊙ für 21^h 3 K	204° 2 0,8	-10° 1 7,9	ϑ	17^h 24 44,93
			a	103°59 31,30
			φ	58 11 24,00

Gleichungen.

$$0 = \begin{matrix} -9'',032 \\ -7,138 \end{matrix} - c \mp 0,93398\ \Delta a \pm 0,97642\ \Delta\vartheta \mp 0,08641\ \Delta\varphi$$

woraus folgt: $c = -8'',085$

$$\Delta a = -1,014 + 1,04545\ \Delta\vartheta - 0,09252\ \Delta\varphi$$

Resultat.

a	=	103° 59′ 30″,29
Bouss.	=	5 37 45,00
Coll.	=	+ 1 13,70
Declin.	=	9° 38′ 28″,99 *O*

1828. OCTOBER 19.

XLI. TOBOLSK.

Beobachtungen.

Namen	Az	I.	II.	h	IV.	V.	Kr.
γ Draconis	*W*	. . . . .	13 40,00	3 15 26,00	17 6,40	18 49,20	*S*
β Andromed.	*O*	27 26,80	28 18,00	3 29 11,20	30 8,40	31 2,40	*S*
ξ Cephei	*O*	13 57,20	18 22,80	3 53 6,00	. . . . .	. . . . .	*S*
ξ Cephei	*O*	.	. .	4 » »	.	3 19,20	*N*

Wasserwage.

h	p
3 12′	1,00 *N*
3 19	6,60 *S*.
3 33	0,80 *S*
4 4	10,50 *S*

Angenommene Werthe.

Namen.	α	δ		3h 13 K
γ Draconis	268° 9 11,9	+ 51° 31 9,3	ϑ	17h 25 45,5
β Andromedae	15 2 57,1	+ 34 42 48,2	α	182° 48 55,9
ξ Cephei	331 14 12,0	+ 57 21 52,0	φ	58 11 24,0

Gleichungen.

$0 = -14'',700 - c - 0,41801\,\Delta\alpha - 0,90735\,\Delta\vartheta + 0,33170\,\Delta\varphi$

$0 = +\ 14,406 - c + 0,72184$ » $- 0,69122$ » $- 0,63134$ »

$0 = -\ \ 1,045 - c + 0,10774$ » $- 0,99298$ » $- 0,11730$ »

$0 = -\ 10,477 - c - 0,10837$ » $+ 0,99291$ » $+ 0,11783$ »

woraus folgt: $c = -\ 5,704 + 0,00000\,\Delta\vartheta$

$\Delta\alpha = -\ 25,897 + 0,84978$ »

$\Delta\varphi = +\ 1,970 - 0,02593$ »

Resultate.

$c = -\ 5'',704$ $\qquad \varphi = 58°\ 11\ 25,97$

1828. OCTOBER 20.

XLII. TOBOLSK.

Beobachtungen.

Namen.	Az.	I.	II.	h ′ ″	IV.	V.	Kr.
ϑ Herculis	W	.....	.....	4 » »	.....	29 5,2	N
δ Herculis	W	.....	.....	4 » »	.....	31 39,2	N
ζ Cassiopeae	O	.....	36 8,80	4 38 8,00	40 9,20	42 11,60	N
51 Andromed.	O	.....	48 4,80	4 49 25,60	50 48,80	.....	S
κ Lyrae	W	54 14,80	55 6,80	4 56 7,60	57 4,40	58 1,60	S
α Lyrae	W	.....	0 41,20	5 1 39,20	2 38,00	3 42,00	S
o Herculis	W	.....	.....	5 10 42,40	11 30,00	12 19,60	N
α Cassiopeae	O	.	....	5 20 4,40	22 54,80	25 53,60	N

Wasserwage.

h	p
4 28	1,25 S.
4 41	4,00 N.
5 4	6,00 N.
5 26	0,00

Angenommene Werthe.

Namen	α	δ		4^h 29 K
	° ′ ″	° ′ ″		h ′ ″
ϑ Herculis	267 35 26,1	+ 37 17 9,2	ϑ	17 29 52,70
δ Herculis	256 59 35,7	+ 25 3 14,3	α	179°52 0,60
ζ Cassiopeae	6 52 49,3	+ 52 57 24,0	φ	58 11 24,00
51 Andromedae	21 53 31,0	+ 47 45 31,2		
κ Lyrae	273 27 49,8	+ 35 59 58,3		
α Lyrae	277 47 2,5	+ 38 38 9,0		
o Herculis	270 12 52,9	+ 28 45 8,8		
α Cassiopeae	7 43 18,5	+ 55 35 59,3		

Gleichungen.

$$0 = -\ 24'',339 - c + 0{,}70036\ \Delta\alpha + 0{,}71379\ \Delta\varphi - 0{,}59604\ \Delta\vartheta$$
$$0 = -\ 45{,}222 - c + 0{,}86635\ » + 0{,}49943\ » - 0{,}73622\ »$$
$$0 = +\ 18{,}214 - c - 0{,}34436\ » + 0{,}93884\ » + 0{,}29148\ »$$
$$0 = -\ 20{,}435 - c + 0{,}49205\ » - 0{,}87057\ » - 0{,}41708\ »$$
$$0 = +\ 4{,}533 - c - 0{,}72119\ » - 0{,}69273\ » + 0{,}61372\ »$$
$$0 = +\ 28{,}303 - c - 0{,}67735\ » - 0{,}73566\ » + 0{,}57651\ »$$
$$0 = -\ 39{,}772 - c + 0{,}82362\ » + 0{,}56714\ » - 0{,}70061\ »$$
$$0 = +\ 11{,}662 - c - 0{,}24048\ » + 0{,}97065\ » + 0{,}20317\ »$$

woraus folgt:

$$c = -\ 4'',887 - 0{,}00333\ \Delta\vartheta$$
$$\Delta\alpha = +\ 37{,}625 + 0{,}79575\ »$$
$$\Delta\varphi = -\ 4{,}213 + 0{,}01652\ »$$

Resultat.

$$\varphi = 58°\ 11'\ 19'',79$$

1828. OCTOBER 20.

XLIII. TOBOLSK.

Beobachtungen.

Namen.	Az.	I.	II.	h	IV.	V.	Kr.
α Ursae min.	N	.....	.....	5 40 54,80	.....	.....	O
1 κ Piscium	S	.....	52 27,20	5 » »	53 36,40	.....	W
λ Piscium	S	....	7 32,00	6 8 8,80	8 42,00	....	W
α Andromed.	S	31 22,00	32 2,00	6 32 38,80	33 19,60	33 57,60	W

Wasserwage.		Boussole.
h	p	°
5 40	0,00	188 15,00
6 9	7,00 O.	8 6,00
6 34	0,00 O.	

Angenommene Werthe.

Namen.	α	δ		4^h 29 K
	°	°		h
α Ursae min.	15 4 21,4	+ 88 23 49,6	ϑ	17 29 52,70
1 κ Piscium	349 32 27,1	+ 0 19 25,4	a	91°28 56,10
λ Piscium	353 19 59,2	+ 0 50 28,4	φ	58 11 24,00
α Andromedae	359 53 44,9	+ 28 8 54,1	c	— 4,89

Gleichungen.

$$0 = + 56'',823 + 0,50594\ \Delta a + 0,02456\ \Delta\vartheta - 0,02231\ \Delta\varphi$$
$$0 = + 55,411 + 0,84689\ \text{»} - 0,99989\ \text{»} + 0,01376\ \text{»}$$
$$0 = + 63,990 + 0,84205\ \text{»} - 0,99980\ \text{»} + 0,01395\ \text{»}$$
$$0 = + 57,580 + 0,50071\ \text{»} - 0,88162\ \text{»} + 0,02239\ \text{»}$$

woraus folgt: $\Delta a = - 91'',010 + 0,04173\ \Delta\varphi$ in Bogen
$\Delta\vartheta = - 8,277 + 0,04910$ » » »

Resultate.

			Oct. 20.	4^h 29' K
a	=	91° 27' 25'',09	ϑ =	17 29 52 ,15
Bouss.	=	8 10 30,00	S — M =	13 56 6,65
Coll.	=	+ 1 13,70		
Declin.	=	9° 39 8 ,79 O.	M — K =	3^h 33 45 ,50

1828. OCTOBER 23.

XLIV. TOBOLSK.

Beobachtungen.

Namen.	I.	II.	h ′ ″	IV.	V.	Kreis.
⊙ 1ster Rand	5 40,6	6 16,0	21 6 51,6	7 26,8	....	Rechts
⊙ 2ter Rand	....	8 28,0	21 9 4,4	9 39,6	10 15,2	Links

Wasserwage.		Boussole.
$21^h\ 5'$	$1'',50$ links	$174^\circ\ 52',0$
21 11	4,00 rechts	354 55,0

Angenommene Werthe.

Namen.	α	δ	$21^h\ 5'$ K	
⊙ für $21^h\ 5'$ K	$208^\circ\ 46'\ 28'',9$	$-\ 11^\circ\ 47'\ 57'',2$	ϑ	$17^h\ 44'\ 23'',30$
			a	$284^\circ 50\ \ 0,00$
			φ	58 11 40,00

Gleichungen.

$$0 = \begin{matrix} +\ 2'',712 \\ +\ 1,368 \end{matrix} - c \pm 0,94533\ \Delta a \mp 0,96952\ \Delta\vartheta \pm 0,08349\ \Delta\varphi$$

woraus folgt: $c = +\ 2'',040$

$$\Delta a = -\ 0,711 + 1,02558\ \Delta\vartheta - 0,08831\ \Delta\varphi$$

Resultat.

a	=	$284^\circ\ 49'\ 59'',28$
Bouss.	=	264 53 30,00
Coll.	=	+ 1 13,70
Declin.	=	$9^\circ\ 44'\ 42'',98$ O.

1828. OCTOBER 25.

XLV. TOBOLSK.

Beobachtungen.

Namen.	Az.	I.	II	h	IV.	V.	Kr.
Hist. cél. p. 358	*W*	19 41,2	21 16,80	3 22 51,20	24 25,60	25 58,80	V
ζ Cassiopeae	*O*	39 6,80	41 1,20	3 43 0,80	44 58,00	46 57,60	*N*
ψ Cygni	*W*	. . . . .	59 45,20	3 61 33,40	63 21,60	65 4,80	*N*

Wasserwage.

h	*p*
3 20	4,00 *N*
3 39	7,50 *N*
3 46	20,00 *N*
4 6	20,00 *N*.

Angenommene Werthe.

Namen.	α	δ		2^h 53 K
Hist. cél. p. 358	283° 58 34,7	+ 50° 18′ 7,2	ϑ	17h 49 16,80
ζ Cassiopeae	6 52 48,7	+ 52 57 25,2	*a*	353° 0 41,30
ψ Cygni	297 47 59,3	+ 51 59 43,8	φ	58 11 24,00
			c	— 11,00

Gleichungen.

$$0 = + 25{,}184 + 0{,}36060\, \Delta a + 0{,}92606\, \Delta\varphi - 0{,}36510\, \Delta\vartheta$$
$$0 = - 18{,}300 - 0{,}41991 \;\text{»}\; + 0{,}90108 \;\text{»}\; + 0{,}29975 \;\text{»}$$
$$0 = - 2{,}655 + 0{,}30983 \;\text{»}\; + 0{,}94100 \;\text{»}\; - 0{,}32309 \;\text{»}$$

woraus folgt: $\Delta a = - 41'{,}032 + 0{,}85178\, \Delta\vartheta$ in Bogen

$\Delta\varphi = + 2{,}285 + 0{,}06336$ » » »

Resultat.

$\varphi = 58^\circ\ 11'\ 26''{,}28$

1828. OCTOBER 25.

XLVI. TOBOLSK.

Beobachtungen.

Namen.	Az.	I.	II.	h ′ ″	IV.	V.	Kr.
α Ursae min.	N	. . . . .	. . . . .	2 53 16,4	. . . . .	. . . . .	W
ν Cygni	S	4 26,0	5 10,0	3 5 55,6	6 40,8	7 27,2	O

Wasserwage.

h ′	p
2 54	2,50 W.
3 8	8,50 W.

Angenommene Werthe.

Namen.	α	δ		2^h 53′ K
α Ursae min.	15° 4′ 12″,1	+ 88° 23′ 51″,3	ϑ	17^h 49′ 16″,80
ν Cygni	312 42 12,2	+ 40 31 5,2	a	272° 47 3,00
			φ	58 11 24,00
			c	— 11,00

Gleichungen.

$$0 = + 24'',452 - 0{,}51726\, \Delta a - 0{,}01101\, \Delta\vartheta + 0{,}04157\, \Delta\varphi$$

$$0 = + 28{,}625 - 0{,}30380 \text{ » } + 0{,}75977 \text{ » } - 0{,}04628 \text{ »}$$

woraus folgt: $\Delta a = + 47'',669 + 0{,}08022\, \Delta\varphi$ in Bogen

$\Delta\vartheta = - 18{,}616 + 0{,}09227$ » » »

Resultat.

Oct. 25. 2^h 53′ K

$\vartheta = 17\ 49\ 15'',56$

$S - M = 14\ 15\ 41{,}63$

$M - K = 3^h\ 33'\ 33'',93$

1828. NOVEMBER 4.

XLVII. TOBOLSK, auf Chappe's Beobachtungsplatz.

Beobachtungen.

Namen.	Az.	I.	II.	h	IV.	V.	Kr.
α Ursae min.	*N*	. . . . .	. . . . .	2 0 27,2	. . . . .	. . . .	*O*
α Cygni	*S*	. . . . .	10 6,4	2 10 53,6	11 43,2	12 30,8	*W*

Wasserwage.

h	p
2 0	0,00
2 13	0,00

Angenommene Werthe.

Namen.	α	δ		2^h 0 K
α Ursae min.	15° 3 39,0	+ 88° 23 54″,9	ϑ	18^h 28 27,30
α Cygni	308 54 3,6	+ 44 40 45,0	*a*	92°52 50.00
			φ	58 12 10,00
			c	— 11,00

Gleichungen.

$$0 = + 46{,}392 + 0{,}51860\,\Delta a + 0{,}00940\,\Delta\vartheta - 0{,}04297\,\Delta\varphi$$

$$0 = + 12{,}842 + 0{,}23385 \text{ » } - 0{,}71056 \text{ » } + 0{,}04886 \text{ »}$$

woraus folgt: $\Delta a = - 89{,}252 + 0{,}08114\,\Delta\varphi$ in Bogen

$\Delta\vartheta = - 11{,}300 + 0{,}09547$ » » »

Resultat.

Nov. 4. 2^h 0 K

ϑ = 18 28 26″,58

S — *M* = 14 54 58,43

M — *K* = 3^h 33 28,15

1828. NOVEMBER 4.

XLVIII. TOBOLSK, auf Chappe's Beobachtungsplatz.

Beobachtungen.

Namen.	Az.	I.	II.	h ' ''	IV.	V.	Kr.
ν Andromedae	*O*	22 16,4	23 17,6	2 24 20,0	25 21,6	26 22,8	*N*
85 ι Herculis	*W*	29 29,6	30 46,0	2 32 2,0	33 18,8	34 32,4	*N*
α Trianguli	*O*	39 0,8	39 50,4	2 40 38,6	. . . . .	42 16,0	*N*
π Herculis	*W*	. . . . .	54 26,8	2 55 25,6	56 23,2	57 22,6	*N*

Wasserwage.		Boussole.
h '	*p*	° '
2 22,0	0,00	98 36,00
2 58,0	6,00 *N*.	278 32,00

Angenommene Werthe.

Namen.	α	δ		$2^h\ 0'$ K
	° ' ''	° ' ''		h ' ''
ν Andromedae	10 6 30,5	+ 40 8 52,0	ϑ	18 28 27,30
85 ι Herculis	263 39 1,5	+ 46 6 27,0	*a*	1° 20 50,50
α Trianguli	25 50 36,4	+ 28 44 32,2	φ	58 12 10,00
π Herculis	257 15 57,8	+ 37 0 46,5	*c*	— 11,00

Gleichungen.

$$0 = + 13'',880 - 0,64049\ \Delta a + 0,76776\ \Delta\varphi + 0,55371\ \Delta\vartheta$$
$$0 = - 12,636 + 0,54270\ \text{»} + 0,83970\ \text{»} - 0,45088\ \text{»}$$
$$0 = + 13,653 - 0,81624\ \text{»} + 0,57756\ \text{»} + 0,70073\ \text{»}$$
$$0 = - 25,083 + 0,71631\ \text{»} + 0,69759\ \text{»} - 0,60017\ \text{»}$$

woraus folgt: $\Delta a = + 24'',248 + 0,84979\ \Delta\vartheta$ in Bogen
$\Delta\varphi = + 4,612 - 0,01227$ » » »

Resultate.

a	=	1° 21'	5'',15	
Bouss.	=	188 34	0,00	
Coll.	=	+ 1	13,70	φ = 58° 12' 14'',75.
Declin.	=	9° 56'	18'',85 *O*.	

1828. NOVEMBER 7.

XLIX. TOBOLSK, auf Chappe's Beobachtungsplatz.

Beobachtungen.

Namen.	Az.	I.	II.	h ' "	IV.	V.	Kr.
γ Aquarii	*S*	. . . . .	. . . . .	3 » »	40 18,8	. . . . .	*W*
η Aquarii	*S*	52 14,0	52 46,8	3 53 21,2	. . . . .	54 30,4	*O*
α Ursae min.	*N*	. . . . .	. . . . .	3 » »	54 34,0	. . . . .	*O*
ζ Pegasi	*S*	57 40,8	58 16,4	3 58 51,2	59 26,4	60 1,2	*W*

Wasserwage.

h '	*p*
3 39,0	0,00
4 2,0	0,50 *W.*

Angenommene Werthe.

Namen.	α	δ	3h 40 K	
γ Aquarii	333° 12' 19",1	− 2° 14' 31",3	ϑ	18h 40' 28",00
η Aquarii	336 38 30,7	− 0 59 32,0	*a*	272° 8 10,50
α Ursae min.	15 3 24,4	+ 88 23 55,9	φ	58 12 12,00
ζ Pegasi	338 14 2,3	+ 9 56 44,5		

Gleichungen.

$0 = + 44'',990 - c + 0{,}87004\ \Delta a - 0{,}99904\ \Delta\vartheta + 0{,}01838\ \Delta\varphi$

$0 = - 39{,}620 - c - 0{,}85908$ » $+ 0{,}99966$ » $- 0{,}01908$ »

$0 = - 16{,}097 - c + 0{,}50782$ » $+ 0{,}02198$ » $- 0{,}03211$ »

$0 = + 31{,}597 - c + 0{,}74633$ » $- 0{,}98476$ » $+ 0{,}02481$ »

woraus folgt: $c = - 1'',622 + 0{,}00001\ \Delta\varphi$ in Bogen

$\Delta a = + 22{,}899 + 0{,}06022$ » » »

$\Delta\vartheta = + 58{,}541 + 0{,}07084$ » » »

Resultat.

Nov. 7. 3h 40' K

$\vartheta = 18\ 40\ 31'',90$

$S - M = 15\ 7\ 4{,}51$

$M - K = 3^h\ 33'\ 27'',39$

1828. NOVEMBER 7.

L. TOBOLSK, auf Chappe's Beobachtungsplatz.

Beobachtungen.

Namen.	Az.	I.	II.	h	IV	V.	Kr.
1 δ Tauri	*O*	. . . . .	. . . . .	4 20 51,6	21 34,4	22 17,2	*N*
δ Cygni	*W*	29 22,4	30 36,0	4 31 47,2	33 0,8	34 10,8	*N*
n Persei	*O*	. . . . .	. . . . .	4 » »	36 34,8	. . . . .	*S*
65 Andromed.	*O*	41 6,0	42 32,4	4 44 2,0	45 32,0	47 3,0	*S*

Wasserwage.

h	p
4 20,0	0.00
4 48,0	1,00 *N.*

Angenommene Werthe.

Namen.	α	δ		3^h 40 K
1 δ Tauri	63° 16 25,0	+ 17° 8 4,3	ϑ	8h 40′ 31,90
δ Cygni	294 54 14,5	+ 44 43 29,4	*a*	0°55 5,00
n Persei	54 41 39,0	+ 32 33 31,0	φ	58 12 12,00
65 Andromedae.	33 34 19,9	+ 49 29 59,8		

Gleichungen.

$$0 = +\ 16'',176 - c - 0,93450\ \Delta a + 0,35592\ \Delta\varphi + 0,79726\ \Delta\vartheta$$
$$0 = -\ 11,541 - c + 0,56904\ \text{»} + 0,82220\ \text{»} - 0,47670\ \text{»}$$
$$0 = -\ 25,373 - c + 0,76743\ \text{»} - 0,64104\ \text{»} - 0,65767\ \text{»}$$
$$0 = +\ 2,051 - c + 0,43786\ \text{»} - 0,89892\ \text{»} - 0,37974\ \text{»}$$

woraus folgt: $c = -\ 0'',469 + 0,00001\ \Delta\vartheta$ in Bogen
$$\Delta a = +\ 21,163 + 0,84991\ \text{» » »}$$
$$\Delta\varphi = +\ 2,651 - 0,00846\ \text{» » »}$$

Resultat.

$$\varphi = 58^\circ\ 12'\ 14'',65$$

1828. NOVEMBER 15.

LI. TOBOLSK, auf Chappe's Beobachtungsplatz.

Beobachtungen.

Namen.	Az.	I.	II.	h ′ ″	IV.	V.	Kr.
32 Draconis	*N*	. . . . .	. . . . .	2 57 31,6	. . . . .	. . . . .	*O*
γ Aquarii	*S*	. . . . .	. . . . .	3 » »	3 52,8	4 26,8	*O*
40 Pegasi	*S*	. . . . .	. . . . .	3 » »	. . . . .	21 40,0	*O*

Wasserwage.

h ′	p
2 55,0	1,50 *W.*
3 11,0	2,00 *O.*

Angenommene Werthe.

Namen.	α	δ	2h 57′ K	
	° ′ ″	° ′ ″		h ′ ″
32 Draconis	336 26 56,1	+ 85 14 55,5	ϑ	19 12 2,67
γ Aquarii	333 12 17,4	− 2 14 31,8	*a*	90°43 24,00
40 Pegasi	337 39 5,2	+ 18 38 40,6	φ	58 12 14,00
			c	0,00

Gleichungen.

$$0 = -\ 20'',572 + 0,45490\ \Delta a + 0,08255\ \Delta\vartheta - 0,01124\ \Delta\varphi$$
$$0 = +\ 25,576 - 0,86991\ \text{»} + 0,99921\ \text{»} - 0,00623\ \text{»}$$
$$0 = +\ 16,720 - 0,63690\ \text{»} + 0,94750\ \text{»} - 0,00973\ \text{»}$$

woraus folgt: $\Delta a = +\ 23'',766 + 0,02032\ \Delta\varphi$ in Bogen
$\Delta\vartheta = +\ 11,505 + 0,02394$ » » »

Resultat.

Nov. 15. $2^h\ 57'$ K

$\vartheta = 19\ 12\ 3'',43$

$S - M = 15\ 38\ 29,87$

$M - K = 3^h\ 33'\ 33'',56$

1828. NOVEMBER 24.

LII. DENJIKOWSKAJA WOLOST.

Beobachtungen.

Namen.	Az.	I.	II.	h	IV.	V.	Kr
α Ursae min.	*N*	. . . . .	. . . . .	1 5 40,0	. . . . .	. . . . .	*W*
r Cygni	*S*	17 17,2	18 0,4	1 18 40,8	19 26,8	20 8,8	*O*
26 Equulei	*S*	. . . . .	. . . . .	1 » »	26 20,0	26 56,0	*O*
e Pegasi	*S*	. . . . .	. . . . .	1 28 26,4	29 2,0	29 38,2	*O*
35 Vulpeculae	*S*	. . . . .	. . . . .	1 33 27,6	34 7,2	34 45,2	*O*

Wasserwage.		Boussole.
1^h 4,0	p 0,50 *W.*	7° 57,00
1 35,0	1,50 *O.*	187 58,00

Angenommene Werthe.

Namen.	α	δ		1^h 5 K
α Ursae min.	15° 1 54,3	+ 88° 24 1,2	ϑ	19^h 53 31,46
r Cygni	316 38 22,3	+ 35 56 12,4	*a*	272°50 13,90
26 Equulei	317 38 40,0	+ 10 29 28,7	φ	59 57 56,20
e Pegasi	318 32 34,2	+ 19 4 56,7	*c*	+ 17,96
35 Vulpeculae	320 1 56,7	+ 26 52 26,7		

Gleichungen.

$$0 = -\ 13'',024 - 0{,}48893\ \Delta a - 0{,}01280\ \Delta\vartheta + 0{,}04318\ \Delta\varphi$$
$$0 = -\ 13{,}999 - 0{,}40748\ \text{»} + 0{,}80929\ \text{»} - 0{,}04520\ \text{»}$$
$$0 = -\ 24{,}397 - 0{,}76042\ \text{»} + 0{,}98297\ \text{»} - 0{,}03215\ \text{»}$$
$$0 = -\ 28{,}834 - 0{,}65484\ \text{»} + 0{,}94472\ \text{»} - 0{,}03741\ \text{»}$$
$$0 = -\ 23{,}762 - 0{,}54629\ \text{»} + 0{,}89166\ \text{»} - 0{,}04146\ \text{»}$$

woraus folgt: $\Delta a = -\ 26'',958 + 0{,}05974\ \Delta\varphi$ in Bogen
$\Delta\vartheta = +\ 7{,}522 + 0{,}09898$ » » »

Resultate.

a	= 272° 49′ 46″,45	Nov. 24.	1^h 5 K
Bouss.	= 97 57 30,00	ϑ	= 19 53 31″,91
Coll.	= + 1 13,70	*S* — *M*	= 16 13 40,45
Declin.	= 10° 48′ 30″,15 *O.*	*M* — *K*	= 3^h 39 51″,46

1828. NOVEMBER 24.

LIII. DENJIKOWSKAJA WOLOST.

Beobachtungen.

Namen.	Az.	I.	II.	h ′ ″	IV.	V.	Kr.
51 Draconis	*W*	. . . . .	52 3,6	1 53 47,6	55 28,6	57 17,2	*S*
ζ Cassiopeae	*O*	. . . . .	0 6,8	2 1 48,0	3 32,4	5 21,6	*N*
γ Andromed.	*O*	8 52,0	9 50,4	2 10 53,6	. . . . .	12 58,4	*N*
δ Herculis	*W*	18 3,6	18 50,0	2 19 34,8	20 22,4	21 5,0	*N*

Wasserwage.		Boussole.
h ′ 1 50,0	p 1,50 *S*.	° ′ 99 14,00
1 59,0	1,50 *N*.	279 11,00
2 22,0	7,00 *N*.	

Angenommene Werthe.

Namen.	α	δ	1^h 5′ K	
51 Draconis	° ′ ″ 285 15 37,7	° ′ ″ + 53 8 38,5	ϑ	h ′ ″ 19 53 31,46
ζ Cassiopeae	6 52 43,1	+ 52 57 31,2	α	181° 44 43,40
γ Andromedae	28 21 53,9	+ 41 30 22,0	φ	59 57 56,20
δ_4 Herculis	256 59 31,5	+ 25 3 7,5		

Gleichungen.

$$0 = + 11'',975 - c - 0,39846\,\Delta\alpha - 0,91678\,\Delta\varphi + 0,33136\,\Delta\vartheta$$
$$0 = + 27,008 - c - 0,37103 \text{ » } + 0,92821 \text{ » } + 0,33498 \text{ »}$$
$$0 = + 26,663 - c - 0,62989 \text{ » } + 0,77634 \text{ » } + 0,55683 \text{ »}$$
$$0 = + 18,493 - c + 0,88069 \text{ » } + 0,47348 \text{ » } - 0,75541 \text{ »}$$

woraus folgt:

$$c = + 17'',963 + 0,00000\,\Delta\vartheta \text{ in Bogen}$$
$$\Delta\alpha = + 3,785 + 0,86572 \text{ » » »}$$
$$\Delta\varphi = - 8,184 + 0,01484 \text{ » » »}$$

Resultate.

α	=	181° 44′ 53″,00		
Bouss.	=	189 12 30,00		φ = 59° 57′ 47″,92
Coll.	=	+ 1 13,70		
Declin.	=	10° 58′ 36″,70 *O*.		

1828. NOVEMBER 26.

LIV. JELISAROWO.

Beobachtungen.

Namen.	Azim.	I.	II.	h ′ ″	IV.	V.	Kreis.
α Ursae min.	*N*	....	....	6 43 46,4	....	....	*W*
τ Ursae min.	*N*	....	....	......	48 34,4	49 57,2	*O*

Wasserwage.		Boussole.
h ′	p	° ′
6 40,0	0,00	193 11,00
6 50,0	0,00	13 11,00

Angenommene Werthe.

Namen.	α	δ		6h 43′ K
α Ursae min.	15° 1′ 37″,5	+ 88° 24′ 1″,9	ϑ	19h 55′ 59″,00
τ Ursae min.	223 43 1,3	+ 66 34 52,6	*a*	268° 31 37,60
			φ	61 15 0,00
			c	+ 10,00

Gleichungen.

$$0 = -\ 2'',963 - 0,45875\ \Delta a - 0,02505\ \Delta\vartheta - 0,02275\ \Delta\varphi$$
$$0 = +\ 6,030 + 0,78962\ \text{»} - 0,39725\ \text{»} + 0,01571\ \text{»}$$

woraus folgt: $\Delta a = -\ 6'',170 - 0,04669\ \Delta\varphi$ in Bogen
$\Delta\vartheta = +\ 3,912 - 0,05326$ » » »

Resultate.

a	= 268° 31′ 31″,43	Nov. 26.	6h 43′ K
Bouss.	= 103 11 0,00	ϑ	= 19 55 59″,26
Coll.	= + 1 13,70	*S* — *M*	= 16 22 30,72
Declin.	= 11° 43′ 45″,13 *O.*	*M* — *K*	= 3h 33′ 28″,54

1828. NOVEMBER 28.

LV. SCHORKAL.

Beobachtungen.

Namen.	Az.	I.	II.	h ′ ″	IV.	V.	Kr.
α Ursae min.	N	....	....	3 35 43,2	....	....	W
ι Andromedae	S	....	39 35,2	3 40 22,0	41 6,4	41 54,4	O
ι Piscium	S	....	....	3 43 54,4	44 28,8	45 3,2	O
78 Pegasi	S	....	....	3 46 57,2	47 35,6	48 14,6	O
χ Ursae maj.	N	....	....	3 52 54,0	53 46,0	54 38,0	O
α Ursae min.	N	....	....	3 » »	57 26,2	....	O
ψ Pegasi	S	....	....	4 0 48,0	1 25,6	2 3,2	O
ω Piscium	S	....	....	4 » »	3 44,4	4 19,6	O
α Andromedae	S	9 44,8	10 23,6	4 11 2,0	11 40,8	12 18,8	O

Wasserwage.		Boussole.
h	p	°
3 34,0	0,00	189 45,50
3 56,0	0,00	9 49,00

Angenommene Werthe.

Namen.	α	δ		3^h 35 K
	°	°		h
α Ursae min.	15 1 23,1	+ 88 24 2,4	ϑ	19 52 7,30
ι Andromedae	352 26 44,3	+ 42 19 36,1	a	271° 26 25,20
ι Piscium	352 47 26,2	+ 4 42 7,6	φ	62 44 12,30
78 Pegasi	353 51 17,2	+ 28 25 6,6		
χ Ursae maj.	174 14 18,4	+ 48 43 26,1		
ψ Pegasi	357 16 2,5	+ 24 11 43,0		
ω Piscium	357 38 8,6	+ 5 55 6,2		
α Andromedae	359 53 39,4	+ 28 8 56,8		

Gleichungen.

$$0 = -\ 1'',292 - c - 0,43521\ \Delta a - 0,02543\ \Delta\vartheta + 0,02262\ \Delta\varphi$$
$$0 = -\ 4,346 - c - 0,34880\ » + 0,73923\ » - 0,02356\ »$$
$$0 = -\ 4,471 - c - 0,84842\ » + 0,99657\ » - 0,01330\ »$$
$$0 = -\ 5,622 - c - 0,56387\ » + 0,87942\ » - 0,02076\ »$$
$$0 = +\ 3,173 - c + 0,93059\ » - 0,65959\ » - 0,00920\ »$$
$$0 = -\ 3,351 - c + 0,43522\ » + 0,02542\ » - 0,02263\ »$$
$$0 = -\ 7,085 - c - 0,62316\ » + 0,91208\ » - 0,01966\ »$$
$$0 = -\ 13,325 - c - 0,83701\ » + 0,99460\ » - 0,01375\ »$$
$$0 = -\ 26,485 - c - 0,56774\ » + 0,88165\ » - 0,02117\ »$$

woraus folgt: $c = -\ 2'',040 - 0,00002\ \Delta\varphi$ in Bogen
$\Delta a = +\ 2,240 + 0,04883$ » » »
$\Delta\vartheta = +\ 10,716 + 0,05498$ » » »

Resultate.

a = 271° 26′ 27″,83		Nov. 28.	3^h 35 K
Bouss. = 99 47 15,00		ϑ =	19 52 8″,04
Coll. = + 1 13,70		$S - M$ =	16 29 51,30
Declin. = 11° 14′ 56″,53 O.		$M - K$ =	3^h 22′ 16″,74

1828. NOVEMBER 28.

LVI. SCHORKAL.

Beobachtungen.

Namen.	Azim.	I.	II.	h ′ ″	IV.	V.	Kreis.
β Cygni	W	....	....	4 34 54,0	....	36 25,6	N
φ Cygni	W	....	....	4 » »	....	39 11,6	N
λ Persei	O	....	....	4 » »	....	40 44,4	N
ν Orionis	O	....	....	4 » »	....	43 56,8	N
b Persei	O	47 10,0	48 23,2	4 49 37,6	50 54,8	52 9,2	N

Wasserwage.

h ′	p
4 33,0	0,00
4 46,0	0,00

Angenommene Werthe.

Namen.	α	δ		3^h 35′ K
β Cygni	290° 57′ 2″,4	+ 27° 36′ 33″,9	ϑ	19h 52′ 7″,30
φ Cygni	293 9 6,9	+ 29 46 14,8	a	181°19 18,00
λ Persei	58 28 37,2	+ 49 52 34,2	φ	62 44 12,30
ν Orionis	89 27 20,8	+ 14 46 48,6	c	— 2,04
b Persei	61 21 41,5	+ 49 51 50,9		

Gleichungen.

$0 = + 21'',578 + 0,85947\ \Delta a + 0,51117\ \Delta\varphi - 0,75858\ \Delta\vartheta$
$0 = + 37,026 + 0,83600$ » $+ 0,54859$ » $- 0,73732$ »
$0 = - 19,939 - 0,49987$ » $+ 0,86587$ » $+ 0,45349$ »
$0 = - 72,918 - 0,95452$ » $+ 0,29807$ » $+ 0,85162$ »
$0 = - 25,227 - 0,50015$ » $+ 0,86571$ » $+ 0,45373$ »

woraus folgt: $\Delta a = - 49'',031 + 0,88889\ \Delta\vartheta$ in Bogen
$\Delta\varphi = + 7,962 - 0,01057$ » » »

Resultat.

$\varphi = 62^\circ\ 44'\ 20'',37.$

1828. DECEMBER 1.

LVII. BERESOW.

Beobachtungen.

Namen.	Azim.	I.	II.	h ′ ″	IV.	V.	Kreis.
α Ursae min.	N	....	....	4 33 42,8	....	....	O

Wasserwage.		Boussole.
4ʰ 33′,0	p . 0,00	191° 9′,00
		11 9,00

Angenommene Werthe.

Namen.	α	δ		4ʰ 33′,7 K
α Ursae min.	15° 0′ 58″,6	+ 88° 24′ 3″,2	ϑ	20ʰ 1′ 58″,56
			a	90°24 0,00
			φ	63 57 19,00
			c	− 5,00

Gleichungen.

$0 = -11'',178 + 0,41398\ \Delta a + 0,02774\ \Delta\vartheta - 0,00613\ \Delta\varphi$

woraus folgt: $\Delta a = +27'',001 - 0,06701\ \Delta\vartheta + 0,01482\ \Delta\varphi$

Resultat.

a	=	90° 24′ 27″,00
Bouss.	=	101 9 0,00
Coll.	=	+ 1 13,70
Declin.	=	11° 34′ 40″,70 O.

1828. DECEMBER 8.

LVIII. OBDORSK.

Beobachtungen.

Namen.	Az.	I.	II.	h ′ ″	IV.	V.	Kr.
α Ursae min.	*N*	....	....	0 37 30,0	....	....	*O*
ζ Cygni	*S*	....	....	0 » »	40 39,2	41 18,0	*W*
δ Equulei	*S*	....	....	0 » »	43 17,2	43 51,2	*W*
α Equulei	*S*	....	....	0 » »	....	45 24,8	*W*
e Pegasi	*S*	48 29,6	49 5,6	0 49 42,4	50 19,2	50 55,0	*W*
35 Vulpeculae	*S*	....	....	0 » »	55 22,8	56 0,8	*W*

Wasserwage.		Boussole.
h ′	p	° ′
0 35,0	0,00	191 12,00
0 45,0	0,75 *O.*	11 9,50

Angenommene Werthe.

Namen	α	δ		0^h 35′ K
α Ursae min.	14° 59′ 55″,8	+ 88° 24′ 4″,7	ϑ	20h 35′ 16″,80
ζ Cygni	316 24 38,9	+ 29 32 5,5	*a*	93°27 58,40
δ Equulei	316 32 6,5	+ 9 19 24,3	φ	66 31 16,40
α Equulei	316 48 54,9	+ 4 32 57,9	*c*	— 16,48
e Pegasi	318 32 31,5	+ 19 4 55,2		
35 Vulpeculae	320 1 53,5	+ 26 52 25,4		

Gleichungen.

$$0 = +\ 1'',534 + 0,38493\ \Delta a + 0,01399\ \Delta\vartheta - 0,05527\ \Delta\varphi$$
$$0 = -\ 27,478 + 0,60205\ » - 0,86974\ » + 0,04781\ »$$
$$0 = -\ 30,694 + 0,84089\ » - 0,98651\ » + 0,03241\ »$$
$$0 = -\ 16,616 + 0,88303\ » - 0,99657\ » + 0,02810\ »$$
$$0 = -\ 23,102 + 0,73696\ » - 0,94476\ » + 0,04048\ »$$
$$0 = -\ 5,370 + 0,63848\ » - 0,89170\ » + 0,04609\ »$$

woraus folgt: $\Delta a = -\ 1'',459 + 0,13788\ \Delta\varphi$ in Bogen
$\Delta\vartheta = -\ 23,230 + 0,15039$ » » »

Resultate.

a	= 93° 27′ 55″.55		Dec. 8.	0^h 35′ K
Bouss.	= 101 10 45,00		ϑ	= 20 35 15″.15
Coll.	= + 1 13,70		*S* — *M*	= 17 8 47.27
Declin.	= 14° 39′ 54″,25 *O.*		*M* — *K*	= 3^h 26′ 27″,88

1828. DECEMBER 8.

LIX. OBDORSK.

Beobachtungen.

Namen.	Az.	I.	II.	h ′ ″	IV.	V.	Kr.
c Draconis	*W*	. . . . .	. . . . .	1 » »	. . . . .	45 51,2	*N*
ϱ Persei	*O*	51 33,0	52 23,2	1 53 13,0	. . . . .	54 54,0	*N*
η Plejadum	*O*	58 50,4	59 30,0	1 60 11,2	60 53,2	61 34,8	*N*
Höhe 53° 19′	*W*	. . . . .	. . . . .	2 » »	5 28,8	6 27,4	*S*
Hist. cél. p. 300	*W*	. . . . .	. . . . .	2 7 51,2	. . . . .	10 22,4	*S*

Wasserwage.

h ′	p
1 42,0	0,00
2 12,0	2,50 *S*.

Angenommene Werthe.

Namen.	α	δ		0ʰ 35′ K
c Draconis	279° 49′ 10″,6	+ 55° 22′ 30″,1	ϑ	20ʰ 35′ 16″,80
ϱ Persei	43 34 2,7	+ 38 10 19,1	a	3°23 24,20
η Plejadum	54 20 17,8	+ 23 34 7,8	φ	66 31 16,40
Hist. cél. p. 300	281 55 59,8	+ 52 45 29,5		

Gleichungen.

$0 = -\ 3'',866 - c + 0,46536\ \Delta a + 0,88360\ \Delta\varphi - 0,40538\ \Delta\vartheta$
$0 = -\ 15,147 - c - 0,72140\ » + 0,69122\ » + 0,67852\ »$
$0 = -\ 14,448 - c - 0,88844\ » + 0,45813\ » + 0,82605\ »$
$0 = -\ 28,012 - c - 0,51944\ » - 0,85290\ » + 0,45565\ »$

woraus folgt: $c = -\ 16'',485 - 0,00006\ \Delta\vartheta$ in Bogen
$\Delta a = -\ 5,088 + 0,91728$ » » »
$\Delta\varphi = -\ 10,112 - 0,02441$ » » »

Resultat.

$\varphi = 66^\circ\ 31'\ 6'',88.$

1828. DECEMBER 11.

LX. OBDORSK.

Beobachtungen.

Namen.	Az.	I.	II.	h ′ ″	IV.	V.	Kr.
α Ursae min.	*N*	. . . . .	. . . . .	1 16 16,6	. . . . .	. . . . .	*W*
π Pegasi	*S*	. . . . .	21 50,0	1 22 30,8	23 11,2	23 50,6	*O*
η Pegasi	*S*	. . . . .	. . . . .	1 » »	56 0,0	56 38,6	*O*
λ Pegasi	*S*	. . . . .	. . . . .	1 59 19,8	59 55,2	60 34,0	*O*
α Pegasi	*S*	. . . . .	. . . . .	2 » »	. . . . .	19 8,4	*O*

Wasserwage.		Boussole.
1h 15′,0	0p,00	191° 34,00
2 20,0	6,00 *O*	11 32,00

Angenommene Werthe.

Namen.	α	δ		1h 15′ K
α Ursae min.	14° 59′ 27″,6	+ 88° 24′ 5″,3	ϑ	20h 47′ 39″,30
π Pegasi	330 36 2,2	+ 32 20 51,8	*a*	272° 54 57,10
η Pegasi	338 44 53,0	+ 29 20 3,2	φ	66 31 16,40
λ Pegasi	339 34 39,2	+ 22 40 26,1	*c*	— 16,00
α Pegasi	344 3 44,1	+ 14 17 21,6		

Gleichungen.

$0 = + 22'',740 - 0,38035\ \Delta a - 0,01913\ \Delta\vartheta + 0,04705\ \Delta\varphi$
$0 = + 37,078 - 0,56199$ » $+ 0,84457$ » $- 0,04208$ »
$0 = + 27,766 - 0,60471$ » $+ 0,87154$ » $- 0,04051$ »
$0 = + 30,768 - 0,69302$ » $+ 0,92249$ » $- 0,03667$ »
$0 = + 29,111 - 0,79076$ » $+ 0,96885$ » $- 0,03114$ »

woraus folgt: $\Delta a = + 50'',920 + 0,11734\ \Delta\varphi$ in Bogen
$\Delta\vartheta = + 3,228 + 0,12791$ » » »

Resultate.

a	= 272° 55′ 46″,90	Dec. 11.	1h 15′ K
Bouss.	= 11 33 0,00	ϑ	= 20 47 39″,44
Coll.	= + 1 13,70	*S* — *M*	= 17 20 43,51
Declin.	= 14° 30′ 0″,60 *O*.	*M* — *K*	= 3h 26′ 55″,93

1828. DECEMBER 19.

LXI. BERESOW.

Beobachtungen.

Namen.	Az.	I.	II.	h ′ ″	IV.	V.	Kr.
ε Tauri	*S*	. . . . .	40 29,2	6 41 5,6	41 42,0	42 19,2	*O*
α Tauri	*S*	. . . . .	. . . . .	6 » »	48 26,8	49 3,6	*O*
39 Cephei	*N*	. . . . .	. . . . .	7 » »	39 20,0	. . . . .	*W*

Wasserwage.		Boussole.
h ′	p	° ′
6 40,0	0,00	19 45,00
7 40,0	10,75 *O*.	199 45,00

Angenommene Werthe.

Namen.	α	δ		6^h 40′ K
	° ′ ″	° ′ ″		h ′ ″
ε Tauri	64 39 55,8	+ 18 47 33,4	ϑ	21 13 43,68
α Tauri	66 32 7,6	+ 16 9 21,8	*a*	82° 4 0,00
39 Cephei	351 56 37,8	+ 86 22 8,5	φ	63 57 19,00
			c	— 15,00

Gleichungen.

$$0 = -\ 3'',379 - 0,71123\ \Delta\alpha + 0,94468\ \Delta\vartheta + 0,09736\ \Delta\varphi$$
$$0 = +\ 0,367 - 0,74288\ \text{»} + 0,95853\ \text{»} + 0,09272\ \text{»}$$
$$0 = +\ 4,806 - 0,43416\ \text{»} - 0,00164\ \text{»} - 0,12477\ \text{»}$$

woraus folgt: $\Delta\alpha = +\ 11'',039 - 0,28461\ \Delta\varphi$ in Bogen
$\Delta\vartheta = +\ 10,003 - 0,31723$ » » »

Resultate.

a = 82° 4′ 11″,04		Dec. 19.	6^h 40′ K
Bouss. = 109 45 0,00		ϑ =	21 13 41″,35
Coll. = + 1 13,70		*S* — *M* =	17 53 9,33
Declin. = 11° 50′ 24″,74 *O*.		*M* — *K* =	3^h 20′ 35″,02

1828. DECEMBER 28.

LXII. TOBOLSK.

Beobachtungen.

Namen.	Azim.	I.	II.	h	IV.	V.	Kreis.
γ Pegasi	*S*	....	4 32,0	2 5 8,4	5 42,4	6 18,0	*W*
ι Ceti	*S*	....	11 27,6	2 12 2,8	12 36,4	....	*O*
α Ursae min.	*N*	....	....	2 » »	24 8,0	....	*O*

Wasserwage.

h	p
2 3,0	0,00
2 25,0	0,00

Angenommene Werthe.

Namen.	α	δ		2^h 4 K
γ Pegasi	1° 6 39,4	+ 14° 14 1,8	ϑ	22° 1 28,30
ι Ceti	2 40 38,9	— 9 46 20,6	α	270 45 4,10
α Ursae min.	14 56 31,5	+ 88 24 8,1	φ	58 11 24,00

Gleichungen.

$$0 = -5'',726 - c + 0,69413\ \Delta\alpha - 0,96928\ \Delta\vartheta + 0,00915\ \Delta\varphi$$
$$0 = -4,015 - c - 0,92695\ \text{»} + 0,98547\ \text{»} - 0,00477\ \text{»}$$
$$0 = -4,132 - c + 0,50393\ \text{»} + 0,02701\ \text{»} - 0,01098\ \text{»}$$

woraus folgt:
$$c = -4'',611 - 0,00215\ \Delta\varphi \text{ in Bogen}$$
$$\Delta\alpha = +0,661 - 0,00337\ \text{» » »}$$
$$\Delta\vartheta = -1,821 + 0,02408\ \text{» » »}$$

Resultat.

Dec. 28. 2^h 4 K

$$\vartheta = 22\ 1\ 28'',18$$
$$S - M = 18\ 27\ 52,98$$
$$M - K = 3^h\ 33'\ 35'',20$$

1828. DECEMBER 31.

LXIII. TOBOLSK.

Beobachtungen.

Namen.	Azim.	I.	II.	h ′ ″	IV.	V	Kreis.
α Ursae min.	*N*	. . . .	. . . .	2 11 12,0	. . . .	. . . .	*O*
ζ Cassiopeae	*S*	. . . .	. . . .	2 » »	. . .	16 28.4	*W*
δ Piscium	*S*	. . . .	. . . .	2 28 5,2	28 40,8	29 13,2	*W*
ε Piscium	*S*	. .	. . .	2 42 17,2	. . .	. . . .	*W*
η Ceti	*S*	47 20,	. . . .	2 48 30,6	49 6,4	49 41,6	*W*

Wasserwage.

h	p	
2 10,0	1,75	*W.*
2 32,0	2,25	*O.*

Angenommene Werthe.

Namen.	α	δ		2^h 10 K
α Ursae min.	14° 55 57,3	+ 88° 24 8,4	ϑ	22^h 13 12,03
ζ Cassiopeae	6 52 30,3	+ 52 57 33,0	α	90°28 25,40
δ Piscium	9 37 20,3	+ 6 39 15,0	φ	58 11 24,00
ε Piscium	13 31 16,7	+ 6 58 4,2	c	— 4,61
η Ceti	14 59 58,0	— 11 5 29,3		

Gleichungen.

$0 = -\ 14'',197 + 0,50351\ \Delta\alpha + 0,02752\ \Delta\vartheta - 0,00626\ \Delta\varphi$
$0 = -\ 8,215 + 0,09117$ » $- 0,60237$ » $+ 0,00722$ »
$0 = -\ 17,417 + 0,78300$ » $- 0,99358$ » $+ 0,00451$ »
$0 = -\ 3,344 + 0,77959$ » $- 0,99293$ » $+ 0,00454$ »
$0 = -\ 9,032 + 0,93533$ » $- 0,98171$ » $+ 0,00256$ »

woraus folgt: $\Delta\alpha = +\ 14'',510 + 0,01171\ \Delta\varphi$ in Bogen
$\Delta\vartheta = +\ 3,444 + 0,01377$ » » »

Resultate.

Dec. 31. 2^h 10 K
ϑ = 22 13 12,26
$S - M$ = 18 39 43,63

$M - K = 3^h$ 33 28,63

1829. JANUAR 6.

LXIV. AJEWSKJI WOLOK.

Beobachtungen.

Namen.	Azim.	I.	II.	h ′ ″	IV.	V.	Kreis.
f Plejadum	*S*	. . . .	. . . .	4 » »	. . . .	43 56,0	*O*
α Ursae min.	*N*	. . . .	. . . .	4 47 10,0	. . . .	. . . .	*O*
γ Tauri	*S*	11 43,6	. . . .	5 12 55,6	13 31,6	14 5,2	*W*

Wasserwage.		Boussole.
4^h 40′	0,00^p	11° 11′,00
5 15	2,00 *W.*	191 9,00

Angenommene Werthe.

Namen.	α	δ		4^h 40′ K
f Plejadum	54° 45′ 23″,0	+ 23° 31′ 22″,1	ϑ	22^h 51′ 45″,0
α Ursae min.	14 54 59,7	+ 88 24 8,7	a	88° 4 48,0
γ Tauri	62 31 22,4	+ 15 12 21,3	φ	56 34 50,0

Gleichungen.

$$0 = -\ 3'',121 - c - 0,54562\ \Delta a + 0,91672\ \Delta\vartheta + 0,02808\ \Delta\varphi$$
$$0 = -\ 0,911 - c + 0,53298\ \text{»} + 0,02090\ \text{»} + 0,02835\ \text{»}$$
$$0 = +\ 55,535 - c + 0,66114\ \text{»} - 0,96481\ \text{»} - 0,02514\ \text{»}$$

woraus folgt:

$$c = +\ 27'',616 + 0,00000\ \Delta\varphi \text{ in Bogen}$$
$$\Delta a = +\ 51,015 - 0,05079\ \text{» » »}$$
$$\Delta\vartheta = +\ 63,893 - 0,06085\ \text{» » »}$$

Resultat.

a	=	88° 5′ 39″,01
Bouss.	=	101 10 0,00
Coll.	=	+ 1 13,70
Declin.	=	9° 16′ 52″,71 *O.*

1829. JANUAR 13.

LXV. TARA.

Beobachtungen.

Namen.	Azim.	I.	II.	h ′ ″	IV.	V.	Kreis.
h Plejadum	*S*	. . . .	30 33,2	2 31 11,6	31 48,0	32 27,2	*O*
α Ursae min.	*N*	. . . .	. . . .	2 37 18,0	. . . .	. . . .	*W*
λ Tauri	*S*	41 16,0	41 50,0	2 42 25,2	43 0,4	43 36,4	*O*
A Tauri	*S*	45 22,0	45 57,2	2 46 33,6	. . . .	47 48,0	*O*

Wasserwage.		Boussole.
h	p	o
2 28	1,75 *W*	11 33.50
2 40	12,00 *O.*	191 33,00
2 48	10,00 *O.*	

Angenommene Werthe.

Namen.	α	δ		2h 30′ K
h Plejadum	54° 45′ 36,3	+ 23° 36 23,6	ϑ	1h 3′ 11″,29
α Ursae min.	14 53 34,9	+ 88 24 8,8	*a*	88° 3 21,92
λ Tauri	57 48 25,7	+ 12 0 1,9	φ	56 54 0,00
A Tauri	58 39 14 6	+ 21 36 21,1	*c*	0,00

Gleichungen.

$0 = - 4'',371 - 0,54909\ \Delta a + 0,91613\ \Delta\vartheta + 0,02835\ \Delta\varphi$

$0 = + 10,634 - 0,52838$ » $- 0,02076$ » $- 0,02880$ »

$0 = + 10,613 - 0,70603$ » $+ 0,97797$ » $+ 0,02402$ »

$0 = - 13.953 - 0,57794$ » $+ 0,92955$ » $+ 0,02768$ »

woraus folgt: $\Delta a = + 23'',413 - 0,05209\ \Delta\varphi$ in Bogen

$\Delta\vartheta = + 17,698 - 0,06216$ » » »

Resultat.

a	=	88° 3′ 45 ,33
Bouss.	=	101 33 15,00
Coll.	=	— 0 49,30
Declin.	=	9° 36′ 11 ,03 *O.*

1829. JANUAR 17.

LXVI. TSCHULUIM.

Beobachtungen.

Namen.	I.	II.	h ′ ″	IV.	V.	Kreis.
⊙ 1ster Rand	20 59,2	21 37,3	16 22 14,4	....	....	Links
⊙ 1ster Rand	....	....	» » »	22 54,0	....	Rechts
⊙ 2ter Rand	23 24,4	24 2,8	16 24 41,2	25 17,2	25 54,0	Rechts

Wasserwage.		Boussole.
h ′	p	° ′
16 19	0,00	29 1,00
16 26	10,00 links	209 1,00

Angenommene Werthe.

Namen.	α	δ		16h 23′,5 K
⊙ für 16h 23′,5 K	300° 2′ 43″,2	− 20° 35′ 20″,7	ϑ	2h 12′ 49″,88
			a	69° 57 30,00
			φ	55 5 41,00

Gleichungen.

$$0 = \begin{matrix} -\ 61'',584 \\ -\ \ \ 7,875 \end{matrix} - c \mp 0{,}97732\ \Delta a \pm 0{,}91536\ \Delta\vartheta \pm 0{,}07261\ \Delta\varphi$$

woraus folgt: $c = -\ 34'',729$

$$\Delta a = -\ 27{,}478 + 0{,}93660\ \Delta\vartheta + 0{,}07429\ \Delta\varphi$$

Resultat.

a	=	69°	57′	2″,52
Bouss.	=	119	1	0,00
Coll.	= −		0	49,30
Declin.	=	8°	57′	13″,22 O.

1829. JANUAR 19.

LXVII. OJASCH.

Beobachtungen.

Namen.	Az.	I.	II.	h ' "	IV.	V.	Kr.
η Geminorum	*S*	27 0,30	27 36,80	3 » »	28 50,80	29 30,00	*O*
β Can. maj.	*S*	.....	.....	3 » »	.....	35 16,00	*W*
γ Geminorum	*S*	.....	.....	3 » »	.....	51 52,00	*W*
α Can. maj.	*S*	.....	.....	3 56 37,20	.....	57 48,00	*W*

Wasserwage.		Boussole.
h '	p	° '
3 26	5,00 *W.*	191 2,50
3 44	5,00 *W.*	11 2,50

Angenommene Werthe.

Namen.	α	δ		$3^h\ 25'$ K
η Geminorum	91° 8' 41",3	+ 22° 32' 43",8	ϑ	2h 29' 34",00
β Can. maj.	93 47 55,2	— 17 52 59,7	*a*	87° 7 20,00
γ Geminorum	96 57 47,7	+ 16 32 4,6	φ	55 37 15,00
α Can. maj.	99 24 35,2	— 16 29 32,9		

Gleichungen.

$0 = +\ 47'',596 - c - 0{,}54609\ \Delta a + 0{,}92314\ \Delta\vartheta + 0{,}04205\ \Delta\varphi$

$0 = -\ 65{,}559 - c + 0{,}95904$ » $- 0{,}95127$ » $- 0{,}01422$ »

$0 = -\ 48{,}458 - c + 0{,}63085$ » $- 0{,}95823$ » $- 0{,}03895$ »

$0 = -\ 56{,}896 - c + 0{,}95188$ » $- 0{,}95844$ » $- 0{,}01539$ »

woraus folgt: $c = +\ 1'',815 + 0{,}00002\ \Delta\varphi$ in Bogen

$\Delta a = +\ 40{,}400 - 0{,}07364$ » » »

$\Delta\vartheta = -\ 25{,}680 - 0{,}08915$ » » »

Resultat.

a	=	87°	8'	0",40
Bouss.	=	101	2	30,00
Coll.	=	—	0	49,30
Declin.	=	8°	9'	41",10 *O.*

1829. JANUAR 21.

LXVIII. TOMSK.

Beobachtungen.

Namen.	I.	II.	h ′ ″	IV.	V.	Kreis.
⊙ 1ster Rand	.....	9 32,8	1 » »	10 46,4	11 22,8	Links
⊙ 2ter Rand	.....	.....	1 12 29,2	13 6,0	13 42,8	Rechts

Wasserwage.		Boussole.
h ′	p	° ′
1 9	0,00	355 35,00
1 13	0,00	175 34,50

Angenommene Werthe.

Namen.	α	δ		1^h 11′,25 K
⊙ für 1^h 11′,25 K	303° 18′ 24″,30	— 19° 56′ 1″,62	ϑ	59^h 56′ 28″,82
			a	103° 8 23,00
			φ	56 29 39,00

Gleichungen.

$$0 = \begin{matrix} +\ 15'',608 \\ +\ 33,172 \end{matrix} - c \mp 0{,}97550\ \Delta a \pm 0{,}93169\ \Delta\vartheta \pm 0{,}05002\ \Delta\varphi$$

woraus folgt:

$$c = +\ 24'',390$$

$$\Delta a = -\ 9{,}002 + 0{,}95508\ \Delta\vartheta + 0{,}05127\ \Delta\varphi$$

Resultat.

a	= 103°	8′	14″,0	
Bouss.	= 265	34	45,0	
Coll.	= —	0	49,3	
Declin.	= 8°	42′	9″,7	O.

1829. JANUAR 22.

LXIX. TOMSK.

Beobachtungen.

Namen.	I.	II.	h	IV.	V.	Kreis.
⊙ 1ster Rand	29 16,2	29 53,2	1 30 30,4	31 6,8	. . . .	Rechts
⊙ 2ter Rand	. . . .	32 13,6	1 32 50,8	33 26,8	34 4,8	Links

Wasserwage.		Boussole.
h	p	°
1 28	0,00	350 42,4
1 35	1,50 links	170 42,5

Angenommene Werthe.

Namen.	α	δ	1^h 31,7 K	
⊙ für 1^h 31,7 K	304° 22 42,3	— 19° 42 16,5	ϑ	20h 0 24,85
			α	287°56 4,0
			φ	56 29 39,0

Gleichungen.

$$0 = \begin{matrix} -\ 7'',907 \\ -\ 3,162 \end{matrix} - c \pm 0,97744\ \Delta\alpha \mp 0,91920\ \Delta\vartheta \pm 0.06506\ \Delta\varphi$$

woraus folgt: $c = -\ 5'',534$

$$\Delta\alpha = +\ 2,427 + 0,94048\ \Delta\vartheta - 0.06656\ \Delta\varphi$$

Resultat.

α	=	287° 56 6,43
Bouss.	=	260 42 27,00
Coll.	=	— 0 49,30
Declin.	=	8° 37 44,13 O.

1829. JANUAR 22.

LXX. TOMSK.

Beobachtungen.

Namen.	Az.	I.	II.	h ′ ″	IV.	V.	Kr.
α Ursae min.	*N*	. . . . .	. . . . .	6 54 3,6	. . . . .	. . . . .	*O*
δ Arietis	*S*	. . . . .	. . . . .	6 » »	. . . . .	58 4,0	*W*
ζ Eridani	*S*	59 41,6	60 17,2	6 60 51,2	61 26,4	62 1,2	*W*
o Tauri	*S*	. . . . .	9 22,8	7 9 57,2	10 33,2	. . . . .	*W*
ξ Tauri	*S*	. . . . .	. . . . .	7 12 16,8	12 52,0	13 27,6	*W*
17 Eridani	*S*	. . . . .	15 6,0	7 » »	16 14,0	16 47,6	*W*
ε Eridani	*S*	. . . . .	. . . . .	7 18 8,0	18 42,8	19 17,8	*W*

Wasserwage.		Boussole.
h ′	p	° ′
6 50	0,00	9 58,40
7 20	2,50 *O.*	189 58,40

Angenommene Werthe.

Namen.	α	δ		6^h 50′ K
α Ursae min.	14° 51′ 55″,0	+ 88° 24′ 8″,7	ϑ	20^h 1′ 13″,40
δ Arietis	45 28 12,2	+ 19 4 26,5	*a*	88° 32 34,00
ζ Eridani	46 53 7,6	− 9 27 46,2	φ	56 29 39,00
o Tauri	48 54 29,8	+ 8 25 12,0	*c*	0,00
ξ Tauri	49 28 51,7	+ 9 7 46,2		
17 Eridani	50 32 17,2	− 5 40 12,4		
ε Eridani	51 13 22,2	− 10 2 45,9		

Gleichungen.

0 = − 5″,502	+ 0,53164	Δ*a*	+ 0,02410	Δφ	+ 0,02154	Δϑ
0 = + 23,064	+ 0,60775	»	− 0,94499	»	− 0,02020	»
0 = + 30,877	+ 0,91331	»	− 0,98629	»	− 0,01036	»
0 = + 11,917	+ 0,74410	»	− 0,98912	»	− 0,01699	»
0 = + 6,904	+ 0,73577	»	− 0,98723	»	− 0,01722	»
0 = + 19,080	+ 0,88436	»	− 0,99501	»	− 0,01187	»
0 = + 23,510	+ 0,91741	»	− 0,98457	»	− 0,01012	»

woraus folgt: Δ*a* = + 1″,337 − 0,03854 Δφ in Bogen
Δϑ = + 20,668 − 0,04618 » » »

Resultat.

a = 88° 32′ 35″,34		Jan. 22.		6^h 50′ K
Bouss. = 99 58 24,00		ϑ	=	20 1 14″,77
Coll. = − 0 49,30				
Declin. = 8° 30′ 10″,04 *O.*				

1829. JANUAR 25.

LXXI. KASULKA.

Beobachtungen.

Namen.	Azim.	I.	II.	h ' "	IV.	V.	Kreis.
α Ursae min.	*N*	....	....	4 30 33,0	....	....	*O*
κ Orionis	*S*	....	....	4 » »	....	33 34,80	*W*
α Orionis	*S*	....	....	4 » »	41 2,00	41 36,40	*W*

Wasserwage.		Boussole.
h 4 28	p 0,00	° 9 52,0
4 43	0,00	189 52,0

Angenommene Werthe.

Namen.	α	δ		4^h 30 K
α Ursae min.	° 14 50 48,7	° + 88 24 8,4	ϑ	h 0 57 20,7
κ Orionis	84 55 2,5	— 9 44 25,8	a	87°19 34,0
α Orionis	86 29 7,9	+ 7 21 49,9	φ	56 1 30,0
			c	0,0

Gleichungen.

$$0 = + 6{,}168 + 0{,}55022\,\Delta a + 0{,}00983\,\Delta\vartheta + 0{,}03896\,\Delta\varphi$$
$$0 = - 6{,}594 + 0{,}91210 \text{ » } - 0{,}98524 \text{ » } - 0{,}01913 \text{ »}$$
$$0 = + 7{,}316 + 0{,}75112 \text{ » } - 0{,}99141 \text{ » } - 0{,}03080 \text{ »}$$

woraus folgt: $\Delta a = - 7'',018 - 0{,}06908\,\Delta\varphi$ in Bogen

$\Delta\vartheta = - 5{,}525 - 0{,}08334$ » » »

Resultat.

a	=	87° 19' 26'',98
Bouss.	=	99 52 0,00
Coll.	=	— 0 49,30
Declin.	=	7° 10 37 ,68 *O*.

1829. JANUAR 27.

LXXII. KRASNOJARSK.

Beobachtungen.

Namen.	Az.	I.	II.	h ′ ″	IV.	V.	Kr.
α Ursae min.	*N*	....	....	11 18 13,6	....	....	*IV*
1 Orionis	*S*	....	....	11 25 10,0	25 44,0	26 18,8	*O*
3 Orionis	*S*	....	....	11 » »	....	27 44,0	*O*

Wasserwage.		Boussole.
h ′	*p*	° ′
11 17	0,0	189 3,00
11 28	0,0	9 1,00

Angenommene Werthe.

Namen.	α	δ		$11^h\ 15'$ K
	° ′ ″	° ′ ″		h ′ ″
α Ursae min.	14 50 56,1	+ 88 24 8,2	ϑ	17 58 21,5
1 Orionis	70 8 50,0	+ 6 39 7,8	*a*	87°41 57,0
3 Orionis	70 31 57,9	+ 5 18 11,5	φ	56 1 0,0
			c	0,00

Gleichungen.

$$0 = -\ 7'',476 - 0,54488\ \Delta a - 0,01650\ \Delta\vartheta - 0,03366\ \Delta\varphi$$
$$0 = -\ 3,507 - 0,75909\ \text{»} + 0,99301\ \text{»} + 0,02614\ \text{»}$$
$$0 = +\ 5,390 - 0,77422\ \text{»} + 0,99547\ \text{»} + 0,02541\ \text{»}$$

woraus folgt: $\Delta a = -\ 0'',187 - 0,05958\ \Delta\varphi$ in Bogen
$\Delta\vartheta = +\ 1,509 + 0,07186$ » » »

Resultat.

a	=	87° 41′ 56″,81
Bouss.	=	99 0 30,00
Coll.	=	— 0 49,30
Declin.	=	6° 41′ 37″,51 *O*.

1829. JANUAR 29.

LXXIII. KRASNOJARSK.

Beobachtungen.

Namen.	Az.	I.	II.	h ′ ″	IV.	V.	Kr.
α Ursae min.	N	. . . . .	. . . . .	10 5 5,6	. . . . .	. . . . .	0
η Plejadum	S	. . . . .	12 41,6	10 13 18,8	13 56,4	14 34,0	0
ζ Persei	S	. . . . .	19 22,8	10 20 2,8	20 42,6	21 22,8	0

Wasserwage.		Boussole.
h ′	p	° ′
10 4	0,00	188 18,0
10 22	0,00	8 19,50

Angenommene Werthe.

Namen.	α	δ		10h 5′ K
	° ′ ″	° ′ ″		h ′ ″
α Ursae min.	14 50 36,9	+ 88 24 8,0	ϑ	17 19 54,0
η Plejadum	54 20 12,6	+ 23 34 8,0	a	88°14 38,0
ζ Persei	55 51 17,6	+ 31 21 8,9	φ	56 1 0,0
			c	0,00

Gleichungen.

$$0 = + 24'',623 + 0{,}53610\ \Delta a + 0{,}02718\ \Delta\vartheta + 0{,}02587\ \Delta\varphi$$

$$0 = + 5{,}297 - 0{,}53666\ \text{»} + 0{,}91642\ \text{»} + 0{,}02586\ \text{»}$$

$$0 = + 1{,}044 - 0{,}41742\ \text{»} + 0{,}85381\ \text{»} + 0{,}02785\ \text{»}$$

woraus folgt: $\Delta a = - 43'',440 - 0{,}04548\ \Delta\varphi$ in Bogen

$\Delta\vartheta = - 27{,}159 - 0{,}05484$ » » »

Resultat.

a	=	88° 13′ 54″,56
Bouss.	=	98 18 45,00
Coll.	=	— 0 49,30
Declin.	=	6° 31′ 50″,26 O.

1829. FEBRUAR 2.

LXXIV. ALSALEWSKAJA STANZIA.

Beobachtungen.

Namen.	Az.	I.	II.	h ' "	IV.	V.	Kr.
α Ursae min.	*N*	.....	.....	14 0 52,0	.....	.....	*O*
β Caneri	*S*	.....	.....	14 3 34,0	4 8,4	4 43,6	*W*
η Cephei	*N*	.....	.....	14 » »	27 1,2	28 15,2	*W*

Wasserwage.		Boussole.
h '	p	° '
14 0	5,00 *W.*	187 34,0
14 30	6,00 *W.*	7 34,3

Angenommene Werthe.

Namen.	α	δ	14h 0 K	
	° ' "	° ' "		h ' "
α Ursae min.	14 49 54,4	+ 88 24 7,6	ϑ	17 55 53,00
β Caneri	121 48 54,2	+ 9 42 10,2	a	87°17 58,00
η Cephei	310 26 55,6	+ 61 10 23,9	φ	55 27 6,00

Gleichungen.

0 = + 18,660 − c + 0,57190 Δa − 0,00793 Δϑ + 0,03861 Δφ
0 = − 62,299 − c + 0,71660 » − 0,98533 » − 0,03286 »
0 = + 17,142 − c − 0,89344 » + 0,48143 » − 0,02116 »

woraus folgt: c = + 2,086 + 0,00037 Δφ in Bogen
Δa = − 30,184 − 0,06859 » » »
Δϑ = − 87,294 − 0,08327 » » »

Resultat.

a	=	87° 17	27',82	
Bouss.	=	97 34	9,00	
Coll.	=	− 0	49,30	
Declin.	=	4° 50	47,52	*O*

1829. FEBRUAR 7.

LXXV. IRKUZK.

Beobachtungen.

Namen.	Az.	I	II.	h	IV	V.	Kr.
1 Orionis	*S*	. . . . .	56 8,8	9 56 42,4	57 17,8	57 51,6	*W*
α Ursae min.	*N*	. .	. . .	10 2 49,2	. . .	. . . . .	*O*
66 Eridani	*S*	12 11,2	12 44,0	10 13 18,6	. . . .	. . . . .	*O*
β Eridani	*S*		. . .	10 » »	. . .	15 34,8	*O*

Wasserwage.		Boussole.
$9^h 55$	p 0,00	184° 1,00
10 16	3,75 *O.*	4 1,00

Angenommene Werthe.

Namen.	α	δ		$9^h 55'$ K
1 Orionis	70° 8 47,8	+ 6° 39 7,2	ϑ	$18^h 37' 33'',53$
α Ursae min.	14 48 59,1	+ 88 24 7,0	*a*	87°47 45,00
66 Eridani	74 34 55,9	— 4 53 40,9	φ	52 16 42,00
β Eridani	74 51 58,5	— 5 19 4,7		

Gleichungen.

$$0 = -\ 34'',582 - c + 0{,}71502\ \Delta a - 0{,}99299\ \Delta\vartheta - 0{,}02689\ \Delta\varphi$$
$$0 = -\ 35{,}986 - c + 0{,}59946\ \text{»} + 0{,}01517\ \text{»} + 0{,}03078\ \text{»}$$
$$0 = +\ 20{,}393 - c - 0{,}84052\ \text{»} + 0{,}99608\ \text{»} + 0{,}02084\ \text{»}$$
$$0 = +\ 49{,}334 - c - 0{,}84450\ \text{»} + 0{,}99542\ \text{»} + 0{,}02060\ \text{»}$$

woraus folgt: $c = -\ 3'',287 + 0{,}00000\ \Delta\varphi$ in Bogen

$\Delta a = +\ 54{,}511 - 0{,}04975$ » » »

$\Delta\vartheta = +\ 7{,}787 - 0{,}06291$ » » »

Resultate.

a = 87° 48′ 39″,51		Febr. 7.	9^h 55 K
Bouss. = 94 1 0,00		ϑ	= 18 37 34 ,05
Coll. = — 0 49,30		*S* — *M*	= 21 9 25,08
Declin. = 1° 48′ 50″,21 *O.*		*M* — *K*	= 21^h 28 8 ,97

1829. FEBRUAR 8.

LXXVI. IRKUZK.

Beobachtungen.

Namen.	Az.	I.	II.	h ′ ″	IV.	V.	Kr.
λ Orionis	*S*	36 22,0	36 55,6	10 37 30,8	38 10,4	38 44,8	*O*
ζ Orionis	*S*	. . . . .	42 8,0	10 42 43,2	43 17,2	43 54,0	*O*
α Ursae min.	*N*	. . . . .	. . . . .	10 45 15,0	. . . . .	. . . . .	*W*

Wasserwage.		Boussole.
h ′	p	°
10 36	0,00	4 20,5
10 46	0,75 *W*.	184 18,5

Angenommene Werthe.

Namen.	α	δ		$10^h\ 35'$ K
	° ′ ″	° ′ ″		h ′ ″
λ Orionis	81 26 7,5	+ 9 48 35,5	ϑ	18 41 32,90
ζ Orionis	83 2 20,8	— 2 2 39,0	*a*	87°34 16,00
α Ursae min.	14 48 48,3	+ 88 24 6,8	φ	52 16 42,00
			c	0,00

Gleichungen.

$0 = + 14'',821 - 0,67533\,\Delta a + 0,98487\,\Delta\vartheta + 0,03125\,\Delta\varphi$

$0 = + 35,715 - 0,81270$ » $+ 0,99920$ » $+ 0,02471$ »

$0 = - 18,083 - 0,60348$ » $- 0,01008$ » $- 0,03379$ »

woraus folgt: $\Delta a = - 25'',157 - 0,05483\,\Delta\varphi$ in Bogen

$\Delta\vartheta = - 44,429 - 0,06932$ » » »

Resultate.

a = 87° 33′ 50″,84		Febr. 8.	10^h 35′ K
Bouss. = 94 19 30,00		ϑ	= 18 41 29″,94
Collat. = — 0 49,30		*S* — *M*	= 21 13 28,22
Declin. = 1° 52′ 31″,54 *O*.		*M* — *K*	= 21^h 28′ 1″,72

1829. FEBRUAR 17.

LXXVII. TROIZKO-SSAWSK.

Beobachtungen.

Namen.	Az.	I.	II.	h ′ ″	IV.	V.	Kr.
α Ursae min.	*N*	. . . . .	. . . . .	14 5 52,80	. . . . .	. . . . .	*O*

Wasserwage.		Boussole.
14ʰ 5′	0ᵖ,00	1° 21′,0
		181 21,0

Angenommene Werthe.

Namen.	α	δ		14ʰ 5′,9 K
α Ursae min.	14° 47′ 26″,2	+ 88° 21′ 5″,2	ϑ	19ʰ 27′ 15″,40
			a	88° 4 45,00
			φ	50 21 5,00
			c	0,00

Gleichungen.

$0 = -\ 1'',165 + 0{,}65156\ \Delta a - 0{,}01792\ \Delta\vartheta + 0{,}02543\ \Delta\varphi$

woraus folgt: $\Delta a = +\ 1'',788 + 0{,}02750\ \Delta\vartheta - 0{,}03902\ \Delta\varphi$

Resultat.

a	=	88° 4′ 46″,79
Bouss.	=	91 21 0,00
Coll.	=	+ 1 13,70
Declin.	=	0° 32′ 59″,51 *W.*

1829. FEBRUAR 22.

LXXVIII. MONACHONOWA.

Beobachtungen.

Namen.	Az.	I.	II.	h ′ ″	IV.	V.	Kr.
α Ursae min.	N	. . . . .	. . . . .	10 18 3,0	. . . . .	. . . . .	O
μ Geminor.	S	20 6,0	20 44,8	10 21 20,4	21 58,0	22 34,4	W
γ Geminor.	S	. . . . .	. . . . .	10 35 47,0	36 23,0	36 59,2	W
α Canis maj.	S	40 40,0	41 16,8	10 41 52,0	42 28,0	43 2,4	W

Wasserwage.		Boussole.
h ′	p	° ′
10 18	0,00	3 0,00
10 42	10,00 W.	183 0,00

Angenommene Werthe.

Namen.	α	δ		10^h 15′ K
α Ursae min.	14° 46′ 40″,2	+ 88° 24′ 4″,0	ϑ	19^h 46′ 7″,00
μ Geminorum	93 9 31,0	+ 22 35 27,3	a	87° 30 43,00
γ Geminorum	96 57 44,1	+ 16 32 4,3	φ	50 58 6,00
α Canis maj.	99 24 30,6	— 16 29 38,3	c	0,00

Gleichungen.

$$0 = -\ 5'',247 + 0,62505\ \Delta a + 0,00557\ \Delta\vartheta + 0,03389\ \Delta\varphi$$
$$0 = +\ 26,208 + 0,47543\ \text{»} - 0,92281\ \text{»} - 0,03810\ \text{»}$$
$$0 = +\ 9,284 + 0,56562\ \text{»} - 0,95821\ \text{»} - 0,03580\ \text{»}$$
$$0 = +\ 47,188 + 0,92379\ \text{»} - 0,95849\ \text{»} - 0,01662\ \text{»}$$

woraus folgt: $\Delta a = -\ 7'',500 - 0,06321\ \Delta\varphi$ in Bogen

$\Delta\vartheta = +\ 23,943 - 0,07821$ » » »

Resultate.

a	= 87° 30′ 35″,50		Febr. 22.	10^h 15′ K
Bouss.	= 93 0 0,00		ϑ	= 19 46 8″,59
Coll.	= + 1 13,70		S — M	= 22 8 36,69
Declin.	= 0° 31′ 49″,20 O.		M — K	= 21^h 37′ 31″,90

1829. FEBRUAR 24.

LXXIX. ARSENTSCHEWA.

Beobachtungen.

Namen.	Az.	I.	II.	h	IV.	V.	Kr.
α Ursae min.	*N*	. . . . .	. . . . .	11 39 34,0	. . . . .	. . . . .	*W*
Saturn.	*S*	59 29,7	60 6,8	11 60 14,8	61 21,2	61 58,4	*O*

Wasserwage.		Boussole.
h	p	°
11 39	0,00	2 41,0
12 2	2,25 *W*.	182 41,0

Angenommene Werthe.

Namen.	α	δ		11h 35 K
α Ursae min.	14° 46 25,3	+ 88° 24 3,5	ϑ	19h 55 55,33
Saturn.	120 32 32,6	+ 20 58 24,6	*a*	87°29 36,00
			φ	51 16 0,00
			c	0,00

Gleichungen.

$$0 = -\ 9{,}803 - 0{,}62959\ \Delta a + 0{,}00547\ \Delta\vartheta - 0{,}03398\ \Delta\varphi$$
$$0 = -\ 2{,}949 - 0{,}50460\ \text{»} + 0{,}93330\ \text{»} + 0{,}03776\ \text{»}$$

woraus folgt: $\Delta a = -\ 15'',616 - 0{,}05458\ \Delta\varphi$ in Bogen
$\Delta\vartheta = -\ 5{,}283 - 0{,}06995$ » » »

Resultate.

a	= 87° 29′ 17″,93	Febr. 24.	11h 35 K
Bouss.	= 92 41 0,00	ϑ	= 19 55 54,77
Coll.	= + 1 13,70	*S* − *M*	= 22 16 42,94
Declin.	= 0° 11 31′,63 *O*.	*M* − *K*	= 21h 39 11,83

1829. FEBRUAR 24.

LXXX. ARSENTSCHEWA.

Beobachtungen.

Namen.	Az.	I.	II.	h ′ ″	IV.	V.	Kr.
ψ Ursae maj.	O	24 20,8	26 4,8	12 27 52,0	29 40,4	31 27,6	S
σ Aurigae	W	.....	.....	12 » »	.....	36 9,8	N
τ Aurigae	W	43 1,6	44 16,0	12 45 32,4	.....	.....	N
ν Aurigae	W	.....	46 46,8	12 » »	49 13,6	50 24,0	N

Wasserwage.

h ′	p
12 23	0,00
12 50	0,00

Angenommene Werthe.

Namen.	α	δ		11h 35′ K
ψ Ursae maj.	165° 0′ 45″,0	+ 45° 25′ 8″,7	ϑ	19h 55′ 54″,77
σ Aurigae	78 15 53,7	+ 37 12 55,3	a	177°23 40,00
τ Aurigae	84 20 29,2	+ 39 6 43,4	φ	51 16 0,00
ν Aurigae	84 54 53,8	+ 39 5 14,0	c	0,00

Gleichungen.

$0 = + 44'',856 + 0,44008\ \Delta a - 0,89707\ \Delta\varphi - 0,31830\ \Delta\vartheta$

$0 = - 27,396 + 0,60581$ » $+ 0,79482$ » $- 0,49472$ »

$0 = - 33,366 + 0,56154$ » $+ 0,82663$ » $- 0,46107$ »

$0 = - 15,576 + 0,56205$ » $+ 0,82628$ » $- 0,46146$ »

woraus folgt: $\Delta a = - 15'',501 + 0,78006\ \Delta\vartheta$ in Bogen

$\Delta\varphi = + 42,178 + 0,02787$ » » »

Resultat.

$\varphi = 51^\circ\ 16'\ 42'',18$

1829. FEBRUAR 26.

LXXXI. Auf dem Eise des BAIKAL, 10 Werst von Posolskoi Monastuir.

Beobachtungen.

Namen.	I.	II.	h	IV.	V.	Kreis.
⊙ 1ster Rand	30 22,8	. . . . .	6 31 13,2	32 23,2	. . . . .	Links
⊙ 2ter Rand	. . . . .	33 38,8	6 » »	35 0,4	35 40,0	Rechts

Wasserwage.		Boussole.
$6^h 30'$	$0^p,00$	$121^\circ 19,0$
6 36	0,00	301 19,0

Angenommene Werthe.

Namen.	α	δ		$6^h 30'$ K
⊙ für $6^h 30$ K	$339^\circ 14' 55{,}3$	$-8^\circ 44' 27'',7$	ϑ	$19^h 59' 49'',88$
			a	$149^\circ 40' 36,40$
			φ	52 3 48,00

Gleichungen.

$$0 = \begin{matrix} + & 3'',110 \\ + & 4,570 \end{matrix} - c \mp 0{,}98112\ \Delta a \mp 0{,}16698\ \Delta\varphi \pm 0{,}83388\ \Delta\vartheta$$

woraus folgt:

$$c = +\ 3'',840$$

$$\Delta a = -\ 0{,}744 - 0{,}17019\ \Delta\varphi + 0{,}84992\ \Delta\vartheta$$

Resultat.

a	=	149° 40′ 35″,66
Bouss.	=	211 19 0,00
Coll.	=	+ 1 13,70
Declin.	=	1° 0′ 49″,36 O.

1829. MÄRZ 2.

LXXXII. IRKUZK.

Beobachtungen.

Namen.	Az.	I.	II.	h	IV.	V.	Kr.
α Canis maj.	S	17 49,6	18 23,6	10 18 57,6	19 33,2	20 11,0	W
ϑ Canis maj.	S	.....	.....	10 » »	28 43,6	29 19,2	O
e Geminor.	S	.....	.....	10 » »	.....	30 54,8	O
23 Camelop.	N	.....	.....	10 35 10,0	38 10,4	41 39,2	O
Camel.(201P.)	N	.....	43 8,6	10 45 52,8	48 30,8	51 8,8	O
λ Geminorum	S	.....	.....	10 53 18,8	53 55,2	54 30,8	O

Wasserwage.

h ′	p
10 17	0,00

Angenommene Werthe.

Namen.	α	δ	10ʰ 15′ K	
	° ′ ″	° ′ ″		h ′ ″
α Canis maj.	99 24 28,6	— 16 29 39,0	ϑ	20 8 37,00
ϑ Canis maj.	101 34 2,4	— 11 50 11,2	a	87°25 30,00
e Geminorum	101 15 16,9	+ 13 23 3,4	φ	52 16 42,00
23 Camelopardali	94 14 51,9	+ 79 43 52,4		
Camel. (201 Piaz.)	98 46 1,1	+ 77 10 34,0		
λ Geminorum	107 4 20,0	+ 16 50 17,8		

Gleichungen.

0 = + 4″,826 — c + 0,93237 Δa — 0,95845 Δϑ — 0,01624 Δφ
0 = + 5,616 — c — 0,89990 » + 0,97835 » + 0,01959 »
0 = + 29,417 — c — 0,62819 » + 0,97245 » + 0,03496 »
0 = — 2,618 — c + 0,46244 » + 0,17613 » + 0,03983 »
0 = — 21,325 — c + 0,42205 » + 0,22026 » + 0,04073 »
0 = — 2,799 — c — 0,58019 » + 0,95673 » + 0,03659 »

woraus folgt: c = + 10″,068 — 0,00744 Δφ in Bogen
Δa = + 32,721 — 0,05817 » » »
Δϑ = + 24,229 — 0,07353 » » »

Resultat.

März 2. 10ʰ 15′ K
ϑ = 20 8 38″,61
S — M = 22 40 9,12

M — K = 21ʰ 28′ 29″,49

1829. MÄRZ 3.

LXXXIII. IRKUZK.

Beobachtungen.

Namen.	Az.	I.	II.	h ′ ″	IV.	V.	Kr.
α Ursae min.	*N*	. . . . .	. . . . .	12 51 35,0	. . . . .	. . . . .	*O*
α Hydrae	*S*	57 26,8	. . . . .	12 58 35,6	59 9,2	59 44,0	*W*

Wasserwage.		Boussole.
h ′	p	° ′
12 50	3,75 *W.*	4 6,00
13 0	14,00 *O.*	184 6,00

Angenommene Werthe.

Namen.	α	δ		12^h 50′ K
α Ursae min.	14° 45′ 38″,2	+ 88° 24′ 1″,8	ϑ	20^h 12′ 55″,50
α Hydrae	139 48 13,1	− 7 55 37,0	*a*	87°48 19,00
			c	0,00

Gleichungen.

$$0 = +\ 1'',901 + 0,62354\ \Delta a - 0,01524\ \Delta\vartheta + 0,02994\ \Delta\varphi$$
$$0 = +\ 13,050 + 0,86801\ \text{»} - 0,99017\ \text{»} - 0,01902\ \text{»}$$

woraus folgt: $\Delta a = -\ 2'',786 - 0,04954\ \Delta\varphi$ in Bogen
$\Delta\vartheta = +\ 10,737 - 0,06265$ » » »

Resultate.

a	=	87° 48′ 16″,21		März 3.		12^h 50′ K
Bouss.	=	94 6 0,00		ϑ	=	20 12 56″,22
Coll.	=	+ 1 13,70		*S* − *M*	=	22 44 31,15
Declin.	=	1° 55′ 29″,91 *O.*		*M* − *K*	=	21^h 28′ 25″,07

1829. MÄRZ 12.

LXXXIV. IRKUZK.

Beobachtungen.

Namen.	Az.	I.	II.	h ′ ″	IV.	V.	Kr.
α Ursae min.	N	.....	.....	14 51 38,8	.....	.....	O
A Virginis	S	.....	.....	14 » »	56 14,0	.....	W
η Virginis	S	19 1,6	19 35,6	15 20 9,2	20 43,6	21 16,8	W

Wasserwage.

h ′	p
14 50,00	0,00
15 25,00	7,00 O.

Angenommene Werthe.

Namen.	α	δ		14^h 50′ K
α Ursae min.	14° 44′ 51″,3	+ 88° 24′ 2″,0	ϑ	20^h 48′ 18″,33
A Virginis	176 34 34,6	+ 9 23 30,9	a	89° 8 54,00
η Virginis	182 47 53,1	+ 0 16 53,6	φ	52 16 42,00
			c	0,00

Gleichungen.

$$0 = +\ 7'',386 + 0,63245\ \Delta a - 0,02639\ \Delta\varphi + 0,01151\ \Delta\vartheta$$
$$0 = -\ 17,530 + 0,68057\ » - 0,98655\ » - 0,01089\ »$$
$$0 = -\ 14,803 + 0,78800\ » - 0,99994\ » - 0,00915\ »$$

woraus folgt: $\Delta a = -\ 13'',019 - 0,01933\ \Delta\varphi$ in Bogen
$\Delta\vartheta = -\ 25,900 - 0,02438$ » » »

Resultat.

März 12. 14^h 50′ K
$\vartheta = 20\ 48\ 16'',60.$

1829. MÄRZ 15.

LXXXV. IRKUZK.

Beobachtungen.

Namen.	Azim.	I.	II.	h ′ ″	IV.	V.	Kreis.
α Ursae min.	*N*	....	....	13 7 14,4	....	....	*0*
μ Hydrae	*S*	10 37,6	....	13 11 47,2	12 22,8	12 57,6	*0*

Wasserwage.

h ′	p
13 5,0	0,00
13 14,0	3,50 *W.*

Angenommene Werthe.

Namen.	α	δ		13h 5′ K
α Ursae min.	14° 44′ 34″,5	+ 88° 24′ 1″,1	ϑ	20h 59′ 18″,67
μ Hydrae	154 27 46,1	— 15 58 13,7	a	88°13 0,00
			φ	52 16 42,00
			c	+ 1 40,00

Gleichungen.

$0 = + 10'',698 + 0{,}62806\ \Delta a - 0{,}02091\ \Delta\vartheta + 0{,}02352\ \Delta\varphi$

$0 = + \quad 2{,}099 - 0{,}92887$ » $+ 0{,}96124$ » $+ 0{,}01119$ »

woraus folgt: $\Delta a = - 17'',674 - 0{,}04941\ \Delta\varphi$ in Bogen

$\Delta\vartheta = - 19{,}262 - 0{,}03907$ » » »

Resultat.

März 15. 13h 5′ K

$\vartheta = 20\ 59\ 17'',39$

1829. MÄRZ 15.

LXXXVI. IRKUZK.

Beobachtungen.

Namen.	Az.	I.	II.	h ′ ″	IV.	V.	Kr.
Saturn	*W*	.....	26 8,8	13 26 53,6	27 36,8	28 19,6	*S*
α Canis min.	*W*	36 40,0	37 18,0	13 37 59,2	38 38,8	39 18,4	*S*
α Lyrae	*O*	43 0,8	44 1,6	14 44 57,6	45 54,8	.....	*S*

Wasserwage.

h ′	*p*
13 25,0	6,00 *N.*
13 40,0	4,00 *S.*
14 45,0	4,00 *N.*

Angenommene Werthe.

Namen.	α	δ		$13^h\ 5'$ K
Saturn	139° 43′ 13″,3	+ 21° 8′ 59″,5	ϑ	20h 59′ 17″,39
α Canis min.	112 35 32,0	+ 5 39 20,5	a	146° 30 22,00
α Lyrae	277 47 18,1	+ 38 37 36,0	φ	52 16 42,00
			c	+ 1 40,00

Gleichungen.

$$0 = -12'',766 - 0,67022\,\Delta a - 0,61881\,\Delta\varphi + 0,78076\,\Delta\vartheta$$
$$0 = -0,714 - 0,86882\ \text{»} - 0,41293\ \text{»} + 0,85439\ \text{»}$$
$$0 = -11,108 + 0,91774\ \text{»} - 0,33127\ \text{»} - 0,59181\ \text{»}$$

woraus folgt: $\Delta a = +5'',493 - 0,03914\,\Delta\vartheta$ in Bogen

$\Delta\varphi = -21,761 + 0,40227$ » » »

Resultat.

$$\varphi = 52^\circ\ 16'\ 20'',24.$$

1829. MÄRZ 20.

LXXXVII. MANSURSK.

Beobachtungen.

Namen.	Azim.	I.	II.	h ′ ″	IV.	V.	Kreis.
α Ursae min.	N	. . . .	. . . .	10 54 43,0	. . . .	. . . .	O

Wasserwage.		Boussole.
$10^h 55',0$	$0^p,00$	$3° 44',33$
		183 44,00

Angenommene Werthe.

Namen.	α	δ		$10^h 50'$ K
α Ursae min.	$14^h 44' 9'',7$	+ 88° 23′ 56″,6	ϑ	$21^h 22' 57'',00$
			a	87° 32 42,00
			φ	53 25 0,00
			c	+ 1 40,00

Gleichungen.

$$0 = -\ 9'',297 + 0,60389\ \Delta a - 0,01032\ \Delta\vartheta - 0,03472\ \Delta\varphi$$

woraus folgt: $\Delta a = +\ 15'',395 + 0,01709\ \Delta\vartheta - 0,05750\ \Delta\varphi$

Resultat.

a	=	87° 32′ 57″,40
Bouss.	=	93 44 9,90
Coll.	=	+ 1 13,70
Declin.	=	1° 18′ 21″,00 O.

1829. MÄRZ 21.

LXXXVIII. BOTOWSK.

Beobachtungen.

Namen.	I.	II.	h ′ ″	IV.	V.	Kreis.
⊙ 1ster Rand	40 31,2	41 4,0	0 41 39,6	. . . . .	. . . . .	Links
⊙ 2ter Rand	. . . . .	43 2,0	0 43 38,4	44 14,2	. . . . .	Rechts

Bei diesem Durchgang war der Nonius am Azimutalstellkreise auf . . . . 43° 24′,5
und, ohne Verrückung jenes Kreises, wurde die Ebne der Pfeiler gedreht, bis daſs der Nonius auf . . . . 47° 28′,0
kam, und dann beobachtet:

Namen.	I.	II.	h ′ ″	IV.	V.	Kreis.
⊙ 1ster Rand	54 16,4	54 51,2	0 55 25,2	56 0,8	. . . . .	Rechts
⊙ 2ter Rand	. . . . .	. . . . .	0 57 55,0	. . . . .	59 4,8	Links

Wasserwage.		Boussole.
h ′	p	° ′
0 40,0	0,00	205 17,20
1 0,0	0,00	25 17,00

Angenommene Werthe.

Namen.	α	δ		0^h 42′,6 K
⊙ für 0^h 42′,6 K	1° 10′ 7″,2	+ 0° 30′ 27″,0	ϑ	21h 48′ 36″,88
			a	62° 5 47,00
			a′	66 7 47,50
			φ	55 9 58,00

Gleichungen.

$$0 = \begin{matrix} +\ 97'',908 \\ +\ 94,012 \end{matrix} - c \mp 0,84696\ \Delta a \pm 0,58188\ \Delta\vartheta \pm 0,24881\ \Delta\varphi$$

$$0 = \begin{matrix} +\ 112,382 \\ +\ 106,088 \end{matrix} - c \pm 0,83862\ \Delta a' \mp 0,80242\ \text{»} \mp 0,22519\ \text{»}$$

woraus folgt:
$$c = +\ 102'',597$$
$$\Delta a = +\ 2,302 + 0,68702\ \Delta\vartheta + 0,29377\ \Delta\varphi$$
$$\Delta a' = -\ 3,753 + 0,95684\ \text{»} + 0,26853\ \text{»}$$

Resultat.

a′	=	66° 7′ 43″,75
Bouss.	=	115 17 6,00
Coll.	=	+ 1 13,70
Declin.	=	1° 26′ 3″,45 O.

1829. MÄRZ 23.

LXXXIX. USTKUZK

Beobachtungen.

Namen	Az.	I	II.	h	IV.	V.	Kr.
α Ursae min.	N	. . . . .	. . . . .	11 53 7,2	. . . . .	. . . . .	W
α Leonis	S	. . . . .	. . . . .	11 » »	. . . . .	57 46,8	O
ζ Leonis	S	4 19,6	4 55,6	12 5 33,2	6 9,2	6 46,8	O

Wasserwage.		Boussole.
h 11 50,0	p 0,00	° 4 22,00
12 10,0	0,00	184 22,00

Angenommene Werthe.

Namen.	α	δ		11h 50 K
α Ursae min.	° 14 44 4,5	° ′ ″ + 88 23 55,5	ϑ	h ′ ″ 21 56 42,20
α Leonis	149 49 17,8	+ 12 47 43,2	a	267°52 24,00
ζ Leonis	151 47 56,4	+ 24 15 51,0	φ	56 45 50,00
			c	+ 1 40,00

Gleichungen.

$0 = -\ 16'',671 - 0,56070\ \Delta a + 0,01957\ \Delta\vartheta - 0,03033\ \Delta\varphi$

$0 = -\ \ 5,336 - 0,69741$ » $+ 0,97497$ » $+ 0,02625$ »

$0 = -\ \ 7,427 - 0,54095$ » $+ 0,91144$ » $+ 0,03080$ »

woraus folgt: $\Delta a = -\ 29'',071 - 0,05643\ \Delta\varphi$ in Bogen

$\Delta\vartheta = -\ 12,417 - 0,06729$ » » »

Resultate.

a	= 267°	51′	53″,91	
Bouss.	= 94	22	0,00	
Coll.	= + 1	13,70		
Declin.	= 2°	15	7′,61	O.

März 23. 11h 50 K

$\vartheta = 21\ 56\ 41'',29$

1829. MÄRZ 23.

XC. USTKUZK.

Beobachtungen.

Namen.	Azim.	I.	II.	h	IV.	V.	Kreis.
139 Tauri	*W*	....	....	12 » »	26 34,4	27 21.8	*N*
κ Aurigae	*W*	....	....	12 29 54,8	30 44,4	31 34,4	*N*
α Coronae	*O*	37 22,0	38 9,2	12 38 57.2	39 45,8	40 34,4	*S*

Wasserwage.

h	p
12 25,0	0,60
12 42,0	0,00

Angenommene Werthe.

Namen.	α	δ		11^h 50 K
139 Tauri	86° 50 37,8	+ 25° 55 18,4	ϑ	21h 56 41,40
κ Aurigae	91 7 17,7	+ 29 32 57,5	*a*	357° 47 48,64
α Coronae	231 52 6,3	+ 27 17 31,9	φ	56 45 50,00
			c	+ 1 40,00

Gleichungen.

$0 = -\ 55{,}672 + 0{,}83914\ \Delta a + 0{,}54344\ \Delta\varphi - 0{,}71608\ \Delta\vartheta$

$0 = -\ 30{,}462 + 0{,}79255$ » $+ 0{,}60928$ » $- 0{,}67850$ »

$0 = -\ 28{,}712 + 0{,}85013$ » $- 0{,}52610$ » $- 0{,}70105$ »

woraus folgt: $\Delta a = +\ 34{,}065 + 0{,}83868\ \Delta\vartheta$ in Bogen

$\Delta\varphi = +\ 17{,}979 + 0{,}02267$ » » »

Resultat.

$\varphi = 56^\circ\ 46\ 7'',94.$

1829. MÄRZ 25.

XCI. KIRENSK.

Beobachtungen.

Namen.	Azim.	I.	II.	h	IV.	V.	Kreis.
α Ursae min.	*N*	. . . .	. . .	11 36 8,0	. . . .	. . .	*O*
α Leonis	*S*	. . . .	. . . .	11 » »	. . . .	39 39,6	*W*
ζ Leonis	*S*	46 8,4	46 46,4	11 47 22,0	47 59,6	48 36,4	*W*

Wasserwage.		Boussole.
h 11 35,0	p 0,00	° 3 3,00
11 50,0	0,00	183 3,00

Angenommene Werthe.

Namen.	α	δ	11h 30 K	
α Ursae min.	14° 44′ 3″,3	+ 88° 23′ 54″,9	ϑ	22h 14′ 33″,20
α Leonis	149 49 17,5	+ 12 47 43,3	*a*	87°54 20,00
ζ Leonis	151 47 51,6	+ 24 15 51,1	φ	57 47 0,00
			c	+ 1 40,00

Gleichungen.

$0 = -\ 20'',973 + 0,54892\ \Delta a - 0,01967\ \Delta\vartheta + 0,03116\ \Delta\varphi$

$0 = +\ 22,576 + 0,70756$ » $- 0,97496$ » $- 0,02634$ »

$0 = +\ 13,448 + 0,55289$ » $- 0,91145$ » $- 0,03106$ »

woraus folgt: $\Delta a = +\ 37'',486 - 0,05927\ \Delta\varphi$ in Bogen

$\Delta\vartheta = +\ 44,347 - 0,07003$ » » »

Resultate.

a	=	87° 54′ 56″,44	März 25.	11h 30 K
Bouss.	=	93 3 0,00	ϑ =	22 14 36 ,07
Coll.	=	+ 1 13,70		
Declin.	=	0° 59′ 10″,14 *O*.		

1829. MÄRZ 25.

XCII. KIRENSK.

Beobachtungen.

Namen.	Azim.	I.	II.	h ′ ″	IV.	V.	Kreis.
δ Bootis	*O*	. . . .	. . . .	12 » »	24 56,0	25 48,0	*N*
η Ursae maj.	*O*	28 37,6	30 15,2	12 31 50,0	33 31,2	35 8,0	*N*
ϑ Gemin.	*W*	. . . .	. . . .	12 » »	. . . .	37 14,0	*S*
μ Gemin.	*W*	45 24,0	46 8,0	12 46 52,8	47 38,8	48 21,6	*S*

Wasserwage.

h ′	p
12 22,0	0,00
12 50,0	0,00

Angenommene Werthe.

Namen.	α	δ		$11^h\ 30'$ K
δ Bootis	227° 9′ 25″,2	+ 33° 57′ 11″,6	ϑ	22h 14′ 35″,60
η Ursae maj.	205 12 12,9	+ 50 10 1,1	α	357°49 15,00
ϑ Gemin.	100 22 51,3	+ 34 9 22,0	φ	57 47 0,00
μ Gemin.	93 9 22,4	+ 22 35 27,1	c	+ 1 40,00

Gleichungen.

$$0 = -\ 26'',839 - 0,76675\ \Delta\alpha + 0,64152\ \Delta\varphi + 0,63643\ \Delta\vartheta$$
$$0 = -\ 53,671 - 0,44171\ \text{»} + 0,89656\ \text{»} + 0,35637\ \text{»}$$
$$0 = -\ 26,608 - 0,73229\ \text{»} - 0,68054\ \text{»} + 0,63303\ \text{»}$$
$$0 = -\ 31,810 - 0,87999\ \text{»} - 0,47469\ \text{»} + 0,75403\ \text{»}$$

woraus folgt: $\Delta\alpha = -\ 44'',165 + 0,84636\ \Delta\vartheta$ in Bogen
$\Delta\varphi = +\ 17,529 + 0,01949$ » » »

Resultat.

$\varphi = 57°\ 47'\ 17'',67.$

1829. MÄRZ 27.

XCIII. IWANOWSK.

Beobachtungen.

Namen.	Azim.	I.	II.	h ′ ″	IV.	V.	Kreis.
α Ursae min.	*N*	. . . .	. . . .	10 59 20,0	. . . .	. . . .	*W*
μ Leonis	*S*	. . . .	. . . .	11 » »	. . . .	2 21,6	*O*
ν Leonis	*S*	. . . .	. . . .	11 » »	. . . .	6 55,2	*O*
A Leonis	*S*	14 11,2	14 46,0	11 15 20,4	15 54,8	. . . .	*O*

Wasserwage.		Boussole.
h ′ 10 57,0	*p* 0,00	° ′ 183 21,00
11 17,0	0,00	3 21,00

Angenommene Werthe.

Namen.	α	δ		10h 50′ K
α Ursae min.	14° 44′ 0″,6	+ 88° 23′ 54″,4	ϑ	22h 36′ 27″,34
μ Leonis	145 45 36,8	+ 26 48 19,8	*a*	267°38 30,00
ν Leonis	147 15 37,2	+ 13 15 14,7	φ	58 37 44,00
A Leonis	149 42 44,3	+ 10 49 43,9	*c*	+ 1 34,29

Gleichungen.

$0 = -\ 11'',883 - 0,53591\ \Delta a + 0,01841\ \Delta\vartheta - 0,03392\ \Delta\varphi$

$0 = -\ \ 8,323 - 0,52751$ » $+ 0,89230$ » $+ 0,03414$ »

$0 = +\ \ 1,673 - 0,71193$ » $+ 0,97314$ » $+ 0,02822$ »

$0 = -\ 21,396 - 0,74102$ » $+ 0,98197$ » $+ 0,02698$ »

woraus folgt: $\Delta a = -\ 22'',483 - 0,06596\ \Delta\varphi$ in Bogen

$\Delta\vartheta = -\ \ 5,803 - 0,07725$ » » »

Resultat.

a	=	267°	38′	7″,52
Bouss.	=	93	21	0,00
Coll.	=	+	1	13,70
Declin.	=	1°	0′	21″,22 *O*.

1829. MÄRZ 28.

XCIV. PARSCHINSK.

Beobachtungen.

Namen.	Az.	I.	II.	h	IV	V.	Kr.
α Ursae min.	*N*	. . . . .	. . . . .	9 26 52,4	. . . . .	. . . . .	*W*
40 Lyncis	*S*	. . . . .	. . . . .	9 41 6,4	. . . . .	42 29,8	*O*
α Hydrae	*S*	. . . . .	44 19,6	9 44 54,4	45 27,6	46 1,6	*O*
α Ursae min.	*N*	. . . . .	. . . . .	9 » »	50 24,0	. . .	*O*

Wasserwage		Boussole.
h 9 24,0	*p* 0,00	° 183 19,0
9 52,0	0,00	3 19,0

Angenommene Werthe.

Namen.	α	δ		$9^h\ 20$ K
α Ursae min.	° 14 13 59,2	° + 88 23 54,1	ϑ	h 23 24 8,00
40 Lyncis	137 39 37,5	+ 35 6 31,4	α	267° 14 42,00
α Hydrae	139 48 9,6	− 7 55 38,8	φ	59 7 15,00

Gleichungen.

$$0 = +114'',646 - c - 0{,}52488\ \Delta\alpha + 0{,}01413\ \Delta\vartheta - 0{,}04091\ \Delta\varphi$$
$$0 = +102{,}228 - c - 0{,}40719\ \text{»} + 0{,}81768\ \text{»} + 0{,}04390\ \text{»}$$
$$0 = +116{,}908 - c - 0{,}92104\ \text{»} + 0{,}99014\ \text{»} + 0{,}01872\ \text{»}$$
$$0 = +73{,}690 - c + 0{,}52314\ \text{»} - 0{,}01242\ \text{»} + 0{,}04095\ \text{»}$$

woraus folgt: $c = +94{,}288 + 0{,}00001\ \Delta\varphi$ in Bogen

$\Delta\alpha = +38{,}270 - 0{,}08046$ » » »

$\Delta\vartheta = +11{,}363 - 0{,}09374$ » » »

Resultat.

α	=	267° 15 20 ,27
Bouss.	=	93 19 0,00
Coll.	=	+ 1 13,70
Declin.	=	0° 35 33'',97 *O*.

1829. MÄRZ 30.

XCV. JERBINSK.

Beobachtungen.

Namen.	I.	II.	h	IV.	V.	Kreis.
⊙ 1ster Rand	54 42,0	55 18,8	16 55 52,8	. . .	. . . .	Links
⊙ 2ter Rand	56 48,0	57 22,4	16 58 0,0	58 37,2	59 14.4	Rechts

Wasserwage.		Boussole.
h 16 52,0	p 0,00	° 50 4,25
17 1,0	0,00	230 4,00

Angenommene Werthe.

Namen	α	δ	16h 56,9 K	
⊙ für 16h 56,9 K	° 9 15 29,3	+ ° 3 59 38,6	ϑ	h 4 36 42.65
			a	38°39 30.00
			φ	60 47 25,00

Gleichungen.

$$0 = \begin{matrix} +117{,}316 \\ +\ \ 68{,}740 \end{matrix} - c \mp 0{,}91654\ \Delta a \pm 0{,}92194\ \Delta\vartheta \pm 0{,}31228\ \Delta\varphi$$

woraus folgt: $c = +93',028$

$$\Delta a = +26{,}499 + 1{,}00588\ \Delta\vartheta + 0{,}34072\ \Delta\varphi$$

Resultat.

a	=	38° 39′ 56″,50
Bouss.	=	140 4 7,50
Coll.	=	+ 1 13,70
Declin.	=	1° 14′ 42″,30 W

1829. APRIL 1.

XCVI. NELENSK.

Beobachtungen.

Namen.	Az.	I.	II.	h ' ''	IV.	V.	Kr.
α Ursae min.	*N*	. . . .	. . . .	6 9 30,4	. . . .	. . . .	*O*
ξ Ursae maj.	*S*	. . . .	14 24,8	6 » »	15 45,2	16 24,8	*W*
γ Cephei	*N*	. . . .	. . . .	6 24 39,2	27 6,8	29 31,4	*W*
α Ursae min.	*N*	. . . .	. . . .	6 » »	39 56,8	. . . .	*W*

Wasserwage.		Boussole.
h '	*p*	° '
6 5,0	0,00	179 42,00
6 42,0	0,00	359 41,33

Angenommene Werthe.

Namen.	α	δ		6h 0' K
	° ' ''	° ' ''		h ' ''
α Ursae min.	14 43 54,1	+ 88 23 52,9	ϑ	4 50 36,00
ξ Ursae maj.	167 15 58,6	+ 32 29 11,0	*a*	88°31 31,00
γ Cephei	353 5 6,2	+ 76 40 38,7	φ	60 0 0,00

Gleichungen.

$$0 = + 91'',118 - c + 0{,}52102\,\Delta a - 0{,}02459\,\Delta\vartheta + 0{,}02269\,\Delta\varphi$$
$$0 = + 87{,}291 - c + 0{,}46205 \text{ » } - 0{,}84341 \text{ » } - 0{,}02358 \text{ »}$$
$$0 = + 109{,}208 - c - 0{,}68577 \text{ » } + 0{,}23011 \text{ » } - 0{,}01936 \text{ »}$$
$$0 = + 93{,}772 - c - 0{,}52141 \text{ » } + 0{,}02506 \text{ » } - 0{,}02268 \text{ »}$$

woraus folgt: $c = + 96'',023 - 0{,}00001\,\Delta\varphi$ in Bogen
$\Delta a = + \ 8{,}306 - 0{,}04605$ » » »
$\Delta\vartheta = - \ 7{,}444 - 0{,}05316$ » » »

Resultat.

a	=	88° 31' 39'',31
Bouss.	=	269 41 39,90
Coll.	=	+ 1 13,70
Declin.	=	1° 45' 27'',09 *W*.

1829. APRIL 3.

XCVII. OLEKMA.

Beobachtungen.

Namen.	I.	II.	h	IV.	V.	Kreis.
⊙ 1ster Rand	20 30,0	21 5,2	20 21 39,6	....	....	Links
⊙ 2ter Rand	....	23 1,6	20 23 35,6	24 11,6	....	Rechts

Wasserwage.		Boussole.
h	p	o
20 18,0	0,00	346 40,00
20 25,0	0,00	166 39,00

Angenommene Werthe.

Namen.	α	δ	20h 22',6 K	
⊙ für 20h 22',6 K	12° 7 2,3	+ 5° 12 16,8	ϑ	5h 1 45,46
			a	100°51 39,50
			φ	60 22 24,00

Gleichungen.

$$0 = \begin{matrix} +\ 110'',963 \\ +\ 110,963 \end{matrix} - c \mp 0,82502\ \Delta a \pm 1,21483\ \Delta\vartheta \mp 0,10649\ \Delta\varphi$$

woraus folgt: $c = +\ 110'',963$

$$\Delta a = 0,000 + 1,47250\ \Delta\vartheta - 0,12907\ \Delta\varphi$$

Resultat.

a	=	100° 51' 39'',50
Bouss.	=	256 39 30,00
Coll.	=	+ 1 13,70
Declin.	=	2° 27' 36'',80 *W.*

1829. APRIL 5.

XCVIII. ISSIK.

Beobachtungen.

Namen.	Az.	I.	II.	h ″	IV.	V.	Kr.
α Ursae min.	N	. . . . .	. . . . .	1 7 49,0	. . . . .	. . . . .	O
37 Leon. min.	S	. . . . .	15 12,8	1 » »	16 33,6	17 12,8	W
42 Leon. min.	S	. . . . .	. . . . .	1 » »	23 39,2	24 18,4	W
46 Leon. min.	S	29 22,0	30 3,6	1 30 44,8	31 26,0	32 7,2	W

Wasserwage.		Boussole
1^h 5,0	$0,^p00$	359° 10,00
1 35,0	0,00	179 9,00

Angenommene Werthe.

Namen.	α	δ		1^h 0′ K
α Ursae min.	14° 43 56,7	+ 88° 23 51,1	ϑ	9^h 8′ 30,″67
37 Leonis min.	157 16 32,8	+ 32 51 36,1	a	87°59 2,00
42 Leonis min.	159 5 20,6	+ 31 34 43,7	φ	60 47 6,00
46 Leonis min.	160 56 17,8	+ 35 7 57,5	c	+ 1 40,00

Gleichungen.

$$0 = -\ 20'',718 + 0,50347\ \Delta a - 0,02174\ \Delta\vartheta + 0,03136\ \Delta\varphi$$
$$0 = +\ 24,376 + 0,47182\ \text{»} - 0,83984\ \text{»} - 0,03200\ \text{»}$$
$$0 = +\ 40,408 + 0,49142\ \text{»} - 0,85176\ \text{»} - 0,03161\ \text{»}$$
$$0 = +\ 5,866 + 0,43650\ \text{»} - 0,81768\ \text{»} - 0,03266\ \text{»}$$

woraus folgt: $\Delta a = +\ 40'',798 - 0,06573\ \Delta\varphi$ in Bogen
$\Delta\vartheta = +\ 51,186 - 0,07507$ » » »

Resultat.

a	=	87° 59′ 42″,80
Bouss.	=	269 9 30,00
Coll.	=	+ 1 13,70
Declin.	=	2° 49′ 33″,50 W.

1829. APRIL 9.

XCIX. JAKUZK.

Beobachtungen.

Namen.	Azim.	I.	II.	h ′ ″	IV.	V.	Kreis.
α Ursae min.	*N*	. . . .	. . . .	0 9 49,6	. . . .	. . . .	*O*
ζ Leonis	*S*	17 54,0	18 33,6	0 19 9,8	. . . .	20 25,2	*W*
γ Leonis	*S*	. . . .	. . . .	0 22 14,0	22 50,8	23 26,4	*W*

Wasserwage.		Boussole.
h ′	*p*	° ′
0 6,0	0,00	176 29,00
0 25,0	0,00	356 30,00

Angenommene Werthe.

Namen.	α	δ		0^h 5′ K
α Ursae min.	14° 44′ 1″,5	+ 88° 23′ 50″,5	ϑ	9° 41′ 30″,00
ζ Leonis	151 47 49,3	+ 24 15 52,6	*a*	87 35 32,50
γ Leonis	152 38 20,6	+ 20 42 1,9	φ	62 1 27,00
			c	0,00

Gleichungen.

$$0 = -1'',068 + 0,48612\ \Delta a - 0,01985\ \Delta\vartheta + 0,03671\ \Delta\varphi$$
$$0 = +10,479 + 0,61267\ \text{»} - 0,91144\ \text{»} - 0,03320\ \text{»}$$
$$0 = -19,538 + 0,66062\ \text{»} - 0,93523\ \text{»} - 0,03154\ \text{»}$$

woraus folgt: $\Delta a = +\ 4'',151 - 0,07919\ \Delta\varphi$ in Bogen

$\Delta\vartheta = -\ 2,240 - 0,08965$ » » »

Resultate.

a	= 87° 35′ 36″,65	April 9.	0^h 5′ K
Bouss.	= 266 29 30,00	ϑ	= 9 41 29″,85
Coll.	= + 1 13,70	*S* — *M*	= 1 9 50,54
Declin.	= 5° 53′ 39″,65 *W*.	*M* — *K*	= 8^h 31′ 39″,31

1829. APRIL 9.

C. JAKUZK.

Beobachtungen.

Namen.	Az.	I.	II.	h ′ ″	IV.	V.	Kr.
ζ Ursae maj.	*O*	.....	.....	0 38 27,6	40 18,8	42 12,4	*N*
g Ursae maj.	*O*	.....	.....	0 » »	42 16,8	.....	*N*
e Ursae maj.	*W*	.....	.....	1 » »	48 56,0	50 33,2	*N*
o Gemin.	*W*	.....	56 48,8	1 57 40,4	58 32,4	59 22,8	*N*

Wasserwage.

h ′	*p*
0 35,0	5,50 *N*.
1 40,0	14,00 *S*.
2 0,0	12,00 *N*.

Angenommene Werthe.

Namen.	α	δ		0^h 5′ K
ζ Ursae maj.	199° 15′ 32″,0	+ 55° 49′ 9″,1	ϑ	9h 41′ 30″,00
g Ursae maj.	199 35 54,7	+ 55 52 44,1	a	355° 13 40,00
e Ursae maj.	135 57 45,1	+ 54 43 16,2	φ	62 1 27,00
o Gemin.	112 0 2,6	+ 34 57 53,5	c	0,00

Gleichungen.

$$0 = +\ 3'',209 - 0{,}39328\ \Delta a + 0{,}91630\ \Delta\varphi + 0{,}31185\ \Delta\vartheta$$
$$0 = -\ 8{,}452 - 0{,}39163\ \text{»} + 0{,}91700\ \text{»} + 0{,}31037\ \text{»}$$
$$0 = -\ 12{,}149 + 0{,}34305\ \text{»} + 0{,}93613\ \text{»} - 0{,}33925\ \text{»}$$
$$0 = +\ 8{,}138 + 0{,}73192\ \text{»} + 0{,}67908\ \text{»} - 0{,}67274\ \text{»}$$

woraus folgt: $\Delta a = -\ 4'',548 + 0{,}88322\ \Delta\vartheta$ in Bogen
$\Delta\varphi = +\ 5{,}439 + 0{,}03874$ » » »

Resultat.

$\varphi = 62^\circ\ 1'\ 32'',35.$

1829. APRIL 10.

Cl. JAKUZK.

Beobachtungen.

Namen.	Az.	I.	II.	h ′ ″	IV.	V.	Kr.
α Ursae min.	*N*	.....	.....	0 47 10,4	.....	.....	*W*
χ Leonis	*S*	2 57,6	3 32,0	1 4 6,4	4 40,4	5 15,6	*O*

Wasserwage.		Boussole.
h ′	p	° ′
0 45,0	0,00	176 8,00
1 6,0	0,00	356 8,00

Angenommene Werthe.

Namen.	α	δ		0^h 45′ K
	° ′ ″	° ′ ″		h ′ ″
α Ursae min.	14 44 22,5	+ 88 23 49,9	ϑ	9 45 40,33
χ Leonis	164 3 13,0	+ 8 15 20,6	a	268° 2 50,00
			φ	62 1 27,00
			c	0,00

Gleichungen.

$$0 = +\ 3'',496 - 0,48905\ \Delta a + 0,02296\ \Delta\vartheta - 0,02972\ \Delta\varphi$$
$$0 = -\ 14,227 - 0,80676\ \text{»} + 0,98951\ \text{»} + 0,02013\ \text{»}$$

woraus folgt: $\Delta a = +\ 8'',135 - 0,06419\ \Delta\varphi$ in Bogen
$\Delta\vartheta = +\ 21,010 - 0,07269$ » » »

Resultate.

a	= 268°	2′	58″,14	April 10.		0^h	45′	K
Bouss.	= 266	8	0,00	ϑ	=	9	45	41″,73
Coll.	= +	1	13,70	*S* — *M*	=	1	13	53,66
Declin.	= 5°	47′	48″,16 *W*.	*M* — *K*	=	8^h	31′	48″,07

1829. APRIL 10.

CII. JAKUZK.

Beobachtungen.

Namen.	Az.	I.	II.	h ′ ″	IV.	V.	Kr.
ζ Herculis	*O*	. . . . .	45 23,2	1 46 10,4	46 59,6	47 49,4	*N*
β Gemin.	*W*	20 59,2	21 44,8	2 22 30,0	23 16,4	24 2,0	*N*

Wasserwage.

h	p
1 44,0	0,00
2 25,0	5,00 *N*.

Angenommene Werthe.

Namen.	α	δ		0h 45′ K
ζ Herculis	248° 42′ 55″,0	+ 31° 55′ 1″,7	ϑ	9h 45′ 40″,33
β Gemin.	113 42 47,0	+ 28 25 45,7	α	355°37 30,00
			φ	62 1 27,00
			c	0,00

Gleichungen.

$0 = -\ 2'',664 - 0,82501\ \Delta\alpha + 0,56347\ \Delta\varphi + 0,70838\ \Delta\vartheta$

$0 = -\ 4,321 + 0,81997$ » $+ 0,57074$ » $- 0,74463$ »

woraus folgt: $\Delta\alpha = +\ 0'',981 + 0,88312\ \Delta\vartheta$ in Bogen

$\Delta\varphi = +\ 6,162 + 0,03588$ » » »

Resultat.

$\varphi = 62^\circ\ 1'\ 33'',92.$

1829. APRIL 15.

CIII. JAKUZK.

Beobachtungen.

Namen.	Az.	I.	II.	h . ,	IV.	V.	Kr.
α Ursae min.	*N*	. . . . .	. . . . .	0 48 20,0	. . . . .	. . . . .	*O*
ϑ Leonis	*S*	. . . . .	54 38,0	0 55 14,0	55 50,4	56 26,0	*W*
In einem anderen Azimut:							
c Leonis	*S*	. . . . .	11 20,0	1 11 54,8	12 29,2	13 4,4	*W*
12 Leonis	*S*	. . . . .	. . . . .	1 » »	25 15,2	25 50,0	*W*
σ Leonis	*S*	31 9,6	31 44,0	1 32 19,2	32 54,0	33 29,2	*W*

Wasserwage.		Boussole.
0^h 45,0	*p* 0,00	346° 29,33
1 18,0	10,00 *O.*	166 30,00
1 35,0	0,00	

Angenommene Werthe.

Namen.	α	δ		0^h 45 K
α Ursae min.	14° 44′ 14,7	+ 88° 23 48,2	ϑ	10^h 4 55,80
ϑ Leonis	166 19 14,1	+ 16 21 38,7	*a*	88° 17 40,00
c Leonis	162 58 36,6	+ 7 0 54,6	*a*	277 34 5,00
12 Leonis	166 17 31,2	+ 8 59 32,5	φ	62 1 27,00
σ Leonis	168 5 8,0	+ 6 57 41,7	*c*	+ 15,00

Gleichungen.

$0 = -\ 16'',113 + 0,49022\ \Delta a - 0,02425\ \Delta\vartheta + 0,02594\ \Delta\varphi$

$0 = -\ 15,621 + 0,71535$ » $- 0,95900$ » $- 0,02080$ »

$0 = -\ 4,653 + 0,82117\ \Delta a - 0,99059$ » $+ 0,07516$ »

$0 = -\ 15,186 + 0,80096$ » $- 0,98478$ » $+ 0,07885$ »

$0 = -\ 15,681 + 0,82171$ » $- 0,99070$ » $+ 0,07506$ »

woraus folgt: $\Delta a = +\ 33,023 - 0,05579\ \Delta\varphi$ in Bogen

$\Delta a = +\ 25,497 - 0,17019$ » » »

$\Delta\vartheta = +\ 8,237 - 0,06304$ » » »

Resultate.

a	= 277° 34 30,50	April 15.	0^h 45 K
Bouss.	= 256 29 40,00	ϑ	= 10 4 56,35
Coll.	= + 1 13,70	*S* — *M*	= 1 33 36,39
Declin.	= 5° 54′ 35 80 *W*.	*M* — *K*	= 8^h 31 19″,96

1829. APRIL 16.

CIV. JAKUZK.

Beobachtungen.

Namen.	Az.	I.	II.	h ′ ″	IV.	V.	Kr.
ν Virginis	*S*	.....	2 52,0	1 3 26,0	4 0,0	4 35,2	*O*
23 Cassiopeae	*N*	.....	.....	1 » »	....	15 46,0	*O*
o Virginis	*S*	.....	.....	1 » »	23 57,2	24 32,0	*O*
λ Cassiopeae	*N*	....	.....	1 27 38,4	28 36,0	29 34,8	*W*

Wasserwage.

h	p
1 0,0	0,00
1 30,0	0,00

Angenommene Werthe.

Namen.	α	δ		1^h 0 K
ν Virginis	174° 16 28,0	+ 7° 29 2,3	ϑ	10^h 8 54,00
23 Cassiopeae	9 8 1,6	+ 73 54 38,9	α	82° 27 56,00
o Virginis	179 7 54,1	+ 9 40 47,7	φ	62 1 27,00
λ Cassiopeae	5 35 31,4	+ 53 34 43,3		

Gleichungen.

$0 = +36'',890 - c - 0,81644\ \Delta\alpha + 0,98956\ \Delta\vartheta + 0,07585\ \Delta\varphi$

$0 = +\ 8,111 - c + 0,68803$ » $- 0,27018$ » $+ 0,09532$ »

$0 = +\ 49,141 - c - 0,79367$ » $+ 0,98383$ » $+ 0,07991$ »

$0 = +\ 35,471 - c - 0,89913$ » $+ 0,58154$ » $- 0,05749$ »

woraus folgt: $c = +17'',897 + 0,00165\ \Delta\varphi$ in Bogen

$\Delta\alpha = +\ 6,017 - 0,24494$ » » »

$\Delta\vartheta = -\ 20,592 - 0,27710$ » » »

Resultat.

April 16. 1^h 0′ K

$\vartheta = 10\ 8\ 52'',63$

$S - M = 1\ 37\ 35,39$

$M - K = 8^h\ 31'\ 17'',24$

1829. APRIL 17.

CV. JAKUZK.

Beobachtungen.

Namen.	Az.	I.	II.	h	IV	V.	Kr.
Mém.1790.p.383	*O*	. .	. .	1 22 49,6	28 33,2	34 54,0	*N*
v Herculis	*O*	. . .	.	1 » »	54 24,8	55 32,0	*S*
ι Ursae maj.	*W*			1 » »	59 37,2	60 50,0	*S*
σ Geminorum	*W*	.	. . . .	2 2 56,4	3 43,2	. . . . .	*S*
Mém.1790.p.383	*W*	. .	. . . . .	2 » »	35 21,6	. . . .	*S*

Wasserwage.

h	*p*
1 20,0	0,00
2 36,0	16,00 *N*

Angenommene Werthe.

Namen.	α	δ		1^h 20 K
Mém. 1790. p. 383.	190° 17 1,7	+ 61° 15 6,1	ϑ	10^h 12′ 41″,33
v Herculis	239 22 32,6	+ 46 30 48,2	a	358° 19 55,00
ι Ursae maj.	131 52 6,2	+ 48 42 31,5	φ	62 1 27,00
σ Geminorum	113 9 21,2	+ 29 17 16,0		
Mém. 1790. p. 383.	188 52 18,8	+ 62 5 19,5		

Gleichungen.

$0 = + 40'',754 - c - 0,13544\ \Delta a + 0,99037\ \Delta\varphi + 0,10630\ \Delta\vartheta$

$0 = + 33,599 - c + 0,58279\ \text{»} - 0,81236\ \text{»} - 0,50378\ \text{»}$

$0 = + 39,669 - c - 0,51273\ \text{»} - 0,85820\ \text{»} + 0,46434\ \text{»}$

$0 = + 2,718 - c - 0,82404\ \text{»} - 0,56629\ \text{»} + 0,73536\ \text{»}$

$0 = + 65,472 - c - 0,02617\ \text{»} - 0,99924\ \text{»} + 0,03654\ \text{»}$

woraus folgt: $c = + 39',429 + 0,00001\ \Delta\vartheta$ in Bogen

$\Delta a = - 20,292 + 0,88310$ » » »

$\Delta\varphi = + 1,622 + 0,01343$ » » »

Resultat.

$\varphi = 62° 1\ 28',67$

1829. APRIL 17.

CVI. JAKUZK.

Beobachtungen.

Namen.	Az.	I.	II.	h ′ ″	IV.	V.	Kr.
α Ursae min.	*N*	. . . . .	. . . . .	2 50 16,0	. . . . .	. . . . .	*W*
Can. 11 Hev.	*S*	. . . . .	. . . . .	2 » »	53 48,0	54 33,6	*W*
41 Virgin. (P.)	*S*	. . . . .	. . . . .	2 » »	56 32,0	. . . . .	*W*

Wasserwage.

h ′	p
2 48,0	0,00
3 0,0	0,00

Angenommene Werthe.

Namen.	α	δ		1^h 20′ K
α Ursae min.	14° 44′ 22″,3	+ 88° 23′ 47″,4	ϑ	10^h 12′ 41″,33
Can. 11 Hev.	196 29 44,6	+ 41 3 34,9	*a*	270° 2 20,00
41 Virgin. (P.)	197 12 30,2	+ 14 34 33,0	φ	62 1 27,00
			c	+ 39,43

Gleichungen.

$$0 = -\ 1'',658 - 0,49362\,\Delta a + 0,02798\,\Delta\vartheta + 0,00093\,\Delta\varphi$$
$$0 = +\ 2,946 + 0,35778\ » - 0,75402\ » + 0,00100\ »$$
$$0 = +\ 7,258 + 0,73667\ » - 0,96782\ » + 0,00072\ »$$

woraus folgt: $\Delta a = -\ 4'',221 + 0,00200\,\Delta\varphi$ in Bogen

$\Delta\vartheta = +\ 3,378 + 0,00226$ » » »

Resultat.

April 17. 1^h 20′ K

ϑ = 10 12 41″,55

S — *M* = 1 41 35,18

M — *K* = 8^h 31′ 6″,37

1829. APRIL 20.

CVII. JAKUZK.

Beobachtungen.

Namen.	Azim.	I.	II.	h ′ ″	IV.	V.	Kreis.
π Geminor.	W	45 14,0	....	1 46 54,8	47 44,4	48 34,8	S
g Herculis	O	....	....	1 » »	53 14,0	54 14,0	S
σ Herculis	O	....	59 11,2	1 60 12,4	61 12,4	62 15,2	N

Wasserwage.

h ′	p
1 44,0	0,00
2 4,0	10,00 S.

Angenommene Werthe.

Namen.	α	δ		1^h 45′ K
π Geminorum	114° 7′ 5″,4	+ 33° 49′ 31″,7	ϑ	10h 24′ 29″,33
g Herculis	245 45 50,0	+ 42 15 42,6	a	179°37 10,00
σ Herculis	247 9 16,7	+ 42 47 34,2	φ	62 1 27,00

Gleichungen.

$$0 = +33'',898 - c - 0,77432\,\Delta a - 0,63277\,\Delta\varphi + 0,68564\,\Delta\vartheta$$
$$0 = +9,022 - c + 0,65070 \text{ » } - 0,75932 \text{ » } - 0,57250 \text{ »}$$
$$0 = +36,187 - c - 0,64144 \text{ » } + 0,76713 \text{ » } + 0,56431 \text{ »}$$

woraus folgt: $c = +22'',672 - 0,00046\,\Delta\vartheta$ in Bogen
$\Delta a = +17,166 + 0,88430$ » » »
$\Delta\varphi = -3,265 + 0,00300$ » » »

Resultat.

$\varphi = 62^\circ\ 1'\ 23'',87.$

1829. APRIL 20.

CVIII. JAKUZK.

Beobachtungen.

Namen.	Az.	I.	II.	h	IV.	V.	Kr.
α Ursae min.	N	. . . . .	. . . . .	2 25 18,0	. . . . .	. . . . .	O
ε Virginis	S	. . . . .	28 3,6	2 » »	29 13,6	29 48,8	W

Wasserwage.		Boussole.
h 2 21,0	p 0,00	° 171 20,00
		351 20,00

Angenommene Werthe.

Namen.	α	δ		1ʰ 45 K
α Ursae min.	° 14 44 37,8	+ ° 88 23 46,6	ϑ	h 10 24 29,33
ε Virginis	193 25 24,0	+ 11 52 55,2	a	89°52 20,00
			φ	62 1 27,00
			c	+ 22,67

Gleichungen.

$$0 = -\ 21'',201 + 0,49362\ \Delta a - 0,02797\ \Delta\vartheta + 0,00194\ \Delta\varphi$$
$$0 = +\ 10,294 + 0,76763\ » - 0,97857\ » - 0,00143\ »$$

woraus folgt: $\Delta a = +\ 45'',572 - 0,00426\ \Delta\varphi$ in Bogen
$\Delta\vartheta = +\ 46,268 - 0,00481$ » » »

Resultate.

a	= 89° 53′ 5 ,57	April 20.	1ʰ 45 K
Bouss.	= 264 20 0,00	ϑ	= 10 24 32 ,41
Coll.	= + 1 13,70	S — M	= 1 53 28,97
Declin.	= 5° 45 40 ,73 W	M — K	= 8ʰ 31 3 ,44

1829. APRIL 23.

CIX. POROTOWSK.

Beobachtungen.

Namen.	I.	II.	h	IV.	V.	Kreis.
⊙ 1ster Rand	24 23,2	25 1,2	17 25 37,4	.....	.....	Rechts
⊙ 1ster Rand	.....	.....	17 » »	26 18,0	.....	Links
⊙ 2ter Rand	.....	27 21,6	17 27 58,0	28 35,6	29 14,8	Links

Wasserwage.		Boussole.
$17^h\ 26,0$	$0,^p00$	$136°\ 46,00$
17 30,0	0,00	316 48,00

Angenommene Werthe.

Namen.	α	δ	$17^h\ 26,8$ K	
⊙ für $17^h\ 26,8$ K	$31°\ 30\ 1,6$	$+\ 12°\ 46\ 31,7$	ϑ	$10^h\ 46'\ 54,''21$
			a	$308°25\ 36,00$
			φ	$62\ 1\ 9,80$

Gleichungen.

$$0 = \begin{matrix} -26'',187 \\ -38,816 \end{matrix} - c \pm 0,81202\ \Delta a \mp 0,92851\ \Delta\vartheta \pm 0,37066\ \Delta\varphi$$

woraus folgt: $c = -32'',501$

$$\Delta a = -\ 7,775 + 1,14340\ \Delta\vartheta - 0,45646\ \Delta\varphi$$

Resultat.

a	=	308° 25' 28'',22
Bouss.	=	226 47 0,00
Coll.	=	+ 1 13,70
Declin.	=	4° 46' 17'',08 W

1829. APRIL 24.

CX. LEBEGINE.

Beobachtungen.

Namen.	I.	II.	h ′ ″	IV.	V.	Kreis.
⊙ 1ster Rand	29 14,8	29 48,8	16 30 25,2	. . . . .	. . . . .	Links
⊙ 2ter Rand	. . . . .	31 59,2	16 32 37,2	. . . . .	. . . . .	Rechts

Wasserwage.		Boussole.
$16^h\ 28',0$	$0^p,00$	$332°\ 40',0$
16 34,0	0,00	152 40,0

Angenommene Werthe.

Namen.	α	δ		$16^h\ 31',5$ K
⊙ für $16^h\ 31',5$ K	$32°\ 39'\ 12'',6$	$+\ 13°\ 5'\ 28'',7$	ϑ	$10^h\ 58'\ 4'',75$
			a	$115°\ 1\ 0,00$
			φ	$62\ 11\ 18,10$

Gleichungen.

$$0 = \begin{matrix} -\ 9'',443 \\ -\ 26,801 \end{matrix} - c \mp 0,77818\ \Delta a \pm 0,95384\ \Delta\vartheta \mp 0,26560\ \Delta\varphi$$

woraus folgt: $c = -\ 18'',122$

$$\Delta a = -\ 11,153 + 1,22582\ \Delta\vartheta - 0,34130\ \Delta\varphi$$

Resultat.

a	=	$115°\ 0'\ 48'',85$
Bouss.	=	242 40 0,00
Coll.	=	+ 1 13,70
Declin.	=	$2°\ 17'\ 57'',45$ W.

1829. APRIL 26.

CXI. NOCHINSK.

Beobachtungen.

Namen.	I.	II.	h ′ ″	IV.	V.	Kreis.
⊙ 1ster Rand	57 56,4	58 36,8	10 59 16,4	.....	.....	Rechts
⊙ 2ter Rand	.....	.....	11 1 42,8	2 22,4	3 2,8	Links

Wasserwage.		Boussole.
h ′	p	° ′
10 56,0	0,00	248 29,00
11 5,0	0,00	68 30,40

Angenommene Werthe.

Namen.	α	δ		11h 0′,6 K
⊙ für 11h 0′,6 K	34° 4′ 15″,4	+ 13° 39′ 50″,0	ϑ	11h 9′ 51″,93
			a	199°17 1,50
			φ	61 56 45,30

Gleichungen.

$$0 = \begin{matrix} -\ 67'',821 \\ +\ 62,089 \end{matrix} - c \pm 0,90436\ \Delta a \mp 0,86439\ \Delta\vartheta \mp 0,40330\ \Delta\varphi$$

woraus folgt: $c = -\ 2'',866$

$$\Delta a = +\ 71,823 + 0,95578\ \Delta\vartheta + 0,44595\ \Delta\varphi$$

Resultat.

a	=	199° 18′ 13″,32
Bouss.	=	158 29 42,00
Coll.	=	+ 1 13,70
Declin.	=	2° 10′ 50″,98 *W.*

1829. APRIL 27.

CXII. ALDANSKJI PEREWOS.

Beobachtungen.

Namen.	Az.	I.	II.	h	IV.	V.	Kr.
α Ursae min.	*N*	.....	.....	1 24 30,0	.....	.....	*O*
ψ Virginis	*S*	28 32,8	29 8,4	1 29 43,6	30 18,0	30 52,4	*O*
δ Virginis	*S*	.....	.....	1 » »	.....	32 32,0	*W*
36 Com. Ber.	*S*	.....	.....	1 » »	.....	36 10,4	*W*
38 Com. Ber.	*S*	.....	.....	1 37 10,0	37 48,8	38 24,4	*W*
ε Virginis	*S*	.....	.....	1 » »	.....	39 17,6	*W*

Wasserwage		Boussole.
h	p	°
1 24,0	0,00	357 9,00
1 34,0	0,00	177 9,00

Angenommene Werthe.

Namen.	α	δ		1^h 20 K
	°	°		h
α Ursae min.	14 45 8,4	+ 88 23 44,7	ϑ	11 14 41,70
ψ Virginis	191 22 37,2	− 8 36 41,1	*a*	89°43 30,00
δ Virginis	191 45 22,0	+ 4 19 34,6	φ	61 53 30,00
36 Com. Beren.	192 37 21,1	+ 18 20 20,7		
38 Com. Beren.	193 10 52,8	+ 18 2 46,2		
ε Virginis	193 25 23,9	+ 11 52 55,9		

Gleichungen.

$0 = + \; 7'',696 - c + 0,49558 \, \Delta a - 0,02790 \, \Delta\vartheta + 0,00417 \, \Delta\varphi$
$0 = - \; 18,108 - c - 0,94268$ » $+ 0,98873$ » $- 0,00160$ »
$0 = - \; 24,092 - c + 0,84402$ » $- 0,99715$ » $- 0,00257$ »
$0 = - \; 18,412 - c + 0,68902$ » $- 0,94920$ » $- 0,00348$ »
$0 = - \; 24,328 - c + 0,69272$ » $- 0,95080$ » $- 0,00346$ »
$0 = - \; 40,223 - c + 0,76616$ » $- 0,97857$ » $- 0,00308$ »

woraus folgt: $c = - 17,517 + 0,00008 \, \Delta\varphi$ in Bogen
$\Delta a = - 50,576 - 0,01087$ » » »
$\Delta\vartheta = - 48,589 - 0,01167$ » » »

Resultate.

a	= 89° 42′ 39,50		April 27.	1^h 20′ K
Bouss.	= 267 9 0,00		ϑ	= 11 14 38,47
Collat.	= + 1 13,70		*S* − *M*	= 2 21 0,69
Declin.	= 3° 7′ 6,80 *W*.		*M* − *K*	= 8^h 53′ 37,78

1829. APRIL 27.

CXIII. ALDANSKJI PEREWOS.

Beobachtungen.

Namen.	Az.	I.	II.	h ″	IV.	V.	Kr.
44 Ursae maj.	W	. . . .	. . . . .	2 2 54,8	4 45,6	. . . . .	N
289 Herculis	O	. . . . .	15 49,6	2 16 46,8	17 45,6	18 42,4	S
40 Lyncis	W	24 17,6	25 4,0	2 25 57,2	26 48,0	27 40,0	S
ι Herculis	O	. . . .	. . . . .	2 33 2,8	34 13,6	35 22,8	S

Wasserwage.

h	p
2 2,0	0,00
2 30,0	0,00

Angenommene Werthe.

Namen.	α	δ		1^h 20 K
44 Ursae maj.	160° 47′ 57″,5	+ 55° 29′ 33″,1	ϑ	11h 14′ 41″,70
289 Herculis	266 38 8,0	+ 40 1 20,8	a	359°39 0,00
40 Lyncis	137 39 29,1	+ 35 6 34,1	φ	61 53 30,00
ι Herculis	263 39 51,7	+ 46 5 57,7		

Gleichungen.

$$0 = -\ 18'',720 - c + 0,35373\ \Delta a + 0,93532\ \Delta\varphi - 0,31471\ \Delta\vartheta$$
$$0 = -\ 49,860 - c + 0,68667\ \text{»} - 0,72695\ \text{»} - 0,60359\ \text{»}$$
$$0 = +\ 8,264 - c - 0,75607\ \text{»} - 0,65447\ \text{»} + 0,66878\ \text{»}$$
$$0 = -\ 33,787 - c + 0,57934\ \text{»} - 0,81506\ \text{»} - 0,50867\ \text{»}$$

woraus folgt: $c = -\ 13'',405 + 0,00005\ \Delta\vartheta$ in Bogen
$\Delta a = +\ 35,922 + 0,88230$ » » »
$\Delta\varphi = -\ 7,499 + 0,00288$ » » »

Resultat.

$$\varphi = 61^\circ\ 53'\ 22'',36.$$

1829. APRIL 29.

CXIV. TSCHERNOLJES.

Beobachtungen.

Namen.	I.	II.	h ′ ″	IV	V.	Kreis.
⊙ 1ster Rand	44 34,4	45 13,6	11 45 53,6	. . . . .	. . . . .	Rechts
⊙ 1ster Rand	. . . . .	. . . . .	11 » »	46 31,2	47 10,0	Links
⊙ 2ter Rand	. . . . .	47 37,2	11 48 18,0	48 56,8	49 37,2	Links

Wasserwage.		Boussole.
11ʰ 42′,0	0ᵖ,00	54° 52′,60
11 50,0	0,00	234 52,60

Angenommene Werthe.

Namen.	α	δ		11ʰ 47′,1 K
⊙ für 11ʰ 47′,1 K	36° 56′ 35″,0	+ 14° 37′ 15″,8	ϑ	11ʰ 27′ 15″,07
			a	211°35 49,50
			φ	61 31 5,90

Gleichungen.

$$0 = \begin{matrix} -\ 11'',724 \\ +\ 8,931 \end{matrix} - c \pm 0,84894\ \Delta a \mp 0,87824\ \Delta\vartheta \mp 0,45015\ \Delta\varphi$$

woraus folgt: $c = -\ 1'',396$

$$\Delta a = +\ 12,165 + 1,03449\ \Delta\vartheta + 0,53025\ \Delta\varphi$$

Resultat.

a	= 211°	36′	1″,66	
Bouss.	= 144	52	18,00	
Coll.	= + 1		13,70	
Declin.	= 3°	30′	26″,64	*W.*

1829. MAI 1.

CXV. GARNASTACH.

Beobachtungen.

Namen.	I.	II.	h ′ ″	IV.	V.	Kreis.
⊙ 1ster Rand	20 52,8	21 30,8	12 22 8,8	22 47,6	23 35,2	Rechts
⊙ 2ter Rand	. . . . .	. . . .	12 24 29,6	25 6,4	25 45,2	Links

Wasserwage.		Boussole.
h ′ 12 20,0	p 0,00	° ′ 224 35,00
12 28,0	0,00	44 35,00

Angenommene Werthe.

Namen.	α	δ		12h 23′,3 K
⊙ für 12h 23′,3 K	38° 52′ 19″,8	+ 15° 14′ 30″,9	ϑ	11h 37′ 30″,93
			α	221° 40 32,50
			φ	61 29 36,00

Gleichungen.

$$0 = \begin{matrix} +\ 7'',862 \\ +\ 4,841 \end{matrix} - c \pm 0,80700\ \Delta\alpha \mp 0,89657\ \Delta\vartheta \mp 0,44111\ \Delta\varphi$$

woraus folgt: $c = +\ 6'',351$

$$\Delta\alpha = -\ 1,871 + 1,11100\ \Delta\vartheta + 0,54661\ \Delta\varphi$$

Resultat.

α	=	221° 40′ 30″,63
Bouss.	=	134 35 0,00
Coll.	=	+ 1 13,70
Declin.	=	3° 43′ 15″,67 *W.*

1829. MAI 7.

CXVI. ANTSCHA.

Beobachtungen.

Namen.	Az.	I.	II.	h ′ ″	IV.	V.	Kr.
α Ursae min.	*N*	. . . . .	. . . . .	1 46 50,0	. . . . .	. . . . .	*W*
α Bootis	*S*	3 4,0	3 39,6	2 4 17,2	4 52,4	5 29,2	*O*

Wasserwage.		Boussole.
1ʰ 55′,0	p 0″,00	176° 38′,92
		356 38,92

Angenommene Werthe.

Namen.	α	δ	1ʰ 40′ K	
α Ursae min.	14° 46′ 15″,9	+ 88° 23′ 42″,1	ϑ	12ʰ 5′ 30″,00
α Bootis	211 58 29,3	+ 20 4 29,4	*a*	270° 42 30,00
			φ	61 0 48,00
			c	+ 3,00

Gleichungen.

$$0 = +31'',555 + 0,50896\ \Delta a + 0,02726\ \Delta\vartheta + 0,01064\ \Delta\varphi$$
$$0 = -\ 32,986 - 0,65469\ \text{»} + 0,93923\ \text{»} - 0,00934\ \text{»}$$

woraus folgt: $\Delta a = -\ 61'',582 - 0,02066\ \Delta\varphi$ in Bogen
$\Delta\vartheta = -\ 7,806 - 0,00446$ » » »

Resultate.

a = 270° 41′ 28″,19		Mai 7.	1ʰ 40′ K
Bouss. = 266 38 55,20		ϑ =	12 5 29″,48
Coll. = + 1 13,70		*S* − *M* =	3 0 29,43
Declin. = 2° 38′ 22″,91 *W*.		*M* − *K* =	9ʰ 5′ 0″,05

1829. MAI 7.

CXV. ANTSCHA.

Beobachtungen.

Namen.	Azim.	I.	II.	h ′ ″	IV.	V.	Kreis.
β Draconis	O	....	....	2 30 17,60	31 49,6	33 23,6	N
ω Ursae maj.	W	....	....	2 » »	....	35 54,6	S
g Leonis	W	....	....	2 » »	....	42 42,4	S
ψ Ursae maj.	W	....	....	2 » »	43 49,2	44 56,8	S

Wasserwage.

h ′	p
2 26,0	0,00
2 40,0	0,00

Angenommene Werthe.

Namen.	α	δ		1h 40′ K
β Draconis	261° 39′ 1″,8	+ 52° 25′ 50″,2	ϑ	12h 5′ 30″,00
ω Ursae maj.	161 1 49,0	+ 44 5 53,2	a	1° 7 10,00
g Leonis	145 32 26,6	+ 25 12 5,6	φ	61 0 48,00
ψ Ursae maj.	165 0 38,9	+ 45 25 31,0	c	+ 3,00

Gleichungen.

$0 = -\ 5'',043 - 0,41330\ \Delta a + 0,91042\ \Delta\varphi + 0,36979\ \Delta\vartheta$
$0 = +\ 12,598 - 0,61457\ » - 0,78872\ » + 0,53006\ »$
$0 = +\ 32,666 - 0,87880\ » - 0,47709\ » + 0,76397\ »$
$0 = +\ 21,608 - 0,58930\ » - 0,80776\ » + 0,50779\ »$

woraus folgt: $\Delta a = +\ 21'',537 + 0,87437\ \Delta\vartheta$ in Bogen
$\Delta\varphi = +\ 11,132 - 0,00925$ » » »

Resultat.

$\varphi = 61°\ 0'\ 59'',06.$

1829. MAI 12.

CXVI. KETANDA.

Beobachtungen.

Namen.	I.	II.	h ′ ″	IV.	V.	Kreis.
⊙ 1ster Rand	31 52,0	32 32,4	20 33 14,8	.....	.....	Links
⊙ 1ster Rand	.....	.....	20 » »	33 58,0	34 38,4	Rechts
⊙ 2ter Rand	.....	35 9,2	20 35 51,2	36 32,8	37 14,4	Rechts

Wasserwage.		Boussole.
20ʰ 31′,0	p 0,00	259° 34′,20
20 38,0	0,00	79 35,00

Angenommene Werthe.

Namen.	α	δ	20ʰ 34′,55 K	
⊙ für 20ʰ 34′,55 K	49° 51′ 1″,4	+ 18° 21′ 18″,1	ϑ	12ʰ 38′ 13″,93
			a	187° 49 23,00
			φ	60 40 11,50

Gleichungen.

$$0 = \begin{matrix} -\ 2'',738 \\ +\ 3,309 \end{matrix} - c \mp 0,95766\ \Delta a \pm 0,81569\ \Delta\vartheta \mp 0,28528\ \Delta\varphi$$

woraus folgt: $c = +\ 0'',263$

$$\Delta a = -\ 3,181 + 0,85174\ \Delta\vartheta - 0,29789\ \Delta\varphi$$

Resultat.

a	= 187°	49′	19″,82	
Bouss.	= 169	34	30,00	
Coll.	= + 1		13,70	
Declin.	= 2°	34′	56″,48	W.

1829. MAI 20.

CXVII. OCHOZK.

Beobachtungen.

Namen.	Az.	I.	II.	h ′ ″	IV.	V.	Kr.
δ Ursae min.	N	. . . . .	. . . . .	2 46 39,60	. . . . .	. . . . .	W
ψ Librae	S	51 0,80	51 34,40	2 52 9,20	52 43,20	53 18,40	O
ξ Librae	S	. . . . .	. . . . .	2 » »	58 34,40	59 8,40	O

Wasserwage.		Boussole.
h ′ 2 45,0	p 0,00	° ′ 173 15,00
3 0,0	4,00 O.	353 15,00

Angenommene Werthe.

Namen.	α	δ		2^h 45′ K
δ Ursae min.	° ′ ″ 276 54 46,7	° ′ ″ + 86 35 3,2	ϑ	h ′ ″ 13 13 47,10
ψ Librae	237 10 1,8	— 13 46 41,6	a	274°21 50,00
ξ Librae	238 45 15,8	— 10 53 35,3	φ	59 21 12,00
			c	0,00

Gleichungen.

$$0 = -\ 1'',487 - 0,46914\ \Delta a + 0,04523\ \Delta\vartheta - 0,06720\ \Delta\varphi$$
$$0 = +\ 70,492 - 0,95740\ \text{»} + 0,97045\ \text{»} - 0,02197\ \text{»}$$
$$0 = +\ 43,284 - 0,94162\ \text{»} + 0,98121\ \text{»} - 0,02561\ \text{»}$$

woraus folgt: $\Delta a = -\ 1'',657 + 0,16064\ \Delta\varphi$ in Bogen
$\Delta\vartheta = -\ 58,836 + 0,18069$ » » »

Resultate.

a = 274° 21′ 51″,23		Mai 20.	2^h 45 K
Bouss. = 263 15 0,00		ϑ	= 13 13 43″,40
Coll. = + 1 13,70		S — M	= 3 51 55,13
Declin. = 2° 21 55 ,07 W.		M — K	= 9^h 21 48 ,27

1829. MAI 22.

CXVIII. OCHOZK.

Beobachtungen.

Namen.	Az.	I.	II.	h ′ ″	IV.	V.	Kr.
α Ursae min.	N	. . . . .	. . . . .	0 45 49,20	. . . . .	. . . . .	O
α Bootis	S	. . . . .	48 34,40	0 49 10,00	49 46,80	. . . . .	W

Wasserwage.		Bonssole.
h ′	p	° ′
0 50,0	0,00	356 43,00
		176 43,00

Angenommene Werthe.

Namen.	α	δ		0^h 45′ K
	° ′ ″	° ′ ″		h ′ ″
α Ursae min.	14 48 18,90	+ 88 23 39,21	ϑ	13 21 5,60
α Bootis	211 58 29,00	+ 20 4 31,90	a	90°52 40,00
			φ	59 21 12,00
			c	0,00

Gleichungen.

$$0 = +\ 0'',623 + 0{,}53267\ \Delta a - 0{,}02691\ \Delta\vartheta - 0{,}01297\ \Delta\varphi$$
$$0 = -\ 10{,}618 + 0{,}63311\ \text{»} - 0{,}93921\ \text{»} + 0{,}01186\ \text{»}$$

woraus folgt: $\Delta a = -\ 1'',809 + 0{,}02588\ \Delta\varphi$ in Bogen
$\Delta\vartheta = -\ 12{,}529 + 0{,}03009$ » » »

Resultate.

a	= 90° 52′ 38″,66		Mai 22.		0^h 45′ K
Bouss.	= 266 43 0,00		ϑ	=	13 21 4″,80
Coll.	= + 1 13,70		S — M	=	3 59 28,60
Declin.	= 2° 23′ 7″,64 W.		M — K	=	9^h 21′ 36″,20

1829. MAI 23.

CXIX. OCHOZK.

Beobachtungen.

Namen.	Azim.	I.	II.	h ′ ″	IV.	V.	Kr.
16 Librae	*S*	....	....	1 » »	29 25,60	30 0,80	*O*
β Bootis	*S*	....	....	1 » »	.....	34 34,40	*O*
α Ursae min.	*N*	....	....	1 39 46,00	.....	.....	*W*

Wasserwage.		Boussole.
h ′ 1 28,0	p 0,00	° ′ 356 6,00
1 41,0	0,00	176 5,00

Angenommene Werthe.

Namen.	α	δ		1^h 30′ K
16 Librae	° ′ ″ 222 4 35,7	° ′ ″ — 3 38 38,2	ϑ	h ′ ″ 13 25 1,50
β Bootis	223 53 1,9	+ 41 3 11,0	*a*	91°34 36,00
α Ursae min.	14 48 27,4	+ 88 23 39,1	φ	59 21 12,00
			c	+ 1,44

Gleichungen.

$$0 = -\ 52'',577 - 0,89106\ \Delta a + 0,99788\ \Delta\vartheta - 0,01249\ \Delta\varphi$$
$$0 = -\ 42,594 - 0,31407\ \text{»} + 0,75397\ \text{»} - 0,02612\ \text{»}$$
$$0 = +\ 0,105 - 0,53032\ \text{»} + 0,02426\ \text{»} + 0,02333\ \text{»}$$

woraus folgt: $\Delta a = +\ 4'',010 + 0,04657\ \Delta\varphi$ in Bogen
$\Delta\vartheta = +\ 56,968 + 0,05402$ » » »

Resultate.

a = 91° 34′ 40″,85		Mai 23.	1^h 30′ K
Bouss. = 266 5 30,00		ϑ	= 13 25 5″,36
Coll. = + 1 13,70		*S* — *M*	= 4 3 32,54
Declin. = 2° 18′ 35″,45 *W.*		*M* — *K*	= 9^h 21′ 32″,82

1829. MAI 23.

CXX. OCHOZK.

Beobachtungen.

Namen.	Az.	I.	II.	h ′ ″	IV.	V.	Kr.
ϑ Draconis	*O*	....	....	2 2 34,00	.....	.....	*S*
ϑ Draconis	*O*	....	....	2 » »	11 16,00	.....	*N*
ι Draconis	*W*	....	....	2 » »	.....	22 20,00	*N*

Wasserwage.

h ′	p
2 2,0	0,00
2 24,0	7,00 *S*.

Angenommene Werthe.

Namen.	α	δ		1ʰ 30′ K
ϑ Draconis	239° 41′ 14″,1	+ 59° 1′ 21″,1	ϑ	13ʰ 25′ 1″,50
ι Draconis	230 17 33,3	+ 59 34 5,4	α	1°27 55,00
			φ	59 21 12,00

Gleichungen.

$0 = + 14'',058 - c + 0{,}06958\,\Delta\alpha - 0{,}99726\,\Delta\varphi - 0{,}07262\,\Delta\vartheta$

$0 = - \ 11{,}203 - c - 0{,}06984$ » $+ 0{,}99724$ » $+ 0{,}07285$ »

$0 = - \ 10{,}916 - c + 0{,}05821$ » $+ 0{,}99797$ » $- 0{,}03732$ »

woraus folgt: $c = + 1'',441 + 0{,}00001\,\Delta\vartheta$ in Bogen

$\Delta\alpha = - \ 2{,}220 + 0{,}86814$ » » »

$\Delta\varphi = + 12{,}513 - 0{,}01325$ » » »

Resultat.

$\varphi = 59^{\circ}\ 21'\ 23'',81.$

1829. MAI 25.

CXXI. OCHOZK.

Beobachtungen.

Namen.	Az.	I.	II.	h ′ ″	IV.	V.	Kr.
α Ursae min.	*N*	. . . . .	. . . . .	2 43 20,00	. . . . .	. . . . .	*O*
γ Hercul.	*S*	. . . . .	47 12,40	2 47 48,40	48 24,40	48 59,60	*W*

Wasserwage.		Boussole.
2h 48′,0	p 0,00	175° 24′,00
		355 25,00

Angenommene Werthe.

Namen.	α	δ	2h 40′ K	
α Ursae min.	14° 48′ 44″,4	+ 88° 23′ 38″,7	ϑ	13h 32′ 51″,10
γ Hercul.	243 36 13,9	+ 19 33 45,4	a	92°18 50,00
			φ	59 21 12,00
			c	+ 10,00

Gleichungen.

$$0 = -\ 10'',252 + 0,52571\ \Delta a - 0,01902\ \Delta\vartheta - 0,03434\ \Delta\varphi$$
$$0 = +\ 33,610 + 0,76970\ \text{»} - 0,94205\ \text{»} + 0,03101\ \text{»}$$

woraus folgt: $\Delta a = +\ 21'',425 + 0,06854\ \Delta\varphi$ in Bogen

$\Delta\vartheta = +\ 53,184 + 0,08892$ » » »

Resultate.

a = 92° 19′ 12″,66		Mai 25.		2h 40′ K
Bouss. = 265 24 30,00		ϑ	=	13 32 54″,75
Coll. = + 1 13,70		*S* — *M*	=	4 11 37,13
Declin. = 2° 15′ 3″,64 *W*.		*M* — *K*	=	9h 21′ 17″,62

1829. MAI 25.

CXXII. OCHOZK.

Beobachtungen.

Namen.	Az.	I.	II.	h ′ ″	IV.	V.	Kr.
ι Cygni	*O*	8 30,80	9 56,00	3 11 33,60	13 7,60	14 36,40	*S*
η Ursae maj.	*W*	. . . . .	. . . . .	3 » »	. . . . .	17 48,40	*N*
ϰ Bootis	*W*	. . . . .	. . . . .	3 » »	21 11,20	22 50,80	*N*

Wasserwage.

h ′	p
3 8,0	2,50 *N*.
3 24,0	12,00 *S*.

Angenommene Werthe.

Namen.	α	δ		$2^h\ 40'$ K
	° ′ ″	° ′ ″		h ′ ″
ι Cygni	291 21 26,8	+ 51 22 11,9	ϑ	13 32 51,10
η Ursae maj.	205 12 12,7	+ 50 10 8,8	*a*	181°41 12,00
ϰ Bootis	211 50 32,8	+ 52 35 40,3	φ	59 21 12,00
			c	+ 10,00

Gleichungen.

$$0 = +\ 1'',398 + 0,40344\ \Delta a - 0,45839\ \Delta\varphi - 0,36082\ \Delta\vartheta$$
$$0 = -\ 27,343 + 0,46681\ \text{»} + 0,88398\ \text{»} - 0,38834\ \text{»}$$
$$0 = -\ 28,728 + 0,40081\ \text{»} + 0,91576\ \text{»} - 0,33108\ \text{»}$$

woraus folgt: $\Delta a = +\ 20'',405 + 0,82866\ \Delta\vartheta$ in Bogen
$\Delta\varphi = +\ 21,302 - 0,02026$ » » »

Resultat.

$$\varphi = 59^0\ 21'\ 32'',22.$$

1829. MAI 31.

CXXIII. OCHOZK.

Beobachtungen.

Nameu.	Azim.	I.	II.	h ′ ″	IV.	V.	Kreis.
α Ursae min.	*N*	. . . .	. . . .	12 22 24,8	. . . .	. . . .	*W*
Jupiter	*S*	42 44,8	43 18,8	12 43 55,2	44 31,8	45 7,0	*O*

Wasserwage.		Boussole.
h	*p*	°
12 20,0	1,00 *O.*	175 20,50
12 47,0	1,20 *O.*	355 20,50

Angenommene Werthe.

Namen.	α	δ	$12^h\ 22'$ K	
α Ursae min.	14° 49′ 48″,1	+ 88° 23′ 37″,8	ϑ	4^h 1′ 57″,94
Jupiter	248 58 21,2	— 21 16 20,2	*a*	272° 21 30,00
			φ	59 21 12,00
			c	+ 20,00

Gleichungen.

$$0 = +\ 36'',442 - 0,52533\ \Delta a + 0,01830\ \Delta\vartheta + 0,03501\ \Delta\varphi$$
$$0 = +\ 39,611 - 0,98667\ \text{»} + 0,93163\ \text{»} - 0,00670\ \text{»}$$

woraus folgt: $\Delta a = +\ 70'',487 + 0,06946\ \Delta\varphi$ in Bogen
$\Delta\vartheta = +\ 32,114 + 0,08076$ » » »

Resultate.

a	=	272° 22′ 41″,88
Bouss.	=	265 20 30,00
Coll.	=	+ 1 13,70
Declin.	=	2° 15′ 34″,42 *W.*

Mai 31.		$12^h\ 22'$ K
ϑ	=	4 2 0 ,19
S — *M*	=	4 35 14,47
M — *K*	=	23^h 26′ 45 ,72

1829. MAI 31.

CXXIV. OCHOZK.

Beobachtungen.

Namen.	Az.	I.	II.	h ′ ″	IV.	V.	Kr.
α Cygni	O	5 22,8	6 30,6	13 7 37,6	8 45,6	9 53,2	S
b Can. venat.	W	.....	11 34,6	13 12 38,4	13 34,8	14 35,6	S

Wasserwage.

h ′	p
13 4,0	0,00
13 16,0	0,00

Angenommene Werthe.

Namen.	α	δ		$12^h\ 22'$ K
α Cygni	308° 54′ 38″,2	+ 44° 40′ 20″,7	ϑ	4^h 1′ 57″,94
b Can. venat.	197 28 18,1	+ 41 28 35,6	a	182°21 30,00
			φ	59 21 12,00
			c	+ 20,00

Gleichungen.

$$0 = +\ 35'',320 + 0,55684\ \Delta a - 0,82991\ \Delta\varphi - 0,49642\ \Delta\vartheta$$
$$0 = -\ 11,536 - 0,65712\ \text{»} - 0,75315\ \text{»} + 0,54982\ \text{»}$$

woraus folgt: $\Delta a = -\ 37'',500 + 0,86053\ \Delta\vartheta$ in Bogen
$\Delta\varphi = +\ 17,400 - 0,02078$ » » »

Resultat.

$$\varphi = 59^\circ\ 21'\ 28'',73.$$

1829. JUNI 3.

CXXV. OCHOZK.

Beobachtungen.

Namen.	Az.	I.	II.	h ′ ″	IV.	V.	Kr.
α Ursae min.	*N*	.....	.....	14 5 6,4	.....	.....	*W*
α Lyrae	*S*	21 28,4	22 9,6	14 22 51,6	.....	.....	*O*
α Lyrae	*S*	.....	.....	14 » »	23 33,6	24 15,2	*W*

Wasserwage.		Boussole.
14h 3′,0	*p* 0′,00	174° 39′,00
14 27,0	0,00	354 39,00

Angenommene Werthe.

Namen.	α	δ	14h 5′ K	
α Ursae min.	14° 50′ 21″,7	+ 88° 23′ 37″,5	ϑ	4h 13′ 49″,64
α Lyrae	277 47 52,3	+ 38 37 48,6	*a*	273° 3 28,40
			φ	59 21 12,00

Gleichungen.

$0 = + 30'',776 - c - 0,51476\ \Delta a + 0,00618\ \Delta\vartheta + 0,04573\ \Delta\varphi$

$0 = + 23,545 - c - 0,35389$ » $+ 0,78072$ » $- 0,04989$ »

$0 = + 29,885 - c - 0,35388$ » $- 0,78072$ » $+ 0,04990$ »

woraus folgt: $c = + 26'',716 + 0,00001\ \Delta\varphi$ in Bogen

$\Delta a = + 7,981 + 0,09004$ » » »

$\Delta\vartheta = + 7,679 + 0,10472$ » » »

Resultate.

a	= 273° 3′ 38″,18	Juni 3.	14h 5′ K
Bouss.	= 264 39 0,00	ϑ	= 4 13 50″,29
Coll.	= + 1 13,70	*S* — *M*	= 4 47 20,25
Declin.	= 2° 10′ 8″,12 *W*.	*M* — *K*	= 23h 26′ 30″,04

1829. JUNI 9.

CXXVI. OCHOZK.

Beobachtungen.

Namen.	Azim.	I.	II.	h ′ ″	IV.	V.	Kreis.
α Ursae min.	N	....	....	11 49 24,0	....	....	W
β Herculis	S	....	52 9,8	11 52 36,4	53 13,6	53 48,8	O

Wasserwage.		Boussole.
h ′	p	° ′
11 45,0	1,00 W.	175 15,50
11 55,0	1,00 O.	355 16,00

Angenommene Werthe.

Namen.	α	δ	11^h 49′ K	
α Ursae min.	14° 51′ 18″,4	+ 88° 23′ 37″,0	ϑ	4^h 36′ 42″,01
β Herculis	245 43 32,4	+ 21 52 11,7	a	272° 29 50,00
			φ	59 21 12,00
			c	+ 20,00

Gleichungen.

$$0 = -\ 1'',361 - 0,52521\ \Delta a + 0,01818\ \Delta\vartheta + 0,03625\ \Delta\varphi$$
$$0 = -\ 3,423 - 0,60854\ \text{»} + 0,92778\ \text{»} - 0,03381\ \text{»}$$

woraus folgt: $\Delta a = -\ 2'',526 + 0,07193\ \Delta\varphi$ in Bogen
$\Delta\vartheta = +\ 2,032 + 0,08363$ » » »

Resultate.

a	= 272° 29′ 18″,91	Juni 9.	11^h 49′ K
Bouss	= 265 15 45,00	ϑ =	4 36 42″,26
Coll.	= + 1 13,70	S − M =	5 10 37,06
Declin.	= 2° 13′ 12″,39 W.	M − K =	23^h 26′ 5″,20

1829. JUNI 16.

CXXVII. OCHOZK.

Beobachtungen.

Namen.	Az.	I.	II.	h ′ ″	IV.	V.	Kr.
α Ursae min.	*N*	.....	.....	12 39 6,8	.....	.....	*O*
Hist.cél.p.354.	*S*	.....	.....	13 » »	.....	18 19,0	*W*

Wasserwage.		Boussole.
12ʰ 35′,0	0ᵖ,00	174° 44′,50
13 20,0	0,00	354 44,50

Angenommene Werthe.

Namen.	α	δ	12ʰ 39′ K	
α Ursae min.	14° 52′ 43″,6	+ 88° 23′ 36″,6	ϑ	5ʰ 3′ 48″,02
Hist. cél. p. 354.	274 18 12,6	+ 48 43 58,7	*a*	92°56 36,00
			φ	59 21 12,00
			c	+ 20,00

Gleichungen.

$$0 = + 3'',948 + 0,51826\ \Delta a - 0,01036\ \Delta\varphi - 0,04390\ \Delta\vartheta$$
$$0 = - 14,988 + 0,18420\ \text{»} - 0,65905\ \text{»} + 0,05047\ \text{»}$$

woraus folgt: $\Delta a = - 8'',188 + 0,08672\ \Delta\varphi$ in Bogen
$\Delta\vartheta = - 25,036 + 0,10082$ » » »

Resultate.

a =	92° 56′ 29″,55	Juni 16.	12ʰ 39′ K
Bouss. =	264 44 30,00	ϑ =	5 3 46″,49
Coll. =	+ 1 13,70	*S* — *M* =	5 38 21,09
Declin. =	2° 17′ 46″,75 *W.*	*M* — *K* =	23ʰ 25′ 25″,40

1829. JUNI 25.

CXXVIII. OCHOZK.

Beobachtungen.

Namen.	Azim.	I.	II.	h ′ ″	IV.	V.	Kreis.
α Ophiuchi	*S*	....	....	11 » »	....	58 30,4	*O*
α Ursae min.	*N*	....	....	12 2 9,6	....	.....	*O*
o Serpentis	*S*	....	4 12,8	12 4 47,2	5 22,8	5 56,8	*W*

Wasserwage.

h ′	p
11 55,0	0,00
12 8,0	0,50 *N*.

Angenommene Werthe.

Namen.	α	δ		$11^h\ 56'$ K
α Ophiuchi	261° 45′ 40″,1	+ 12° 41′ 38″,3	ϑ	5^h 38′ 26″,47
α Ursae min.	14 54 21,6	+ 88 23 36,5	*a*	92°55 31,95
o Serpentes	262 57 50,1	− 12 46 19,2	φ	59 21 12,00

Gleichungen.

$$0 = +\ 14'',171 - c - 0,72743\ \Delta a + 0,97521\ \Delta\varphi - 0,03502\ \Delta\vartheta$$
$$0 = +\ 14,543 - c + 0,51861\ \text{»} - 0,01062\ \text{»} - 0,04364\ \text{»}$$
$$0 = +\ 19,239 - c + 0,94965\ \text{»} - 0,97491\ \text{»} + 0,01565\ \text{»}$$

woraus folgt: $c = +\ 15'',757 - 0,02607\ \Delta\varphi$ in Bogen

$$\Delta a = -\ 0,901 - 0,02058\ \text{» » »}$$
$$\Delta\vartheta = +\ 1,402 + 0,00123\ \text{» » »}$$

Resultat.

Juni 25. $11^h\ 56'$ K

$$\vartheta = 5\ 38\ 26'',57$$
$$S - M = 6\ 13\ 42,92$$
$$M - K = 23^h\ 24'\ 43'',65$$

1829. JUNI 25.

CXXIX. OCHOZK.

Beobachtungen.

Namen.	Az.	I.	II.	h ′ ″	IV.	V.	Kreis.
p Draconis	*O*	. . . .	. . . .	12 » »	20 32,0	23 56,0	*N*
Mém. 1790 p. 379.	*W*	31 10,0	33 22,4	12 35 33,2	37 45,6	39 53,6	*S*

Wasserwage.

h ′	p
12 18,0	1,25 *N.*
12 40,0	9,00 *S.*

Angenommene Werthe.

Namen.	α	δ		$11^h\ 56'$ K
p Draconis	$287^\circ\ 43'\ 41'',6$	$+\ 57^\circ\ 24'\ 58'',0$	ϑ	$5^h\ 38'\ 26'',47$
Mém. 1790. p. 379.	238 26 57,8	+ 55 14 4,6	a	2°59 31,95
			φ	59 21 12,00
			c	+ 15,31

Gleichungen.

$$0 = -\ 16'',143 - 0,17376\ \Delta a + 0,98350\ \Delta\varphi + 0,17510\ \Delta\vartheta$$

$$0 = -\ 18,788 + 0,32822\ \text{»} + 0,94337\ \text{»} - 0,25774\ \text{»}$$

woraus folgt: $\Delta a = +\ 6'',479 + 0,86017\ \Delta\vartheta$ in Bogen

$\Delta\varphi = +\ 17,664 - 0,02606$ » » »

Resultat.

$$\varphi = 59^\circ\ 21'\ 29'',64.$$

1829. JULI 6.

CXXX. OCHOZK.

Beobachtungen.

Namen.	Az.	I.	II.	h ′ ″	IV.	V.	Kr.
α Ursae min.	N	.....	.....	12 1 10,00	.....	.....	O
α Lyrae	S	.....	.....	12 » »	15 58,00	16 42,00	O

Wasserwage.

h ′	p
12 0,0	0,00
12 10,0	0,00

Angenommene Werthe.

Namen.	α	δ		12ʰ 1′ K
α Ursae min.	14° 56′ 25″,0	+ 88° 23′ 37″,1	ϑ	6ʰ 21′ 31″,07
α Lyrae	277 47 57,4	+ 38 37 58,6	a	93° 4 18,00
			φ	59 21 12,00
			c	+ 15,00

Gleichungen.

$0 = + 5'',946 + 0,51442\ \Delta a + 0,00578\ \Delta\vartheta + 0,04595\ \Delta\varphi$

$0 = + 15,902 + 0,35389$ » $+ 0,78071$ » $- 0,05012$ »

woraus folgt: $\Delta a = - 11'',387 - 0,09051\ \Delta\varphi$ in Bogen

$\Delta\vartheta = + 15,208 + 0,10522$ » » »

Resultat.

Juli 6. 12ʰ 1′ K

$\vartheta = 6\ 21\ 32'',08$

$S - M = 6\ 57\ 5,72$

$M - K = 23^h\ 24'\ 26'',36$

1829. AUGUST 13.

CXXXI. An der Mündung des Tigil-Flusses, bei MAGA-SENSKJI PAD.

Beobachtungen.

Namen.	I.	II.	h ′ ″	IV.	V.	Kreis.
⊙ 1ster Rand	31 42,8	32 18,4	0 » »	33 29,6	34 4,4	Rechts
⊙ 2ter Rand	. . . .	. . . .	0 35 8,0	35 43,6	36 18,8	Links

Wasserwage.		Boussole.
h ′ 0 37,0	p 0,00	166° 40′,00 346 43,00

Angenommene Werthe.

Namen.	α	δ	0^h 34′ K	
⊙ für 0^h 34′ K	142° 25′ 15″,0	+ 14° 49′ 24″,0	ϑ	9^h 45′ 26″,25
			a	107°23 3,00
			φ	58 1 25,00

Gleichungen.

$$0 = \begin{matrix} - & 6'',368 \\ + & 18,889 \end{matrix} - c \pm 0,69716\ \Delta a \pm 0,21420\ \Delta\varphi \mp 1,45405\ \Delta\vartheta$$

woraus folgt: $c = +\ 6'',260$

$$\Delta a = +\ 18,114 - 0,30727\ \Delta\varphi + 2,08574\ \Delta\vartheta$$

Resultat.

a = 107° 23′ 21″,11
Bouss. = 256 41 30,00
Coll. = + 1 13,70
Declin. = 4° 6′ 4″,81 *O.*

1829. AUGUST 17.

CXXXII. TIGILSK.

Beobachtungen.

Namen.	Az.	I.	II.	h ′ ″	IV.	V.	Kr.
α Ursae min.	*N*	. . . . .	. . . . .	10 7 35,60	. . . . .	. . . . .	*O*
γ Cygni	*S*	. . . . .	. . . . .	10 16 54,60	17 38,80	18 22,00	*W*

Wasserwage.		Boussole.
10ʰ 6′,0	0ᵖ,25 *W.*	1° 6′,00
10 19,0	5,50 *O.*	181 6,00

Angenommene Werthe.

Namen.	α	δ		10ʰ 7′ K
α Ursae min.	15° 3′ 32″,7	+ 88° 23′ 44″,4	ϑ	10ʰ 4′ 0″,74
γ Cygni	304 2 6,2	+ 39 43 14,3	*a*	92°54 53,80
			φ	57 45 55,00
			c	+ 8,00

Gleichungen.

$$0 = +\,19'',168 + 0,52391\ \Delta a + 0,00742\ \Delta\vartheta - 0,04332\ \Delta\varphi$$
$$0 = -\ 39,587 + 0,31304\ \text{»} - 0,76870\ \text{»} + 0,04830\ \text{»}$$

woraus folgt: $\Delta a = -\ 35',652 + 0,08133\ \Delta\varphi$ in Bogen
$\Delta\vartheta = -\ 65,837 + 0,09595$ » » »

Resultate.

a	=	92° 54′ 18″,15	Aug. 17.		10ʰ 7′ K
Bouss.	=	91 6 0,00	ϑ	=	10 3 56″,35
Coll.	=	+ 1 13,70	*S* — *M*	=	9 42 21,66
Declin.	=	4° 1′ 31″,85 *O.*	*M* — *K*	=	0ʰ 21′ 34″,69

1829. AUGUST 29.

CXXXIII. JELOWKA.

Beobachtungen.

Namen.	I.	II.	h ′ ″	IV.	V.	Kreis.
⊙ Ister Rand	40 4,4	40 43,6	3 41 23,2	42 4,0	. . . . .	Links
⊙ 2ter Rand	. . . . .	43 17,2	3 43 56,8	44 36,8	. . . . .	Rechts

Wasserwage.		Boussole.
3ʰ 39′,0	p 0′,00	294° 26′,00
3 45,0	0,00	114 26,00

Angenommene Werthe.

Namen.	α	δ		3ʰ 42′,7 K
⊙ für 3ʰ 42′,7 K	157° 21′ 57″,4	+ 9° 28′ 53″,2	ϑ	10ʰ 58′ 16″,83
			a	161°54 4,00
			φ	56 54 8,00

Gleichungen.

$$0 = \begin{matrix} + & 13'',260 \\ + & 4,775 \end{matrix} - c \mp 0,92350\ \Delta a \mp 0,36458\ \Delta\varphi \pm 0,83879\ \Delta\vartheta$$

woraus folgt: $c = +\ 9'',017$

$$\Delta a = +\ 4,594 - 0,39478\ \Delta\varphi + 0,90826\ \Delta\vartheta$$

Resultat.

a	=	161° 54′ 12″,54
Bouss.	=	204 26 0,00
Coll.	=	+ 1 13,70
Declin.	=	6° 21′ 26″,24 O.

1829. SEPTEMBER 5.

CXXXIV. JELOWKA.

Beobachtungen.

Namen.	Az.	I.	II.	h ′ ″	IV.	V.	Kr.
α Aquilae	S	24 24,40	24 59,20	8 25 32,00	26 6,40	26 39,60	W
α Ursae min.	N	. . . . .	. . . . .	9 24 54,00	. . . . .	. . . . .	O

Wasserwage.		Boussole.
9ʰ 15′,0	p 0′,00	183° 34′,00
		3 34,00

Angenommene Werthe.

Namen.	α	δ		8ʰ 25′ K
α Aquilae	295° 37′ 19″,4	+ 8° 25′ 45″,4	ϑ	11ʰ 24′ 59″,30
α Ursae min.	15 5 59,8	+ 88 23 50,0	a	92°39 32,00
			φ	56 54 8,00
			c	+ 20,00

Gleichungen.

$$0 = -19'',949 + 0,52523\,\Delta a + 0,01190\,\Delta\vartheta - 0,03919\,\Delta\varphi$$
$$0 = -8,696 + 0,74911 \;\text{»}\; - 0,98887 \;\text{»}\; + 0,03072 \;\text{»}$$

woraus folgt: $\Delta a = +36'',842 + 0,07132\,\Delta\varphi$ in Bogen
$\Delta\vartheta = +19,116 + 0,08509$ » » »

Resultate.

a	= 92° 40′ 9″,18		Sept. 5.		8ʰ 25′ K
Bouss.	= 93 34 0,00		ϑ	=	11 25 0″,60
Coll.	= + 1 13,70		S — M	=	10 57 0,05
Declin.	= 6° 15′ 22″,88 O.		M — K	=	0ʰ 28′ 0″,55

1829. SEPTEMRER 5.

CXXXV. JELOWKA.

Beobachtungen.

Namen.	Az.	I.	II.	h ' "	IV.	V.	Kr.
ε Cephei	*O*	53 6,00	57 32,40	9 » »	67 46,80	74 15,00	*N*
73 Cephei	*W*	.....	26 41,00	10 » »	.....	.....	*N*

Wasserwage.

h '	p
10 15,0	0,00

Angenommene Werthe.

Namen.	α	δ	8^h 25' K	
	° ' "	° ' "		h ' "
ε Cephei	332 12 16,1	+ 56 11 56,0	ϑ	11 24 59,30
73 Cephei	312 55 46,7	+ 56 14 9,9	*a*	2°44 52,00
			φ	56 54 8,00
			c	+ 20,00

Gleichungen.

$$0 = -\ 6'',464 + 0,09923\ \Delta a + 0,99399\ \Delta\varphi + 0,10835\ \Delta\vartheta$$
$$0 = +\ 3,339 + 0,15777\ » + 0,98642\ » - 0,10719\ »$$

woraus folgt:
$$\Delta a = -\ 11'',998 + 0,83800\ \Delta\vartheta \text{ in Bogen}$$
$$\Delta\varphi = +\ 5,307 - 0,02536\ »\ »\ »$$

Resultat.

$$\varphi = 56°\ 54'\ 12'',81.$$

1829. SEPTEMBER 7.

CXXXVI. CHARTSCHINSK.

Beobachtungen.

Namen.	Az.	I.	II.	h	IV.	V.	Kr.
α Ursae min.	*N*	. . . . .	. . . . .	8 48 45,40	. . . . .	. . . . .	*W*
1 Cygni	*S*	58 9,60	58 49,40	8 » »	60 13,60	60 54,80	*O*
p Vulpec.	*S*	. . . . .	. . . . .	9 3 18,80	3 56,40	4 34,40	*O*
α Delphini	*S*	. . . . .	. . . . .	9 » »	. . . . .	7 42,80	*O*

Wasserwage.		Boussole.
h 8 45,0	p 0,00	° 3 40,00
9 2,0	0,00	183 39,00

Angenommene Werthe.

Namen.	α	δ		8h 48' K
α Ursae min.	° 15 6 13,3	° + 88 23 50,8	ϑ	h 11 32 46,87
1 Cygni	306 49 29,3	+ 34 40 40,7	*a*	92°46 16,00
p Vulpec.	307 27 25,5	+ 25 52 50,2	φ	56 31 0,00
α Delphini	307 56 11,7	+ 15 19 22,8	*c*	+ 35,00

Gleichungen.

$0 = -\ 33'',127 - 0,53989\ \Delta a - 0,00902\ \Delta\vartheta + 0,02479\ \Delta\varphi$
$0 = -\ 33,076 - 0,37684$ » $+ 0,82170$ » $- 0,02728$ »
$0 = -\ 31,344 - 0,51413$ » $+ 0,89899$ » $- 0,02526$ »
$0 = -\ 16,035 - 0,66264$ » $+ 0,96365$ » $- 0,02206$ »

woraus folgt: $\Delta a = -\ 42,497 + 0,04499\ \Delta\varphi$ in Bogen
$\Delta\vartheta = -\ 2,782 + 0,05383$ » » »

Resultate.

a = 92° 45 28'',76		Sept. 7.	8h 48' K
Bouss. = 93 39 30,00		ϑ =	11 32 46'',71
Coll. = + 1 13,70		*S* — *M* =	11 4 55,94
Declin. = 6° 26' 12,46 *O*		*M* — *K* =	0h 27' 50'',77

1829. SEPTEMBER 7.

CXXXVII. CHARTSCHINSK.

Beobachtungen.

Namen.	Az.	I.	II.	h ′ ″	IV.	V.	Kr.
33 Cygni	W	. . . . .	. . . . .	9 34 23,60	40 10,00	. . . . .	N
Hist.cél.p.304.	O	. . . . .	. . . . .	9 » »	50 18,00	51 36,40	S

Wasserwage.

h	p
9 32,0	0,00
9 52,0	10,00 S.

Angenommene Werthe.

Namen.	α	δ		$8^h\ 48'$ K
33 Cygni	302° 21′ 52″,2	+ 56° 3′ 18″,0	ϑ	11h 32′ 46″,87
Hist. cél. pag. 304.	2 3 39,6	+ 47 0 1,6	a	2°43 0,00
			φ	56 31 0,00
			c	+ 35,00

Gleichungen.

$$0 = -\ 3'',241 + 0,13917\ \Delta a + 0,98914\ \Delta\varphi - 0,09005\ \Delta\vartheta$$
$$0 = +\ 13,737 + 0,45372\ \text{»} - 0,89013\ \text{»} - 0,40184\ \text{»}$$

woraus folgt: $\Delta a = -\ 18'',681 + 0,83403\ \Delta\vartheta$ in Bogen
$\Delta\varphi = +\ 5,905 - 0,02631$ » » »

Resultat.

$\varphi = 56°\ 31'\ 5'',98.$

1829. SEPTEMBER 9.

CXXXVIII. KLIUTSCHEWSK.

Beobachtungen.

Namen.	Az.	I.	II.	h ′ ″	IV.	V.	Kr.
μ Aquilae	*S*	.....	53 22,00	7 53 56,40	54 31,60	55 6,80	*O*
Bess. Zone 185.	*S*	.....	57 58,80	7 58 33,20	59 6,00	59 44,80	*O*
2e Sagittarii	*S*	2 21,20	2 56,40	8 3 33,60	4 9,80	.....	*O*
γ Aquilae	*S*	.....	.....	8 » »	.....	7 7,20	*O*
g Sagittarii	*S*	17 38,00	18 14,00	8 18 50,00	19 27,20	20 1,20	*W*
α Ursae min.	*N*	.....	.....	8 30 9,20	.....	.....	*W*

Wasserwage.		Boussole.
h ′	p	° ′
7 50,0	0,00	3 38,00
8 11,0	0,00	183 37,50

Angenommene Werthe.

Namen.	α	δ		$7^h\ 53'$ K
μ Aquilae	291° 26′ 30″,9	+ 7° 1′ 48″,7	ϑ	11h 40′ 18″,83
Bessel's Zone 185.	291 59 46,8	− 14 39 47,5	α	92° 45 48,00
2e Sagittarii	293 11 43,2	− 16 30 38,2	φ	56 20 24,00
γ Aquilae	294 32 39,3	+ 10 12 32,5		
g Sagittarii	297 4 32,8	− 15 55 46,3		
α Ursae min.	15 6 25,5	+ 88 23 51,5		

Gleichungen.

$$0 = +\ 46'',945 - c - 0,75856\ \Delta\alpha + 0,99210\ \Delta\vartheta - 0,03208\ \Delta\varphi$$
$$0 = +\ 79,209 - c - 0,94574\ \text{»} + 0,96705\ \text{»} - 0,01600\ \text{»}$$
$$0 = +\ 80,673 - c - 0,95573\ \text{»} + 0,95839\ \text{»} - 0,01449\ \text{»}$$
$$0 = +\ 34,764 - c - 0,72125\ \text{»} + 0,98378\ \text{»} - 0,03410\ \text{»}$$
$$0 = +\ 29,985 - c + 0,95269\ \text{»} - 0,96122\ \text{»} + 0,01496\ \text{»}$$
$$0 = +\ 53,578 - c - 0,54769\ \text{»} - 0,00731\ \text{»} + 0,04419\ \text{»}$$

woraus folgt:

$$c = +\ 43'',835 + 0,00001\ \Delta\varphi \text{ in Bogen}$$
$$\Delta\alpha = +\ 39,116 + 0,07394\ \text{» » »}$$
$$\Delta\vartheta = +\ 18,508 + 0,08886\ \text{» » »}$$

Resultate.

α	= 92° 46′ 27″,12		Sept. 9.		$7^h\ 53'$ K
Bouss.	= 93 37 45,00		ϑ	=	11 40 20″,06
Coll.	= + 1 13,70		*S* − *M*	=	11 12 39,95
Declin.	= 6° 25′ 25″,82 *O*.		*M* − *K*	=	0^h 27′ 40″,11

1829. SEPTEMBER 16.

CXXXIX. KOSUIREWSK.

Beobachtungen.

Namen.	I.	II.	h ′ ″	IV	V.	Kreis.
⊙ 1ster Rand	2 0,4	2 34,0	0 3 10,0	.....	.....	Links
⊙ 1ster Rand	.....	.....	0 » »	3 44,0	4 18,8	Rechts
⊙ 2ter Rand	.....	.....	0 5 16,2	.....	.....	Rechts
⊙ 2ter Rand	.....	.....	0 » »	5 52,8	6 28,0	Links

Wasserwage.		Boussole.
h ′ 0 0,0	p 0,00	175° 25′,00
0 7,0	0,00	355 25,00

Angenommene Werthe.

Namen.	α	δ	0^h 4′,2 K	
⊙ für 0^h 4′,2 K	173° 28′ 51″,1	+ 2° 49′ 14″,9	ϑ	12h 1′ 26″,41
			a	279°53 2,00
			φ	55 52 5,00

Gleichungen.

$$0 = \begin{matrix} -\ 11'',594 \\ +\ \ 3,878 \end{matrix} - c \mp 0,80314\ \Delta a \mp 0,10227 . \Delta\varphi \pm 0,99442\ \Delta\vartheta$$

woraus folgt: $c = -\ 3'',858$

$$\Delta a = -\ 9,632 - 0,12734\ \Delta\varphi + 1,23816\ \Delta\vartheta$$

Resultat.

a	= 279°	52′	52″,37	
Bouss.	= 265	25	0,00	
Coll.	= +	1	13,70	
Declin.	= 5°	19′	6″,07	O.

1829. SEPTEMBER 19.

CXL. MASCHURA.

Beobachtungen.

Namen.	I.	II.	h ′ ″	IV.	V.	Kreis.
⊙ 1ster Rand	44 40,0	45 20,4	3 » »	.....	.....	Links

Wasserwage.		Boussole.
3ʰ 43′,0	p 0′,00	115° 14′,00
		295 13,00

Angenommene Werthe.

Namen.	α	δ		3ʰ 45′,9 K
⊙ für 3ʰ 45′,9 K	176° 18′ 36″,75	+ 1° 35′ 58″,50	ϑ	12ʰ 10′ 58″,05
			a	158°25 30,00
			φ	55 4 21,00
			c	0,00

Gleichungen.

$$0 = -12'',641 - 0,95950\,\Delta a - 0,26196\,\Delta\varphi + 0,84502\,\Delta\vartheta$$

woraus folgt: $\Delta a = -13'',175 - 0,27302\,\Delta\varphi + 0,88070\,\Delta\vartheta$

Resultat.

a	=	158° 25′ 16″,82
Bouss.	=	205 13 30,00
Coll.	=	+ 1 13,70
Declin.	=	3° 40′ 0″,52 O.

1829. SEPTEMBER 27.

CXLI. NATSCHIKA.

Beobachtungen.

Namen.	Az.	I.	II.	h ′ ″	IV.	V.	Kr.
α Ursae min.	*N*	. . . . .	. . . . .	10 » »	35 36,00	. . . . .	*O*
ϰ Andromed.	*S*	. . . . .	52 28,00	10 53 15,20	54 1,60	54 48,80	*W*

Wasserwage.		Boussole.
10ʰ 46′,0	*p* 0′,00	182° 33′,00
		2 34,00

Angenommene Werthe.

Namen.	α	δ	10ʰ 35′ K	
α Ursae min.	15° 7′ 36″,6	+ 88° 23′ 58,2	ϑ	12ʰ 40′ 10″,8
ϰ Andromedae	353 1 8,1	+ 43 23 39,3	*a*	91°28 25,00
			φ	53 7 0,00
			c	0,00

Gleichungen.

$$0 = +\ 22'',041 + 0{,}57814\ \Delta a + 0{,}02335\ \Delta\vartheta - 0{,}02098\ \Delta\varphi$$

$$0 = -\ 21{,}919 + 0{,}17265\ \text{»} - 0{,}72648\ \text{»} + 0{,}02533\ \text{»}$$

woraus folgt: $\Delta a = -\ 38'',870 + 0{,}03455\ \Delta\varphi$ in Bogen

$\Delta\vartheta = -\ 36{,}602 + 0{,}04308$ » » »

Resultate.

a	= 91° 27′ 45″,11		Sept. 27.	10ʰ 35′ K
Bouss.	= 92 33 30,00		ϑ	= 12 40 8″,28
Coll.	= + 1 13,70		*S* − *M*	= 12 24 4,18
Declin.	= 4° 2′ 28″,81 *O*.		*M* − *K*	= 0ʰ 16′ 4″,10

1829. SEPTEMBER 27.

CXLII. NATSCHIKA.

Beobachtungen.

Namen.	Az.	I.	II.	h ′ ″	IV.	V.	Kr.
φ Andromed.	O	.....	.....	11 12 28,00	.....	.....	S
ξ Cygni	W	.....	.....	11 » »	.....	30 44,00	N

Wasserwage.

h ′	p
11 25,0	0,00

Angenommene Werthe.

Namen.	α	δ		10h 35′ K
φ Andromedae	23° 16′ 5″,7	+ 49° 49′ 35″,0	ϑ	12h 40′ 10″,8
ξ Cygni	314 41 33,0	+ 43 15 28,9	α	1°48 35,00
			φ	53 7 0,00
			c	0,00

Gleichungen.

$0 = -\ 39'',326 + 0{,}27338\ \Delta\alpha - 0{,}96143\ \Delta\varphi - 0{,}23690\ \Delta\vartheta$

$0 = +\ \ 2{,}445 + 0{,}53625\ » + 0{,}84364\ » - 0{,}41293\ »$

woraus folgt: $\Delta\alpha = +\ 41'',312 + 0{,}79990\ \Delta\vartheta$ in Bogen

$\Delta\varphi = -\ 29{,}157 - 0{,}01899$ » » »

Resultat.

$\varphi = 53°\ 6'\ 30'',12.$

1829. SEPTEMBER 30.

CXLIII. PETROPAULSHAFEN.

Beobachtungen.

Namen.	Az.	I.	II.	h ′ ″	IV.	V.	Kr.
α Ursae min.	N	. . . . .	. . . . .	7 54 10,00	. . . . .	. . . . .	W
4 Aquarii	S	. . . . .	. . . . .	7 » »	. . . . .	59 2,00	O
5 Aquarii	S	. . . . .	. . . . .	7 » »	59 10,00	59 45,20	O
12 Aquarii	S	. . . . .	. . . . .	8 » »	11 7,20	11 42,00	O

Wasserwage.		Boussole.
h ′	p	° ′
7 53,0	0,00	1 40,00
8 1,0	0,00	181 39,00

Angenommene Werthe.

Namen.	α	δ		$7^h\,54'$ K
	° ′ ″	° ′ ″		h ′ ″
α Ursae min.	15 7 45,9	+ 88 23 58,8	ϑ	12 52 51,80
4 Aquarii	310 36 5,7	− 6 15 8,4	a	92°25 30,00
5 Aquarii	310 47 11,9	− 6 8 4,5	φ	53 0 15,00
12 Aquarii	313 46 5,5	− 6 29 13,1	c	0,00

Gleichungen.

$$0 = -\ 17'',667 - 0,59205\ \Delta a - 0,01166\ \Delta\vartheta + 0,03410\ \Delta\varphi$$
$$0 = -\ 26,788 - 0,85970\ \text{»} + 0,99373\ \text{»} - 0,02161\ \text{»}$$
$$0 = -\ 39,051 - 0,85865\ \text{»} + 0,99395\ \text{»} - 0,02169\ \text{»}$$
$$0 = -\ 20,735 - 0,86179\ \text{»} + 0,99327\ \text{»} - 0,02146\ \text{»}$$

woraus folgt: $\Delta a = -\ 29'',823 + 0,05622\ \Delta\varphi$ in Bogen

$\Delta\vartheta = +\ 7,069 - 0,07038$ » » »

Resultate.

a =	92° 25′ 0″,82	Sept. 30.	$7^h\,54'$ K
Bouss. =	91 39 30,00	ϑ =	12 52 52″,22
Coll. =	+ 1 13,70	S − M =	12 39 23,89
Declin. =	4° 5′ 44″,52 O.	M − K =	$0^h\,13'\,28'',33$

1829. SEPTEMBER 30.

CXLIV. PETROPAULSHAFEN.

Beobachtungen.

Namen.	Az.	I.	II.	h ′ ″	IV.	V.	Kr.
ν Andromedae	*O*	. . . . .	. . . . .	8 36 58,40	38 16,00	39 22,00	*S*
51 Herculis	*W*	. . . . .	. . . . .	8 41 37,20	42 27,00	43 18,00	*N*

Wasserwage.

h ′	*p*
8 35,0	0,00
8 44,0	0,00

Angenommene Werthe.

Namen.	α	δ		7h 54′ K
ν Andromedae	10° 7′ 13″,9	+ 40° 9′ 2″,1	ϑ	12h 52′ 51″,80
51 Herculis	251 10 12,9	+ 24 57 26,0	*a*	2°23 0,00
			φ	53 0 15,00
			c	0,00

Gleichungen.

$$0 = + 16'',480 + 0,56516\ \Delta a - 0,82427\ \Delta\varphi - 0,47203\ \Delta\vartheta$$
$$0 = + 4,058 + 0,86533\ \text{»} + 0,50077\ \text{»} - 0,67858\ \text{»}$$

woraus folgt: $\Delta a = - 11'',453 + 0,79878\ \Delta\vartheta$ in Bogen
$\Delta\varphi = + 11,686 - 0,02498$ » » »

Resultat.

$\varphi = 53^\circ\ 0'\ 26'',54.$

1829. NOVEMBER 10.

CXLV. NEU-ARCHANGELSK auf Sitcha.

Beobachtungen.

Namen.	Az.	I.	II.	h ′ ″	IV.	V.	Kr.
α Ursae min.	*N*	. . . . .	. . . . .	2 19 57,60	. . . . .	. . . . .	*W*

Wasserwage.		Boussole.
2ʰ 19′,0	*p* 0′,00	206° 32′,00 26 33,00

Angenommene Werthe.

Namen.	α	δ	2ʰ 20′,0 K	
α Ursae min.	15° 6′ 54″,7	+ 88° 24′ 13″,7	ϑ	20ʰ 16′ 12″,25
			a	271° 45 5,00
			φ	57 2 40,00
			c	+ 37,72

Gleichungen.

$$0 = +\,0'',081 - 0{,}52514\ \Delta a + 0{,}02663\ \Delta\varphi - 0{,}02207\ \Delta\vartheta$$

woraus folgt: $\Delta a = +\,0'',154 + 0{,}05071\ \Delta\varphi - 0{,}04203\ \Delta\vartheta$

Resultat.

a	= 271°	45′	5″,34	
Bouss.	= 116	32	30,00	
Coll.	= +	1	13,70	
Declin.	= 28°	18′	49″,04	*O*.

1829. NOVEMBER 11.

CXLVI. NEU-ARCHANGELSK auf Sitcha.

Beobachtungen.

Namen.	Az.	I.	II.	h ′ ″	IV.	V.	Kr.
η Cassiopeae	O	40 48,00	.....	3 59 54,00	.....	.....	N
η Cassiopeae	O	.....	.....	4 » »	22 24,00	.....	S
η Cassiopeae	W	.....	.....	4 46 6,00	55 42,40	63 36,00	S

Wasserwage.

h	p
3 40,0	0,00
5 5,0	10,00 S.

Angenommene Werthe.

Namen.	α	δ		3^h 40′ K
η Cassiopeae	9° 43′ 17″,8	+ 56° 54′ 49″,4	ϑ	20h 20′ 25″,05
			a	0°39 49,35
			φ	57 2 40,00

Gleichungen.

$$0 = + 33'',983 - c - 0,06691\ \Delta a + 0,99743\ \Delta\varphi + 0,06222\ \Delta\vartheta$$

$$0 = + 41,467 - c - 0,04853\ \text{»} - 0,99791\ \text{»} + 0,03443\ \text{»}$$

woraus folgt: $c = + 37'',725 + 0,04833\ \Delta\vartheta$ in Bogen

$\Delta\varphi = + 3,750 - 0,01392$ » » »

Resultat.

$\varphi = 57°\ 2'\ 43'',96.$

1829. NOVEMBER 11.

CXLVII. NEU-ARCHANGELSK auf Sitcha.

Beobachtungen.

Namen.	Az.	I.	II.	h ′ ″	IV.	V.	Kr.
α Ursae min.	N	. . . . .	. . . . .	7 0 40,0	. . . . .	. . . . .	O
1 F Tauri	S	. . . . .	. . . . .	7 » »	. . . . .	8 14,0	W
η Tauri	S	. . . . .	11 34,0	7 12 10,8	. . . . .	13 26,8	W
f Plejadum	S	12 38,0	13 14,0	7 13 50,0	14 28,8	15 6,0	W

Wasserwage.

h ′	p
7 0,0	0,00
7 7,0	0,00

Angenommene Werthe.

Namen.	α	δ		3h 40′ K
α Ursae min.	15° 6′ 51″,4	+ 88° 24′ 14″,1	ϑ	20h 20′ 25″,05
1 F Tauri	53 7 57,6	+ 19 8 58,8	a	88°15 33,00
η Tauri	54 21 1,6	+ 23 34 17,1	φ	57 2 40,00
f Plejadum	54 46 7,9	+ 23 31 31,6	c	+ 37,72

Gleichungen.

$0 = -\ 7'',682 + 0{,}52495\ \Delta a + 0{,}02234\ \Delta\vartheta + 0{,}02400\ \Delta\varphi$

$0 = -\ 49{,}775 + 0{,}61434$ » $-\ 0{,}94455$ » $-\ 0{,}02225$ »

$0 = -\ 10{,}900 + 0{,}55167$ » $-\ 0{,}91644$ » $-\ 0{,}02352$ »

$0 = -\ 19{,}530 + 0{,}55234$ » $-\ 0{,}91676$ » $-\ 0{,}02351$ »

woraus folgt: $\Delta a = +\ 21'',392 - 0{,}04450\ \Delta\varphi$ in Bogen

$\Delta\vartheta = -\ 15{,}443 - 0{,}05240$ » » »

Resultat.

Nov. 11. 3h 40′ K

$\vartheta = 20\ 20\ 24'',01$

$S - M = 15\ 20\ 23{,}93$

$M - K = 5^h\ 0'\ 0'',08$

1829. DECEMBER 6.

CXLVIII. SAN-FRANCISCO in Californien.

Beobachtungen.

Namen.	Az.	I.	II.	h ' "	IV.	V.	Kr.
α Ursae min.	*N*	. . . . .	. . . . .	0 57 37,6	. . . . .	. . . . .	*O*
27 Piscium	*S*	. . . . .	. . . . .	1 » »	. . . . .	5 39,2	*W*
α Ursae min.	*N*	. . . . .	. . . . .	1 » »	16 36,4	. . . . .	*W*
8 i Ceti	*S*	. . . . .	. . . . .	1 » »	25 59,8	26 34,8	*W*
1 φ Ceti	*S*	49 8,8	49 44,4	1 50 17,2	50 51,6	51 26,0	*W*
20 Ceti	*S*	. . . . .	. . . . .	1 58 36,8	. . . . .	. . . . .	*W*
ε Piscium	*S*	. . . . .	7 29,2	2 8 3,2	8 36,8	9 11,6	*W*
33 Ceti	*S*	. . . . .	. . . . .	2 » »	. . . . .	17 1,2	*W*
35 Ceti	*S*	. . . . .	. . . . .	2 » »	. . . . .	19 0,0	*W*
f Piscium	*S*	. . . . .	. . . . .	2 23 2,4	. . . . .	24 11,6	*W*
45 Ceti	*S*	. . . . .	. . . . .	2 » »	. . . . .	29 3,2	*W*
μ Piscium	*S*	. . . . .	. . . . .	2 35 12,0	. . . . .	36 18,4	*W*

Wasserwage.		Boussole.
h ' 0 56,0	p 0,00	° ' 14 12,66
2 36,0	25,00 *W*.	194 13,66

Angenommene Werthe.

Namen.	α	δ		1h 5' K
α Ursae min.	° ' " 15 3 52,8	° ' " + 88 24 21,3	ϑ	h ' " 22 47 16,20
27 Piscium	357 29 14,6	− 4 29 53,2	a	90° 40 0,00
8 i Ceti	2 41 23.8	− 9 46 0,0	φ	37 48 36,00
1 φ Ceti	8 54 10,4	− 11 32 18,1		
20 Ceti	11 4 57,1	− 2 4 9,4		
ε Piscium	13 32 2,4	+ 6 58 23,5		
33 Ceti	15 27 14,5	+ 1 32 18,7		
35 Ceti	15 57 1,0	+ 1 34 20,6		
f Piscium	17 15 35,7	+ 2 43 5,3		
45 Ceti	18 28 9,1	+ 0 50 10,2		
μ Piscium	20 19 19,8	+ 5 15 47,0		

Gleichungen.

0 = +	3",904	− *c*	+	0,77367	Δ*a*	+	0,02626	Δϑ	−	0,00737	Δφ
0 = −	36,125	− *c*	+	0,67313	»	−	0,99688	»	+	0,00860	»
0 = +	41,629	− *c*	−	0,77372	»	−	0,02616	»	+	0,00737	»
0 = −	7,157	− *c*	+	0,73822	»	−	0,98546	»	+	0,00785	»
0 = −	40,940	− *c*	+	0,75870	»	−	0,97974	»	+	0,00758	»
0 = −	29,524	− *c*	+	0,64120	»	−	0,99931	»	+	0,00893	»
0 = −	18,968	− *c*	+	0,51261	»	−	0,99257	»	+	0,00999	»
0 = −	18,968	− *c*	+	0,59164	»	−	0,99959	»	+	0,00938	»
0 = −	22,126	− *c*	+	0,59116	»	−	0,99959	»	+	0,00938	»
0 = −	27,115	− *c*	+	0,57491	»	−	0,99882	»	+	0,00952	»
0 = −	7,730	− *c*	+	0,60147	»	−	0,99985	»	+	0,00929	»
0 = −	49,957	− *c*	+	0,53802	»	−	0,99575	»	+	0,00981	»

woraus folgt:

c = +	28",447	− 0,00007 Δφ	in	Bogen
Δϑ = −	33,771	+ 0,01487 »	»	»
Δ*a* = +	35,099	+ 0,00908 »	»	»

Resultate.

a =	90°	40′	35",10		Dec. 6.	1^h	25′	K
Bouss. =	104	13	10,00		ϑ =	22	47	13",95
Coll. =	+ 1		13,70		*S* − *M* =	16	58	31,90
Declin. =	14°	54′	58",80 *O.*		*M* − *K* =	5^h	48′	42",05

1829. DECEMBER 6.

CXLIX. SAN-FRANCISCO in Californien.

Beobachtungen.

Namen.	Az.	I.	II.	h ′ ″	IV.	V.	Kr.
p Persei	*W*	.....	11 28,4	4 23 40,0	.....	.....	*S*
β Cancri	*O*	.....	.....	4 » »	.....	16 3,0	*S*
κ Aurigae	*O*	.....	26 32,4	4 » »	.....	.....	*S*
κ Aurigae	*O*	.....	.....	4 » »	29 48,0	31 22,0	*N*

Wasserwage.

h	p
4 22,0	0,00

Angenommene Werthe.

Namen.	α	δ	1h 5′ K	
p Persei	39° 58 34,9	+ 37° 36 50,5	ϑ	22h 47 16,20
β Cancri	121 49 22,8	+ 9 42 7,1	a	180°35 0,00
κ Aurigae	91 8 15,6	+ 29 32 53,3	φ	37 48 36,00

Gleichungen.

$0 = + 30'',979 - c - 0,10911\ \Delta a - 0,99398\ \Delta\varphi + 0,05889\ \Delta\vartheta$

$0 = + 55,675 - c + 0,95812$ » $- 0,28633$ » $- 0,58967$ »

$0 = + 44,611 - c + 0,58391$ » $- 0,81176$ » $- 0,36450$ »

$0 = + 2,457 - c - 0,58355$ » $+ 0,81202$ » $+ 0,36428$ »

woraus folgt: $c = + 25,132 + 0,00001\ \Delta\vartheta$ in Bogen

$\Delta a = - 27,919 + 0,61320$ » » »

$\Delta\varphi = + 7,408 - 0,00798$ » » »

Resultat.

$\varphi = 37^\circ\ 48'\ 43'',67$

1829. DECEMRER 12.

CL. SAN-FRANCISCO in Californien.

Beobachtungen.

Namen.	Az.	I.	II.	h	IV.	V.	Kr.
ζ Geminor.	*S*	. . . . .	. . . . .	7 40 3,0	40 40,0	41 16,0	*W*
m Geminor.	*S*	47 19,0	. . . . .	7 48 33,0	. . . . .	. . . . .	*W*
δ Geminor.	*S*	54 53,5	55 31,0	7 56 7,5	56 46,0	57 23,5	*W*
In einem anderen Azimute wurde beobachtet:							
α Ursae min.	*N*	. . . . .	. . . . .	8 9 34,5	. . . . .	. . . . .	*W*
α Canis min.	*S*	. . . . .	13 56,5	8 » »	. . . . .	15 43,0	*O*

Wasserwage.

h	p
7 50,0	0,00
8 16,0	0,00

Angenommene Werthe.

Namen.	α	δ	$7^h\ 40'$ K	
ζ Geminorum	103° 30′ 31″,8	+ 20° 48′ 30″,5	ϑ	23^h 11′ 32,00
m Geminorum	105 31 42,3	+ 24 24 7,9	*a*	268° 2 25,00
δ Geminorum	107 29 37,6	+ 22 17 5,1	*a*	268 0 0,00
α Ursae min.	15 3 0,9	+ 88 24 22,7	φ	37 48 36,00
α Canis min.	112 36 11,1	+ 5 39 4,9		

Gleichungen.

$$0 = -\ 3'',812 - c + 0,29255\ \Delta a - 0,93441\ \Delta\vartheta - 0,03270\ \Delta\varphi$$
$$0 = +\ 3,501 - c + 0,23199\ \text{»} - 0,91028\ \text{»} - 0,03326\ \text{»}$$
$$0 = -\ 4,501 - c + 0,26774\ \text{»} - 0,92493\ \text{»} - 0,03295\ \text{»}$$
$$0 = +\ 7,855 - c + 0,79267\ \Delta a' - 0,00313\ \text{»} + 0,02131\ \text{»}$$
$$0 = +\ 33\,324 - c - 0,53248\ \text{»} + 0,99476\ \text{»} + 0,02954\ \text{»}$$

woraus folgt:

$$c = +\ 13'',459 + 0,00320\ \Delta\varphi \text{ in Bogen}$$
$$\Delta a' = +\ 0,229 - 0,00140\ \text{»}\ \text{»}\ \text{»}$$
$$\Delta a = +\ 6,974 - 0,02334\ \text{»}\ \text{»}\ \text{»}$$
$$\Delta\vartheta = -\ 16,272 - 0,03781\ \text{»}\ \text{»}\ \text{»}$$

Resultat.

Dec. 12. 7^h 40 K

ϑ = 23 11 30 ,91

$S - M$ = 17 23 16,06

$M - K$ = 5^h 48 14 ,85

1829. DECEMBER 17.

CLI. SAN-FRANCISCO in Californien.

Beobachtungen.

Namen.	Az.	I.	II.	h ′ ″	IV.	V.	Kr.
g Leonis	*S*	.....	20 18,0	11 20 52,8	21 28,0	.....	*W*
69 Leonis	*S*	.....	.....	11 » »	31 38,0	.....	*O*
φ Leonis	*S*	.....	.....	11 » »	34 57,6	.....	*O*
76 Leonis	*S*	.....	.....	11 » »	36 50,8	.....	*O*
σ Leonis	*S*	.....	38 8,8	11 38 42,4	39 16,8	39 51,4	*O*
τ Leonis	*S*	.....	.....	11 » »	.....	46 30,0	*O*
e Leonis	*S*	.....	.....	11 47 25,6	47 59,6	48 33,0	*O*
υ Leonis	*S*	.....	53 33,6	11 54 9,2	54 43,2	55 18,0	*O*
α Ursae min.	*N*	.....	.....	12 » »	.....	4 8,0	*O*
β Leonis	*S*	.....	6 33,2	12 7 9,6	7 45,6	8 21,2	*O*

Wasserwage.

h ′	p
11 19,0	0,00
12 9,0	17,00 *O*.

Angenommene Werthe.

Namen.	α		δ		11h 20′ K
g Leonis	163° 43′ 33,0″	+	0° 54′ 50,0″	ϑ	23h 31′ 27,0″
69 Leonis	166 15 49,7	+	0 51 19,1	α	268° 57′ 30,0
φ Leonis	167 0 9,0	—	2 43 17,2	φ	37 48 36,0
76 Leonis	167 32 42,3	+	2 34 56,1		
σ Leonis	168 5 24,1	+	6 57 33,7		
τ Leonis	169 47 46,8	+	3 47 32,8		
e Leonis	170 24 25,8	—	2 3 55,7		
υ Leonis	172 3 34,8	+	0 6 54,0		
α Ursae min.	15 2 2,1	+	88 24 23,7		
β Leonis	175 5 37,8	+	15 31 14,9		

Gleichungen.

$0 = +$	$93'',163$	$- c +$	$0,60044\ \Delta a$	$-$	$0,99974\ \Delta\vartheta$	$-$	$0,01454\ \Delta\varphi$
$0 = -$	$18,004$	$- c -$	$0,60124$ »	$+$	$0,99977$ »	$+$	$0,01453$ »
$0 = -$	$6,967$	$- c -$	$0,64992$ »	$+$	$0,99877$ »	$+$	$0,01381$ »
$0 = -$	$22,414$	$- c -$	$0,57690$ »	$+$	$0,99889$ »	$+$	$0,01485$ »
$0 = -$	$17,626$	$- c -$	$0,51285$ »	$+$	$0,99252$ »	$+$	$0,01561$ »
$0 = -$	$3,383$	$- c -$	$0,55951$ »	$+$	$0,99770$ »	$+$	$0,01507$ »
$0 = -$	$38,255$	$- c -$	$0,64116$ »	$+$	$0,99923$ »	$+$	$0,01393$ »
$0 = -$	$36,404$	$- c -$	$0,61154$ »	$+$	$0,99989$ »	$+$	$0,01438$ »
$0 = +$	$38,878$	$- c +$	$0,80425$ »	$-$	$0,02359$ »	$+$	$0,01080$ »
$0 = -$	$56,651$	$- c -$	$0,37933$ »	$+$	$0,96344$ »	$+$	$0,01682$ »

woraus folgt: $c = + 35'',825 + 0,00001\ \Delta\varphi$ in Bogen

$\Delta a = -\ 6,939 - 0,01409$ » » »

$\Delta\vartheta = +\ 64,619 - 0,02299$ » » »

Resultat.

Dec. 17. $11^h\ 20'$ K

$\vartheta = 23\ 31\ 31'',29$

$S - M = 17\ 43\ 34,95$

$M - K = 5^h\ 47'\ 56,34$

1830. MAI 23.

CLII. RIO-YANEIRO.

Beobachtungen.

Namen.	I.	II.	h ′ ″	IV	V.	Kreis.
⊙ 1ster Rand	41 56,4	42 36,0	0 » »	. . . . .	. . . . .	Links
⊙ 1ster Rand	. . . . .	. . . . .	0 » »	. . . . .	44 28,4	Rechts
⊙ 2ter Rand	44 16,4	. . . . .	0 45 36,4	46 18,0	47 0,0	Rechts

Wasserwage.		Boussole.
$0^h 48,0$	p 0,00	26° 17′,00
		206 17,00

Angenommene Werthe.

Namen.	α	δ		$0^h 44',4$ K
⊙ für $0^h 44,4$ K	59° 51′ 20″,7	+ 20° 34′ 7″,8	ϑ	$4^h 30′ 2″,51$
			a	245° 44′ 55″,00
			φ	22 53 55,00

Gleichungen.

$$0 = \begin{matrix} -41'',098 \\ -40,695 \end{matrix} - c \pm 0,73330\ \Delta a \pm 0,27943\ \Delta\varphi \mp 0,85622\ \Delta\vartheta$$

woraus folgt: $c = -40'',896$

$$\Delta a = +\ 0,274 - 0,38106\ \Delta\varphi + 1,16768\ \Delta\vartheta$$

Resultat.

a	= 245°	44	55,27	
Bouss.	= 116	17	0,00	
Coll.	= + 1		13,70	
Declin.	= 2°	3′	8,90	O.

1830. MAI 25.

CLIII. RIO-YANEIRO.

Beobachtungen.

Namen.	Az.	I.	II.	h ′ ″	IV.	V.	Kr.
η Bootis	*N*	9 55,2	10 32,0	7 11 8,8	.....	.....	*O*
η Bootis	*N*	.....	.....	7 » »	.....	12 16,8	*W*
τ Virginis	*N*	.....	17 12,4	7 17 47,2	18 23,2	18 56,8	*W*
δ Octantis	*S*	24 16,4	28 56,2	7 33 40,0	.....	.....	*W*
δ Octantis	*S*	.....	.....	7 » »	39 5,6	.....	*O*

Wasserwage.

h	p
7 8,0	0,00
7 15,0	0,00

Angenommene Werthe.

Namen.	α	δ		7^h 20′ K
η Bootis	206° 39′ 13″,4	+ 19° 15′ 13,7	ϑ	6^h 34′ 45″,00
τ Virginis	208 15 28,6	+ 2 22 13,1	*a*	90°15 50,00
δ Octantis	210 12 5,5	— 82 52 48,5	φ	22 54 10,00

Gleichungen.

$0 = - \ 3'',208 - c + 0,67117\ \Delta a + 0,94405\ \Delta\vartheta + 0,00341\ \Delta\varphi$

$0 = + \ 52,720 - c - 0,67117$ » $- 0,94405$ » $- 0,00341$ »

$0 = + \ 35,598 - c - 0,42693$ » $- 0,99913$ » $- 0,00416$ »

$0 = - \ 16,528 - c + 0,86586$ » $- 0,12387$ » $- 0,00230$ »

$0 = + \ 124,309 - c - 0,86586$ » $+ 0,12385$ » $+ 0,00230$ »

woraus folgt: $c = + 37'',768 + 0,00167\ \Delta\varphi$ in Bogen

$\Delta a = + \ 78,173 - 0,00194$ » » »

$\Delta\vartheta = - \ 29,353 - 0,00499$ » » »

Resultat.

Mai 25. 7^h 20 K

$\vartheta = 6\ 34\ 43'',04.$

1830. MAI 25.

CLIV. RIO-YANEIRO.

Beobachtungen.

Namen.	Az.	I.	II.	h ′ ″	IV.	V.	Kr.
β Corvi	O	45 38,4	52 6,8	4 59 24,5	.....	.....	N
β Corvi	O	.....	.....	5 » »	8 34,0	20 4,8	S
β Corvi	W	.....	.....	6 33 48,4	.....	.....	S

Wasserwage.		Boussole.
h ′ 4 45,5	p 2,87 S.	° 271 44,00
4 59,5	3,25 S.	91 44,00
5 20,0	2,75 N.	
6 34,0	1,00 S.	

Angenommene Werthe.

Namen.	α	δ	7h 20′ K	
β Corvi	186° 22′ 24″,9	— 22° 27′ 34″,4	ϑ	6h 34′ 45,00
			α	0° 22 35,00
			φ	22 54 10,00

Gleichungen.

$$0 = -\ 14'',387 - c - 0,23429\ \Delta\alpha - 0,97176\ \Delta\varphi - 0,08443\ \Delta\vartheta$$
$$0 = +\ 86,125 - c + 0,14753\ \text{»} + 0,98874\ \text{»} + 0,05054\ \text{»}$$
$$0 = +\ 26,024 - c - 0,17214\ \text{»} + 0,98505\ \text{»} - 0,07383\ \text{»}$$

woraus folgt:
$$c = +\ 45',521 + 0,00000\ \Delta\vartheta \text{ in Bogen}$$
$$\Delta\alpha = +\ 3,276 - 0,38911\ \text{» » »}$$
$$\Delta\varphi = -\ 12,112 + 0,00697\ \text{» » »}$$

Resultate.

α	=	0°	22′	49″,71
Bouss.	=	181	44	0,00
Coll.	= +	1	13,70	
Declin.	=	2°	8′	3″,1 O.

$\varphi = 22°\ 53'\ 57'',69$

1830. MAI 26.

CLV. RIO-YANEIRO.

Beobachtungen.

Namen.	Az.	I.	II.	h ′ ″	IV.	V.	Kr.
τ Bootis	N	. . . . .	11 32,0	7 12 8,0	12 44,0	13 19,6	W
ν Bootis	N	. . . . .	. . . . .	7 » »	14 18,6	14 55,2	W
τ Virginis	N	20 18,0	20 54,0	7 21 29,2	22 4,4	22 38,8	W
2α Centaur. sq.	S	. . . . .	. . . . .	7 » »	. . . . .	31 36,8	W

Wasserwage.		Boussole.
h ′	p	° ′
7 12,0	0,00	6 20,50
7 18,0	0,00	186 20,00

Angenommene Werthe.

Namen.	α	δ		7h 20′ K
τ Bootis	204° 48′ 7″,2	+ 18° 18′ 29″,4	ϑ	6h 38′ 37″,00
ν Bootis	205 19 28,9	+ 16 38 44,3	a	265° 51 20,00
τ Virginis	208 15 28,5	+ 2 22 13,2	φ	22 54 10,00
2α Centauri seq.	217 3 25,5	— 60 7 43,7	c	+ 37,77

Gleichungen.

$$0 = -36'',139 - 0,66009\ \Delta a - 0,94704\ \Delta\vartheta + 0,05429\ \Delta\varphi$$
$$0 = -30,604 - 0,63797\ \text{»} - 0,95578\ \text{»} + 0,05565\ \text{»}$$
$$0 = -16,431 - 0,42787\ \text{»} - 0,99692\ \text{»} + 0,06532\ \text{»}$$
$$0 = -15,515 + 0,60730\ \text{»} - 0,49356\ \text{»} + 0,05742\ \text{»}$$

woraus folgt: $\Delta a = -13'',425 - 0,00856\ \Delta\varphi$ in Bogen

$\Delta\vartheta = -16,415 + 0,00563$ » » »

Resultate.

a	=	265°	51	6″,68
Bouss.	=	96	20	15,00
Coll.	=	+	1	13,70
Declin.	=	2°	12′	35″,38 O.

Mai 26. 7h 20 K

ϑ = 6 38 35″,90

1830. JUNI 2.

CLVI. RIO-YANEIRO.

Beobachtungen.

Namen.	Az.	I.	II.	h ′ ″	IV.	V.	Kr.
κ Virginis	N	. . . . .	. . . . .	7 » »	. . . . .	51 8,0	O
λ Virginis	N	54 43,2	55 18,8	7 55 54,8	56 30,0	57 6,4	O
f Bootis	N	4 46,8	5 23,2	8 6 0,0	. . . . .	7 15,2	O
2α Cent. seq.	S	. . . . .	. . . . .	8 » »	. . . . .	12 42,8	W
o Lupi	S	. . . . .	. . . . .	8 24 56,8	25 45,2	26 30,8	W
δ Librae	N	37 0,2	37 36,0	8 38 12,0	38 48,0	39 24,4	W

Wasserwage.		Boussole.
h ′	p	° ′
7 50,0	0,00	2 46,00
8 10,0	0,00	182 46,50

Angenommene Werthe.

Namen.	α	δ		$7^h\,40'$ K
	° ′ ″	° ′ ″		h ′ ″
κ Virginis	210 58 6,8	— 9 30 6,7	ϑ	6 14 24,37
λ Virginis	212 29 21,4	— 12 35 5,0	a	89°18 10,58
f Bootis	214 38 33,2	+ 19 59 51,1	φ	22 54 10,00
2α Centauri seq.	217 3 24,7	— 60 7 45,1		
o Lupi	220 9 26,1	— 42 52 0,1		
δ Librae	222 59 0,8	— 7 50 14,7		

Gleichungen.

$$0 = -101'',284 - c + 0,23170\,\Delta a + 0,98625\,\Delta\vartheta - 0,01183\,\Delta\varphi$$
$$0 = -\ \ 97,361 - c + 0,17911\ \text{»} + 0,97592\ \text{»} - 0,01197\ \text{»}$$
$$0 = -\ \ 90,840 - c + 0,68075\ \text{»} + 0,93966\ \text{»} - 0,00891\ \text{»}$$
$$0 = -\ \ 36,659 - c + 0,60509\ \text{»} - 0,49798\ \text{»} + 0,00969\ \text{»}$$
$$0 = -\ 106,120 - c + 0,34152\ \text{»} - 0,73289\ \text{»} + 0,01143\ \text{»}$$
$$0 = -\ \ 89,001 - c - 0,25987\ \text{»} - 0,99059\ \text{»} + 0,01175\ \text{»}$$

woraus folgt:

$$c = -\ 97'',648 - 0,00215\ \Delta\varphi \text{ in Bogen}$$
$$\Delta a = -\ 41,417 - 0,00571\ \text{» » »}$$
$$\Delta\vartheta = +\ 13,255 + 0,01327\ \text{» » »}$$

Resultate.

a	=	89° 17′ 29″,17
Bouss.	=	92 46 0,00
Coll.	=	+ 1 13,70
Declin.	=	2° 4′ 42″,87 O.

Juni 2. $7^h\,40'$ K

ϑ = 6 14 25″,25

1830. JUNI 5.

CLVII. RIO-YANEIRO.

Beobachtungen.

Namen.	Az.	I.	II.	h ' "	IV.	V.	Kr.
230 Hydrae	*O*	. . . . .	. . . . .	4 » »	48 34,80	54 26,0	V
ξ Crateris	*W*	. . . . .	21 10,8	5 22 46,6	24 22,80	25 56,4	V
6 Hydrae	*O*	33 11,2	. . . . .	5 » »	. . . . .	. . . . .	*S*
5π Hydrae	*O*	41 37,2	44 58,8	5 48 8,4	. . . . .	. . . . .	*S*

Wasserwage.		Boussole.
h 4 48,0	p 0,00	° 255 15,0
5 27,0	3,50 *S*.	75 16,0
5 49,0	0,00	

Angenommene Werthe.

Namen.	α	δ		6^h 40′ K
230 Hydrae	° 206 10 49,8	° — 27 43 42,3	ϑ	h 7 18 6,98
ξ Crateris	174 2 36,5	— 17 24 34,9	*a*	17° 0 45,00
6 Hydrae	210 46 20,1	— 26 27 29,6	φ	22 54 10,00
5π Hydrae	209 11 12,5	— 25 51 37,5		

Gleichungen.

$$0 = +\ 40'',255 - c - 0{,}40676\ \Delta a - 0{,}87344\ \Delta\varphi + 0{,}08834\ \Delta\vartheta$$
$$0 = +\ 18{,}721 - c + 0{,}27702\ \text{»} - 0{,}91870\ \text{»} + 0{,}33718\ \text{»}$$
$$0 = +\ 59{,}275 - c + 0{,}26025\ \text{»} + 0{,}92314\ \text{»} - 0{,}16936\ \text{»}$$
$$0 = +\ 44{,}085 - c + 0{,}20662\ \text{»} + 0{,}93545\ \text{»} - 0{,}18372\ \text{»}$$

woraus folgt: $c = +\ 42'',839 - 0{,}00232\ \Delta\vartheta$ in Bogen

$\Delta a = +\ 28{,}304 - 0{,}38757$ » » »

$\Delta\varphi = -\ 16{,}925 + 0{,}28470$ » » »

Resultate.

a	=	17° 1′ 13,30
Bouss.	=	165 15 30,00
Coll.	=	+ 1 13,70
Declin.	=	2° 17′ 57,00 *O*.

$\varphi = 22^\circ\ 53'\ 53'',08.$

1830. JUNI 5.

CLVIII. RIO-YANEIRO.

Beobachtungen.

Namen.	Az.	I.	II.	h ′ ″	IV.	V.	Kr.
ξ Virginis	N	.....	.....	6 » »	7 36,4	8 10,8	W
υ Bootis	N	20 18,0	20 55,2	6 21 30,8	22 7,6	22 43,4	O
α Bootis	N	.....	.....	6 » »	48 35,6	49 13,2	O
2α Cent. seq.	S	10 40,4	11 50,0	7 13 0,8	14 11,2	15 19,6	O
In einem andern Azimute:							
ν Scorpii	N	.....	42 57,4	8 43 34,8	44 10,8	44 48,4	O
δ Trianguli	S	.....	.....	8 » »	46 38,4	47 54,8	O
ξ Trianguli	S	53 54,8	55 32,6	8 57 15,6	58 56,8	60 35,2	O
α Scorpii	S	.....	.....	9 » »	.....	2 2,6	O
τ Scorpii	S	.....	.....	9 7 6,8	7 43,4	8 26,4	O
24 Scorpii	N	.....	12 30,0	9 » »	.....	14 17,2	O
20 Ophiuchi	N	.....	.....	9 21 22,0	21 59,2	22 34,8	O

Wasserwage.		Boussole.
h ′ ″	p	° ′
6 0,0	0,00	181 24,00
6 40,0	6,50 W.	1 24,00
8 40,0	0,00	
9 0,0	0,00	

Angenommene Werthe.

Namen.	α	δ	6h 40′ K	
	° ′ ″	° ′ ″		h ′ ″
ξ Virginis	201 31 0,4	+ 0 16 34,6	ϑ	7 18 6,98
υ Bootis	205 19 28,1	+ 16 38 45,6	a	270°37 20,85
α Bootis	211 59 42,1	+ 20 4 16,8	a′	90 37 52,24
2α Centauri	217 3 24,2	— 60 7 45,6	φ	22 54 10,00
ν Scorpii	240 32 35,8	— 19 0 37,9		
δ Trianguli	240 1 53,3	— 63 14 22,6		
ξ Trianguli	242 35 59,3	— 69 41 7,5		
α Scorpii	244 45 38,7	— 26 2 47,3		
τ Scorpii	246 20 25,6	— 27 51 9,9		
24 Scorpii	247 56 53,1	— 17 24 11,8		
20 Ophiuchi	250 7 6,5	— 10 28 18,4		

Gleichungen.

0 = +	16″,339	− c	−	0,39357	Δa	−	0,99994	Δϑ	−	0,00939	Δφ
0 = −	36,403	− c	+	0,63671	»	+	0,95804	»	+	0,00838	»
0 = −	15,118	− c	+	0,68164	»	+	0,93921	»	+	0,00795	»
0 = +	3,267	− c	−	0,60508	»	+	0,49794	»	+	0,00865	»
0 = +	33,233	− c	+	0,06781	Δa′	+	0,94540	»	+	0,01099	»
0 = +	34,016	− c	−	0,64740	»	+	0,45014	»	+	0,00839	»
0 = +	11,705	− c	−	0,72889	»	+	0,34702	»	+	0,00754	»
0 = +	63,926	− c	−	0,05492	»	+	0,89838	»	+	0,01100	»
0 = +	19,192	− c	−	0,08759	»	+	0,88410	»	+	0,01097	»
0 = +	74,847	− c	+	0,09577	»	+	0,95416	»	+	0,01036	»
0 = +	29,035	− c	+	0,21520	»	+	0,98329	»	+	0,01076	»

woraus folgt:

$c = + 5'',081 - 0,00025\ \Delta\varphi$ in Bogen

$\Delta a = + 53,869 - 0,00469$ » » »

$\Delta a' = + 3,972 - 0,00465$ » » »

$\Delta\vartheta = - 22,660 - 0,01189$ » » »

Resultate.

a′	=	90° 38′ 14″,65				
Bouss.	=	91 24 0,00		Juni 5.		6h 40′ K
Coll.	=	+ 1 23,70		ϑ	=	7 18 5″,44
Declin.	=	2° 3′ 37″,35 O.				

1830. JUNI 7.

CLIX. RIO-YANEIRO.

Beobachtungen.

Namen.	Az.	I.	II.	h ′ ″	IV.	V.	Kreis.
ε Sagittarii	*S*	....	....	10 46 55,6	47 37,6	....	*O*
g Aquilae	*N*	....	....	11 » »	....	27 57,2	*O*

Wasserwage.

h ′	p
11 15,0	0,00

Angenommene Werthe.

Namen.	α	δ		10h 45′ K
ε Sagittarii	273° 14′ 2″,8	— 34° 26′ 59″,0	ϑ	7h 26′ 30″,00
g Aquilae	283 29 55,5	— 4 7 37,4	α	90°29 0,00
			φ	22 54 10,00
			c	+ 40,00

Gleichungen.

$0 = -\ 16'',395 - 0,20018\ \Delta\alpha + 0,82457\ \Delta\vartheta + 0,00826\ \Delta\varphi$

$0 = -\ 11,087 + 0,32187$ » $+ 0,99736$ » $+ 0,00799$ »

woraus folgt: $\Delta\alpha = -\ 54'',811 + 0,00355\ \Delta\varphi$ in Bogen

$\Delta\vartheta = +\ 6,573 - 0,00915$ » » »

Resultat.

Juni 7. 10h 45′ K

$\vartheta = 7\ 26\ 30'',42$

1830. JUNI 13.

CLX. RIO-YANEIRO.

Beobachtungen.

Namen.	Az.	I.	II.	h ′ ″	IV.	V.	Kr.
β Arae	*S*	19 6,4	20 5,8	9 21 7,6	22 9,2	23 10,4	*O*
α Ophiuchi	*N*	36 22,4	36 57,6	9 37 32,8	38 8,4	38 44,6	*O*

Wasserwage.

h ′	p
9 18,0	0,00
9 40,0	3,00 *W*.

Angenommene Werthe.

Namen.	α	δ		9h 18 K
β Arae	257° 49′ 1,07	— 55° 21′ 36″,33	ϑ	7h 49 43,10
α Ophiuchi	261 46 15,65	+ 12 41 31,88	*a*	90°29 0,00
			φ	22 54 10,00
			c	— 40,00

Gleichungen.

$0 = + 50'',800 - 0,53668\ \Delta a + 0,56841\ \Delta\vartheta - 0,00156\ \Delta\varphi$

$0 = + 27,956 + 0,58206\ \text{»} + 0,97556\ \text{»} - 0,00151\ \text{»}$

woraus folgt: $\Delta a = + 39'',294 - 0,00069\ \Delta\varphi$ in Bogen

$\Delta\vartheta = - 52,798 + 0,00222$ » » »

Resultat.

Juni 13. 9h 18′ K

ϑ = 7 49 39″,58

1830. JUNI 13.

CLXI. RIO-YANEIRO.

Beobachtungen.

Namen.	Azim.	I.	II.	h ′ ″	IV.	V.	Kreis.
ω 2 Scorpii	*W*	. . . .	. . . .	10 1 27,9	4 42,6	7 59,6	*N*
ω 1 Scorpii	*W*	. . . .	2 6,0	10 5 22,8	8 37,0	11 40,0	*N*
Jupiter	*O*	. . . .	32 55,2	10 42 10,8	52 52,0	. . . .	*N*
Mars	*O*	. . . .	. . . .	10 » »	49 59,6	. . . .	*N*
Jupiter	*W*	. . . .	41 45,6	11 54 9,2	. . . .	70 54,0	*N*

Wasserwage.

h ′	*p*
10 0,0	0,50 *S.*
10 54,0	1,00 *S.*
12 12,0	2,78 *S.*

Angenommene Werthe.

Namen.	α	δ	$9^h\ 18'$ K	
ω 2 Scorpii	239° 22′ 18″,42	— 20° 24′ 2″,52	ϑ	7h 49′ 43″,09
ω 1 Scorpii	239 13 47,60	— 20 12 2,76	*a*	179° 55 0,60
Jupiter	286 47 46,60	— 22 37 42,15	φ	22 53 54,60
Mars	342 22 40,65	— 10 49 55,86	*c*	— 40,00

Gleichungen.

$$0 = + \ 3'',890 + 0,44656\ \Delta a - 0,89476\ \Delta\varphi + 0,17386\ \Delta\vartheta$$
$$0 = + \ 12,539 + 0,46323\ » - 0,88624\ » + 0,18034\ »$$
$$0 = - \ 13,086 - 0,14064\ » - 0,99007\ » - 0,55421\ »$$
$$0 = - \ 11,182 - 0,87362\ » - 0,48663\ » - 0,23985\ »$$
$$0 = + \ 2,251 + 0,14882\ » - 0,98887\ » + 0,57829\ »$$

woraus folgt: $\Delta a = - \ 16'',545 - 0,51296\ \Delta\vartheta$ in Bogen
$\Delta\varphi = - \ 1,703 - 0,00724$ » » »

Resultat.

$\varphi = 22^\circ\ 53'\ 52'',67.$

1830. JUNI 13.

CLXII. RIO-YANEIRO.

Beobachtungen.

Namen.	I.	II.	h ' "	IV.	V.	Kreis.
⊙ 1ster Rand	.....	.....	21 45 8,4	45 45,6	.....	Links
⊙ 2ter Rand	.....	.....	21 47 23,2	48 2,4	.....	Rechts

Wasserwage.		Boussole.
$21^h\ 49,0$	$0^p,00$	$184^\circ\ 58',0$
		$4\ 56,0$

Angenommene Werthe.

Namen.	α	δ	$21^h\ 46',25$ K	
⊙ für $21^h\ 46',25$ K	$81^\circ\ 18'\ 12,60$	$+\ 23^\circ\ 12'\ 54'',32$	ϑ	$7^h\ 47'\ 48'',05$
			a	$267^\circ 10\ 41,00$
			φ	$22\ 53\ 55,00$

Gleichungen.

$$0 = \begin{matrix} -\ 13'',136 \\ -\ 13,374 \end{matrix} - c \mp 0,72133\ \Delta a \mp 0,03415\ \Delta\varphi \pm 0,91792\ \Delta\vartheta$$

woraus folgt: $c = -\ 13'',255$

$$\Delta a = +\ 0,165 - 0,04734\ \Delta\varphi + 1,27253\ \Delta\vartheta$$

Resultat.

a	=	$267^\circ\ 10'\ 41'',16$
Bouss.	=	$94\ \ 57\ \ \ 0,00$
Coll.	=	$+\ \ 1\ \ 13,20$
Declin.	=	$2^\circ\ \ 8'\ 54'',86$ *O.*

Zusätze und Bemerkungen zu den Beobachtungen mit dem Passage-Instrument.

Ausser den bis hierher abgedruckten Beobachtungen mit dem Passage-Instrumente, habe ich, um Polhöhe und Uhrstand für die genannten Orte und für einige zwischen ihnen gelegene zu bestimmen, bisweilen auch Höhen der Sonne oder anderer Gestirne gemessen. Ich werde dieselben in chronologischer Ordnung unter den nun folgenden Ergänzungen aufnehmen, und zwar sowohl dann wenn das Beobachtete vollständig genug ist, um Resultate von an für sich genügendem Gewichte zu liefern, als auch in den übrigen Fällen, wo die Höhenmessungen nur zur vorläufigen Orientirung bestimmt waren, und daher den Beobachtungen mit dem Passage-Instrumente an Sicherheit bei weitem nachstehen. Es scheint mir nämlich Pflicht eines Reisenden, von den Zahlenangaben welche er erlangte, durchaus keine zu verschweigen!

Zu Höhenmessungen gebrauchte ich übrigens, wie bereits oben angedeutet wurde, theils einen 9zölligen bis auf 15″ getheilten Spiegelsextanten und einen Glashorizont, theils den Kater'schen Teodoliten. —

Unter den Blendgläsern des Sextanten waren einige ausgesucht worden, welche an allen ihren Punkten gleiche Dicke besafsen, denn, wenn man dieselben vor dem Objektive eines Fernrohrs anbrachte welches auf einen leuchtenden Punkt gerichtet war, so behielt das durch das Fernrohr gesehene Bild dieses Punktes stets einerlei Lage gegen das Fadenkreuz, während man jene Blendgläser um eine auf ihre Oberfläche senkrechte Linie drehte. — Das Spiegelglas des künstlichen Horizontes war in dem Grade eben, dafs man mit einem Fernrohre von drei Fufs Brennweite und drei Zoll Oeffnung, einen entfernten Gegenstand zuerst direct und dann in dem zu untersuchenden Spiegel gleich deutlich sehen konnte, ohne dafs eine Veränderung in der Stellung des Okulars nöthig gewesen wäre. Nun ist aber, wenn man den zu untersuchenden Spiegel um 45° gegen die Axe des Fernrohrs neigt, und wenn f die Brennweite des Objektivs für paralleles und direktes, α dieselbe für paralleles und von jenem Spiegel reflektirtes Licht bezeichnen, der Krümmungshalbmesser des Spiegels höchst nahe $= \frac{2^{\frac{3}{2}} \alpha f}{\alpha - f}$ Ein Werth von $\alpha - f > 0{,}50$ Par. Linien, wäre der Beobachtung unmöglich entgangen, und bei $f = 432$ Par. Linien folgt daraus, dafs eine etwa vorhandene Krümmung des Horizontglases keinen Halbmesser von weniger als 7314 Par. Fufs haben konnte. Bei 3 Zoll Durchmesser des in Anwendung tretenden Theiles des Horizontglases waren daher seine entgegengesetzten Ränder jedenfalls um weniger als 7″ gegeneinander geneigt, und von dieser Quelle war daher bei gemessenen Höhenwinkeln kein Fehler von mehr als ± 7″ möglich. — Auf dem Weingeistniveau zur Einstellung der Horizontplatte entspricht jedem Skalentheil, dessen Zehntheile man schätzen kann, eine Neigung von 21″,38. — Resultate, welche von diesen Apparaten nur die Angabe gleicher aber unbekannter Höhen voraussetzten, z. B. Zeitbestimmungen durch hinreichende Anzahl correspondirender Sonnenhöhen, durfte man daher wohl für zuverlässig halten, weil, bei einerlei Angabe des Sextanten und an einerlei Beobachtungsorte, keine erhebliche Veränderung der Fehler möglich war. Unsicherer blieben, ihrer Natur nach, Bestimmungen welche von dem Sextanten die Angabe wahrer Winkel verlangten: denn die dazu erforderte Senkrechtheit der Spiegel auf der Ebene des Limbus und der Parallelismus der Axe des Fernrohrs mit derselben Ebene wurden wohl beim Antritte der Reise herbeigeführt, konnten aber nicht an jedem Beobachtungsorte von neuem geprüft werden.

Der Höhenkreis des Kater'schen Teodoliten ist constanten Fehlern weniger ausgesetzt. Das Niveau an seiner senkrecht zu stellenden Drehungsaxe ist mit Skalentheilen versehen, deren jedem eine Neigung von 30″ entspricht. Eine Excentricität der Indexlinie wird durch Verbindung der Ablesungen an zweien Nonien, und eine fehlerhafte Stellung der Absehelinie des Fernrohrs gegen die Indexlinie, durch Verbindung von Beobachtungen bei entgegengesetzten Lagen des Höhenkreises unschädlich gemacht, Die Nonien der Kreise sind auf einzelne Minuten getheilt, und die lineare Vergröſserung des Fernrohrs ist 4malig.

Das auf der Reise angewendete Chronometer Kessels 1253 wurde 1825 im April vollendet. Während der darauf folgenden Jahre bis 1827 im November, zeigte sich seine Voreilung vor Mittlerer Zeit beständig wachsend von 1″ bis zu 17″,5 täglich, jedoch auf so stetige Weise, daſs die Längenunterschiede zwischen Altona und Berlin, Berlin und Königsberg und zwischen Königsberg und München respektive in den Sommermonaten der Jahre 1825, 1826 und 1827 mittels dieses Chronometers mit wünschenswerther Schärfe bestimmt wurden. Im Winter 1827 wurde die Uhr in Altona von Herrn Kessels auseinander genommen, und ihre festen Theile in unverändertem Zustande, das Oel aber merklich verdickt gefunden. 1828 im März, nach Reinigung der Zapfen und Erneuerung des Oels, sandte der Künstler das Chronometer in angemessener Verpackung, jedoch unaufgezogen, nach Berlin. Ein constanter Gang durfte daher erst nach Verlauf mehrerer Wochen erwartet werden, Herr Kessels äusserte aber zugleich, daſs, nachdem ein solcher einmal eingetreten, ein so starkes Wachsen der Voreilung, wie in den früheren Jahren, nicht mehr stattfinden werde.

Durch Vergleichung mit der Bullock'schen Uhr der Berliner Sternwarte ergaben sich nun folgende Stände von Kessels 1253 gegen Mittlere Zeit dieses Ortes:

1828. Berliner Sternwarte.

März 25. 0^h 0′ K.	M — K	= — 0^h 0′ 17″,00
März 31. 0 0′ —		= — 0 0 41,15
April 3. 23 31 —		= — 0 1 1,05

April 5. wurde das Chronometer nach Potsdam gefahren, und daselbst die oben S. 77 und 78 mitgetheilten Beobachtungen angestellt.

I. 1828. April 7. Potsdam.

Der Beobachtungsort, auf dem linken Ufer der Havel in der Teltower Vorstadt, liegt nach früheren Bestimmungen mittels des Spiegelsextanten unter der oben angegebenen Breite, und: westlich von der Berliner Sternwarte um 18′ 30″ in Bogen. — Über die Zeit der Boussolen Ablesung an diesem und an allen folgenden Orten ist oben Seite 74 zu vergleichen. —

In den Gleichungen bleibt als mittlerer Fehler			= 0″,06
und es ist für c Gewicht	= 3,701;	wahrsch. Fehler	= 0,03
- Δa -	= 0,774	- -	= 0,07
- Δϑ -	= 0,899	- -	= 0,06

II. 1828. April 7. Potsdam.

An demselben Punkte wie I. — Der Unterschied zwischen den Declinationen, welche diese und die vorhergehende Beobachtung ergeben, zeigt den Einfluſs der Tageszeit auf diese Erscheinung. Besondere Beobachtungen über den Betrag der periodischen Veränderungen der Declination an den verschiedenen Beobachtungsorten werde ich im Verfolge mittheilen. — An dem bezeichneten Punkte bei Potsdam fand sich früher:

1825. Octob. 10 im wahren Mittage
Declination = 17° 40′ 15″,03 W.

Vergl.: P. Erman über die magnetischen Verhältnisse der Umgegend von Berlin. (Denkschriften der Berliner Akademie).

Nach der Rückkehr von Potsdam nach Berlin fand sich:

1828. Berliner Sternwarte,

April 12. 7^h 48′ K	M — K =	— 0^h 1′ 35″,50
April 15. 8 10 —	=	— 0 1 48,70
April 19. 8 10 —	=	— 0 2 2.80
April 24. 6 30 —	=	— 0 2 14,90

Von April 25. 5^h bis April 29. 20^h wurde das Chronometer von Berlin nach Königsberg gefahren, und daselbst mit der Hauptuhr der Sternwarte verglichen. Es ergab sich:

1828. Königsberger Sternwarte.

April 30. 0^h 0′ K	M — K =	0^h 26′	8″,66
Mai 1. 0 0 —	=	0 26	6,57
Mai 2. 0 0 —	=	0 26	6,42
Mai 3. 0 0 —	=	0 26	4,25

Unter demselben Meridiane und an einem von Eisen freiem Punkte, um 19,6 Toisen südlich vom Meridianpfeiler der Sternwarte, wurde die Declination folgendermafsen bestimmt:

Es ist Azimut des Kirchthurmes in Brandenburg
54° 58′ 10″,00.

Die Collimationslinie des Passageinstrumentes auf diesen Thurm richtend:

April 30. 5^h 27′ K. bei Kr. rechts, Boussole $\begin{cases}111° \; 40',00 \\ 291 \; 40,00\end{cases}$

- 5^h 29′ — - - links - $\begin{cases}111° \; 40',00 \\ 291° \; 40,00\end{cases}$

mithin:	a =	144°	58′	10″,00
	Bouss. =	201	40	0,00
	Coll. =	—	0	16,30
April 30. 5^h 28 K.	Decl. =	13°	22′	6″,30 W.

1828. Dorpater Sternwarte.

Mai 9. 2^h 53′ 28″,66 K. = 6^h 53′ 18″,00 Hubert's Pendeluhr, ferner nach Angabe des Herrn Staatsrath Struve:

Mai 9. 0^h 0′,00 W. Zt.: W. Zt. — Hubert = — 3^h 4′ 25″,10.
Gang von Hubert gegen St. Zt. = 0″,00

woraus folgt:

Mai 9. 2^h 53′,5 K. M — K = 0^h 50′ 58″,95.

III. 1828. Mai 19. Petersburg.

In einem Garten auf Wasiljewskji Ostrow. (Grofser Prospekt zwischen der 3ten und 4ten Linie.) — Von der Sternwarte des Generalstabs liegt dieser Punkt:

nördlich um 0′ 12″ in Bogen.
und westlich - 1′ 42″ —

Vor der Beobachtung fand ich die Collimation des Fernrohres durch einen terrestrischen Gegenstand, kleiner als die Dicke eines Fadens. — Bei noch sehr starker Dämmerung wurde φ Draconis mit dem Polarstern verwechselt, und daher in einem Azimut beobachtet, in welchem die Polhöhe auf das Resultat den beträchtlichen Einflufs ausübte welchen die obigen Endgleichungen zeigen.

IV. 1828. Mai 20. Petersburg.

An demselben Punkt wie III.

In den Gleichungen bleibt als mittlerer Fehler ε = 14″,74
und es ist für c Gewicht = 3,999; wahrs. Fehler = 7,37
a - = 1,762 - - = 11,10

Hierzu kommt noch, weil diese Beobachtung keinen nördlichen Stern enthält, die oben angegebene Abhängigkeit von $\Delta\vartheta$, welche aber, da ϑ aus den vorhergehenden und folgenden Bestimmungen entnommen ist, die Unsicherheit nur um 10″ für Δa und von 0″,12 für c vermehren kann.

V. 1828. Mai 1828. Petersburg.

An demselben Punkte wie III.

In den Gleichungen bleibt als mittlerer Fehler ε = 5″,66
und es ist für c Gewicht = 5,307; wahrs. Fehler = 2,45
- Δa - = 0,547 - - = 7,65
- $\Delta\vartheta$ - = 0,842 - - = 6,16

VI. 1828. Mai 29. Petersburg.

An demselben Punkte wie III.

VII. 1828. Mai 31. Petersburg.

An demselben Punkte wie III.

VIII. 1828. Juni 2. Petersburg.

An demselben Punkte wie III.

IX. 1828. Juni 2. Petersburg.

Im Botanischen Garten in der Mitte eines unbebauten Platzes von 200 Toisen Seite, von der Sternwarte des Generalstabes:

nördlich um 2′ 14″ in Bogen.
östlich - 1 48 - -

X. 1828. Juni 3. Petersburg.

An demselben Punkte wie IX.

In den Gleichungen bleibt als mittlerer Fehler ε = 11'',20
und es ist für c Gewicht = 3,741; wahrs. Fehler = 5,79
- Δa - = 0,297 - - = 20,54
- $\Delta \vartheta$ - = 0,533 - - = 15,24

Für den Ort der Beobachtung III. ergiebt sich:

Juni 3. 11^h 30' K. M — K = 1^h 4' 36'',87.

An dem unter III. bezeichneten Punkte habe ich noch folgende Höhen beobachtet:

1828. Mai 12. Höhen von α Lyrae am Kater'schen Kreise.

11^h 24' 59'',4 K.	57° 23' 30'' Kr. l.
32 26,0 —	58 12 20 — r.
37 19,4 —	58 45 10 — l.
42 45,4 —	59 22 45 — r.

Barometer = $\overset{mm}{760,60}$. Temp. der Luft = + 3°,70 R.

1828. Mai 12 und 13. Höhen des Oberen ⊙ Randes am Sextanten.

19^h 23' 37'',2 K.	69° 15'	
19 24 46,0 —	69 30	
19 25 46,8 —	69 45	
19 26 52,0 —	70 0	
19 29 5,8 —	70 30	2^h 13' 6'',0 K.
19 30 13,0 —	70 45	

⊙ Durchmesser + 10' 30''
.... — 57' 30''
Indexfehler + 23' 30''

Barom. = $\overset{mm}{761,00}$. Temp. der Luft = + 11°,0 R.

Die Messung der nachmittäglichen Höhen wurde durch Bewölkung gestört.

1828. Mai 13. Höhen von α Lyrae am Kater'schen Kreise.

10^h 34' 12'',0 K. 51° 39' 0'' Kr. l.

10^h 45′ 30″,6 K.		53° 8′ 30″ Kr. r.		
10 49 6,0 —		53 31 40 — l.		
10 52 5,0 —		53 54 40 — r.		
10 55 40,4 —		54 20 30 — l.		
10 58 46,0 —		54 45 0 — r.		

Barom. = 762,00 mm. Temp. der Luft = + 3°, 40 R.

1828. Mai 18. Höhen von α Lyrae am Kater'schen Kreise.

10^h 10′ 48″,0	51° 12′,00 Kr. l.
	10,50
10 18 2,0	52 15,00 — r.
	13,00
10 23 45,2	52 47,25 — l.
	44,75
10 28 18,0	53 23,25 — r.
	21,50

Barom. = 759,28 mm. Temp. der Luft = + 3°,50 R.

Aus diesen Höhenmessungen ergeben sich folgende Resultate:

1828. Mai	M!—K			Durch:
12. 11^h 54′,4 K.	1^h 5′ 16″,13	+ 0,064 Δφ	+ 0,147 Δh	α Lyrae.
12. 19 24,7 »	1 5 14,41	+ 0,063 »	+ 0,148 »	3 ⊙ Höh.
12. 19 28,7 »	1 5 18,62	+ 0,066 »	+ 0,149 »	3 ⊙ Höh.
12. 22 50,8 »	1 5 15,14	± 0,000 »	± 0,000 »	2 Corresp. ⊙ Höhen.
13. 10 49,2 »	1 5 10,00	+ 0,033 »	+ 0,137 »	α Lyrae.
18. 10 20,2 »	1 4 58,41	+ 0,028 »	+ 0,136 »	α Lyrae.

Wo Δφ eine etwa nöthige Correction der angenommenen Polhöhe von 59° 56′ 29″ und Δh einen Fehler in den gemessenen Höhen, beide in Bogen ausgedrückt, bezeichnen.

Endlich erhielt ich noch durch Zeitbestimmungen anderer Beobachter und durch Vergleichung von Kessels 1253 mit dernn Uhren, für den unter III. bezeichneten Punkt:

1828. Mai 16. 6^h 17′,0 K.	M — K = 1^h 5′ 1″,90
- Juli 4. 22 56,2 —	= 1 3 40,86

Der erste dieser Stände ist nach Höhenmessungen auf der Generalstabs-Sternwarte durch Herrn Ingenieur-Geographen Lemm, der andre nach correspond. ⊙ Höhen an dem mit IX. bezeichneten Punkte durch Professor Hansteen, die Längenunterschiede sind nach meinen obigen Angaben genommen.

XI. 1828. Juli 13. Nowgorod-Welikji.

Auf dem Walle der Stadt an dem Winkelpunkte eines Hauptdreiecks für die Triangulation des Russischen Generalstabes. Die oben angegebenen Polhöhe und Uhrstand ergaben sich aus vortrefflichen Höhenwinkeln welche Herr Ingenieur-Geograph Lemm mittels eines Reichenbachschen Teodoliten daselbst mafs *). Namentlich diente zur Zeitbestimmung folgende Beobachtung von α Lyrae.

Chronometer Berthoud.					Reichenbachscher Teodolit.			
1828. Juli 12.	16ʰ	30′	37″,0		129°	23′	47″,10	Kr. r.
		34	7,7		20	43	14,55	— l.
	16	36	18,7		20	26	52,05	— l.
		39	11,0		130	27	46,25	— r.
	16	42	26,3		130	51	54,08	— r.
		46	3.3		19	14	38,80	— l.
	16	48	37,7		18	55	39,75	— l.
		53	4,7		132	10	13,00	— r.

Barom. = 750,00 mm. Temp. der Luft = + 10°0 R.

Die Differenz zweier Ablesungen: Kr. r — Kr. l giebt die doppelte scheinbare Zenitdistanz des Sterns.

Aus den einzelnen Paaren finde ich:

1828. Juni 30. 16ʰ 32′,38 Berthoud.:

St. Zt. — Berthoud = 7ʰ 30′ 28″,79	+ 0,040	$\Delta\varphi$	— 0,134	Δ^h
29,83	+ 0.043	»	— 0,134	»
28.87	+ 0,046	»	— 0,135	»
28,81	+ 0,049	»	— 0.136	»

mithin: Juli 12. 16ʰ 32′,38 Berth. S — Berth. = 7ʰ 30′ 29″,10

— - - - S — M. = 7 23 48,09

*) Vergl. Diesen Berichtes Histor. Abth. Band 1. S. 138.

	Juli 12. 16^h 32',38 Berth.	M — Berth.	= +	0^h 6' 41'',01
ferner:	Juli 5. 23 55,00		= +	0 5 20,30
	Juli 4. 23 55,00		= +	0 5 9,10

Die zwei letzteren nach Herrn Lemm's Angabe. Es folgt ferner: Juli 12. 23^h 36',42 Berth. M — Berth. = + 0^h 6' 44'',54
und ich fand - - - - Berth. — K = 1 0 46,30
daher Juli 12 für 22^h 35',65 K: M — K = 1^h 7' 30'',84
welches der Rechnung des obigen Sonnendurchganges zu Grunde liegt. —

An demselben Punkte wurde auch noch eine zweite Declinationsbeobachtung angestellt, wie folgt:

Es ist das Azimut eines Meridianzeichens für den Beobachtungspunkt = 0° 0' 0'',0; die Collimationslinie des Passageinstruments auf diesen Punkt richtend, war:

1828. Juli 13.	23^h 28' K.	bei Kr. r.	Boussole	173° 33',00 353 36,50
- - 13.	23 32 —	- Kr. l.		173° 32',00 353 35,50

mithin: a = 90° 0' 0'',00
Bouss. = 263 34 15,00
Coll. = — 0 16,30

für Juli 13. 23^h 30' K. Decl. = 6° 26' 1'',30 W.

XII. 1828. Juli 20. Moskwa.

Freier Platz in der Stadt bei dem Wirthshause von Kopp.

An diesem Punkte habe ich folgende Höhen gemessen:

1828. Juli 20. u. 21. Höhen des oberen ⊙ Randes am Sextanten

20^h 31' 52'',0 K.	96° 15'	0^h 35' 6'',4 K.
20 34 16,8 —	96 45	0 32 48,0 —
20 35 32,6 —	97 0	0 31 28,0 —
20 38 8,8 —	97 30	0 28 56,0 —
20 39 22,8 —	97 45	0 27 38,4 —
20 40 41,8 —	98 0	0 26 18,8 —
20 43 16,8 —	98 30	0 23 35,6 —
20 46 4,4 —	99 0	0 20 57,2 —
20 47 25,2 —	99 15	0 19 30,2 —
20 48 46,0 —	99 30	0 18 5,6 —

20^h	50′	9″,6 K.	99°	45′	0^h	16′	40″,0 K.
20	51	36,0 —	100	0	0	15	14,8 —
20	54	32,4 —	100	30	0	12	28,0 —
20	57	30,2 —	101	0	0	9	28,8 —

⊙ Durchm. + 9′ 50″
. . . . . — 53′ 38″
Indexf. + 21′ 54″

Barom. = 29,22 Engl. Temp. der Luft = + 18°,00 R.

Es folgt daraus:

für Juli 20. 22^h 33′,6 K: M — K = 1^h 32′ 23″,05,

und für die Polhöhe:

aus der 1. bis 5ten . . . φ = 55° 46′,66 — 1,388 Δh
6. — 9. . . . - = 55 46,16 — 1,328 -
10. — 14. . . . - = 55 46,75 — 1,277 -
im Mittel φ = 55° 46′ 31″

XIII. 1828. Juli 22. Moskwa zu Sakolnikowoe Pole.

Von diesem Beobachtungspunkte aus bildeten die Gesichtslinien nach drei Thürmen der Stadt folgende Winkel:

von A bis B 7° 9′,34
- B — C 7° 8′,66

A ist der Ismailow Thurm, B ist ein Thurm auf Preobrajenskoe Kladbischtsche, (Preobrajensker Kirchhof) C ist der Petropawlow Thurm.

Der angewendete Uhrstand ist nach XIV.

XIV. 1828. Juli 23. Moskwa zu Sakolnikowoe Pole.

Derselbe Punkt wie XIII.

In den Gleichungen bleibt als mittlerer Fehler ε = 3″,43 und es ist für Δa Gewicht = 0,321; wahrs. Fehler = 6,05
- $\Delta\vartheta$ - = 0,445 - - = 5,14

XV. 1828. Juli 29. Bogorodsk

Die angenommenen Polhöhe und Uhrstand bestimmte Herr Professor Hansteen an demselben Morgen durch Sonnenhöhen mittels des Spiegelsextanten.

XVI. 1828. August 1. Am 10ten Werstpfahl nach Sudogda.

Der Uhrstand ist nach den Beobachtungen in Moskwa, Bogorodsk, Osáblikowo und Nijnei-Nowgorod; die Polhöhe nach den Beobachtungen in Moskwa, Bogorodsk und Nijnei-Nowgorod mittels der relativen Lage auf den Gouvernements-karten von Pjádischew.

XVII. 1828. August 3. Osáblikowo.

Die oben angenommene Polhöhe wird durch die am Stellkreise des Passageinstrumentes angegebenen Höhen (Siehe oben Seite 112) bestätigt.

	Berechnete wahre Höhen.	Beobachtete scheinbare Höhen.
γ Aquilae	44° 16',53	44° 18'
β Aquilae	40 3,33	40 4

XVIII. 1828. August. 4. Doskino.

Polhöhe und Uhrstand nach Sextantenbeobachtungen von Professor Hansteen.

XIX. 1828. August. 7. Nijnei-Nowgorod.

Im Garten beim Wirthshause in der oberen Stadt. Polhöhe und Uhrstand bestimmte Professor Hansteen durch Sonnenhöhen mittels des Spiegelsextanten.

XX. 1828. August 10. Tschugúnui.

Die Polhöhe nach den Ablesungen am Stellkreise berichtigt.

In den Gleichungen bleibt als mittlerer Fehler ε = 3″,85

und es ist für c Gewicht = 2,902; wahrs. Fehler = 2,26

- Δa - = 0,283 - - = 7,23

- $\Delta\vartheta$ - = 0,613 - - = 4,92

XXI. 1828. August 12. Angikowa.

Durch Umlegung des Fernrohres bei der Beobachtung des Polarsternes wurde die Collimation kleiner als eine Fadendicke gefunden.

XXII. 1828. August 15. Kasan.

In dem Garten des Kaufmann Krupeninikow, der Universität gegenüber.

In den Gleichungen bleibt als mittlerer Fehler ε = 5″,44
und es ist für Δa Gewicht = 0,345; wahrs. Fehler = 9,26
- $\Delta\vartheta$ - = 0,659 - - = 6,70

XXIII. 1828. August 20. Mitjéschka.

In den Gleichungen bleibt als mittlerer Fehler ε = 4″,45
und es ist für Δa Gewicht = 0,309; wahrs. Fehler = 7,97
- $\Delta\vartheta$ - = 0,462 - - = 6,51

XXIV. 1828. August 24. Dubrowa.

Die Collimation wurde kleiner als eine Fadendicke beobachtet.

XXV. 1828. August 25. Perm.

In den Gleichungen bleibt als mittlerer Fehler ε = 11″,40
und es ist für c Gewicht = 2,018; wahrs. Fehler = 8,03
- Δa - = 0,620 - - = 14,48
- $\Delta\vartheta$ - = 0,628 - - = 14,39

Die Boussole ist um 30′ zu grofs abgelesen, und es ist daher zu nehmen: Declin. = 6° 20′ 25″,31 O.

XXVI. 1828. August 26. Perm.

In den Gleichungen bleibt als mittlerer Fehler ε = 8″,73
und es ist für c Gewicht = 3,893; wahrs. Fehler = 4′,53
- Δa - = 0,217 - - = 19,18
- $\Delta\vartheta$ - = 0,326 - - = 15,64

An dem Punkte der Stadt, wo die Beobachtungen XXV und XXVI. angestellt wurden, habe ich noch folgende Sonnenhöhen gemessen.

1828. August 25. Höhen der ☉ Ränder am Kater'schen Kreise.

21ʰ	6′	24″,8 K.	42°	7′,00 Kr.	r.	U.	R.
21	11	56,8 —	42	40,25 —	l.	O.	R.
21	16	40,4 —	42	8,25 —	r.	U.	R.
21	20	32,2 —	42	40,75 —	l.	O.	R.
21	23	44,4 —	42	6,62 —	r.	U.	R.
21	26	39,2 —	42	33,00 —	r.	O.	R.

21^h	30′	40″,2 K.	42°	2′,50 Kr. l. U. R.
21	33	58,2 —	42	32,88 — r. O. R.
21	38	4,0 —	41	56,37 — l. U. R.
21	41	43,4 —	42	24,50 — r. O. R.

bei deren jeder das Mittel nach den zwei Nonien des Höhenkreises angegeben ist.

Mit den Zeitbestimmungen XXV. und XXVI. finde ich aus je zwei dieser Höhen:

$$\varphi = 58° \; 1',52$$
$$58 \; 1,37$$
$$58 \; 1,05$$
$$58 \; 1,10$$
$$58 \; 1,15$$

oder im Mittel $\varphi = 58° \; 1' \; 14''$.

Zwischen diesen Beobachtungen und XXVII. machte ich noch folgende Declinationsbestimmung:

1828. August 28. Stationsdorf Kruilasówo am Flusse Bábka.*)

Die Breite dieses Ortes beträgt nach Professor Hansteens Angabe: $\varphi = 57° \; 33' \; 45''$.

Am Kater'schen Kreise.

Höhen des Sonnenmittelpunktes.

1828. August 28.	17^h	27′	36″,0 K.	25°	34′,50 Kr.	l.
	17	29	52,8 —	25	52,50 —	l.
	17	31	54,0 —	26	5,25 —	l.
	17	35	8,4 —	26	30,50 —	r.
	17	37	16,0 —	26	45,75 —	r.
	17	39	49,0 —	27	4,25 —	r.

Barom. 334‴,6 Par. Temp. der Luft = + 10°,0 R.

Darauf bei unveränderter Stellung des Instruments:

	Azimut am Kreise, des ⊙ Mittelpunkts:	eines Thurmes:
17^h 42′ 31″,2 K.	277° 1′,33	337° 37′,16
45 46,8 —	277 50,50	
48 30,0 —	278 29,84	

*) Histor. Abthl. Band 1. St. 274.

Das Passagefernrohr bei c = 0 auf denselben Thurm richtend, wurde abgelesen:

Boussole: = 187° 35′,00
7 32,00

Es folgt daraus:

Für August 28. 17^h 33′,6 K. M—K = 2^h 47′ 57″,42 + 0, 136 Δh.
Wahre Azimut des Thurms = 178° 42′ 0″,9 + 2, 092 Δh.
wo Δh eine in Bogen ausgedrückte Correction der Höhen bedeutet. Mithin:

a =	88°	42′	0″,9	
Bouss. =	97	33	30,0	
Coll. =	—	0	16,3	
Declin. =	6°	15′	14″,6	O.

XXVIII. August 30. Kirgischansk.

Ich habe angenommen daſs die im Originale befindliche Angabe: Boussole = 2° 42′,50
182 49,50
wegen eines Schreibfehlers um 1° zu klein ist. An eine örtliche magnetische Anomalie von so bedeutender Stärke kann desswegen nicht gedacht werden, weil weder die beobachtete Intensität noch die beobachtete Neigung an demselben Punkte auf eine solche deuten.

In den Gleichungen bleibt als mittlerer Fehler ε = 5″,43
und es ist für Δa Gewicht 0, 299, wahrsch. Fehler = 9,93
- Δϑ - 0, 442, - - = 8,07

XXIX. 1828. August 31. Jekatarinburg.

In den Gleichungen bleibt als mittlerer Fehler ε = 3″,07
und es ist für Δa Gewicht 0,350 wahrsch. Fehler = 5,19
- Δϑ - 0,766 - - = 3,15

XXX. 1828. September 1. Jekatarinburg.

In den Gleichungen bleibt als mittlerer Fehler ε = 6″,08
und es ist für Δa Gewicht 0,298 wahrsch. Fehler = 11,13
- Δϑ - 0,419 - - = 9,38

Zwischen der vorstehenden Beobachtung und Nr. XXXI. mafs ich noch folgende Sonnenhöhen am Kater'schen Kreise, in dem Berg- und Hüttenwerke Nijnci Tagilsk. *)

Höhen der Sonnenränder:

1828. Sept. 6.	17^h	51'	34",4 K.	26°	51',25	K. r.	U.	R.
	17	54	37,2 —	27	41,25	— l.	O.	—
	21	7	30,8 —	37	52,50	— l.	U.	—
	21	10	16,8 —	38	21,75	— r.	O.	—
	21	13	6,8 —	37	47,70	— l.	U.	—
	21	16	1,2 —	37	45,25	— r.	U.	—
	21	20	22,4 —	38	14,50	— l.	O.	—

Barometer 329''',0 Par. Temp. der Luft + 14° R.

Im Original-Tagebuche steht bei den zwei ersten Höhen

33° 8',75
32 18,75

welche ich als Schreibfehler anstatt der obigen Angaben betrachte, indem ich annehme, dafs beide Male

anstatt des wahren 30° — α
das angeschriebene 30° + α gelesen wurde.

Die doppelte Theilung der Nonien dieses Kreises macht eine solche Irrung sehr wahrscheinlich. — Ich finde nach diesen Beobachtungen:

Für September 6. 21^h 8' K. M—K = 3^h 0' 57",86
φ = 57° 54' 36"

wodurch die gemessnen Höhen folgendermafsen dargestellt werden:

	Beobachtete. — Berechnete
$\frac{(1)+(2)}{2}$	0",0
$\frac{(3)+(4)}{2}$	+ 1",0
$\frac{(4)+(5)}{2}$	— 20",0
$\frac{(6)+(7)}{2}$	+ 19",0

*) Histor. Abtheilung. Band 1. St. 335—357.

XXXI. 1828. September 8. Kuschwa.

Vor dem Fremden-Hause.

In den Gleichungen bleibt als mittlerer Fehler ε				=	10″,69
und es ist für Δa	Gewicht	0,280	wahrsch. Fehler	=	20,15
- $\Delta\vartheta$	-	0,440	- -	=	16,08

XXXII. 1828. September 8. Kuschwa.

An derselben Stelle.

In den Gleichungen bleibt als mittlerer Fehler ε				=	6″,17
und es ist für Δa	Gewicht	0,745	wahrsch. Fehler	=	7,03
- $\Delta\vartheta$	-	2,088	- -	=	3,75

XXXIII. 1828. September 8. Bei Kuschwa.

Höchste Punkt des Magnetberges Blagodat.

Diese Beobachtung hatte die Messung der magnetischen Anziehung des Berges an einer bestimmten Stelle desselben, zum Zwecke.*)

An demselben Punkte am vorhergehenden Tage machte ich folgende Beobachtung zur Bestimmung der Lage des Berges Katschkanàr:

		Azimut am Kreise.	
1828. September 7.	21h 37′ 51″,2 K.	37° 39′,50	Sonnenmittelp.
		181° 44′,99	Spitze des Katschkanàr

woraus folgt:

Der Katschkanàr liegt vom Blagodat:

336° 43′,30

oder nach N. 23° 16′,70 W.

Den scheinbaren Höhenwinkel desselben Berges fand ich bei

Kr. r.	+ 0°	16′,75
— l.	+ 0	16,00
im Mittel	+ 0°	16′ 22″,5

*) Histor. Abthl. Band 1. St. 360 — 364.

XXXIV. 1828. September 11. Werchoturie.

Vor der am weitesten stromaufwärts an der Tura gelegenen Kirche.

In den Gleichungen bleibt als mittlerer Fehler			ε =	11″,43
und es ist für Δa	Gewicht 0,369	wahrsch. Fehler	=	18,82
- Δϑ	- 0,465	- -	=	16,75

An demselben Punkte mafs ich folgende Sonnenhöhen:

Sonnenhöhen am Kater'schen Kreise.

1828 Septbr. 10.	19^h	58′	36″,8 K.	34°	27′,50	K. l. U.	R.
	20	1	48,8 —	35	8,25	— r. O.	—
	20	3	59,2 —	34	37,50	— l. U.	—
	20	6	6,8 —	35	17,25	— r. O.	—

Barometer 329‴,0 Par. Temp. der Luft = + 15°,0 R.

Aus denen folgt:

$$\frac{(1)+(2)}{2} \qquad \varphi = 58°\ 52',13$$

$$\frac{(2)+(3)}{2} \qquad 58\ \ 52,54$$

$$\frac{(3)+(4)}{2} \qquad 58\ \ 52,27$$

$$\text{im Mittel:} \qquad \varphi = 58°\ 52'\ 19''$$

XXXV. 1828. September 24. Jekatarinburg.

In den Gleichungen bleibt als mittlerer Fehler			ε =	9″,14
und es ist für c	Gewicht 2,910	wahrsch. Fehler	=	5,35
- Δa	- 0,257	- -	=	18,05
- Δϑ	- 0,436	- -	=	13,98

XXXVI. 1828. Oktober 2. Sugazk.

In den Gleichungen bleibt als mittlerer Fehler			ε =	12″,24
und es ist für Δa	Gewicht 0,609	wahrsch. Fehler	=	15,68
- Δϑ	- 0,738	- -	=	14,25

XXXVII. 1828. Oktober 3. Tjumèn.

Polhöhe und Uhrstand nach Sextantenbeobachtungen von Professor Hansteen.

XXXVIII. 1828. Oktober 5. Jujakowa.

In den Gleichungen bleibt als mittlerer Fehler			ε =	2″,75
und es ist für Δa	Gewicht 0,307	wahrsch. Fehler	=	4,96
- Δϑ	- 0,343	- -	=	4,69

XXXIX. 1828. Oktober 15. Tobolsk.

In der unteren Stadt, der Kirche Rojdestwo Christowo gegenüber.

In den Gleichungen bleibt als mittlerer Fehler ε = 3",86
und es ist für Δa Gewicht 0,293 wahrsch. Fehler = 7,12
- $\Delta\vartheta$ - 0,484 - - = 7,62

XL. 1828. Oktober 18. Tobolsk.

An der eben genannten Stelle.

XLI. 1828. Oktober 19. Tobolsk.

Ebendaselbst.

In den Gleichungen bleibt als mittlerer Fehler ε = 0",85
und es ist für c Gewicht 3,191 wahrsch. Fehler = 0,47
- Δa - 0,679 - - = 1,03
- $\Delta\varphi$ - 0,410 - - = 1,32

XLII. 1828. Oktober 20. Tobolsk.

Ebendaselbst.

In den Gleichungen bleibt als mittlerer Fehler ε = 10",68
und es ist für c Gewicht 7,539 wahrsch. Fehler = 3,89
- Δa - 2,873 - - = 6,30
- $\Delta\vartheta$ - 3,950 - - = 5,37

XLIII. 1828. Oktober 20. Tobolsk.

Ebendaselbst.

In den Gleichungen bleibt als mittlerer Fehler ε = 18",70
und es ist für Δa Gewicht 0,318 wahrsch. Fehler = 33,14
- $\Delta\vartheta$ - 0,457 - - = 27,56

XLIV. 1828. Oktober 23. Tobolsk.

In der Oberen Stadt; nahe am Eingange in dieselbe, vor der Ruine des ehemaligen Gouvernementshauses.

XLV. 1828. Oktober 25. Tobolsk.

An derselben Stelle wie XXXIX.

Die beträchtliche Neigung welche die Umdrehungsaxe des Instrumentes im Verlaufe dieser Beobachtungen annahm, wurde durch das sumpfige Erdreich veranlaſst, auf welchem das Instrument aufgestellt worden war.

In den Gleichungen bleibt als mittlerer Fehler ε					= 18",17
und es ist für Δa	Gewicht	0,378	wahrsch.	Fehler	= 29,54
- $\Delta\varphi$	-	2,408	-	-	= 11,70

XLVI. 1828. Oktober 25. Tobolsk.

Ebendaselbst.

XLVII. 1828. November 4. Tobolsk.

Auf dem nordöstlichen Ende des Walles der oberen Stadt, zwischen den Fundamenten des Observatorium in welchem Chappe de Hauteroche im Jahre 1761 den Venusdurchgang beobachtete.*)

XLVIII. 1828. November 4. Tobolsk.

Ebendaselbst.

In den Gleichungen bleibt als mittlerer Fehler ε					= 5",26
und es ist für Δa	Gewicht	1,884	wahrsch.	Fehler	= 3,82
- $\Delta\vartheta$	-	2,115	-	-	= 3,62

XLIX. 1828. November 7. Tobolsk.

Ebendaselbst.

In den Gleichungen bleibt als mittlerer Fehler ε					= 11,00
und es ist für c	Gewicht	2,910	wahrsch.	Fehler	= 6,45
- Δa	-	0,224	-	-	= 23,26
- $\Delta\vartheta$	-	0,321	-	-	= 19,40

L. 1828. November 7. Tobolsk.

Ebendaselbst.

In den Gleichungen bleibt als mittlerer Fehler ε					= 14,54
und es ist für c	Gewicht	3,742	wahrsch.	Fehler	= 7,52
- Δa	-	1,573	-	-	= 11,58
- $\Delta\vartheta$	-	1,737	-	-	= 11,29

*) Histor. Abthl. Bd. I. St. 456 und 474.

LI. 1828. November 15. Tobolsk.

Ebendaselbst.

Die Beobachtung geschah bei bewölktem Himmel und die Antritte sind als unsicher bezeichnet. Bei dem von 40 Pegasi ist 21′ anstatt 19′ des Journales angenommen worden.

LII. 1828. November 24. Denjikowskaja Wolost.

In den Gleichungen bleibt als mittlerer Fehler ε = 3″,81
und es ist für Δa Gewicht 0,539 wahrsch. Fehler = 7,22
- $\Delta\vartheta$ - 0,278 - - = 5,19

LIII. 1828. November 24. Denjikowskaja Wolost.

In den Gleichungen bleibt als mittlerer Fehler ε = 0″,20
und es ist für c Gewicht 3,205 wahrsch. Fehler = 0,11
- Δa - 1,396 - - = 0,17
- $\Delta\vartheta$ - 2,122 - - = 0,14

LIV. 1828. November 26. Jelisarowo.

Dichte Bewölkung verhinderte sowohl die Fortsetzung dieser Beobachtung, als auch die Bestimmung der Polhöhe.

LV. 1828. November 28. Schorkal.

In den Gleichungen bleibt als mittlerer Fehler ε = 7″,82
uud es ist für c Gewicht 3,920 wahrsch. Fehler = 3,95
- Δa - 0,559 - - = 10,47
- $\Delta\vartheta$ - 0,548 - - = 10,57

LVI. 1828. November 28. Schorkal.

In den Gleichungen bleibt als mittlerer Fehler = 18″,31
und es ist für Δa Gewicht 2,819 wahrsch. Fehler = 10,90
- $\Delta\vartheta$ - 2,128 - - = 12,50

LVII. 1829. December 1. Beresow.

Vor dem Hause des Landgerichtes (Semskji Sud.)

Zur Bestimmung des Uhrstandes und der Polhöhe habe ich folgende Sternhöhen mit dem Kater'schen Kreise an demselben Punkte gemessen:

Höhen von α Lyrae am Kater'schen Kreise.

Decemb. 3.	4^h	51'	27",8 K.	31°	6',25	Kr.	r.
	4	56	57,2 —	30	31,00	—	l.
	5	4	5,2 —	29	53,25	—	r.
	5	8	43,2 —	29	21,75	—	l.
	5	14	39,2 —	28	50,50	—	r.
	5	19	56,8 —	28	17,00	—	l.

Barom. 28,900 Engl. Temp. der Luft. — 15°,00 R.

Höhen von α Urs. min. am Kater'schen Kreise.

Decemb. 3.	6^h	25'	4",0 K.	65°	22',90	Kr.	l.
	6	33	14,0 —	65	23,24	—	r.
	6	42	59,6 —	65	19,50	—	l.
	6	59	2,4 —	65	17,87	—	r.

Jede Höhen-Angabe ist das Mittel aus den Ablesungen an beiden Nonien.

Es folgt aus den Höhen von α Lyrae:

für Decb. 3. 4^h 54' K. S—K = 20^h 9' 49",0 aus $\frac{(1)+(2)}{2}$

50,9 - $\frac{(3)+(4)}{2}$

58,8 - $\frac{(5)+(6)}{2}$

= 20^h 9' 52",9 im Mittel.

Und aus den Höhen von α Ursae minoris:

φ = 63° 56',00 aus $\frac{(1)+(2)}{2}$

55,96 - $\frac{(3)+(4)}{2}$

= 63° 55' 59" im Mittel.

In obige Beobachtung $\Delta\varphi$ = — 80" substituirend, wird:

Declination = 11° 34' 39",52 O. anstatt des früher angegebenen . . . . 40",20 O.

Diese Declinationsbeobachtung (LVII) wurde übrigens während der Dauer eines sehr hellen Polarlichtes angestellt, dessen höchster Punkt sich in 6° Höhe und im Azimute N. 27° W. befand. — Die magnetische Wirkung desselben auf die Declination, ergiebt sich durch Vergleichung dieser Beobachtung mit der an demselben Punkte erhaltenen Beobachtung LXI. *)

LVIII. 1828. December 8. Obdorsk.

In den Gleichungen bleibt als mittlerer Fehler ε = 9″,85
und es ist für $\Delta\vartheta$ Gewicht 0,271 wahrsch. Fehler = 18,92
- Δa - 0,181 - - = 23,15

Die Stärke des mittleren Fehler rührt hier nur allein von den Antritten des letzten Sternes 35 Vulpeculae; sie würde z. B. durchaus verschwinden wenn man annähme dafs sich unmittelbar vor Beobachtung desselben die Umdrehungsaxe um etwa 4 Niveautheile W., geneigt hätte; da aber in dem Tagebuche keine direkte Bestätigung dieses Umstandes gegeben ist, so habe ich mir weder eine Annahme darüber noch auch die Ausschliefsung dieser Antritte erlaubt.

LIX. 1828. December 8. Obdorsk.

In den Gleichungen bleibt als mittlerer Fehler ε = 3″,06
und es ist für c Gewicht 1,874 wahrsch. Fehler = 2,24
- Δa - 1,000 - - = 3,06
- $\Delta\vartheta$ - 1,673 - - = 2,37

LX. 1828. December 11. Obdorsk.

In den Gleichungen bleibt als mittlerer Fehler = 8″,23
und es ist für Δa Gewicht 0,167 wahrsch. Fehler = 20,15
- $\Delta\vartheta$ - 0,282 - - = 15,51

Zwischen dieser und der vorhergenden Beobachtung machte ich eine Gebirgsreise, während welcher die Kessel'sche Uhr den Schwankungen eines offnen Renthierschlittens und Temperaturen von — 28° bis — 30° R. beständig ausgesetzt blieb. Es ist wahrscheinlich dafs diese Umstände die starke Veränderung des Standes derselben herbeiführten welche sich aus den zwei zuletzt genannten Beobachtungen ergiebt.

LXI. 1828. December 19. Beresow.

In den Gleichungen bleibt als mittlerer Fehler ε = 2″,48
und es ist für Δa Gewicht 0,191 wahrsch. Fehler = 5,68
- $\Delta\vartheta$ - 0,277 - - = 4,71

*) Histor. Abthl. Bd. I. St. 597.

Wegen $\Delta\varphi = -80''$, (Seite 265 Anmerkung zu LVII.) ist hinzuzufügen zu den oben angegebenen

Declination:	+ 20″,77 Bogen.
M—K:	+ 1″,54 Zeit.

LXII. 1828. December 28. Tobolsk.

An derselben Stelle wie XXXIX.

LXIII. 1828. December 31. Tobolsk.

Ebendaselbst.

In den Gleichungen bleibt als mittlerer Fehler ε = 8″,92
und es ist für Δa Gewicht 0,447 wahrsch. Fehler = 13,35
- $\Delta\vartheta$ - 0,625 - - = 11,28

Während der nun folgenden Reise von Tobolsk nach Irkuzk dienten die Beobachtungen mit dem Passageinstrumente nur allein zur Bestimmung der magnetischen Declination. Die gleichzeitig gefundenen Uhrstände können nicht zu Längenbestimmungen angewendet werden, weil das Kessel'sche Chronometer, wahrscheinlich in Folge der bedeutenden Kälte der es meist zweimal an jedem Tage anhaltend ausgesetzt wurde, mehrmals stehen blieb.

Diese Stillstände ereigneten sich übrigens, wie es scheint ohne Ausnahme, während des Fahrens: oder wenigstens nie im Verlaufe einer Beobachtung, weder am Tage wo die Uhr zur Zählung von Schwingungen der Magnetnadeln gebraucht wurde, noch des Abends während der Beobachtung von Stern-Antritten.

LXV. 1829. Januar 13. Tara.

In den Gleichungen bleibt als mittlerer Fehler ε = 11″,34
und es ist für Δa Gewicht 0,301 wahrsch. Fehler = 20,66
- $\Delta\vartheta$ - 0,567 - - = 15,05

LXVI. 1829. Januar 17. Tschuluim.

An demselben Punkte wurden zur Bestimmung des Uhrstandes folgende Höhen der beiden Sonnenränder beobachtet:

Höhen der Sonne am Kater'schen Kreise.

1829. Januar 17.	17ʰ 3′ 4″,4	13° 31′,88	Kr. l. U. R.
	. 8 33,6	14 13,50	— r. O. R.
	13 39,4	13 46,25	— l. U. R.
	19 40,8	14 28.00	— r. O. R.

Barom. 338‴,60 Par. Temp. der Luft — 28°,5 R.

Es folgt für Jan. 17. 16^h 23',5 K. S—K = 2^h 12' 45",7 aus $\frac{(1)+(2)}{2}$

= 12 54,2 - $\frac{(3)+(4)}{2}$

S—K = 2^h 12' 48",9 im Mittel.

LXVII. 1829. Januar 19. Ojasch.

Das Instrument war so gestellt worden, dafs der Polarstern zur Zeit seiner gröfsten Elongation den Faden II nicht völlig erreichte, und da es wegen Mangel an Zeit nicht möglich war, die Rückkehr desselben zum Faden III abzuwarten, so wurde die Beobachtung ohne Antritt eines nördlichen Sternes geschlossen und dadurch der wahrscheinliche Fehler von a um etwas vermehrt.

In den Gleichungen bleibt als mittlerer Fehler ε			=	6",03
und es ist für c Gewicht	1,646	wahrsch. Fehler	=	4,76
- Δa -	0,072	- -	=	22,55
- $\Delta\vartheta$ -	0,124	- -	=	17,12

LXVIII. und LXIX. 1829. Januar 21. und Januar 22. Tomsk.

Ich habe daselbst noch folgende Sonnenhöhen gemessen:

Höhe der Sonnenränder am Kater'schen Kreise.

1829. Januar 21.	0^h 31' 24",0 K.	13° 18',00 Kr.	l. U. R.
	0 36 2,4 —	13 48,87 —	r. O. —
	0 42 6,8 —	13 11,50 —	l. U. —
	0 48 58,8 —	13 36,88 —	r. O. —
	1 49 48,8 —	11 28,00 —	r. O. —
	1 53 46,0 —	11 16,75 —	l. O. —
	1 56 46,4 —	11 4,50 —	r. O. —
	2 1 42,4 —	10 49,88 —	l. O. —

Barom. 335''',9 Par. Temp. der Luft = — 22°,0 R.

1829. Januar 22.	2^h 1' 53",6 K.	11° 3',25 Kr.	r. O. R.
	2 5 12,0 —	10 49,45 —	l. O. —
	2 12 30,4 —	10 24,25 —	r. O. —
	2 17 19,0 —	10 5,50 —	l. O. —
	2 25 48,4 —	9 30,25 —	r. O. —

2^h 30′ 32,4 K.	9° 11′,70 Kr. l. O. —
2 34 32,0 —	8 54,00 — r. O. —
2 38 2,0 —	8 38,63 — l. O. —

Barom. = 339‴,50 Par. Temp. der Luft = — 23°,0 R.

Es folgt:

für Jan. 21. 0^h 33′,72 K.: S—K = 19^h 56′ 23″,63 aus $\frac{(1)+(2)}{2}$

56 22,67 - $\frac{(3)+(4)}{2}$

56 10,76 - $\frac{(5)+(6)}{2}$

56 23,46 - $\frac{(7)+(8)}{2}$

S—K = 19^h 56′ 20″,13 im Mittel.

für Jan. 22. 2^h 3′,55 K.: S—K = 20^h 0′ 38″,89 aus $\frac{(1)+(2)}{2}$

0 44,98 - $\frac{(3)+(4)}{2}$

0 40,69 - $\frac{(5)+(6)}{2}$

0 46,84 - $\frac{(7)+(8)}{2}$

S—K = 20^h 0′ 42″,85 im Mittel.

LXX. 1829. Januar 22. Tomsk.

In den Gleichungen bleibt als mittlerer Fehler ε = 9″,02
und es ist für Δa Gewicht 0,369 wahrsch. Fehler = 14,84
- $\Delta\vartheta$ - 0,506 - - = 12,68

LXXI. 1829. Januar 25. Kasulka.

In den Gleichungen bleibt als mittlerer Fehler ε = 10″,89
und es ist für Δa Gewicht 0,326 wahrsch. Fehler = 19,07
- $\Delta\vartheta$ - 0,375 - - = 17,77

LXXII. 1829. Januar 27. Krasnojarsk.

In den Gleichungen bleibt als mittlerer Fehler ε = 9″,58
und es ist für Δa Gewicht 0,311 wahrsch. Fehler = 17,18
- $\Delta\vartheta$ - 0,418 - - = 14,82

LXXIII. 1829. Januar 29. Krasnojarsk.

In den Gleichungen bleibt als mittlerer Fehler ε				=	5,60
und es ist für Δa	Gewicht	0,307	wahrsch. Fehler	=	10,11
- $\Delta\vartheta$	-	0,643	- -	=	6,99

Während des Aufenthaltes in Irkuzk und der Reise zur Chinesischen Gränze habe ich das Chronometer Kessels 1253 mit dem an Professor Hansteen gehörigen Boxchronometer Kessels 1259 verglichen, so dafs discontinuirliche Aenderungen des Standes wie sie während der Reisen von Tobolsk nach Irkuzk und von Irkuzk nach Jakuzk stattfanden, nicht unentdeckt bleiben konnten. Die Stände gegen mittlere Zeit der Beobachtungsorte oder die Gröfse M—K ist daher für die folgenden Beobachtungen wieder angegeben.

LXXV. 1829. Februar 7. Irkuzk.

In den Gleichungen bleibt als mittlerer Fehler ε				=	20″,31
und es ist für c	Gewicht	3,141	wahrsch. Fehler	=	11,45
- Δa	-	0,345	- -	=	34,57
- $\Delta\vartheta$	-	0,398	- -	=	32,19

LXXVI. 1829. Februar 8. Irkuzk.

In den Gleichungen bleibt als mittlerer Fehler ε				=	19″,93
und es ist für Δa	Gewicht	0,381	wahrsch. Fehler	=	32,27
- $\Delta\vartheta$	-	0,507	- -	=	27,99

LXXVII. 1829. Februar 17. Troizko Sawsk.

Polhöhe und Uhrstand wurden an Februar 16. und Februar 21. von Professor Hansteen durch Sternhöhen mittels des Spiegelsextanten bestimmt.

LXXVIII. 1829. Februar 22. Monachónowa.

In den Gleichungen bleibt als mittlerer Fehler ε				=	18″,88
und es ist für Δa	Gewicht	0,500	wahrsch. Fehler	=	26,70
- $\Delta\vartheta$	-	0,750	- -	=	21,80

LXXX. 1829. Februar 24. Arsentschéwa.

In den Gleichungen bleibt als mittlerer Fehler ε				=	9″,34
und es ist für Δa	Gewicht	0,824	wahrsch. Fehler	=	10,29
- $\Delta\vartheta$	-	1,937	- -	=	6,71

LXXXI. 1829. Februar 26. Auf dem Eise des Baikal 10 Werst von Posólskoi Monastuir.

Die Polhöhe wurde durch die beobachteten Azimute des Kloster Posolskoi und dreier anderer Punkte am nördlichen Ufer des Baikal mit Hülfe der Karten von Pjádischew und Maximowitsch, bestimmt, und der Uhrstand von Professor Hansteen aus 10 Sonnenhöhen gerechnet.

LXXXII. 1829. März 2. Irkuzk.

In den Gleichungen bleibt als mittlerer Fehler ε = 17″,43

und es ist für c	Gewicht 2,073	wahrsch. Fehler	=	12,10
- Δa	- 0.363	-	=	28,93
- $\Delta\vartheta$	- 0,378	-	=	28,36

LXXXIV. 1829. März 12. Irkuzk.

In den Gleichungen ist $\Delta\vartheta$ anstatt $\Delta\varphi$
und $\Delta\varphi$ - $\Delta\vartheta$ zu lesen.

Es bleibt in ihnen als mittlerer Fehler ε = 1″,19

und es ist für Δa	Gewicht 0,380	wahrsch. Fehler	=	1,93
- $\Delta\vartheta$	- 0,506	-	=	1,67

LXXXVI. 1829. März 15. Irkuzk.

In den Gleichungen bleibt als mittlerer Fehler ε = 4″,75

und es ist für Δa	Gewicht 1,714	wahrsch. Fehler	=	3,63
- $\Delta\vartheta$	- 0,556	-	=	6.37

LXXXVIII. 1829. März 21. Botowsk.

Zur Bestimmung des Uhrstandes und der Polhöhe habe ich an demselben Punkte folgende Höhen der Sonnenränder am Kater-schen Kreise beobachtet:

1829. März 21.	23h	34′	16″,4	K.	26°	29′,80	K.	r. O.	R.
	23	38	34,4	—	26	25,50	—	l. U.	—
	23	43	10,0	—	27	25,30	—	r. O.	—
	23	48	48,4	—	27	25,75	—	l. U.	—
	2	19	23,2	—	36	4,87	—	r. O.	—
	2	30	43,6	—	34	56,60	—	l. U.	—
	2	34	24,0	—	35	24,85	—	r. O.	—
	2	38	51,8	—	34	47,70	—	l. U.	—

Setzt man für 23^h 41',2 K. $S-K = \vartheta = 21^h\ 48'\ 28'',93$
und $\varphi = 55°\ 10'\ 0''$,

und rechnet nach der Formel:

$$0 = Z - z + \cos e \,.\, \Delta\varphi + \sin e \,.\, \cos \varphi \,.\, \Delta\vartheta$$

wo Z die beobachtete, z die berechnete Zenitdistanz bedeutet, so folgt aus:

(1) bis (4) : $0 = + 10'' - 0{,}7170\ \Delta\varphi + 0{,}3972\ \Delta\vartheta$

(5) - (8) : $0 = -\ 4'' - 0{,}9963$ - $-\ 0{,}0487$ -

Mithin als Resultate für 23^h 41',2 K. $\vartheta = 21^h\ 48'\ 26'',94$

$\varphi = 55°\ 9'\ 58''$.

LXXXIX. 1829. März 23. Ustkuzk.

In den Gleichungen bleibt als mittlerer Fehler ε = 4'',18

und es ist für Δa Gewicht 0,307 wahrsch. Fehler = 7,55

- $\Delta\vartheta$ - 0,500 - - = 5,92

XC. 1829. März 23. Ustkuzk.

Es ist zu lesen anstatt der obigen Angaben

$\Delta a = + 43'',20$

$\Delta\varphi = + 13{,}22$

mithin Resultat: $\varphi = 56°\ 46'\ 2'',96$.

In den Gleichungen bleibt als mittlerer Fehler ε = 14'',97

und es ist für Δa Gewicht 1,799 wahrsch. Fehler = 11,15

- $\Delta\vartheta$ - 0,826 - - = 16,47

XCI. 1829. März 25. Kirensk.

In den Gleichungen bleibt als mittlerer Fehler ε = 8'',66

und es ist für Δa Gewicht 0,293 wahrsch. Fehler = 15,99

- $\Delta\vartheta$ - 0,472 - - = 12,61

XCII. 1829. März 25. Kirensk.

In den Gleichungen bleibt als mittlerer Fehler ε = 20'',18

und es ist für Δa Gewicht 2,093 wahrsch. Fehler = 13,95

- $\Delta\vartheta$ - 1,903 - - = 14,63

XCIII. 1829. März 27. Iwanowsk.

In den Gleichungen bleibt als mittlerer Fehler ε = 9'',8

und es ist für Δa Gewicht 0,287 wahrsch. Fehler = 18,30

- $\Delta\vartheta$ - 0,479 - - = 14,15

An dem bis auf Minuten getheilten Stellkreise des Passageinstrumentes (Siehe oben S. 12) wurde, nachdem die Ebene des Ringes A Fig. 2., horizontal gestellt worden (Siehe oben S. 11), die Höhe des Polarsterns folgendermafsen abgelesen:

1829. März 27.	11^h 31′ 0″ K.	57° 23′,0 Kr. l.
	11 34 40 —	57 29,0 — r.
	11 37 5 —	57 22,5 — l.

Barom. = 330‴,30 Par. Temp. der Luft = — 13°,5 R.

Es folgt daraus: φ = 58° 37′ 44″.

XCIV. 1829. März 28. Parschinsk.

In den Gleichungen bleibt als mittlerer Fehler ε = 2″,00

und es ist für c	Gewicht 2,010	wahrsch. Fehler =	1,41
- Δa	- 0,602	- - =	2,58
- Δϑ	- 0,445	- - =	3,00

Zur Bestimmung der Polhöhe habe ich, an demselben Punkte, ebenso wie bei XCIII, folgende Höhen des Polarsternes gemessen:

1829. März 28.	9^h 50′ 24″.0 K.	58° 15′,50 Kr. l.
	10 5 0,0 —	58 3,75 — l.
	10 7 34,0 —	58 12,74 — r.

Barom. = 329‴,00 Par. Temp. der Luft = — 8°,0 R.

Hieraus folgt: φ = 59° 7′ 15″.

XCV. 1829. März 30. Jerbinsk.

An demselben Punkte habe ich folgende Höhen der Sonnenränder zur Bestimmung der Polhöhe und des Uhrstandes beobachtet:

Höhen der Sonnenränder am Kater'schen Kreise.

1829. März 30.	16^h 10′ 45″,6 K.	18° 34′,87 Kr. r. U. R.
	16 14 31,6 —	19 33,05 — l. O. —
	16 17 32,0 —	19 19,62 — r. U. —
	16 20 23,2 —	20 19.37 — l. O. —
	16 24 32.4 —	20 4.00 — r. U. —
	16 30 26,8 —	21 15,75 — l. O. —
	19^h 9′ 16″,0 —	32° 26′.0 Kr. r. U. R.
	19 12 6.0 —	33 5.5 — l. O. —
	19 14 40,0 —	32 36,5 — r. U. —

1829. März 30.	19^h 17′ 10″,4 K.	33° 14′,5 Kr.	l. O.	R.
	19 20 46,4 —	32 46,75 —	r. U.	—
	19 23 56,0 —	33 26,12 —	l. O.	—
	19^h 39′ 30″,0 K.	33° 43′,37 Kr.	l. O.	R.
	19 43 24,8 —	33 13,22 —	r. U.	—
	19 49 1,2 —	33 50,00 —	l. O.	—
	19 52 24,8 —	33 18,25 —	r. U.	—
	19 55 58,4 —	33 52,75 —	l. O.	—
	20 0 35,2 —	33 20,12 —	r. U.	—

Barom. = 327‴,90 Par. Temp. der Luft = 0°,0 R.

Wolken verhinderten die Fortsetzung dieser Beobachtung.

Setzt man für 16^h 56′,9 K. $S-K = \vartheta = 4^h\ 35'\ 35'',92$

$\varphi = 60°\ 18'\ 0''$

und rechnet so wie S. 272 zu LXXXVIII angegeben, so folgt:

aus (1) bis (6) $0 = +\ 412'' - 0{,}48632\ \Delta\varphi + 0{,}43292\ \Delta\vartheta$

- (7) . . . (12) $0 = +\ 601'' - 0.97235$ - $+ 0{,}11574$ -

- (13) . . . (18) $0 = +\ 622'' - 0{,}97822$ - $+ 0{,}02933$ -

Mithin als Resultat: $\Delta\vartheta = -\ 0'\ 17'',92$ in Zeit

$\Delta\varphi = +\ 10'\ 1''$ in Bogen

oder für 16^h 56′,9 K. $\vartheta = 4^h\ 35'\ 18'',00$

$\varphi = 60°\ 28'\ 1''$.

Durch Substitution dieses Werths in das obige Resultat (Seite 171) kommt, anstatt desselben:

Declin. = 1° 42′ 36″,11 W.

XCVI. 1829. April 1. Nelensk.

In den Gleichungen bleibt als mittlerer Fehler ε = 8″,86
und es ist für c Gewicht 2,924, wahrsch. Fehler = 5,18

- Δa	-	0,665,	-	-	= 10,87
- $\Delta\vartheta$	-	0,368,	-	-	= 14,61

XCVII. 1829. April 3. Olekma.

An demselben Punkte habe ich folgende Höhen der Sonnenränder zur Bestimmung des Uhrstandes und der Polhöhe beobachtet:

Höhen der Sonnenränder am Kater'schen Kreise.

1829. April 2.	16^h	16′	0″,8	K.	21°	53′,12	Kr.	r.	U.	R.
	16	20	28,4	—	22	53,75	—	l.	O.	—
	16	24	10,8	—	22	44,12	—	r.	U.	—
	16	28	46,4	—	23	45,00	—	l.	O.	—
	16	31	27,2	—	23	29,75	—	r.	U.	—
	16	33	42,8	—	24	14,75	—	l.	O.	—
	18^h	26′	16″,8	K.	33°	3′,25	Kr.	l.	O.	R.
	18	29	40,4	—	32	39,00	—	r.	U.	—
	18	33	22,0	—	33	22,25	—	l.	O.	—
	18	38	8,0	—	33	35,12	—	r.	O.	—
	19^h	35′	17″,0	K.	34°	29′,50	Kr.	r.	U.	R.
	19	40	27,0	—	35	6,00	—	l.	O.	—
	19	43	17,0	—	35	6,50	—	r.	O.	—
	19	47	4,0	—	34	33,75	—	r.	U.	—
	19	52	20,4	—	35	6,50	—	l.	O.	—
	19	57	20,0	—	34	31,00	—	r.	U.	—
	20	2	20,0	—	35	4,00	—	l.	O.	—
	20	6	53,0	—	34	25,50	—	r.	U.	—
	20	9	0,0	—	34	25,00	—	r.	U.	—

Barom. = 333‴,00 Par. Temp. der Luft = — 5°,5 R.

Es folgt für 20^h 22′,6 K.:

aus (1) bis (6) $S-K = \vartheta = 5^h\ 1'\ 43'',83$

(7) — (10) $= 47.09$

Im Mittel $= 5^h\ 1'\ 45'',46$

und aus (11) bis (19) $\varphi = 60°\ 22'\ 24''$.

XCVIII. 1829. April 5. Issik.

In den Gleichungen bleibt als mittlerer Fehler ε = 17″,56
und es ist für Δa Gewicht 0,242, wahrsch. Fehler = 35,70
- $\Delta\vartheta$ - 0,560, - - = 23,47

Zur Bestimmung der Polhöhe habe ich an demselben Punkte eben so wie bei XCIII folgende Höhen des Polarsterns gemessen:

1^h	44′	38″,0	K.	59°	27′,50	Kr.	r.
1	49	8,0	—	59	20,25	—	l.
1	52	4,0	—	50	25,00	—	r.

aus denen folgt: $\varphi = 60° 47' 6''$.

XCIX. 1829. April 9. Jakuzk.

Auf dem Gehöfte des Bürger Semön Popòw.

In den Gleichungen bleibt als mittlerer Fehler ε					=	21'',08
und es ist für	Δa	Gewicht	0,224;	wahrsch. Fehler	=	44,58
-	$\Delta\vartheta$	-	0,364	- -	=	34,94

C. 1829. April 9 Jakuzk.

An dem bezeichneten Punkte.

In den Gleichungen bleibt als mittlerer Fehler ε					=	11'',16
und es ist für	Δa	Gewicht	0,958,	wahrsch. Fehler	=	11,39
-	$\Delta\varphi$	-	3,008,	- -	=	6,43

CIII. 1829. April 15. Jakuzk.

An dem bezeichneten Punkte.

In den Gleichungen bleibt als mittlerer Fehler ε					=	6'',14
und es ist für	Δa	Gewicht	0,223,	wahrsch. Fehler	=	13,00
-	$\Delta a'$	-	0,170,	- -	=	14,87
-	$\Delta\vartheta$	-	0,274,	- -	=	11,72

CIV. 1829. April 16. Jakuzk.

An dem bezeichneten Punkte.

In den Gleichungen bleibt als mittlerer Fehler ε					=	8'',85
und es ist für	c	Gewicht	1,305;	wahrsch. Fehler	=	7,75
-	Δa	-	0,248	- -	=	17,76
-	$\Delta\vartheta$	-	0,150	- -	=	22,89

CV. 1829. April 17. Jakuzk.

An dem bezeichneten Punkte.

In den Gleichungen bleibt als mittlerer Fehler ε					=	27'',72
und es ist für	c	Gewicht	3,230;	wahrsch. Fehler	=	15,48
-	Δa	-	1,130	- -	=	26,07
-	$\Delta\varphi$	-	2,681	- -	=	16,93

CVI. 1829. April 17. Jakuzk.

Ebendaselbst.

In den Gleichungen bleibt als mittlerer Fehler ε					=	1'',34
und es ist für	Δa	Gewicht	0,255;	wahrsch. Fehler	=	2,65
-	$\Delta\vartheta$	-	0,4[illegible]0	- -	=	2,07

An dem Punkte, wo die Beobachtungen C bis CVI. angestellt wurden, habe ich noch die folgenden Höhen der Sonnenränder gemessen:

Höhen der Sonnenränder am Kater'schen Kreise.

1829. April 14.	15h	39′	40″,8 K.	37°	54′,00	Kr.	l.	O.	R.
	15	44	49,6 —	37	18,00	—	r.	U.	—
	15	47	11,6 —	37	48,00	—	l.	O.	—
	15	51	16,0 —	37	45,50	—	r.	O.	—
	15	55	28,0 —	37	10,50	—	l.	U.	—

Barom. = 333‴,60 Par. Temp. der Luft = 0°,0 R.

Mit dem Uhrstande nach C, CIII, CIV folgt aus ihnen:

$$\varphi = 62° \; 0',81$$

und es bleibt in dem Resultate ein wahrsch. Fehler von ± 0′,57.

Ferner:

Höhen der Sonnenränder am Kater'schen Kreise.

1829. April 16.	15h	35′	29″,0 K.	38°	4′,80	Kr.	l.	U.	R.
	15	38	49,0 —	38	33,50	—	r.	O.	—
	15	42	28,0 —	38	0,50	—	l.	U.	—
	15	45	18,4 —	37	58,87	—	l.	U.	—
	15	49	44,0 —	37	55,50	—	r.	U.	—
	15	56	4,4 —	37	50,00	—	l.	U.	—
	15	58	30,0 —	37	46,75	—	r.	U.	—

Barom. = 336‴,60 Par. Temp. der Luft = — 0°,5 R.

Mit dem Uhrstande nach CIV und CVI folgt aus ihnen:

$$\varphi = 62° \; 2',17$$

und es bleibt in dem Resultate ein wahrsch. Fehler von ± 0′,47

oder: im Mittel aus beiden Bestimmungen } $\varphi = 62° \; 1' \; 29'',4$

wahrscheinlicher Fehler ± 8″,4

Ebendaselbst:

Höhen der Sonnenränder am Kater'schen Kreise.

1829. April 21.	12h	22′	37″,2 K.	29°	50′,90	Kr.	l.	U.	R.
	12	26	35,2 —	30	44,50	—	r.	O.	—
	12	29	30,0 —	30	29,50	—	l.	U.	—
	12	32	22,40 —	31	17,50	—	r.	O.	—
	12	34	57,60 —	31	32,62	—	l.	O.	—

1829. April 21.	12ʰ 39′ 43″,20 —	31° 58′,62	Kr. r. O. R.
	12 42 59,60 —	31 44,25	— l. U. —
	12 48 52,40 —	32 14,87	— r. U. —

Barom. = 333‴,40 Par. Temp. der Luft = + 1°,0 R.

Es folgt:

für April 21. 12ʰ 34′,7 K:

aus (1) bis (4)	M—K = 8ʰ 31′ 7″,11	+ 0,1056 $\Delta\varphi$
(5) — (8)	= 3,60	+ 0,1204 -
Im Mittel	M—K = 8ʰ 31′ 5″,35	+ 0,1130 $\Delta\varphi$

Die folgende Beobachtung machte ich ebendaselbst, zur Orientirung eines handschriftlichen Planes der Stadt Jakuzk, der mir von einem daselbst ansässigen Feldmesser mitgetheilt wurde, und auf welchem, aufser den Hauptgebäuden des Ortes, auch die Beobachtungsorte von Billings, und von Capitain Wrangel bei seiner Reise nach Nijnei Koluimsk, so wie der Aufstellungspunkt meiner Instrumente verzeichnet wurden:

Azimut am Kater'schen Kreise.

1829. April 21.	13ʰ 23′ 55″,2 K.	104° 52′,50	Kr. l. L. ⊙ R.
	13 28 47,6 —	286 40,50	— r. R. ⊙ R.
	13 32 20,2 —	107 18,55	— l. L. ⊙ R.

Hierauf bei unverrückter Stellung des Instrumentes:

Helmstange der Kirche	147° 8′,00	Kr. l.
Nikolai Tschudotwórez	326 56,00	— r.

alle Azimut-Angaben sind Mittel aus den Ablesungen an den drei Nonien des Kreises.

Es folgt aus den Sonnen-Azimuten:

$\frac{(1) + (2)}{2}$... Nikolai Tschudotwórez nach: 183° 59′ 7″,14

$\frac{(2) + (3)}{2}$ 59′ 23″,34

im Mittel 183° 59′ 15″,24

wenn das Azimut von Norden an rechts herum positiv gezählt wird.

Nach dem erwähnten Plane und diesem Azimute, liegen von meinem Beobachtungsorte, dessen Breite und östliche Länge mit φ und l bezeichnend:

	Abstand in Sajen	Azimut.	N. Breite.	Ö. Länge.
		ω	φ	l
Kirche Nikolai Tschudotwórez .	104,0	S. 3°,99 W.	— 0′ 7″,15	— 0′ 1″,06
Kirche Sobornui (Kathedrale)	181,5	S. 61°,50 W.	— 0′ 5″,97	— 0′ 23″,40
Kirche Monastuirskji (Kloster)	665,5	N. 67°,75 W	+ 0′ 17″,37	— 1′ 30″,37
Kirche Bojemateri (Muttergottes)	529,0	S. 13°,25 W.	— 0′ 35″,50	— 0′ 17″,79
Quartier von Billings	234,0	S. 20°,50 W.	— 0′ 15″,11	— 0′ 12″,02
Quartier von Wrangel	296,0	N. 44°,00 O.	+ 0′ 14″,68	+ 0′ 30″,17

CIX. 1829. April 23. Porotowsk.

Ich habe daselbst noch die folgenden Sonnenhöhen gemessen:

Höhen der Sonnenränder am Kater'schen Kreise.

1829. April 23.	15ʰ	26′	26″,8	K.	40°	29′,00	Kr.	r.	U.	R.
	15	30	59,6	—	40	59,00	—	l.	O.	—
	15	34	54,0	—	40	25,37	—	r.	U.	—
	15	39	16,8	—	40	52,87	—	l.	O.	—
	15	42	39,6	—	40	19.00	—	r.	U.	—
	15	46	21,2	—	40	46,87	—	l.	O.	—
	16ʰ	38′	36″,4	K.	39°	0′ 00	—	l.	O.	—
	16	40	56,0	—	38	20,75	—	r.	U.	—
	16	45	15,2	—	38	39,25	—	l.	O.	—
	16	49	23,6	—	37	53,25	—	r.	U.	—
	16	53	21,2	—	38	12,50	—	l.	O.	—
	16	56	46,0	—	37	26.50	—	r.	U.	—

Barom. = 330‴,00 Par. Temp. der Luft = — 4 ,0 R.

Setzt man:

für April 23. 17^h 26',8 K.: S—K = ϑ = 10^h 46' 59",11

φ = 62° 0',00

und rechnet wie S. 272 zu LXXXVIII. angegeben, so folgt:

aus (1) bis (6): 0 = + 1',096 — 0,99428 $\Delta\varphi$. — 0,05022 $\Delta\vartheta$.

- (7) — (12): 0 = + 0,753 — 0,87988 - — 0,22302

Mithin als Resultat:

für April 23. 17^h 26',8 K. ϑ = 10^h 46' 54",21

φ = 62° 1',16.

CX. 1829. April 24. Lebegine.

Ich habe daselbst noch die folgenden Sonnenhöhen gemessen:

Höhen der Sonnenränder am Kater'schen Kreise.

1829. April 24.	15^h 37' 20",4 K.	40° 29',00	Kr.	l.	U.	R.
	15 40 36,0 —	40 57,00	—	r.	O.	—
	15 56 34,0 —	40 4,00	—	l.	U.	—
	15 59 22,8 —	40 30,00	—	r.	O.	—
	16 3 9,6 —	39 52,50	—	l.	U.	—
	16 7 6,0 —	40 15,00	—	r.	O.	—
	17^h 23' 1",2 K.	35° 58',50	—	r.	O.	—
	17 25 42,4 —	35 14.00	—	l.	U.	—
	17 29 26,4 —	34 55,50	—	r.	U.	—
	17 32 8,4 —	35 18,25	—	l.	O.	—

Barom. = 327''',80 Par. Temp. der Luft = + 3°,5 R.

Setzt man:

für April 24. 16^h 31',5 K. S—K = ϑ = 10^h 58' 7",66

φ = 62° 11' 25"

und rechnet wie S. 272 angegeben, so folgt:

aus (1) bis (6): = — 0',188 — 0,97310 $\Delta\varphi$. — 0,10501 $\Delta\vartheta$.

- (7) — (10): = — 0',317 — 0,74808 - — 0,30961

Mithin als Resultat:

für April 24. 16^h 31',5 K. $\vartheta = 10^h$ 58' 4",75
$\varphi = 62°$ 11',30.

CXI. 1829. April 26. Nochinsk.

An diesem Orte habe ich noch folgende Sonnenhöhen gemessen:

Höhen der Sonnenränder am Kater'schen Kreise.

1829. April 26.	9^h	56'	24",0	K.	18°	13',50	Kr. l. O.	R.
	10	0	49,0	—	18	9,00	— r. U.	—
	10	5	20,0	—	18	42,75	— l. U.	—
	10	10	39,0	—	19	19,37	— r. U.	—
	10	13	43,0	—	20	14,50	— l. O.	—
	10	18	25,2	—	20	14,50	— l. U.	—
	10	21	8,4	—	20	32,25	— r. U.	—
	10	30	34,4	—	22	12,00	— l. O.	—
	10	32	20,8	—	22	23,62	— l. O.	—
	12^h	2'	7",2	K.	32°	1',50	Kr. l. O.	R.
	12	5	0,8	—	31	42,62	— r. U.	—
	12	7	30,8	—	31	59,87	— l. U.	—
	12	9	54,8	—	32	11,62	— r. U.	—
	12	16	12,4	—	32	46,75	— r. U.	—
	13^h	5'	29",2	K.	36°	52',75	Kr. r. U.	R.
	13	8	6,0	—	37	37,00	— l. O.	—
	13	10	43,2	—	37	14,50	— r. U.	—
	13	14	2,8	—	38	1,50	— l. O.	—
	13	16	34,0	—	37	39,25	— r. U.	—
	13	19	51,2	—	37	52,37	— l. U.	—

Barom. = 326''',60 Par. Temp. der Luft = + 2°,0 R.

Setzt man:

für April 26. 11^h 0',6 K.: S—K = $\vartheta = 11^h$ 10' 54",05
$\varphi = 61°$ 57',20

und rechnet so wie S. 272 angegeben, so folgt:

$$0 = + 6',682 - 0,15241\ \Delta\varphi + 0,46470\ \Delta\vartheta$$
$$0 = + 6,615 - 0,59500\ \cdot + 0,37790\ \cdot$$
$$0 = + 3,178 - 0,81416\ \cdot + 0,27302\ \cdot$$

Mithin als Resultat:

für April 26. 11ʰ 0',6 K. $\vartheta = 11^h\ 9'\ 51'',93$

$\varphi = 61°\ 56',75''$.

Während der Beobachtungen in Nochinsk zeigte sich eine ungewöhnliche Menge von Flecken auf der Sonne; in der oberen Hälfte derselben zählte ich 23, wobei viele kleinere nicht mitgerechnet wurden.

CXII. 1829. April 27. Aldanskji Perewos.

In den Gleichungen bleibt als mittlerer Fehler				ε =	10'',43
und es ist für c Gewicht	4,182;	wahrsch. Fehler		=	5,10
- Δa -	0,241	-	-	=	21,25
- $\Delta\vartheta$ -	0,361	-	-	=	17,35

CXIII. 1829. April 27. Aldanskji Perewos.

In den Gleichungen bleibt als mittlerer Fehler				=	9'',12
und es ist für c Gewicht	2,945;	wahrsch. Fehler		=	5,31
- Δa -	1,310	-	-	=	7,97
- $\Delta\varphi$ -	2,086	-	-	=	6,31

CXIV. 1829. April 29. Tschernoljes.

An diesem Orte habe ich noch die folgenden Sonnenhöhen gemessen:

Höhen der Sonnenränder am Kater'schen Kreise.

1829. April 29.	10ʰ 58' 2'',8 K.	26° 23',50	Kr.	r.	U.	R.
	11 1 3,2 —	27 15,37	—	l.	O.	—
	11 3 37,6 —	27 0,75	—	r.	U.	—
	11 6 17,6 —	27 51,12	—	l.	O.	—
	11 9 38,8 —	27 40,50	—	r.	U.	—
	11 12 46,0 —	28 34,00	—	l.	O.	—
	12ʰ 13' 46'',0 K.	34° 46',87	Kr.	l.	O.	—
	12 16 20,2 —	34 30,25	—	r.	U.	—
	12 19 22,2 —	35 18,62	—	l.	O.	—
	12 22 34,8 —	35 3,90	—	r.	U.	—
	13ʰ 32' 38'',4 K.	40° 15',12	Kr.	r.	U.	R.
	13 35 38,0 —	40 59,05	—	l.	O.	—

1829. April 29.	13^h 37′ 46″,8 K.	40° 32′,38 Kr. r. U. R.
	13 41 6,4 —	40 47,12 — l. U. —

Barom. = 321‴,20 Par. Temp. der Luft = + 1°,5 R.

Setzt man:

für April 29. 11^h 47′,1 K.: S—K = ϑ = 11^h 27′ 18″,39

φ = 61° 29′,20

und rechnet so wie Seite 272 angegeben, so kommt:

$$0 = +\ 0',729 - 0{,}35527\ \Delta\varphi + 0{,}44619\ \Delta\vartheta$$
$$0 = +\ 2',040 - 0{,}63528\ \Delta\varphi + 0{,}36865\ \Delta\vartheta$$
$$0 = +\ 1',605 - 0{,}88648\ \Delta\varphi + 0{,}22091\ \Delta\vartheta$$

Mithin als Resultat:

für April 29. 11^h 47′,1 K. ϑ = 11^h 27′ 15″,07

φ = 61° 31′,21.

Die Nummern CXV und CXVI sind durch ein Versehen zwei mal hintereinander angewendet: zuerst für die Sonnenbeobachtung in Garnastach und die Zeitbestimmung in Antschà, dann für die Polhöhenbestimmung in Antschà und die Sonnenbeobachtung in Ketánda.

CXV. 1829. Mai 1. Garnastach.

Zur Bestimmung des Uhrstandes und der Polhöhe habe ich an diesem Orte folgende correspondirende Höhen und Circummeridianhöhen der Sonne beobachtet.

1829.	Mai 1.	⊙ Höhen am Kater'schen Kreise.
10^h 51′ 40″,4 K.	19^h 5′ 10″,8 K.	26° 30′,25 Kr. l. U. R.
10 56 3,4 —	19 0 47,8 —	27 0,00 — - — —
11 0 26,8 —	18 56 19,6 —	27 29,75 — - — —
11 4 55,6 —	18 51 55,0 —	27 59,62 — - — —
11 9 28,4 —	18 47 19,6 —	28 30,00 — - — —
11^h 13′ 37″,4 K.	18^h 43′ 10″,0 K.	29° 29′,37 Kr. r. O R.
11 18 26,0 —	18 38 19,2 —	29 59,37 — - — —
11 22 49,4 —	18 33 53,6 —	30 29,25 — - — —
11 27 44,4 —		30 59,25 — - — —
13^h 45′ 12″,4 K.	16^h 11′ 9″,2 K.	41° 44′,25 Kr. l. U. R.
13 50 59,2 —	16 5 32,8 —	42 0,00 — - — —
13 54 42,0 —	16 1 46,0 —	42 10,00 — - — —

13ʰ	56′	34″,4	K.	16ʰ	0′	1″,6	K.	42	15′,00	Kr.	l.	U.	R.
13	58	32,0	—	15	58	0,2	—	42	20,00	—	-	—	—
14	0	16,0	—	15	56	11,2	—	42	25,00	—	-	—	—
14	3	0,0	—	15	53	45,6	—	42	30,00	—	-	—	—
14	5	20,0	—	15	51	20,8	—	42	35,00	—	-	—	—
14	9	46,4	—	15	46	32,8	—	42	45,00	—	l.	—	—
14	22	35,6	—	15	34	50,8	—	43	6,25	—	r.	U.	R.
14	26	54,8	—					43	45,00	—	l.	O.	—

Circummeridianhöhen der ⊙ am Kater'schen Kreise.

1829. Mai 1.	14ʰ	29′	54″,8	K.	43°	46′,12	Kr.	r.	O.	R.
	14	32	31,6	—	43	18,25	—	l.	U.	—
	14	33	20,4	—	43	52,00	—	r.	O.	—
	14	36	38,8	—	43	22,62	—	l.	U.	—
	14	38	43,0	—	43	55,15	—	r.	O.	—
	14	40	56,0	—	43	24,57	—	l.	U.	—
	14	43	0,8	—	43	58,00	—	r.	O.	—
	14	45	22,0	—	43	29,12	—	l.	U.	—
	14	47	20,0	—	44	0,50	—	r.	O.	—
	14	53	3,0	—	44	2,50	—	r.	O.	—
	14	56	19,6	—	43	33,00	—	l.	U.	—
	14	59	20,0	—	44	2,90	—	r.	O.	—
	15	2	24,0	—	43	33,25	—	l.	U.	—
	15	7	42,0	—	44	1,12	—	r.	O.	—
	15	11	0,0	—	43	29,25	—	l	U.	—
	15	17	25,2	—	43	55,75	—	r.	O.	—
	15	22	35,6	—	43	20,87	—	l.	U.	—
	15ʰ	24′	35″,6	—	43°	49′,75	—	l.	O.	—

Barom. = 314‴,80 Par. Temp. der Luft = + 1°,5 R.

Es folgt aus den correspondirenden Höhen:

für Mai 1. 12ʰ 23′,3 K:

aus (1) bis (5)	S—K = ϑ =	11ʰ 37′ 31″,46
- (4) — (9)	=	11 37 31,62
- (10) — (10)	=	11 37 29,73
	im Mittel ϑ =	11ʰ 37′ 30″,93

und aus den Circummeridianhöhen φ = 61° 29′ 36″,04

wahrscheinlicher Fehler von φ = 12″.

CXV *bis*. 1829. Mai 7. Antscha.

In den Gleichungen bleibt als mittlerer Fehler ε = 10″,00
und es ist für Δa Gewicht 1,235; wahrsch. Fehler = 9,00
- Δϑ - 1,727 - - = 7,61

An demselben Punkte habe ich, ebenso wie bei XCIII. angegeben, folgende Höhen des Polarsterns gemessen:

2ʰ 20′ 54″,0	59° 26′,50
2 22 48,0	59 36,00
2 25 27,2	59 28.75

Barom. = 303‴,66 Par. Temp. der Luft = 0°,0 R.

Es folgt aus denselben:

$$\varphi = 61° \; 0',50.$$

CXVI *bis*. 1829. Mai 12. Ketanda.

An diesem Orte habe ich folgende Sonnenhöhen beobachtet:

Höhen der Sonnenränder am Kater'schen Kreise.

1829. Mai 12.	15ʰ 28′ 19″,6	46° 32′,75 Kr. r. U. R.
	15 31 18,6	46 59,25 — l. O. —
	15 33 2,0	46 55,25 — r. O. —

Dichtes Schneegestöber unterbrach hier die Beobachtung.

15ʰ 49′ 26″,0 K.	45° 38′,75 Kr. r. U. R.
15 54 27,2 —	45 56,75 — l. O. —
15 57 32.8 —	45 13,82 — r. U. —
16 0 14,0 —	45 5,50 — l. U. —
18ʰ 19′ 9″.6 K.	33° 15′,5 Kr. r. O. R.
18 26 0.8 —	31 54.25 — l. U. —
18 29 54,4 —	32 3,75 — l. O. —
18 32 24.0 —	31 12.50 — r. U. —
18 38 17,2 —	31 5,75 — l. O. —
18 44 53,6 —	29 42,25 — r. U. —
19ʰ 47′ 35″,2 K.	22° 45′.5 Kr. r. O. R.
19 51 18,4 —	21 43,5 — l. U. —
20 0 57,2 —	20 33,5 — r. U. —
20 3 48,0 —	20 11,75 — r. U. —
20 7 28,8 —	19 46,25 — l. U. —

Barom. = 297‴,07 Par. Temp. der Luft = + 1°,0 R.

Setzt man:

für Mai 12. 20^h 34',55 K: $S-K = \vartheta = 12^h$ 39' 12'',09

$\varphi = 60°$ 49',70

und rechnet so wie Seite 272 angegeben, so folgt:

aus (1) bis (3)	$0 = -11',430 - 0{,}95308\ \Delta\varphi$	$- 0{,}14766\ \Delta\vartheta$
- (4) — (7)	$0 = -11{,}287 - 0{,}89956$ -	$- 0{,}21356$ -
- (8) — (13)	$0 = -10{,}233 - 0{,}33636$ -	$- 0{,}45935$
- (14) — (18)	$0 = -6{,}825 + 0{,}00269$ -	$- 0{,}48779$ -

Mithin als Resultat:

für Mai 12. 20^h 34',55 K: $\vartheta = 12^h$ 38' 13'',93

$\varphi = 60°$ 40' 11'',50.

CXVII. 1829. Mai 20. Ochozk.

Diese Beobachtung und die folgenden bis zu CXXX sind am Ost-Ende des genannten Ortes, hart am linken Ufer des Kuchtui vor dem Hause des Bürgers Akúlkow angestellt.

In den Gleichungen bleibt als mittlerer Fehler ε = 19'',72
und es ist für Δa Gewicht 0,181; wahrsch. Fehler = 46,37
- $\Delta\vartheta$ - 0,170 - - = 47,75

CXIX. 1829. Mai 23. Ochozk.

In den Gleichungen bleibt als mittlerer Fehler ε = 1'',38
und es ist für Δa Gewicht 0,345; wahrsch. Fehler = 2,35
- $\Delta\vartheta$ - 0,460 - - = 2,03

CXXII. 1829. Mai 25. Ochozk.

In den Gleichungen bleibt als mittlerer Fehler ε = 1'',61
und es ist für Δa Gewicht 0,241; wahrsch. Fehler = 3,28
- $\Delta\varphi$ - 1,177 - - = 1,48

Wegen einer Reise nach der Salzsiederei am Strande des Ochozkischen Meeres, blieb die Uhr am 31. Mai unaufgezogen: die Beobachtungen CXXIII. und folgende zeigen den neuen Stand gegen den Meridian des Akulkow'schen Hauses in Ochozk.

Am 18. Juli ging ich an Bord des Kaiserlich Russischen Transportschiffs Jekatarina, welches im Kuchtui, um 1,5 Werst östlich vom Akulkow'schen Hause, vor Anker lag. An der Abfahrt nach Kamtschatka wurden wir durch widrigen Wind bis Juli 28. verhindert. Ich mafs daher an dem zunächst am Schiffe gelegenen

Punkte des linken Ufer des Kuchtui folgende Höhen der Sonne und des Polarsterns:

Höhen der ⊙ Ränder am Spiegelsextanten.

1829. Juli 27.	4h	3′	26″,0	K.	72°	28′	30″	U.	R.
	4	5	28,4	—	73	3	30	O.	—
	4	7	41,6	—	71	30	0	U.	—
	4	10	1,2	—	72	0	0	O.	—
	4	13	5,0	—	70	15	0	U.	—
	4	14	21,6	—	71	0	0	O.	—
	4	15	38,4	—	69	38	40	U.	—
	4	18	1,2	—	70	8	50	O.	—
	4h	36′	37″,2	K.	65°	41′	30″	O.	R.
	4	38	14,0	—	64	15	0	U.	—
	4	40	30,0	—	64	45	0	O.	—
	4	42	22,4	—	63	14	45	U.	—
	4	44	36,0	—	63	45	0	O.	—
	4	46	24,0	—	62	15	0	U.	—
	4	48	34,4	—	62	45	0	O.	—
	4	50	57,2	—	61	8	20	U.	—

⊙ Durchmesser am Sextanten. } — 30′ 0″,0 / + 32 2,01

Höhen des Polarsterns am Kater'schen Kreise.

1829. Juli 27.	12h	17′	32″,8	59°	44′75	Kr. l.
	12	33	21,2	59	53,00	— r.
	12	45	7,6	59	56,50	— l.
	12	60	54,6	59	63,25	— r.

Barom. = 330‴,00 Par. Temp. der Luft = + 8°,0 R.

Setzt man:

für Juli 27. 4^h 27′,3 K. M—K = 23^h 22′ 4″,68

und φ = 59° 22′,00.

So folgt:

aus (1) bis (8) $0 = +\, 0',791 - 0{,}40743\, \Delta\varphi - 0{,}46533\, \Delta\vartheta$

(9) — (16) $0 = +\, 0',457 - 0{,}27722$ · $- 0{,}48956$ ·

(17) — (18) $0 = -\, 0',608 + 0{,}99857$ · $+ 0{,}02712$ ·

(19) — (20) $0 = -\, 0',433 + 0{,}99868$ · $+ 0{,}02606$ ·

Mithin als Resultat:

für Juli 27. 4^h 27',3 K: M—K = 23^h 22' 9",82

φ = 59° 22' 30",00.

Die Höhen des Polarstern waren unsicher wegen schlechter Beleuchtung der Fäden. — Die Beobachtungen, die ich auf dem Penjinsker Meere wärend der Überfahrt nach Kamtschatka gemacht habe, werde ich weiter unten mit meinen Beobachtungen auf dem Grofsen- und Atlantischen Ocean zusammenstellen.

Es folgen daher jetzt die Ergänzungen zu den Beobachtungen auf Kamtschatka.

CXXXI. 1829. August 13. An der Mündung des Tigil-Flusses, bei dem sogenannten: Magasenskji Pad (die Magazins-Schlucht).

Zur Bestimmung des Uhrstandes und der Polhöhe habe ich an diesem Punkte noch folgende Sonnenhöhen gemessen:

Höhen der ⊙ Ränder am Kater'schen Kreise.

1829. August 12. u. 13.

23^h 20' 45",2 K.	23^h 57' 17",2 K.	46° 20',0 Kr.	l. U. R.
23 24 2,0 —		46 55,5 —	r. O. —
23 27 0,4 —		46 27,65 —	l. U. —
23^h 30' 22",0 —		47° 1',25 Kr.	r. O. R.
23 36 27,2 —		46 32,25 —	l. U. —
23 45 56,4 —		46 33,50 —	l. U. —
0 6 35,6 —		46 53,50 —	r. O. —
0 10 42,4 —		46 17,00 —	l. U. —

Ferner:

1829. August 13. u. 14.

23^h 2' 21",6 K.	0^h 24 56,0 K.	45° 34',0 Kr.	l. U. R.
23 10 36,0 —	0 17 46,8 —	45 48,5 —	l. U. —
23 14 7,2 —	0 13 38,0 —	45 54,0 —	l. U. —
23 22 3,8 —	0 5 40,0 —	46 4,0 —	l. U. —
23 27 37,6 —	0 0 0,0 —	46 9,0 —	l. U. —
23 37 36,0 —		46 14,0 —	l. U. —
23 48 8,0 —		46 15,25 —	l. U. —
23 53 2,0 —		46 13,25 —	l. U. —

Barom = 332''',0 Par. Temp. der Luft = + 14°,0 R.

Es folgt aus diesen:

für August 12.	23h 44′ K.	M—K	= 0h 20′ 24″,94
- - 13.	23 44 —		= 0 20 20,47

und: $\varphi = 58° \; 1' \; 25'',5$.

CXXXII. Tigilsk.

Vor dem Hause des Gouverneurs der Westküste, neben der Kirche.

Zur Bestimmung der Polhöhe dieses Punktes habe ich daselbst folgende Sonnenhöhen gemessen:

Höhen des oberen Sonnenrandes am Spiegelsextanten.

1829. August 21.	23h 34′ 56″,4	88° 16′ 45″
	36 4,2	19 10
	38 2,0	19 18
	41 30,0	19 37
	45 0,0	19 50
	51 11,2	15 0
	52 30,0	13 40
	53 51,2	13 0
	54 43,6	12 20
	56 3,2	10 0
	58 13,6	6 0
	23 59 39,6	4 40
	0h 0′ 47″,6	88° 2′ 25″.

Sonnen-Durchmesser am Sextanten. { — 6′ 5″ / — 67′ 45″

Barom. = 328‴,75 Par. Temp. der Luft = + 11°,0 R.

Es folgt aus diesen:

$$\varphi = 57° \; 45' \; 55''.$$

CXXXIII. 1829. August 29. Jelowka.

An diesem Orte habe ich noch folgende Sonnenhöhen gemessen:

Höhen des oberen Sonnenrandes am Spiegelsextanten.

1829. August 29.	3h 3′ 32″,6 K.		54° 58′ 20″
	5 2,8 —	19h 59′ 16″,8 K.	37 35
	7 32,0 —	56 42,0 —	54 0 0
	3 8 35,6 —	19 55 35,0 —	53 45 0

Höhen des oberen Sonnenrandes am Spiegelsextanten.

1829.	August 29.	3h 10′ 38″,4 K.	19 53′ 36″,8 K.	53° 15′ 0″
		3 12 35,2 —	51 32,0 —	52 45 0
		19h 38′ 31″,6 K.		49° 30′ 0″
		40 31,2 —		50 0 0
		43 30,8 —		50 45 0
		45 30,4 —		51 15 0
		47 34,0 —		51 45 0
		49 34,0 —		52 15 0
		51 32,0 —		52 45 0
		53 36,8 —		53 15 0
		55 35,0 —		53 45 0
		56 42,0 —		54 0 0
		19h 59′ 16″,8 —		54° 37′ 35″
		23h 13′ 54″,8 K.		84° 17′ 25″
		16 14,8 —		21 12

⊙ Durchmesser am Sextanten. } — 5′ 20″,0 ; — 67 7,5

Barom. = 328‴,00 Par. Temp. der Luft = + 13°,0 R.

Es folgt aus ihnen:

für Aug. 29. 3h 8′ K.:	M—K = 0h 29′ 35″,69	} aus (1) bis (6)	
19 55 —	29 24,01		
19 49 —	29 23,74	- (7) — (17)	
	und: φ = 56° 53′ 50″	- (18) — (19)	

Ferner:

Höhe des oberen Sonnenrandes am Sextanten.

1829. Septb. 5.		1h 14′ 26″,0 K.	72° 0′
		16 10,0 —	71 45
		17 42,8 —	71 30
⊙ D. a. S.	— 7′ 12″,0	19 17,2 —	71 15
	— 69 20,0	21 0,4 —	71 0
		1h 22′ 33″,0 —	70° 45′

Barom. = 328‴,54 Par. Temp. der Luft = + 14°,0 R.

Es folgt aus ihnen:

für Septbr. 5. 1h 18′,4 K.: M—K = 0h 29′ 3″,98.

CXXXIV und CXXXV. 1829. Septbr. 5. Jelowka.

Um das Resultat der Beobachtung CXXXIV. mit den eben angegebenen Sonnenhöhen in Übereinstimmung zu bringen, müfste angenommen werden, dafs bei den Antritten von α Aquilae die Minuten um 1 zu klein angeschrieben wurden. Es käme alsdann

für Septb. 5. 8^h 25′ K.: $M-K = 0^h\ 29'\ 1'',73$

Declination = 6° 15′ 40″,04 O.

und aus CXXXV (wo in der 1sten Gleichung das Zeichen des Coëfficienten von Δa: — zu lesen ist)

$\varphi = 56°\ 53'\ 53''$.

Endlich habe ich an demselben Punkte der Kamtschadalen-Niederlassung Jelowka folgende Azimute und Höhenwinkel der beiden Spitzen des Vulkanes Schiwélutsch gemessen:

Höhenwinkel	Azimut
am Kater'schen Kreise.	
Linke Spitze des Schiwélutsch.	
5° 8′,00	40° 57′,50 Kr. l.
5 6,00	220 36,50 — r.
Rechte Spitze des Schiwélutsch.	
4° 59′,75	42° 13′,00 Kr. l.
4 56,00	221 54,00 — r.

darauf bei unverrückter Stellung des Kreises:

Azimut der Sonnenränder.

1829. Aug. 29.	20^h 35′ 44″,0 K.	209° 51′,0 Kr. r. R. Rand
	37 23,6 —	209 37,0 — r. L. —
	40 35,0 —	31 23,0 — l. R. —
	20^h 41′ 51″,6 —	31° 7′,5 — l. L. —

Es folgt wahre Azimut:

der linken Spitze des Schiwélutsch: S 42° 16′,54 O.

der rechten - - - S 41 0,04 O.

Zwischen den Beobachtungen CXXXIII und CXXXIV machte ich eine Reise zur Untersuchung des Vulkanes Schiwélutsch, und maafs Sonnenhöhen an zwei verschiedenen Punkten dieses Berges, von denen ich den einen mit A den anderen mit B bezeichnen will. Der Punkt A, an welchem meine Begleiter ein Zelt aufgestellt hatten, liegt, nach später beizubringenden Barometer-Ablesungen, um 2625,12 Par. Fufs niedriger als der Punkt

B, welcher der höchste ist, den ich am Schiwélutsch erreichte. —

Beobachtungen am Punkte B.

Höhen der Sonnenränder am Kater'schen Kreise.

1829. Septbr. 3.	1h	14′ 47″,0 K.	36° 40′,25	Kr.	r.	U.	R.
		20 15,6 —	36 12,25	—	l.	U.	—
		25 54,8 —	35 44,25	—	r.	U.	—
		30 25,4 —	35 21,75	—	l.	U.	—
	1	35 0,0 —	35 0,50	—	r.	U.	—
	3	24 52,0 —	22 53,75	—	l.	U.	—
		30 40,0 —	22 12,25	—	r.	U.	—
		33 3,6 —	21 52,25	—	l.	U.	—
	3h	36′ 30″,0 —	21° 24′,C0	—	r.	U.	—

Barom. 272‴,68 Par. Temp. der Luft = 0°,0 R.

Ferner:

am Kater'schen Kreise:

	Höhenwinkel.	Azimutalkreis.
Punkt A.	— 15° 7′,75 Kr. r.	237° 33′,0
	— 15 7,50 — l.	57 54,0
Schiwélutsch linke Spitze	+ 18° 48′,50 — l.	199 17,0
rechte Spitze	+ 23 25,00 — l.	236 54,0

Beobachtungen am Punkte A.

Höhen der Sonnenränder am Kater'schen Kreise.

1829. Septbr. 3.	19h	0′ 49″,2 K.	19° 0′,00	Kr.	l.	O.	R.
		5 3,2 —	18 59,25	—	r.	U.	—
		8 29,2 —	19 59,00	—	r.	O.	—
		12 34,4 —	20 0,00	—	l.	U.	—
		16 0,0 —	21 0,00	—	l.	O.	—
	19	20 18,0 —	20 59,00	—	r.	U.	—
	20	54 13,0 —	32 28,50	—	r.	O.	—
	20	59 40,0 —	32 28,50	—	r.	U.	—
	21	4 20,0 —	33 30,00	—	l	O.	—
		10 10,0 —	33 30,00	—	l.	U.	—
		15 46,4 —	33 58,75	—	r.	U.	—
		22 46,8 —	35 8,75	—	r.	O.	—
	21h	29′ 8″,0 —	35° 8′,75	Kr.	r.	U.	—

Barom. = 299''',72 Par. Temp. der Luft = + 2°,0 R.

Ferner: Septbr. 3. 20^h 24' 8'',4 K. stand der östliche Sonnenrand im Vertikale des Punktes B. —

Am Kater'schen Kreise:

	Höhenwinkel.	Azimutalkreis.
Der Punkt B.	+ 15° 10',75 Kr. r.	271° 25',0
	+ 15 12,12 — l.	91 42,0
Schiwélutsch linke Spitze	+ 18° 19,50 — r.	248 8,0
	+ 18 20,50 — l.	68 20,5
Schiwélutsch rechte Spitze	+ 18° 52',25 — r.	270 0,0
	+ 18 56,50 — l.	90 13,0

Die Einstellung auf die rechte Spitze ist als unsicher im Azimute, aber sehr sicher für den Höhenwinkel angegeben, weil der Gipfel derselben von dem Punkt A, breit erscheint:

Es folgt aus diesen Messungen:

für Punkt B:

Polhöhe = 56° 40' 9''

M—K = 0^h 29' 58'',99 für Septbr. 3. 1^h 0' K.

Ferner wahres Azimut der

Rechten Spitze des Schiwélutsch: S 55° 44',70 O.

Linken Spitze - - : N 86° 38',30 O.

für Punkt A:

Polhöhe = 56° 41' 8''

M—K = 0^h 29' 46'',44 Septbr. 3. 20^h 0' K.

und wahres Azimut der

Rechten Spitze des Schiwélutsch: S. 56° 11',70 O.

Linken Spitze - - : S. 78 3,95 O.

des Punktes B S. 54 44',70 O.

Länge der Linie A B. = 10039 Pariser Fufs.

Zwischen den Beobachtungen ist der Gang des Chronometers gegen M. Zt. = 3'',18 tägliche Voreilung vorausgesetzt. Mit diesen Resultaten stimmen die beobachteten Sonnenhöhen wie folgt:

Berechnete. — Beobachtete Höhe.				Berechnete. — Beobachtete Höhe.			
An Punkt A.	— 15″	aus (1) bis	(2)	an Punkt B.	— 33″	aus (1) bis	(3)
	— 24	- (3) -	(6)		+ 10	- (3) -	(5)
	+ 5	- (7) -	(8)		— 34	- (6) -	(7)
	+ 55	- (9) -	(13)		+ 23	- (8) -	(9)

Bei Bestimmung zweier Unbekannten wird demnach:

Mittlere Fehler für das Gewicht 1,00: ε = 33″,9

und für die halbe Summe der zwei Gröfsen M—K:

Gewicht 1,352, wahrsch. Fehler = 29″ in Bogen,

für die halbe Summe der zwei Polhöhen:

Gewicht 3,544, wahrsch. Fehler = 18″ —.

Die Differenz der Uhrstände und Polhöhen für die Punkte A und B ist von den Sonnenhöhen unabhängig, und beruht auf den beobachteten Azimut und Neigung der Linie A B, so wie dem Höhenunterschiede zwischen A und B.

Die barometrischen Ablesungen zur Berechnung der Höhen über dem Meere für Jelowka, für die Punkte A und B und für die beiden Spitzen des Schiwélutsch, werde ich im Verfolge mittheilen.

CXXXVI. 1829. September 7. Chártschinsk.

Kamtschadalen-Niederlassung am See gleichen Namens.

In den Gleichungen bleibt als mittlerer Fehler ε = 17″,49

und es ist für	Δa	Gewicht 0,218,	wahrsch. Fehler =	37,48
-	$\Delta\vartheta$	- 0,674,	- - =	21,31

CXXXVIII. 1829. September 9. Kliutschéwsk.

Russisches Dorf am Kamtschatka-Flusse.

In den Gleichungen bleibt als mittlerer Fehler ε = 19″,70

und es ist für	c	Gewicht 3,817,	wahrsch. Fehler =	10,08
-	Δa	- 0,341,	- - =	33,72
-	$\Delta\vartheta$	- 0,369,	- - =	30,15

An dem Punkte, wo die Beobachtung CXXXVIII. angestellt wurde, habe ich noch folgende Sonnenhöhen gemessen:

Höhen des oberen Sonnenrandes am Sextanten.

1829. September 8. und September 9.

22h	41′	26″,0 K.	0h	17′	0″,0 K.	76°	30′
	43	44,4 —		14	42,0 —	76	40
	46	15,2 —		12	14,4 —	76	50
	48	57,6 —		9	28,2 —	77	0
	51	58,0 —		6	45,6 —	77	10
	55	10,0 —		3	51,2 —	77	20
22	57	43,2 —	0	0	34,0 —	77	30
23	1	39,2 —	23	57	0 —	77	40
	10	34,8 —		47	32,0 —	78	0
23h	13′	50″,4 —	23h	44′	27″,1 —	78°	5′

Circummeridianhöhen des oberen Sonnenrandes am Sextanten.

1829. Septbr. 8.	23h	23′ 24″,0	78°	14′ 20″
		24 57,2		14 50
		26 33,6		15 45
		28 30,0		15 45
		29 56,0		16 0
		32 35,2		15 0
	23h	34′ 31″,2	78°	14′ 35″

Sonnendurchmesser am Sextanten. } — 69′ 30″ / — 7 42

Barom. = 328‴,00 Par. Temp. der Luft = + 13°,5 R.

Es folgt aus ihnen:

für Septbr. 8. 23h 29′,6 K.: M—K = 0h 27′ 47″,91

φ = 56° 19′ 55″.

mit einem wahrscheinlichen Fehler von 5″,0 Zeit für M—K

und von 4″,4 Bogen - φ.

Wegen Berichtigung von φ ist bei CXXXVIII zu addiren:

zur Declination: — 2″,14

zu M—K: — 0″,17.

An demselben Punkte fand ich ferner:

Am Kater'schen Kreise:

Höhenwinkel des Kliutschewsker Vulkanes 8° 23′,75 Kr. l.

8 25,50 — r.

CXXXIX. 1829. September 16. Kosuirewsk.

Kamtschadalen Niederlassung am Kamtschatka-Flusse.

Polhöhe und Uhrstand für diesen Ort habe ich aus den folgenden Sonnenhöhen bestimmt:

Höhen des oberen ⊙ Randes am Sextanten.

1829. Septbr. 15.	22h 13′ 15″,2 K.	69° 15′
	15 30,0 —	69 30
	17 46,8 —	69 45
	22h 20′ 1″,2 —	70° 0′
	23h 29′ 29″,0 K.	73° 51′ 40″
	31 0,4 —	52 0
	32 8,0 —	52 22
	34 27,0 —	53 10
	36 13,2 —	53 20
	38 14,0 —	51 20
	39 46,4 —	50 0
	42 21 0 —	49 10
	23h 44′ 48″,0 —	73° 46′ 15″

Sonnendurchmesser am Sextanten. } — 6′ 6″,0; — 67 27,5

Barom. = 329‴,00 Par. Temp. der Luft = + 12°,0 R.

Es folgt aus:

(1) — (4) M—K = 0h 22′ 29″,38 für Septbr. 15. 22h 16′,6 K.

(5) — (13) φ = 55° 52′ 5″.

mit einem wahrscheinlichen Fehler von 6″ für φ.

An demselben Punkte, wo die Beobachtung CXXXIX und die eben angeführten Sonnenhöhen erhalten wurden, habe ich noch folgende Azimute und Höhenwinkel gemessen:

Am Kater'schen Kreise.

1829. Septbr. 16.		Azimut.	Höhenwinkel.
0h 55′ 19″,0 K.	Linker Sonnenrand	127° 9′,5 K. r.	
57 44,8 —	Rechter -	308 44,5 — l.	
Kliutschéwsker Vulkan		351 26,0 — r.	3° 53′,26
Tolbátschinsker Vulkan, westliche und höchste Spitze.		14 47,0 — r.	4 41,75

Es folgt:

		Wahres Azimut:
des Kliutschewsker Vulkanes:	N.	69° 8',96 O.
- Tolbátschinsker -	S.	87 30,04 O.

Zwischen diesen Beobachtungen und CXL. habe ich noch Folgendes, ebenfalls am Kamtschatka Flusse, bei den Tschápinsker Sommerjurten gemessen:

Höhen des oberen Sonnenrandes am Sextanten.

1829. Septbr. 17.	19h	49' 16",0 K.	40° 45'
		51 16,0 —	41 15
		52 16,0 —	41 30
		53 16,0 —	41 45
		54 17,2 —	42 0
		55 19,4 —	42 15
		56 19,0 —	42 30
	19h	57' 21",0 —	42° 45'
	21h	36' 53",6 K.	63° 30'
		38 46,8 —	63 49
		39 58,8 —	64 0
		41 34,4 —	64 15
	21	43 12,0 —	64 30
	21	44 51,6 —	64 45
	22	59 3,2 —	72 30
	23	1 4,8 —	72 35
		2 32,4 —	72 40
		4 36,8 —	72 45
		6 14,8 —	72 50
		8 24,0 —	72 55
	23h	10' 44",0 —	73° 0'

Höhen des oberen Mondsrandes am Sextanten.

1829. Septbr. 17.	20h	40' 20",0	41° 23' 30"
		42 18,4	40 52 0
	20	47 52,0	39 21 10
	21	18 32,0	31 0 50
		21 39,0	30 10 20

1829. Septbr. 17.	21ʰ	24′	52″,0		29°	18′	0″
		25	56,8		29	0	0
		27	47,0		28	30	0
		30	18,8		27	50	15
	21ʰ	33′	23″,6		27°	0′	0″.

Kleinster Abstand des Monds und Sonnenrandes am Sextanten.

1829. Septbr. 17.	20ʰ	31′	48″,4	115°	11′	20″
		54	26,0	115	0	0
	20	59	21,2	114	57	50
	21	4	4,4		55	0
		7	42,8		54	30
		9	49,6		52	5
		12	14,0		52	10
		14	14,0		51	20
		48	11,6		33	10
		52	28,4		30	15
		55	2,0		29	0
	21ʰ	58′	6″,0	114°	26′	56″

Sonnendurchmesser am Sextanten. } — 69′ 27″ / — 5 40

Barom. = 329‴,00 Par. Temp. der Luft + 3°,0 R. um 19ʰ 48′
+ 10,0 - 23 20

Es folgt, wenn Δs einen constanten Fehler der Sextanten-Ablesung bezeichnet, aus den Sonnenhöhen:

für Septb. 17. 21ʰ 40′,9 K.: M—K = 0ʰ 21′ 5″,21 + 0,033 Δs.
φ = 55° 20′ 45″,24 — 0,499 Δs.

und es ist für eine Bestimmung

	vom Gewicht	1,000,	wahrsch. Fehler	= 8″,43 in Bogen
für M—K:	-	0,369	- -	= 0,93 in Zeit
φ:	-	1,910	- -	= 6,10 in Bogen

Ferner für den Beobachtungsort:

Länge, östlich von Paris.

Aus den Mondshöhen.	(1)	10ʰ	29′	22″,5
- - -	(2)		28	32,4
- - -	(3)		28	45,4
- - -	(4)		29	11,2
- - -	(5)		29	9,2

Länge, östliche von Paris.

Aus den Mondshöhen.	(6)	10h	29′	5″,9	— 1,109 Δs.
- - -	(7)		29	43,2	
- - -	(8)		29	59,7	
- - -	(9)		28	6,1	
- - -	(10)	10	28	53,1	
Im Mittel:		10h	29′	4″,87	— 1,109 Δs.

Länge, östlich von Paris.

Aus den Mondsabst. (1)	10h	27′	4″,2	
- - - (2) bis (8)		28	43,7	+ 1,902 Δs.
- - - (9) — (12)	10	30	9,8	
Im Mittel mit Rücksicht auf die Anzahl der Bestimmungen.	10h	28′	56″,52	+ 1,900 Δs.

CXL. 1829. September 19. Máschura.

Kamtschadalen-Niederlassung am Kamtschatka-Flusse.

Zur Bestimmung der Polhöhe und des Uhrstandes habe ich an diesem Punkte noch folgende Sonnenhöhen am Sextanten beobachtet:

Höhe des oberen Sonnenrandes am Sextanten.

1829. Septb. 19.	2h 27′ 4″,0 K.	52° 15′
	28 24,8 —	51 45
	31 36,0 —	51 15
	32 44,8 —	51 0
	36 14,8 —	50 15
	37 17,6 —	50 0
	38 22,4 —	49 45
	2h 42′ 40″,0 —	48° 45′

Sonnendurchmesser am Sextanten. — 67′ 40″ / — 4 22

Barom. = 329‴,00 Par. Temp. der Luft = + 8°,0 R.

18h 44′ 32″,6	22° 15′
46 21,6	22 45
47 19,2	23 0
48 13,2	23 15
18h 49′ 6″,8	23° 30

	18h 50′ 1″.6	23° 45′
	51 50.8	24 15
	18h 52′ 41″.6	24° 30′
Sonnendurchmesser am Sextanten.	— 69′ 37″ — 6 7.	

Temperatur der Luft = + 2°,0 R.

Es folgt:

für Septb. 19. 3h 45′,9 K.: M—K = 0h 19′ 31″,76

φ = 55° 4′ 21″.

Zwischen dieser Beobachtung und CXLI habe ich noch Folgendes zur Bestimmung der Lage des Kliutschewsker Vulkanes gemessen:

Auf einem Moore, 4 Werst westlich von dem am Kamtschatka-Flusse gelegenen Orte Kirgana.

Am Kater'schen Kreise.

1829. Septb. 20.	Azimut.	Höhe.		
23h 4′ 56″,0 K.	350° 59′.0		Sonne östlicher Rand	Kr. r.
	220° 57,0	0° 47′,25	Kliutschéwsker Vulkan	— r.
		0 50,00	Derselbe	— l.
23 44 33,6 —		36 15,50	Sonne O. R.	— r.
46 52,8 —		35 48,25	- U. R.	— l.
48 55,2 —		35 40,00	- U. R.	— r.
51 4,0 —		35 46,00	- U. R.	— l.
52 46,0 —		35 35,5	- U. R.	— r.
54 38,0 —		35 40,0	- U. R.	— l.
23 57 8,0 —		35 32,5	- U. R.	— r.
0 17 58,4 —		34 59,0	- U. R.	— r.
0h 21′ 4″,0 —		34° 58′,75	- U. R.	— l.

Barom. = 324‴,70 Par. Temp. der Luft = + 12°,0 R.

Bei den Messungen der Sonnenhöhen wurde das Niveau an der Umdrehungsaxe des Kreises auf einem Theilstriche erhalten, welcher, vom Nullpunkt an gerechnet, bei Kr. r gegen die Sonne, und bei Kr. l von der Sonne abwärts gekehrt war. —

Die Resultate dieser Winkelmessungen werde ich weiter unten bei Bestimmung der Höhe des Kliutschéwsker Vulkanes anführen.

CXLIII. 1829. September 30. Petropaulshafen.

oben ist zu lesen: $S-M = 12^h\ 35'\ 27'',24$

$M-K = 0^h\ 17'\ 24'',98$

In den Gleichungen bleibt als mittlerer Fehler ε = 9″,37
und es ist für c Gewicht 0,341, wahrsch. Fehler = 37,07
- Δa - 0,418 - - = 25,96

CXLVII. 1829. November 11. Neu Archangelsk auf Sitcha.

Bei der Kirche der Russischen Niederlassung.

In den Gleichungen bleibt als mittlerer Fehler ε = 20″,02
und es ist für Δa Gewicht 0,292, wahrsch. Fehler = 37,07
- Δϑ - 0,594, - - = 25,96

CXLVIII. 1829. December 6. San Francisco in Californien.

Mein Beobachtungspunkt liegt um 0,66 Seemeilen O. } vom Fort.
0,30 - S. }

In den Gleichungen bleibt als mittlerer Fehler ε = 13″,97
und es ist für c Gewicht 1,992, wahrsch. Fehler = 9,90
- Δa - 1,310, - - = 12,21
- Δϑ - 1,134, - - = 13,12

CXLIX. 1829. December 6. San Francisco.

An derselben Stelle.

In den Gleichungen bleibt als mittlerer Fehler ε = 3″,66
und es ist für c Gewicht 3,256; wahrsch. Fehler = 2,03
- Δa - 1,073 - - = 3,53
- Δφ - 1,483 - - = 3,00

CL. 1829. December 12. San Francisco.

An derselben Stelle.

In den Gleichungen bleibt als mittlerer Fehler ε = 6″,01
und es ist für c Gewicht 3,522, wahrsch. Fehler = 3,03
- Δa - 0,957 - - = 6,14
- Δa′ - 0,820 - - = 6,64
- Δϑ - 2,759 - - = 3,62

CLI. 1827. December 17. San Francisco.

An derselben Stelle.

In den Gleichungen bleibt als mittlerer Fehler ε				=	18″,22
und es ist für c Gewicht 4,499; wahrsch. Fehler				=	8,59
Δa	-	0,510	- -	=	25,52
- $\Delta\vartheta$	-	0,728	- -	=	20,52

Da wir durch unsere Reise gegen Osten um einen Tag gegen die Europäische Zeitrechnung voraus gekommen waren, wurden bei der Schiffsgesellschaft, zu welcher ich gehörte, in Rio Yaneiro zwei auf einander folgende Tage beide als Mai 12. 1830 gerechnet. — Ich habe daher, von jenem Tage an, die Beobachtungsmomente so benannt, wie sie einem Reisenden erschienen sein würden, der von Europa aus gegen Westen nach Brasilien gefahren wäre. —

CLII. 1830. Mai 23. Rio Yaneiro.

Diese und die folgenden Beobachtungen zu Rio Yaneiro machte ich in einem Garten am östlichen Ufer der Ilha das Cobras, von welchem aus ich die wahren Azimute

des Berges Paô de Assucar:	S. 12°	26′,0	O.
der Mitte der Ilha de Ratos:	S. 86	0,8	O.
des Thurms des Kaiserl. Schlosses:	S. 33	29,2	W.

bestimmte.

Nach Barral Lieuten. de vaisseau, Plan de la Baye de Rio Janeiro levé en 1826 et 27,

wird demnach, wenn l und φ die östliche Länge und südliche Breite meines Beobachtungsortes, beide in Bogen, bezeichnen:

	Länge.	Breite.
für den Thurm des Schlosses .	l — 0′ 17″,97	φ + 0′ 25″,02
für die Kirche Nra. Señora da Gloria	l — 0′ 17″,57	φ + 1′ 24″,48
für den Berg Paô de Assucar .	l + 0′ 46″,94	φ + 3′ 16″,15
für die Ilha de Ratos, Beobachtungsort der Französischen Marine	l + 0′ 11″,72	φ + 0′ 0″,75

Zur Bestimmung des Uhrstandes für die Beobachtung CLII. dienten folgende Sonnenhöhen:

Am Kater'schen Kreise.

1830. Mai 23.	23h 34′ 6″,8 —	46° 18′,00	Kr.	r.	U.	R.
	36 20,8 —	46 49,62	—	l.	O.	—
	39 32,2 —	46 15,00	—	r.	U.	—
	42 48,0 —	46 43,87	—	l.	O.	—
	47 50,4 —	46 3,12	—	r.	U.	—
	23 51 46,8 —	46 30,00	—	l.	O.	—
	1h 7′ 50″,0 K.	40° 40′,25	Kr.	r.	O.	R.
	11 12,0 —	39 43,75	—	l.	U.	—
	14 14,4 —	39 21,88	—	r.	U.	—
	17 14,4 —	39 30,25	—	l.	O.	—
	19 24,0 —	38 42,75	—	r.	U.	—
	1h 22′ 43″,4 —	38° 49′,87	—	l.	O.	—

Barometer = 338‴,19 Par. Temp. der Luft = + 20°,44 R.

Es folgt aus ihnen mit $\varphi = 22° 53' 55''$, für:

1830. Mai 23. 0^h 44′,4 K.: W—K = 0^h 30′ 37″,13

S—W = 3 59 25,38

S—K = ϑ = 4^h 30′ 2″,51

An den Tagen Mai 24, Juni 1, Juni 2 (nach der Beobachtung CLVI.) und Juni 9, blieb das Chronometer unaufgezogen, weil ich verhindert war, zu den Stunden wo dasselbe ablief, nach den Beobachtungsort zu gehen. Es bleiben daher für den Gang der Uhr in Rio Yaneiro nur die Stände von Mai 25 und Mai 26, so wie die von Juni 5 und Juni 7 unter einander vergleichbar. —

CLIII. 1830. Mai 25. Rio Yaneiro.

In den Gleichungen bleibt als mittlerer Fehler ε = 15″,04
und es ist für c Gewicht 4,640, wahrsch. Fehler = 6,98
- Δa - 0,254 - - = 29,83
- $\Delta\vartheta$ - 1,849 - - = 11,06

CLV. 1830. Mai 26. Rio Yaneiro.

In den Gleichungen bleibt als mittlerer Fehler ε = 19″,36
und es ist für Δa Gewicht 0,786, wahrsch. Fehl. = 21,84
- $\Delta\vartheta$ - 2,890 - - = 11,39

CLVI. 1830. Juni 2. Rio Yaneiro.

In den Gleichungen bleibt als mittlerer Fehler ε				= 26″,20
und es ist für c	Gewicht	3,055,	wahrsch. Fehler	= 14.99
- Δa	-	0,506	- -	= 36,84
- $\Delta\vartheta$	-	3,974	- -	= 13,14

Die vierte Gleichung, welche sich auf den nur an einem Faden beobachteten Antritt von α Centauri bezieht, ist weit fehlerhafter als alle anderen. Schliefst man sie aus, so folgt:

für 7^h 40′ K.: ϑ = 6^h 14′ 24″,27

a = 89° 18′ 3″,82

Declin. = 2° 5′ 17″,52 O.

c = — 95,615

und diese Resultate verdienen den Vorzug weil sie:

ε	= 9″,72
und für c wahrsch. Fehler	= 5.58
- Δa - -	= 17,45
- $\Delta\vartheta$ - -	= 5,86

ergeben. —

Die südliche Declination von κ Virginis ist oben um 1′ 15″ zu grofs angegeben. —

CLVII. 1830. Juni 5. Rio Yaneiro.

In den Gleichungen bleibt als mittlerer Fehler ε				= 12″,42
und es ist für c	Gewicht	3.600,	wahrsch. Fehler	= 6,55
- Δa	-	0,240	- -	= 25,34
- $\Delta\varphi$	-	2,471	- -	= 7,90

CLVIII. 1830. Juni 5. Rio Yaneiro.

In den Gleichungen bleibt als mittlerer Fehler ε				= 32″,04
und es ist für c	Gewicht	3,147	wahrsch. Fehler	= 18,06
- Δa	-	0,961	- -	= 32,69
- $\Delta a'$	-	0,813	- -	= 35,54
- $\Delta\vartheta$	-	2,350	- -	= 20,90

CLIX. 1830. Juni 7. Rio Yaneiro.

Durch Bewölkung wurde die Fortsetzung dieser Beobachtung verhindert, weshalb der Collimationsfehler nicht direkt bestimmt werden konnte.

CLXI. 1830. Juni 13. Rio Yaneiro.

In den Gleichungen bleibt als mittlerer Fehler ε = 3″,85
und es ist für Δa Gewicht 1,179, wahrsch. Fehler = 3,55
- $\Delta\varphi$ 3,655 - - = 2,00.

Längen-Bestimmungen durch Monds-Durchgänge.

Um die Mittags-Unterschiede für einige der bisher genannten Orte von derjenigen Unsicherheit freier zu machen, welche von bloſser Zeitübertragung unzertrennlich ist, habe ich zwischen den oben angegebenen Sternantritten auch Antritte des erleuchteten Mondsrandes beobachtet, und aus denselben die nun folgenden Resultate gezogen. Es muſs jedoch bemerkt werden, daſs diese Beobachtungen nicht dazu dienen können, die Leistungen eines 13 zölligen Passagefernrohrs in Bezug auf Längen-Bestimmungen vollständig zu würdigen; denn durch einige vorbereitende Anstalten zur festeren Aufstellung des Instrumentes, und durch die Auswahl eines terrestrischen Absehens zur Verbindung von Monds-Beobachtungen an verschiedenen Tagen, würden die Resultate bei weitem übereinstimmender geworden sein, als diejenigen, welche ich ohne jede Musse zu vorläufigen Anordnungen, nur als gelegentliche Zugabe zu den Bestimmungen der magnetischen Declination erhielt.

Die Sternantritte welche correspondirend mit diesen Durchgängen des Mondsrandes beobachtet wurden, befinden sich sämmtlich unter den oben angeführten (I bis CLXII), und die Gröſsen a, q, ϑ, c welche sich aus jenen ergaben, könnten daher unmittelbar zur Bestimmung des Mondsortes dienen, wenn es nicht vortheilhafter wäre, anstatt sämmtlicher beobachteten Sterne, nur die in der Nachbarschaft des Mondes befindlichen zur Vergleichung mit demselben anzuwenden.

Durch Verbindung der Gleichungen [1] und [2] Seite 37 und 38, ergiebt sich, wenn man $T + \vartheta - \alpha$ anstatt t setzt, aus jedem Sternantritte:

$$\text{I.}\quad \varrho \cos a \,[\cos \varphi \sin \delta - \sin \varphi \cos \delta \cos (T + \vartheta - \alpha)] - \varrho \sin a. \cos \delta \sin (T + \vartheta - \alpha) + c + f + b \cos z. = u$$

wo $u = 0$ sein würde, wenn sowohl die Beobachtungen aus denen a, φ, ϑ und c bestimmt wurden, als auch der in Rede stehende Antritt ohne Fehler wären. Da dieses aber nicht der Fall war, so habe ich, mittels der oben gefundenen Werthe von a, φ, ϑ und c, die Gröfse u für jeden der zunächst am Monde befindlichen Sterne gerechnet, und aus den erhaltenen Resultaten das Mittel mit Rücksicht auf die Anzahl der für jeden Stern beobachteten Antritte genommen.

Bezeichnet man nun mit α, δ, h die geocentrischen Werthe der Graden-Aufsteigung, der Abweichung und des Halbmessers, mit π die horizontalaequatoreal Parallaxe des Mondes und mit $\varepsilon = 0{,}09209$ das Verhältnifs der Excentricität der Erdmeridiane zu deren halber grofsen Axe, so ist derjenige Mondsort als der richtige zu betrachten, durch welchen man aus den beobachteten Antrittszeiten T des Randes, erhält:

$$\text{II.}\quad \varrho \cos a \,[\cos \varphi \sin \delta - \sin \varphi \cos \delta \cos (T + \vartheta - \alpha)] - \varrho \sin a \cos \delta \sin (T + \vartheta - \alpha) + \varepsilon^2 \sin \pi \sin \varphi \cos \varphi \cos a + h + (c + f)(1 - \sin \pi \cos z) + b (\cos z - \sin \pi) = u$$

Ich habe daher unter Annahme zweier verschiedner Werthe L', L'', der Länge des Beobachtungsortes, den Mondsort für das Beobachtungsmoment aus den Tafeln interpolirt, und mit diesen Werthen, nach II., zwei Gröfsen u' und u'' gebildet, vermöge deren dann als wahrscheinlichste Länge gefunden wurde:

$$L = L' + (u - u') \frac{(L'' - L')}{(u'' - u')}.$$

1828. AUGUST 25.

PERM.

Beobachtung.

	I.	II.	h ′ ″	IV.	V.	Kr.
Mond.	»	»	9 52 26,2	53 1,6	53 37,2	0

Nebst Seite 101 und 256.

Rechnung.

Angenommene Werthe.

L′	3h 35′ 50″	3h 36′ 30″.
Antritt	9h 53′ 1″,66	
ϑ für diesen	13 2 39,88	
Mond α	341° 53′ 50″,95	341° 53′ 27″,09
- δ	— 4 24 32,7	— 4 24 40,4
- π	60′ 53 85	
- h	+ 16′ 35″,67	
b	+ 7″,72	
c + f.	+ 512″,07	
a	91° 48′ 26″,61	
φ.	58 1 14	

Resultate.

Aus β Pisc.			
n Pegasi.			
γ Pisc.			
Zone 38:			
u		+ 2″,92	
Mond u′	+ 6″,51		— 16″96

Länge = 3h 35′ 56″,1

1828. AUGUST 26.

PERM.

Beobachtung.

	I.	II.	h ′ ″	IV.	V.	Kreis.
Mond.	44 9,6	44 45,6	10 45 20,4	45 56,0	46 29,8	*W*

Nebst Seite 102 und 256.

Rechnung.

Angenommene Werthe.

L	3h 35′ 50″	3h 36′ 30″
Antritt	10h 45′ 20″,28	
ϑ für diesen	13 6 42,48	
Mond α	356° 34′ 14″,47	356° 33′ 51″,22
- δ	+ 0° 29 2″,6	+ 0° 28′ 54″,8
- π	60′ 19″,65	
- h	— 16 26,34	
b	0,00	
c + f.	— 3″,24	
a	271° 23′ 13″,34	
φ.	58 1 14	

Resultate.

Aus κ Pisc. ι Pisc. und Zone 36:			
u		— 2″,48	
Mond u′	— 13″,33		+ 9″,81

Länge = 3h 36 8″,7.

Im Mittel aus beiden Beobachtungen erhalte ich demnach für die Länge von Perm = 3^h 36′ 2″,4.

Diese Angabe bezieht sich auf einen sehr nahe an dem Ufer der Kama gelegenen Punkt, an dem West-Ende der Stadt. —

Nach Abständen des Mondes von der Sonne, welche Schubert an einem nicht näher bezeichneten Punkte von Perm im Jahre 1805 beobachtete, setzt derselbe:

3^h 36′ 25″

und dieselbe Angabe findet sich auch in dem Ortsverzeichnisse der Connoissance des tems. —

1828. OCTOBER 20.

TOBOLSK.

Beobachtung.

	I.	II.	h ′ ″	IV.	V.	Kreis.
Mond.	17 30 ,0		6 18 41,2	19 17,2	19 51,2	*W*

Nebst Seite 119 und 262.

Rechnung.

Angenommene Werthe.

L′	4h 24′ 20″	4h 25′ 0″
Antritt	6h 18′ 49″,90	
ϑ für diesen	13 55 33,13	
Mond a	356° 14′ 58″,31	356° 14′ 35″,66
- δ	+ 0° 21′ 32″,1	+ 0° 21′ 24″,3
- π	59 34 ,20	
- h	+ 16 13′,95	
b	— 16″,5	
c + f	— 132″,97	
a	271° 27′ 25″,09	
φ.	58° 11′ 24″	

Resultate.

Aus 1 κ Pisc. und λ Pisc. u	+ 7″,94	
Mond u	— 4 ,07	+ 18″,48

Länge = 4h 24′ 41″,3.

Mein Beobachtungsort bei der Kirche Rojdestwo Christowo liegt fast genau unter dem Meridiane des Hauses welches Schubert bei seiner Anwesenheit in Tobolsk im Jahre 1805 bewohnte, und es ist daher wahrscheinlich, dafs sich das obige Resultat auf denselben Meridian beziehe, für welchen Schubert durch Zeitübertragung von Jekatarinburg nur 4^h 23′ 3″ fand. — Dahingegen ergiebt eine Monds-Finsternifs, welche Chappe im Jahre 1761 beobachtete, 4^h 24′ 50″
und eine weit sichere Beobachtung der Sonnenfinsternifs desselben Jahres für die Länge des Chappischen Beobachtungsortes das wahrscheinlichste Resultat von 4^h 23′ 45″ *). Mangel an fester Aufstellung oder Fehler der Mondstafeln können meine vorstehende Beobachtung beträchtlich unsicher gemacht haben, und es ist daher nicht meine Absicht wegen dieses einzelnen Resultates gegen die zuletzt genannte Angabe von Chappe Zweifel zu erheben.

---

*) Siehe: Encke. Die Entfernung der Sonne von der Erde, aus dem Venus-Durchgang von 1761 Gotha. 1822.

1828. DECEMBER 19.

BERESOW.

Beobachtung.

Namen.	I.	II.	h ′ ″	IV.	V.	Kr.
α Tauri	1 10,8	. . . . .	8 2 22,4	3 0,8	3 34,4	*O*
Mond	12 26,0	13 2,8	8 13 40,4	14 16,4	14 53,2	*O*

Wasserwage.

h ′	p
8 0	0,00
8 16	0,00

Nebst Seite 137 und 265.

Die Beobachtung auf Seite 137 und die hier vorliegende wurden in verschiedenen Azimuten angestellt.

Rechnung.

Angenommene Werthe.

L′	4h 11 40″	4h 12 20″
Antritt	8h 13′ 39″,76	
ϑ für diesen	21 14 1,37	
Mond α	69° 52′ 23″,8	69° 52′ 1″,6
» δ	+ 17 55 17,5	+ 17 55 15″,6
» π	56′ 6″,15	
» h	— 15′ 17″,27	
b	0,00	
c + f	— 15,00	
a	106° 11′ 2″,00	
φ.	63° 56 0″.	

Resultate.

Aus α Tauri u	— 1″,54	
Mond u′	+ 0′,08	— 19′,42

Länge = 4h 11 43 ,3.

1829. MÄRZ 15.

IRKUZK.

Beobachtung.

	I.	II.	h ′ ″	IV.	V.	Kr.
Mond.	52 42,4	53 25,2	13 54 8,0	54 50,0	55 32,4	*S*

Nebst Seite 161, 162 und 271.

Rechnung.

Angenommene Werthe.

L′	6h 47′ 40′	6h 48′ 20″
Antritt	13h 54′ 7″,60	
ϑ für diesen	20h 59 25 ,36	
Mond α	122° 47′ 42 ,22	122° 47′ 21″,79
» δ	+ 15 6 23,5	+ 15 6 27,0
» π	54′ 17 ,65	
» h	— 14 47″,70	
b	+ 8 ,77	
c + f	+ 100,00	
a	146° 30 27 ,50	
φ.	52° 16 20″.	

Resultate.

Aus Saturn, α Can. min. und α Lyr. u		+ 8 ,39	
Mond u	+ 16″,96		— 2 ,01

Länge = 6h 47′ 58″,0.

Durch das Mittel von 6 Sternbedeckungen, welche Herr Professor Hansteen in Irkuzk beobachtete, fand Herr von Heiligenstein

$$6^h\ 47'\ 43'',7$$

für ein am Ufer der Angara gelegenes Haus. — Mein Beobachtungsort liegt bei dem Posthause, näher am östlichen Ende der Stadt.

1829. APRIL 10.

JAKUZK.

Beobachtung.

	I.	II.	h ′ ″	IV.	V.	Kr.
Mond.	15 5,4	15 48,4	21 6 30,4	17 12,4	. . . .	*N*

Nebst Seite 178.

Rechnung.

L′	8h 30″ 10″	8h 30′ 50″
Antritt	2h 16′ 9″,15	
ϑ für diesen	9h 45′ 56″,34	
Mond α	105° 25′ 49″,28	105° 25 27″,89
» δ	+ 17° 25 43″,9	+ 17° 25 45″,8
» π	55′ 19″,75	
» h	+ 15 4″,63	
b	+ 15,11	
c + f	+ 256″,17	
a	355° 37′ 47″,5	
φ.	62° 1 33′,9.	

Resultate.

Aus ζ Herc. und β Gem.		
u	− 7″,49	
Mond u′	− 19,89	− 2,05

Länge = 8h 30′ 37″,8.

1829. APRIL 15.

JAKUZK.

Beobachtung.

	I.	II.	h ′ ″	IV.	V.	Kreis.
Mond.	16 34,0	17 8,4	1 17 44,8	. . . .	18 56,0	*W*

Nebst Seite 179 und 276.

Rechnung.

Angenommene Werthe.

L′	8^h 30′ 10″	8^h 30′ 50″
Antritt	1^h 17′ 35″,80	
ϑ für diesen	10^h 5′ 1″,80	
Mond α	164° 30′ 42″,41	164° 30′ 23″,58
» δ	+ 4 19 54,8	+ 4 20 0,8
» π	54′ 6″,75	
» h	+ 14′ 44″,73	
b	— 36″,53	
c + f	+ 143″,08	
a	277° 34′ 30″,50	
φ.	62° 1′ 30″.	

Resultate.

Aus c Leon. 12 Leon. und σ Leon.		
u	— 4″,71	
Mond u′	— 14″,25	+ 5″,51

Länge = 8^h 30′ 29″,3.

1829. APRIL 16.

JAKUZK.

Beobachtung.

	I.	II.	h ′ ″	IV.	V.	Kreis.
Mond.	5 33,2	6 7,6	1 6 44,0	7 19,2	7 54,8	*0*

Nebst Seite 180 und 276.

Rechnung.

Angenommene Werthe.

L′	8h 30′ 10″	8h 30′ 50″
Antritt	1h 6′ 43″,76	
ϑ für diesen	10 8 53,71	
Mond α	175° 46′ 16″,41	175° 45′ 57″,51
» δ	+ 0 40 5,5	+ 0 40 11,7
» π	54′ 16″,65	
» h	— 14 47,42	
b	0,00	
c + f	+ 17″,90	
a	82° 28′ 2″,02	
φ.	62° 1′ 30″.	

Resultate.

Aus ν Virg. und ο Virg.		
u	+ 2″,19	
Mond u′	+ 11″,54	— 5″,78

Länge = 8h 30′ 31″,6.

Es folgt demnach im Mittel für meinen Beobachtungsort:

8h 30′ 32″,9.

oder nach den obigen Bestimmungen (Seite 279) für den von Billings 8h 30′ 32″,1

Billings selbst setzt für diesen Punkt 8h 29′ 35″ und diese von meinem Resultate bedeutend abweichende Angabe bestätigt sich gleichfalls durch die, bei Gelegenheit des Venusdurchgangs angestellten Beobachtungen, denn nach Professor Enckes Berechnung ergiebt:

der Austritt des Planeten: 8h 29′ 29″,9.
und die Sonnenfinsternifs: 8 29 37,5.

1829. SEPTEMBER 9.

KLIUTSCHEWSK auf KAMTSCHATKA.

Beobachtung.

	I.	II.	h ′ ″	IV.	V.	Kr.
Mond.	....	....	8 5 8,0	5 46,4	6 24,4	*O*

Nebst Seite 216 und 294.

Rechnung.

Angenommene Werthe.

L′	10h 34′ 0″	10h 34′ 40″
Antritt	8h 5′ 46″,27	
ϑ für diesen	11 40 22,11	
Mond α	293° 52′ 51″,20	293° 52′ 26″,90
» δ	— 16 45 31,8	— 16 45 34,7
» π	59′ 6″,55	
» h	— 16′ 6″,43	
b	0,00	
c + f	+ 556″,18	
a	92° 46′ 27″,12	
φ.	56° 19′ 55″.	

Resultate.

Aus Zone 185, 2 e Sagit. und g Sagit. u	— 11″,10	
Mond u′	+ 0″,44	— 22″,76

Länge = 10h 34′ 19″,9

1829. NOVEMBER 11.

NEU ARCHANGELSK auf SITCHA.

Beobachtung.

	I.	II.	h . „	IV.	V.	Kr.
Mond.	. . . . .	. . . . .	7 » »	. . . . .	3 27,6	*W*

Nebst Seite 225 und 301.

Rechnung.

Angenommene Werthe.

L′	14h 48′ 30″	14h 49′ 10″
Antritt	7h 3′ 27 ,6	
ϑ für diesen	20 20 59,07	
Mond α	51° 46′ 2 ,28	51° 45′ 37″,97
» δ	+ 14 27 46,85	+ 14 27 41,00
» π	59 55″,65	
» h	— 16 19 ,80	
b	0,00	
c + f	— 986 ,96	
a	268° 15 54″,39	
φ.	57° 2′ 44′ .	

Resultate.

Aus F Tauri, η Tauri u. f Plejadum u	+ 0″,88	
Mond u′	— 15″,33	+ 8 ,31

Länge = 14h 48′ 57″,4.

Mein Beobachtungsort bei der Kirche der Russischen Niederlassung liegt auf dem Meridian des Festungsthurmes.

Für diesen fand Preufs aus Mondsdistanzen von der Sonne, ohne Correction für die Fehler der Mondstafeln:

$$14^h\ 48'\ 42'',0.$$

1829. DECEMBER 6.

SAN FRANCISCO in CALIFORNIEN.

Beobachtung.

	I.	II.	h . ,,	IV.	V.	Kr.
Mond.	11 39,6	12 14,0	2 12 48,0	13 23,2	13 57,6	W

Nebst Seite 226 und 301.

Rechnung.

Angenommene Werthe.

L′	15h 40 40	15h 41 20″
Antritt	2h 12 48 ,48	
ϑ für diesen	22 47 25,27	
Mond α	14° 59 3 ,05	14° 58 40 .27
» δ	+ 4 29 49,6	+ 4 29 42,2
» π	59 35 ,40	
» h	+ 16′ 14 ,30	
b	+ 74 ,12	
c + f	+ 28 ,45	
a	270° 40 35 ,10	
φ.	37° 48′ 43 ,7	

Resultate.

Aus 20 Ceti.			
ε Pisc.			
33 Ceti.			
35 Ceti und f Pisc.			
u		+ 7 ,20	
Mond u	− 11 ,90		+ 10 ,73

Länge = 15h 41 13 ,70.

1829. DECEMBER 12.

SAN FRANCISCO in CALIFORNIEN.

Beobachtung.

	I.	II.	h .	IV.	V.	Kr.
Mond.	42 17,0	42 53,2	7 43 30,0	44 7,0	44 44,4	II

Nebst Seite 229 und 301.

Rechnung.

Angenommene Werthe.

L	15^h 41 50′		15^h 42 30′
Antritt		7^h 43 30′,32	
ϑ für diesen		23 11 31,46	
Mond α	104° 11 5 ,00		104° 10 41′,75
» δ	+ 18 3 49,3		+ 18 3 50,9
» π		57′ 18 ,90	
» h		— 15 37 ,17	
b		0 ,00	
c + f		+ 13 ,46	
a		268° 2 25 ,23	
φ.		37° 48 43′,7.	

Resultate.

Aus ζ Gem.			
m Gem.			
und δ Gem.			
u		+ 2 ,46	
Mond u	— 2 ,73		+ 19′,36

Länge = 15^h 41 59 ,4.

1829. DECEMBER 17.

SAN FRANCISCO in CALIFORNIEN.

Beobachtung.

	I.	II.	h . .	IV.	V.	Kreis.
Mond.	41 21,6	41 56,4	11 42 33,0	43 7,6	43 42,8	W

Nebst Seite 231 und 302.

Rechnung.

Angenommene Werthe.

L	15^h 40 40′	15^h 41 20
Antritt	11^h 42′ 32′ ,28	
ϑ für diesen	23 31 34,93	
Mond α	168° 50 34 ,75	168° 50 15 ,96
- δ	+ 4 15 33,4	+ 4 15 39,6
- π	54 20 ,83	
- h	+ 14 48′ ,58	
b	+ 24 ,61	
c + f.	+ 35′ 82	
a	268° 57 36 ,94	
φ	37° 48 43 ,7	

Resultate.

Aus φ Leon.		
76 Leon.		
o Leon. τ Leon.		
e Leon. und		
v Leon		
u	— 0 ,90	
Mond u′	+ 2 ,97	— 15 ,73

Länge = 15^h 40 48 ,3.

Aus vorstehenden Resultaten folgt im Mittel für meinen Beobachtungsort:

	15^h 41′ 20″,5	
oder für das Fort:	15^h 41′ 17″,2.	

Für dieses letztere fanden:

Preufs durch Mondssterne:	15^h 40′ 59″,4
Capitain Beechey durch Mondssterne, Mondsdistanzen, und Jupiters Trabanten	15^h 40′ 48″,5.

1830. JUNI 2.

RIO YANEIRO.

Beobachtung.

	I.	II.	h ' "	IV.	V.	Kr.
Mond.	"	"	7 48 20,0	48 55,6	49 31,6	0

Nebst Seite 236 und 304.

Rechnung.

Angenommene Werthe.

L'	20h 58' 20''	20h 59' 0''.
Antritt	7h 48 55'',73	
ϑ für diesen	6 14 25,71	
Mond α	210° 48 20 ,74	210° 48' 1'',53
- δ	+ 8 39 29,56	+ 8 39 23,84
- π	54 9 66	
- h	— 14' 45' ,50	
b	0 ,00	
c + f.	+ 416 ,72	
a	89° 17' 29 ,17	
φ.	22° 53' 54 .5.	

Resultate.

Aus κ Virg. und λ Virg. u	+ 3 ,94	
Mond u	+ 23 ,09	+ 4 ,12

Länge = 20h 59 0 ,4

1830. JUNI 5.

RIO YANEIRO.

Beobachtung.

	I.	II.	h ′ ″	IV.	V.	Kreis.
Mond.	12 4,0	. . . .	9 13 17,0	. . . .	14 32,4	*0*

Nebst Seite 238 und 304.

Rechnung.

Angenommene Werthe.

L′	20h 57′ 20″		20h 58′ 0″
Antritt		9h 13′ 17″,8	
ϑ für diesen		7 18 30,35	
Mond α	248° 16′ 56″,65		248° 16′ 35″,48
„ δ	− 16 55 26,6		− 16 55 23,7
„ π		55′ 2″,57	
„ h		− 14′ 59″,96	
b		0 ,00	
c + f		+ 5″,08	
a		90° 37′ 56 ,21	
φ.		22° 53′ 54″,5.	

Resultate.

Aus ν Scorpii, α Scorpii, τ Scorpii, 24 Scorpii und 20 Ophiuchi u		+ 2 ,59	
Mond u′	+ 9″,60		− 10 ,55

Länge = 20h 57′ 33″,9.

1830. JUNI 7.

RIO YANEIRO.

Beobachtung.

	I.	II.	h ′ ″	IV.	V.	Kr.
Mond.	55 14,0	55 51,6	10 56 29,2	57 6,8	57 44,0	0

Nebst Seite 240 und 305.

Rechnung.

Angenommene Werthe.

L′	20^h 57′ 40″	20^h 58′ 20″
Antritt	10^h 56′ 29″,12	
ϑ für diesen	7 26 32,27	
Mond α	275° 31′ 4″,04	275° 31′ 41″,71
» δ	— 18 40 42,9	— 18 40 43,8
» π	55′ 58″,19	
» h	+ 15′ 15″,34	
b	0″,00	
c + f	+ 40″,00	
a	90° 28′ 5″,19	
φ.	22° 53′ 54″,5.	

Resultate.

Aus ε Sagit. und g Aquilae u	0″,00	
Mond u′	+ 21″,73	+ 0″,76

Länge = 20^h 58′ 21″,4

Im Mittel aus vorstehenden Resultaten folgt für meinen Beobachtungsort auf Ilha das Cobras 20^h 58′ 18″,6
oder für das Kaiserl. Schloſs 20^h 58′ 17″,4

Dagegen findet Herr Wurm (Astron. Nachrichten Bd. 6. p. 403):
für Ilha do Ratos 20^h 57′ 45″
für das Kaiserl. Schloſs 20^h 57′ 43″
durch eine so umsichtige Rechnung und Beurtheilung der bis 1828 bekannt gewordenen Beobachtungen, daſs ich meinem Resultate keineswegs den Vorzug zu geben beabsichtige. Übrigens aber erhielt auch Capitain Beechey durch 7 Mondsculminationen für Ilha do Ratos 20^h 58′ 18″
oder für das Kaiserl. Schloſs 20^h 58′ 16″.

Längen-Bestimmungen durch Zeitübertragung.

1) Orte zwischen Berlin und der Mündung des Obi.

Zur Zeitübertragung diente zwischen Berlin und Petersburg und zwischen Tobolsk nnd dem Eismeere das Chronometer Kessels 1253 (vergl. Seite 246), dessen Stände gegen mittlere Zeit verschiedener Beobachtungsorte im Obigen stets durch M—K bezeichnet sind. Auf der Reise von Petersburg nach Tobolsk konnte ich aber aufser dieser Uhr, auch noch das Herrn Professor Hansteen gehörige Box-Chronometer Kessels 1259 benutzen, dessen Angaben ich unter B. verstehen werde. Die Vergleichungen beider Uhren: B—K, welche ich während der Reise anstellte, sind bei der folgenden Rechnung zu beachten; ich führe sie daher hier an, indem ich die in Tagen und deren Decimaltheilen ausgedrückten Momente der Vergleichungen nach den unmittelbaren Angaben der Uhr K rechne:

1828.	B—K	1828.	B—K
Iuni 21,88	+ 1h 24′ 46″,4	Juli 16,33	+ 1h 25′ 13″,8
— 25,84	24 55,3	— 23,03	24 53,7
— 28,90	25 3,1	— 23,92	24 49,4
Juli 3,88	25 14,0	— 28,81	24 41,1
— 5,79	25 17,3	Juli 29,69	24 43,9
— 6,01	25 16,5	Aug. 2,20	24 46,6
— 8,91	25 23,8	— 3,83	24 47,0
— 11,71	25 21,1	— 4,79	24 49,0
— 13,06	+ 1h 25′ 18″,5	— 6,41	+ 1h 24′ 46″,3

1828.	B—K	1828.	B—K
Aug. 7,37	+ 1h 24′ 47″,2	Sept. 23,81	+ 1h 25′ 22″,8
— 10,78	24 51,8	— 25,33	25 25,3
— 12,37	24 56,4	Octb. 2,72	25 40,6
— 12,78	24 56,8	— 3,81	25 43,6
— 15,40	25 4,0	— 4,25	25 44,0
— 27,02	25 28,8	Octb. 15,34	26 13,4
Aug. 31,34	25 38,7	Novb. 21,04	+ 1h 27′ 57″,0
Septb. 1,37	+ 1h 25′ 40″,3		

Um nun den Gang der genannten Uhren während der verschiedenen Abschnitte der Reise von Berlin bis zum Eismeere zu bestimmen, können zunächst die Längen der folgenden Orte als zuverlässig begründet angenommen werden. Sie sind sämmtlich von Paris an gegen Osten positiv gezählt:

Berlin	0h 44′ 14″,0
Königsberg	1h 12′ 38″,8
Dorpat	1h 37′ 32″,7
Petersburg	1h 51′ 49″,9
Kasan	3h 7′ 8″,6
Jekatarinburg	3h 52′ 55″,3

Die drei ersten Angaben beziehen sich auf die Sternwarten der genannten Orte. In Petersburg ist die Länge des oben bezeichneten Punktes der Stadt (Seite 248) gemeint, und sie ergiebt sich, wenn für die Sternwarte der Akademie 1h 51′ 54″,0 gesetzt wird.

Die Angabe für Kasan bezieht sich auf die dortige Sternwarte, auf deren Meridian sich auch mein Beobachtungsort befand. Für diesen ergab:

Simonow's Beobachtung der Plejadenbedeckung 1822 Aug. 10. } 3h 7′ 4″,7. — Es folgt aber ferner aus zwei Sternbedeckungen durch Herrn Wischnjewskji für die Kathedrale in der Festung 3h 7′ 10″,8. — Von dieser liegt die Sternwarte um 212 *Sajenen* gegen Ost (nach einem von Prof. Erdmann mitgetheilten Plane), mithin für:

die Sternwarte, nach Wischnjewskji .... } 3^h 7′ 12″,5.

In Jekatarinburg hat Herr Wischnjewskji eine Bedeckung des Aldebaran beobachtet, und daraus das obige Resultat gezogen in Schumacher Astr. Nachr. B. 3. pag. 332. —

Die folgende Tafel enthält nun unter P—K nnd P—B die Stände der Uhren K und B, so wie sie sich mit Hülfe der so eben angeführten Längenbestimmungen aus meinen oben mitgetheilten Beobachtungen ergeben. In der 4ten und 5ten Spalte sind die täglichen Gänge dieser Uhren zwischen je zwei Beobachtungen, und in der 7ten die Seiten angegeben, auf denen die angewandten Uhrstände gegen Sternzeit erhalten wurden. Die Momente der Beobachtungen sind wiederum so bezeichnet, wie auf Seite 331 erwähnt wurde, und in Bezug auf die Angaben P—K und P—B ist noch zu bemerken, dafs die zu deren Berechnung nöthige Gröfse S—M (oben Seite 65) jetzt so genommen worden ist, wie es der nun genauer bekannte Stand des Chronometers gegen Pariser Zeit erfordert.

1828.	P—K	P—B	(ΔP—K)′	(ΔP—B)	Chron.	Seite.
April 3.980	— 45′ 15″,05		— 4″,178		liegend	246
— 12.325	— 45 49,50		— 4.378		—	247
— 15,340	— 46 2,70		— 3,525		—	247
— 19,340	— 46 16,80		— 2,454		—	247
— 24,271	— 46 28,90		— 0.216		gefahren	247
— 30,000	— 46 30,14		— 2,090		liegend	248
Mai 1,000	— 46 32.23		— 0.150		—	248
— 2,000	— 46 32,38		— 2,170		—	248
— 3,000	— 46 34,55		+ 0,116		gefahren	248
— 9,120	— 46 33.75		— 0,029		—	248
— 12,764	— 46 33,83		— 8,835	°	liegend	251
— 13,451	— 46 39.90		— 2,882	°	—	251
— 16,262	— 46 48,00		— 1,603	°	—	251
— 18,439	— 46 51.49		+ 5.627	°	—	251
— 19,356	— 46 46.33		— 1,800		—	79
— 28,458	— 47 2,71		— 2,433		—	81
— 31.458	— 47 10.01		— 3,234		—	83
Juni 3,479	— 47 19.78		— 1.565		—	86
— 22,000	(— 47 48.77)	— 2 12 35.43	— 1,565	— 3″,818	—	—
Juli 4,955	— 48 9.04	— 2 13 24.90	— 1,837	— 1,785	gefahren	251
Aug. 15.306	— 49 24,99	— 2 14 28.73	+ 1,004	— 1,177	—	98
— 31,274	— 49 8,96	— 2 14 47.52	— 2,291	— 3.891	liegend	105
Sept. 1,243	— 49 11,18	— 2 14 51,29	— 0,410	+ 0,371	*)	106
— 24,189	— 49 20,59	— 2 14 44,01				111

*) Von September 1 bis September 22 machte das Chronometer K die Reise von Jekatarinburg nach den Norduralischen

Die mit einem * bezeichneten Gänge des Chronometer K in Petersburg beruhen auf Zeitbestimmungen, welche weit unsicherer sind, als die mit dem Passageinstrumente erhaltenen, und über die in Berlin beobachteten Voreilungen ist eine früher erwähnte Bemerkung von Herrn Kessels zu beachten (Seite 246.). Mit Ausschluss dieser, aus nachweisbaren Gründen abweichenden, Data folgt:

	(Δ P—K)	
Während der Ruhe in Petersburg	— 1 ,7443	Mai 13,11 bis Juli 4,96
Im Mittel für die Reise	— 1 ,0972	Apr. 24.27 — Sept. 24,19

wodurch eine stärkere Voreilung für den Zustand der Ruhe als für den der Bewegung im Wagen wahrscheinlich wird. — In weit bedeutenderem Maafse und entschiedener zeigt sich derselbe Umstand für das Box-Chronometer; und der Zweifel, ob bei diesem der kleinere Gang sich stets, und sogleich beim Anfang einer jeden Fahrt einstellte, macht die Zeitübertragungen mit demselben beträchtlich unsicherer, als die mit dem Chronometer K zu erhaltenden. Die über den Gang dieser letzten Uhr vorhandenen Data scheinen übrigens günstig für die Ansicht: die Längen derjenigen Beobachtungsorte, welche wir zwischen Juli 4 und September 24 erreichten, werden sich mit kaum geringerer Sicherheit wie die der bekannt angenommenen Punkte ergeben.

Wenn die Länge von Tobolsk einstweilen als unbekannt betrachtet wird, so sind über den Gang beider Uhren zwischen September 24 und December 28 die folgenden Data vorhanden:

In Tobolsk wurde gefunden:

Hüttenwerken und zurück. — Das Box-Chronometer blieb in Jekatarinburg, und erlitt daselbst eine Retardation anstatt der zunehmenden Voreilung, welche in den übrigen Fällen für dieses Chronometer durch das Liegen bewirkt wurde. Wahrscheinlich geschah dies aus Mangel an Vorsicht von Seiten der Person, welche während unsrer Abwesenheit das Aufziehen besorgte. —

1828.	M—K	M—B	Δ(M—K)	Δ(M—B)	Seite
Octbr. 15.130	+ 3h 33 45'',00	+ 2h 7' 32'',21	— 1'',459		
— 20,187	+ 3 33 37.62		— 0,726		
— 25,120	+ 3 33 34,04		— 0,831	— 3 ,278	
Novbr. 4,083	+ 3 33 25.76		— 0,251		
— 7,153	+ 3 33 24,99		+ 0,770		
— 15,123	+ 3 33 31,13	+ 2 5 50,62	*)		
Decbr. 28 086	+ 3 33 35.14		— 2,184		
— 31,090	+ 3 33 28,58				

Der Zustand beider Uhren während der Ruhe zwischen October 15. und November 15. scheint so nahe derselbe wie der unter gleichen Verhältnissen im Juni und Juli zu Petersburg beobachtete, daſs man geneigt sein dürfte vorauszusetzen: ihr Gang während der Fahrt von Jekatarinburg nach Tobolsk sei ebenfalls dem, während der früheren Fahrten beobachteten, gleich gewesen. Nähme man aber zwischen Sept. 24. und Oct. 15.:

Δ (P—K)	Δ (P—B)
— 1'',0972	— 1'',4414

so folgte für die Länge meines Beobachtungsortes in Tobolsk:

nach Chron. K.	nach Chron. B.
4h 23' 28'',55	4h 22' 46'',38

Eine andere Bestimmung derselben Gröſse kann auf das oben (S. 313) angeführte Resultat für die Länge von Beresow gegründet werden. Unter Voraussetzung desselben ergäbe sich nämlich:

1828.	P—K	Seite
Decbr. 3,204	— 0h 51' 37'',50	265
Decbr. 19,277	— 0 51 8,46	137

Daſs der Uebergang von dem ersten dieser Stände zu dem zweiten nicht continuirlich, sondern durch eine plötzliche Ver-

*) Für die drei zuletzt genannten Stände ist Chappe's Beobachtungsort um 2'',49 östlich von dem meinigen in Tobolsk bei der Rojdestwo Kirche gesetzt.

änderung zwischen Decbr. 8. und Decbr. 11. bei der strengen Kälte, während der Reise nach dem Obdorischen Gebirge, erfolgte, ist bereits oben erwähnt worden (Seite 266), und zeigt sich durch die in Obdorsk an den genannten Tagen beobachteten Stände gegen M. Zt. des Ortes:

1828.	P—K	Seite
Decbr. 8,024	3h 26′ 28″,11	134
Decbr. 11,052	3 26 56,08	136

Mit Rücksicht auf diese Erfahrungen hätte man für die Zeiten von Novbr. 15,123 bis Decbr. 3,204, und von Decbr. 19,277 bis Decbr. 28,086 anzunehmen:

Δ (P—K)

— 0″,9308

und erhielte für meinen Beobachtungsort in Tobolsk:
durch die Mondsbeobachtung in Beresow: 4h 24′ 51″.80
Für Chappe's Beobachtungsort wird daher, durch:

Zeitübertragung von Jekatarinburg, mit Chron. B:	4h 22′ 48″,9
Zeitübertragung von Jekatarinburg, mit Chron. K:	4 23 31,0
Mondsbeobachtung in Tobolsk:	4 24 44,7
Mondsbeobachtung in Beresow, übert. mit Chron. K:	4 24 54,3
Chappe's Beobachtung der Mondfinsternifs von 1761:	4 24 50,0
Chappe's Beobachtung der Sonnenfinsternifs v. 1761:	4 23 45,2

Trotz der genügenden Uebereinstimmung meiner Mondsbeobachtungen in Beresow und in Tobolsk, sowohl unter sich als mit der Beobachtung einer Mondsfinsternifs durch Chappe, dürfen sie dennoch dem, seiner Natur nach ungleich zuverlässigeren, Resultate nicht vorgezogen werden, welches die Sonnenfinsternifs von 1761 ergeben hat. — Bei den Werthen

für den Beobachtungsort von Chappe	4h 23′ 45″,2
— die Kirche Rojdestwo	4 23 42,7

bleibe ich daher um so eher stehen, als auch die durch Chron. K erhaltene Uebertragung derjenigen Länge von Jekatarinburg, welche Herr Wischnjewskji durch eine Bedeckung des Aldebaran fand, sich demselben am nächsten anschliefst. —

Als Ergänzung der obigen Tafel über den Stand unsrer Uhren gegen Pariser M. Zt. folgt nunmehr:

1828.	P—K	P—B	Δ (P—K)	Δ (P—B)
Septbr. 24,189	— 49 20 ,59	— 2h 14′ 44″,01	— 1″,772	— 4″,130
Octbr. 15,130	— 49 57,70	— 2 16 10,49	— 0,448	— 3,278
Novbr. 15,123	— 50 11,57	— 2 17 52,08	— 2,026	
Decbr. 3,204	— 50 48,20		— 2,026	
— 8,024	— 50 57,97			
— 11,052	— 50 30,00		+ 1,317	
— 19,277	— 50 19,17		+ 1,317	
— 28,086	— 50 7,56			

In der folgenden Tafel habe ich, mit Hülfe des Vorhergehenden, die Stände der Chronometer K und B gegen mittlere Zeit unsrer Beobachtungsorte und die Längen welche sich daraus ergeben, zusammengestellt, und bemerke noch, dafs in Bezug auf die bei der Berechnung nöthige Gröfse S—M das oben (Seite 333) Gesagte gilt. Für Moskau ist mit A der in der Stadt, mit B aber der in der Sakolnikower Vorstadt gelegene Beobachtungsort (Seite 253 und 254) bezeichnet, und die Angaben für Tobolsk beziehen sich auf den um 2″,49 westlich von Chappe's Beobachtungsort gelegenen Meridian der Kirche Ro*j*destwo Christowo.

Zeit und Ort der Beobachtung.		M—K	M—B	Länge nach: Chron. K	Chron. B
1828.					
Juli 4,955	Petersburg	1h 3′ 40″,86	23h 28′ 25″,00	1h 51 49″,90	51 49″,90
— 12,942	Nowgorod	1 7 30,84	23 42 13,53	1 55 54,55	55 51,75
— 20,940	Moskwa A	1 32 23,05	0 7 24,08	2 21 1,45	21 13,66
— 23,312	Moskwa B	1 32 28,86	0 7 37,20	2 21 11,61	21 30,44
— 29,673	Bogorodsk	1 35 18,40	0 10 34,56	2 24 12.84	24 37,74
Aug. 1,856	10 W. n. Súdogda	1 45 5,26	0 20 19,03	2 34 5,54	34 26,99
— 3,375	Osáblikowo	1 51 21,18	0 26 34,29	2 40 24.25	40 44,61
— 4,805	Doskino	1 55 51,12	0 31 2,15	2 44 56,81	45 14,67
— 7,978	Ni*j*nei Nowgorod	1 57 15,16	0 32 27,15	2 46 26.69	46 44,56
— 10,375	Tschugunui	2 4 3,25	0 39 12,00	2 53 19.18	53 33,12
— 15,306	Kasan	2 17 43,61	0 52 39.87	3 7 8 60	7 8 60
— 20,292	Mitjeschka	2 20 54,66	0 55 40,25	3 10 14 64	10 14,85
— 25,396	Perm	2 46 19,25	1 20 53,96	3 35 34.11	35 34,57
— 28,732	Kruilasowo	2 47 57,42	1 22 24,73	3 37 8,93	37 9,26
— 30,252	Kirgischansk	2 57 53,37	1 32 17,09	3 47 3,36	47 3,41
— 31,274	Jekatarinburg	3 3 46,34	1 38 7,78	3 52 55,30	52 55,30
Sept. 6,880	Ni*j*nei Tagilsk	3 0 57,86		3 50 11,36	
— 8,222	Kuschwa	3 0 15,83		3 49 29.88	
— 11,260	Werchoturie	3 4 27,43		3 53 42,72	
Oct. 2,266	Sugazk	3 16 0,23	1 50 20.56	4 5 35.13	5 37,93
— 3,769	Tjumen	3 22 49,75	1 57 6,25	4 12 27.32	12 29 83
— 5,346	Jo*j*akowo	3 29 23,53	2 3 36,70	4 19 3,94	19 6,78

Zeit und Ort der Beobachtung.		M—K	M—B	Länge nach: Chron. K	Chron. B
1828.					
Oct. 15,130	Tobolsk	3h 33 45 ,00	2h 7′ 32 ,21	4h 23′ 42″,70	23′ 42″,70
Nov. 24,045	Denjikowo	3 39 51,63		4 30 21.27	
— 26,280	Jelisárowo	3 33 30.51		4 24 4.68	
— 28,149	Schorkal	3 22 16.99		4 12 54 95	
Dec. 19,278	Beresow	3 20 35.24		4 10 54,41	
— 8,024	Obdorsk	3 26 28,08		4 17 26,05	

Obgleich die 3te und 5te Spalte der vorstehenden Tafel die Stände des Box-Chronometers 1259 und die daraus geschlossenen Längen enthält, so wird man doch, zu fernerer Benutzung, nur allein die in der 4ten Spalte angegebnen Längen nach dem Chronometer Kessels 1253 zu beachten haben, denn durch die obigen Angaben ist entschieden, dafs diese letztere Uhr während des Fahrens einen weit beständigern Gang hielt als jene.

---

2) Orte zwischen Irkuzk und der Chinesischen Gränze bei Kjachta.

Die Stillstände, welche das Chronometer K 1253, wie oben erwähnt, in Folge der Veränderungen seiner Temperatur (von + 28° R. beim Tragen in der Tasche, bis zu — 30° R. beim Gebrauche im Freien) auf dem Wege von Tobolsk nach Irkuzk erlitt, erlaubten erst jenseits Irkuzk wiederum einige Zeitübertragungen zu versuchen. — Aus den Beobachtungen LXXV, LXXVI und LXXXII bis LXXXV folgt zunächst für Irkuzk:

1829.		M—K
Februar	7,413	21h 28′ 8″.56
—	8,441	21 28 1,34
März	2,427	21 28 29,05
—	3,534	21 28 24.66
—	12,618	21 27 56,44

Die zwei ersten Stände habe ich vor der Reise nach Kjachta, die übrigen nach derselben erhalten. Hätte nun die von März 2.

bis März 12. beobachtete tägliche Voreilung von 3″,20 auch während der Reise ohne discontinuirliche Unterbrechung stattgefunden, so müfste der erste Stand nach der Rückkehr um 1′ 34″ kleiner gewesen sein, als er beobachtet wurde. Diese Abweichung entstand wahrscheinlich nur zum kleineren Theil von einer Veränderung des mittleren Ganges während der ganzen Dauer dieser Fahrt, andern und gröfsern Theils aber, aus einer sprungweisen Veränderung des Standes, welche am 15ten Februar aus nachweisbaren Ursachen stattfand. Von Irkuzk bis Ust-Kjachta waren wir in Schlitten gefahren, mufsten aber am 15ten Februar auf dem Weg von Ust-Kjachta nach Troizko-Sawsk, wegen des merkwürdigen Schneemangels in dieser Gegend, dieselben gegen Räderfuhrwerke vertauschen, welche, ganz ohne federnde Theile, bei schneller Bewegung über bergiges und steiniges Land, die Chronometer auf durchaus ungewöhnliche Weise erschütterten. Auf dem Rückwege von Troizko-Sawsk nach Ust-Kjachta wurde durch bessere Einrichtung der Wagen und langsameres Fahren diesem Uebel vorgebeugt. — Der Einflufs dieser Umstände zeigt sich sehr bestimmt durch folgende Vergleichungen des Chronometers K mit dem früher erwähnten Box-Chronometer Kessels 1259.

1829.		K — B			
Febr.	11,97	6h	59′	55″,0	
—	13,57	7	0	5,7	
—	14,62	7	0	14,8	vor Ust-Kjachta.
—	16.08	6	59	13,0	in Troizko-Sawsk.
—	17,96	6	59	11,2	
—	21.07	6	59	8.0	
—	21.96	6	59	9.2	
—	22,12	6	59	9,6	in Ust-Kjachta.
—	24.99	6	59	13.0	
—	25,07	6	59	20.6	
—	26,56	6	59	26,4	

Man sieht dafs am 15ten Februar ein discontinuirlicher Sprung, entweder in dem Stande von einem der Chronometer, oder, was wahrscheinlicher ist, in dem Stande von jedem derselben erfolgt ist. Unterwirft man nun sowohl M—K als auch K—B der Bedingung einer discontinuirlichen Aendrung am 15ten Februar, und einer mit der Zeit proportionalen Aendrung an allen übrigen Tagen von Februar 7. bis März 12., so folgt:

bis Febr. 15: M—K = 21h 28′ 7″,79 — 3″,1941 (Datum — Febr. 7.)
K—B = 7 0 2,85 + 0,3632 (Datum — Febr. 7.)
nach Febr. 15: M—K = 21h 29′ 43″,65 — 3″,1941 (Datum — Febr. 7.)
K—B = 6 59 5,69 + 0,3632 (Datum — Febr. 7.)

Es ist demnach anzunehmen, daſs durch die Erschütterungen zwischen Ust-Kjachta und Troizko-Sawsk,

das Chronometer K um 1′ 35″,86
das Boxchronometer um 0 38,70

ein jedes hinter seinem damaligen Stande zurückgeblieben ist.

Ich setze die Länge meines Beobachtungsortes in Irkuzk, nach der oben angeführten Mondsbeobachtung (Seite 314):

6h 47′ 58″,0

und es ergiebt sich demnächst für die nach Februar 15. anzunehmenden Stände der zwei Chronometer gegen Pariser mittlere Zeit:

P—K = 14h 41′ 20″,10 — 3″,1941 (Datum — Febr. 15.)
P—B = — 2 19 31,31 — 2,8309 (Datum — Febr. 15.) *)

Die folgende Tafel enthält die mittels dieser Ausdrücke gefundenen Resultate der Zeitbestimmungen LXXVII bis LXXXI:

---

*) Die oben angeführten Zeitbestimmungen und Uhrvergleichungen in Tobolsk geben:

1828 Nov. 21,84: P—B = — 2h 18′ 11″,56 und jetzt findet sich:

1829 Febr. 15,00: P—B = — 2 20 10,01, ehe das Box-Chronometer die sprungweise Retardation erlitten hatte. Bis zu jenem Augenblicke hatte also die in Rede stehende Uhr während der Wintermonate eine mittlere Voreilung von 1″,391 gehalten. Herr Professor Hansteen sagte mir daſs er, seit unsrer Trennung in Tobolsk, dieselbe der heftigen Kälte nicht ausgesetzt, und sie dadurch im Gange erhalten hatte, während die von ihm bei den Beobachtungen im Freien gebrauchten Taschen-Chronometer, ebenso wie das meinige von Kessels, stehen blieben.

Zeit und Ort der Beobachtung		M — K	M — B	Länge nach: Chron. K.	Chron. B.
1829.					
Febr. 17,587	Troizko-Sawsk	21h 37′ 42″,99	4h 36′ 54″,55	6h 56′ 30″,90	56 33″,18
— 22,427	Monachónowa	21 37 31,39	4 36 41,36	6 56 35,01	56 33,70
— 24,482	Arsentschéwa	21 39 11,33	4 38 23,70	6 58 21,53	58 21,86
— 26,271	Auf d. Basikal	21 36 3,45	4 35 28,77	6 55 19,14	55 31,81

Das Mittel aus den Längen nach beiden Chronometern ist als wahrscheinlichstes Resultat der vorhandnen Beobachtungen anzunehmen.

---

3) Orte auf dem Sibirischen Continent und auf Kamtschatka, zwischen Jakuzk und Petro Pauls Hafen.

Zwischen meinen Beobachtungen in Jakuzk, 1829 April 10, und in Petro Pauls Hafen, 1829 Septbr. 30, befand sich das Chronometer stets unter Bedingungen, die einem regelmäfsigen Gange zuträglich sein mufsten. Namentlich blieb es nun stets in gemässigten Temperaturen, und wurde während 14 Tage in Jakuzk und während 70 Tage in Ochozk unbewegt gehalten, in der übrigen Zeit aber theils zu Schiffe oder auf Flufsfahrzeugen, theils auf Pack-Pferden oder Rennthieren, die im Schritte gingen, oder endlich in Hundeschlitten auf dem Flusseise geführt. Eine discontinuirliche Aendrung des Standes erfolgte in Ochozk, wo ich aus dem früher erwähnten Grunde (Seite 286) das Chronometer ablaufen liefs.

Am sichersten bestimmt, sind innerhalb der in Rede stehenden Strecke, die Längen meiner Beobachtungsorte in:

Jakuzk . . . . 8h 29′ 38″,3
und in Petro Pauls Hafen 10 25 19,2 nach Preufs.*)

Die Länge von Kliutschewsk . . . . . 10h 34′ 19″,9
u. von den Tschápinsker Sommer Jurten 10 29 2,0,
welche sich aus Mondssternen und Mondshöhen am Spiegelsextanten ergaben, können, nach den Erfahrungen an anderen Orten, unsicher und namentlich beträchtlich zu grofs sein, und ich be-

---

*) Nach Mondsculminationen. — Die Beobachtung einer Sonnenfinsternifs durch Preufs gab jedoch 10h 26′ 0.

stimme daher jetzt die Uhrgänge, welche aus der erstern unter ihnen folgen würden, nicht sowohl zu fernerer Anwendung, als vielmehr um jene Beobachtung zu prüfen.

Es folgt nun aus der letzten Zeitbestimmung in Jakuzk:

1829.	P—K
April 20,073	+ 0h 1′ 25″,14

In Ochozk beobachtete ich:

	M—K
Mai 20,114	+ 9h 21′ 48″,44
Juli 27,186	— 0 37 56,90 *)

so dafs sich, während des Aufenthaltes an diesem Orte, der Uhrstand um: — 9h 59′ 45″,34 änderte.

Bezeichnet man nun respektive mit α und β die täglichen Voreilungen des Chronometers gegen mittlere Zeit auf den Reisen von Jakuzk bis Kliutschewsk und von Kliutschewsk bis Petro Pauls Hafen, so folgt bis Mai 31.:

P—K = + 0h 1′ 25″,14 — α (Datum — April 20,073)

von Mai 31 bis Sept. 9,328:

= — 9h 58′ 20″,20 — α (30,041 + Datum — Juli 27,186)

nach Sept. 9,328:

= — 9h 58′ 20″,20 — 74,183 α — β (Datum — Sept. 9,328)

wo das Datum und dessen Decimaltheile stets nach den unmittelbaren Angaben des Chronometers K zu nehmen sind. Zur Bestimmung von α und β ergeben die Beobachtungen in Kliutschewsk und in Petro Pauls Hafen, wenn man die Länge beider Orte als richtig annimmt:

	1829.	P—K
	Sept. 9,328	— 10h 6′ 40″,18
	Sept. 30,329	— 10 7 54,87
oder	α =	— 6″,739
	β =	— 3,556 **)

*) Nach der Zeitbestimmung auf Seite 288, wenn man sie auf den um 6″,72 westlich gelegenen Meridian des Akulkow'schen Hauses in Ochozk reduzirt.

**) Die Länge von Petro Pauls Hafen nach Preufs Beobachtung der Sonnenfinsternifs gäbe β = — 5″,499, und würde daher meine

Dafs sich aber gegen das Ende einer stets auf gleiche Weise ausgeführten Reise eine so bedeutende Aenderung des Uhrganges ereignet haben soll, ist um so unwahrscheinlicher, als meine Zeitbestimmungen in Jakuzk und in Ochozk vielmehr eine Gröfse der Voreilung andeuten, welche zwischen jenen beiden (α und β) das Mittel hält. Namentlich fand ich:

	1829.	M—K
in Jakuzk	April 10,031	8^h 31′ 48″,21
	April 20,073	8 31 3,44
in Ochozk	Mai 20,114	9 21 48,44
	Mai 25,111	9 21 17,91
	Mai 31,515	23 26 46,32
	Juli 27,186	23 22 3,10

oder als mittlere tägliche Voreilung in den 3 angedeuteten Zeitabschnitten, respektive,

während 10 Tagen:	4″,458
— 5 —	6,109
— 56 —	4,997 *)

Es wird also klar, dafs meine Mondsbeobachtung in Kliutschewsk, nur durch eine unwahrscheinliche und daher verwerfliche Hypothese über den Uhrgang, mit den Resultaten andrer Beobachter für Jakuzk und Petro Pauls Hafen in völlige Uebereinstimmung gebracht werden könnte. Ich ziehe es daher vor, dieselbe nicht mitstimmen zu lassen, und vielmehr nach obiger Bezeichnung $\alpha = \beta$ für die gesammte Reise zufolge der

obige Bestimmung für Kliutschewsk weit mehr bestätigen. Ich nehme jedoch jene Angabe nicht als richtig an, weil es scheint dafs der Beobachter selbst sie verworfen, und dem obigen Resultate der Mondsculminationen in Petro Pauls Hafen den Vorzug gegeben hat.

*) Von diesem Gange weicht nur die Beobachtung CXXX von Juli 6. beträchtlich ab. Höchst wahrscheinlich sind aber bei dieser die Antritte von α Lyrae um 1 zu früh angeschrieben, wodurch nun erhalten wurde Juli: 6,500 M—K = 23^h 23′ 28″,56
und tägliche Voreilung:
Mai 31 bis Juli 6: 5″,218

zwei Stände in Jakuzk und in Petro Pauls Hafen, anzunehmen. Es wird dann bis Mai 31:

P—K = + 0h 1′ 25″,14 — 6″,0375 (Datum — April 20,073)

nach Mai 31:

P—K = — 10h 1′ 21″,57 — 6″,0375 (Datum — Juli 27,186)

und es ergeben sich die in folgender Tafel enthaltenen Längen.

Zeit und Ort der Beobachtung		M—K	Länge nach Chronom. K.
1829.	Sibirien.		
	Jakuzk		8h 29′ 38″,3
April 23,727	Porotowsk	8h 39′ 0″,95	8 37 57,87
— 24,689	Lebegine	8 46 24,02	8 45 26,75
— 26,459	Nóchinsk	8 51 12,50	8 50 25,91
— 27,055	Aldanskji Perewos .	8 53 37,88	8 52 54,89
— 29,491	Tschernoljes	8 56 38,39	8 56 10,11
Mai 1,516	Garnastach	8 58 55,22	8 58 39,17
— 7,070	Antscha	9 5 0,22	9 5 17,70
— 12,857	Ketanda	9 14 55,58	9 15 48,00
— 20,114	Ochozk	9 21 48,46	9 23 24,69
1829.	Kamtschatka.		
Aug. 13,023	Tigil-Mündung . . .	0 20 24,36	10 23 37,24
— 17,422	Tigilsk, Gouv.-Haus	0 21 34,19	10 25 3,97
Sept. 1,930	Jelowka	0 29 13,93	10 34 17,33
— 7,366	Chartschinsk	0 27 50,26	10 33 32,10
— 9,329	Kliutschewsk	0 27 39,43	10 33 27,52
— 16,003	Kosuirewsk	0 22 27,18	10 28 55,21
— 17,903	Tschapinsk	0 21 5,21	10 27 44,72
— 19,157	Maschura	0 19 32,78	10 26 19,86
— 27,441	Natschika	0 16 3,53	10 23 40,96
— 30,329	Petro Pauls Hafen .	0 17 24,33	10 25 19,20

Vergleicht man meine vorstehenden Längen- und Breitenbestimmungen zwischen Petersburg und Petro Pauls Hafen mit den durch Pjadischew im Jahre 1826 herausgegebenen Karten der einzelnen Russischen Gouvernements, so finden sich die beträchtlichsten Fehler der frühern Annahmen:

1) im Tobolsker Gouvernement zwischen Tobolsk und dem Eismeere.
2) im Irkuzker Gouvernement zwischen Jakuzk und Ochozk, und
3) auf Kamtschatka zwischen Tigil und Petro Pauls Hafen.

Namentlich sind zu den Positionen der Karte zu addiren:

Am Obi.	zur Länge.	zur Breite.
Denjikowo	— 0° 17′	— 0° 2′
Jelisárowo	— 0 16	— 0 4
Schorkal	— 2 25	+ 0 25
Beresow	— 2 13	0 0
Obdorsk	— 3 27	— 0 7

Für die nördlichen Theile des Jenisei hat Herr Professor Hansteen ebenfalls die auf den Russischen Karten angegebnen Längen sämmtlich zu grofs gefunden, und zwar betrugen jene Correctionen nahe eben so viel wie die, welche sich aus meinen Beobachtungen für die Mündung des Obi ergeben. Es sind daher auf diesen Karten die Positionen der gesammten Eismeer-Küsten zwischen beiden genannten Flüssen mit einem constanten Fehler von mehr als 3° behaftet.

Ebenso ergeben sich als Correctionen der genannten Karten:

Von Jakuzk bis Ochozk.	zur Länge.	zur Breite.
Jakuzk.	+ 0° 5′	+ 0° 1′
Porotowsk	— 0 14	+ 0 12
Lebegine	+ 0 2	+ 0 51
Nochinsk	— 0 38	+ 0 49
Aldanskji Perewos	— 0 34	+ 0 51
Tschernoljes	— 1 27	+ 0 28
Ochozk	— 0 18	+ 0 1

Die von mir bestimmten Tungusischen Wohnplätze Garnastach, Antschà und Ketánda fehlen auf den Gouvernementscharten, und sind auf der Generalcharte von Maximowitsch eben so fehlerhaft wie die vorhergenannten, eingetragen. Zur Vergleichung mit meinem Resultaten für Ochozk, habe ich aus den Gouvernementscharten nicht das Ortszeichen, sondern diejenige Stelle des Kuchtuï genommen, an welcher die jetzige Stadt liegt. —

Es fanden sich ferner folgende Correctionen:

Auf Kamtschatka.	zur Länge.	zur Breite.
Tigil-Mündung	+ 1° 51′	— 0° 11′
Ortschaft Tigilsk	+ 1 40	— 0 3
Jelowka	— 0 48	— 0 8
Kliutschewsk	— 1 48	— 0 12
Petro Pauls Hafen	— 0 18	— 0 1

Die Queerdurchmesser der Halbinsel in der Gegend von 56° und 58° Breite werden demnach durch meine Beobachtungen auf weniger als die Hälfte ihrer vermeintlichen Gröfse reduzirt, und es beträgt z. B. die Entfernung von der Westküste beim Tigil bis zu einem in gleicher Breite gelegenen Punkt auf dem Meridian von Kliutschewsk

auf den Karten: 48,65 deutsche Meilen,
nach meiner Bestimmung: 19,69 — — .

Die übrigen Kamtschadalischen Ortschaften, deren Lage ich im Obigen bestimmt habe, fehlen theils gänzlich auf den Gouvernementscharten, theils haben bei ihrer Auftragung offenbare Namensverwechselungen stattgefunden, auf welche ich bei einer andern Gelegenheit zurückkommen werde.

Bei weitem richtiger zeigten sich hingegen die Karten von Pjadischew, Maximowitsch und von Posnjakow zwischen Petersburg und Jakuzk, für Orte, welche an der befahrneren Strafse, nicht nördlich von 60° Breite liegen. Die unter diesen Verhältnissen gefundenen Längencorrectionen erreichen nur in seltnen Fällen 2 Zeitminuten, und bleiben dann innerhalb gröfserer Distrikte so nahe constant, dafs daselbst die Festlegung mehrerer Hauptpunkte hinreicht, um auch die Lage derjenigen intermediären Orte zu berichtigen, an denen wir ohne Zeit- oder Polhöhen-Bestimmung die magnetische Neigung und Intensität beobachteten.

Höhenmessungen im Europäischen Rufsland, in Sibirien und auf Kamtschatka.

Die hypsometrischen Leistungen eines Reisenden, der, in verhältnifsmäfsig kurzer Zeit, einen weiten Weg zurücklegt, sind durch örtliche Nebenumstände so sehr bedingt, dafs man bei deren Beurtheilung keineswegs einen stets gleichen Mafsstab anwenden darf. Auf einer Insel oder Halbinsel, auf der sich hohe Gebirge steil erheben, bietet die Möglichkeit oftmaliger Annäherung an das Meer, sowohl für die barometrischen, als auch für diejenigen trigonometrischen Nivellemens zu welchen die Mittel eines einzelnen Beobachters ausreichen, so bedeutende Erleichterungen dar, dafs man fast in jedem Falle berechtigt ist aus einem solchen Lande zuverlässige und zahlreiche Bestimmungen der absoluten Höhen zu erwarten. Dahingegen können sich die Schwierigkeiten der Aufgabe ohne Gränzen vermehren, theils durch gröfsere Entfernung von der Küste, theils durch Flachheit der Gegend, deren Profile zu bestimmen sind; und, wenn diese beiden ungünstigen Umstände zusammentreffen, so vereiteln sie oft sogar die Erfolge vieljähriger und vollständiger Arbeiten, dergleichen gewöhnlich nur in den cultivirteren Ländern durch vereinte Bemühungen mehrerer Beobachter ausgeführt werden können. Auffallende Beispiele dieser Thatsache erlebten wir noch in der neusten Zeit, indem sich äufserst abweichende Resultate für die Meereshöhe mehrerer Hauptstädte Deutschlands ergaben, wenn man dieselbe einerseits durch Barometerbeobachtungen und von der andern durch plausible Annahmen über das Flufsgefälle bestimmte.

Zwischen Petro Pauls Hafen und Petersburg finden sich nun für das Höhenmessen sämmtliche Abstufungen zwischen den günstigsten und nachtheiligsten Umständen, zu denen jedoch für uns, und im Vergleich mit Europäischen Ländern, noch sehr oft der Mangel an nahegelegenen stationären und correspondirenden Beobachtern hinzukam. Im Uebrigen könnte man für hypsometrische Arbeiten die Bedingung eines zweimonatlichen Aufenthaltes auf Kamtschatka mit einem etwas kürzeren Verweilen auf der Skandinavischen Halbinsel ungefähr vergleichen, würde aber für die Schwierigkeit des Profilirens in der Mitte des Sibirischen Continents in ganz Europa keinen entsprechenden Vergleichungspunkt finden. —

Dennoch habe ich im Folgenden von den Barometerständen, welche in den Jahren 1828 und 1829 längs unsers Weges durch Rufsland und Nord-Asien stattfanden, alle diejenigen zusammengestellt, die mir entweder durch Mittheilung der von Professor Hansteen und Lieutenant Due gemachten Beobachtungen, oder durch Ablesung an meinen eignen Instrumenten bekannt wurden; denn wenn auch in mehreren der Gegenden, welche wir besuchten, durch diese Beobachtungen für jetzt nicht mehr als eine ungefähre Andeutung ihrer Terrainverhältnisse gewonnen würde, so ist doch, eben dort, auch eine solche schon erwünscht, und aufserdem darf ich hoffen, dafs sich in der Folge zu vielen der jetzt vereinzelt stehenden Beobachtungen vergleichbare Barometer-Messungen unter denjenigen finden werden, welche im Sommer und Herbst 1828 zu Kasan, Slatoust und Orenburg, und im Frühjahr 1829 in Irkuzk, und wahrscheinlich auch in Jakuzk (durch Herrn A. A. Bestujew), angestellt, bis jetzt aber theils nur als monatliche Mittelzahlen, theils gar nicht bekannt gemacht wurden.

Ich bemerke übrigens, dafs alle nun anzuführenden Barometerstände auf Pariser Linien und auf 0° Temperatur des Quecksilbers reduzirt sind, und dafs für alle Temperaturen der Luft der

Réaumursche Grad, für alle Höhen aber die Toise du Pérou als Einheit gewählt ist.

I. Von Petersburg bis Moskau.

Beobachtungen.

Beob.-Nr.	Orte.	Petersburger M. Zt. 1828.	Barom.-Stand.	Luft-Temperatur.
1.	In Petersburg, 5t. über der Newa.	Mai 15. b. Juni 11. im Mittel.	336''',45	
2.	Station Pomoranja auf dem Erdboden.	Juli 11 10h 0'	334,24	+ 12°,0
3.	Nowgorod, 2t,5 üb dem Erdboden.	— 12 20 0	331,14	+ 16,0
4.	Waldaï, 2t,5 über dem Erdboden.	— 14 19 52	322,10	+ 10,4
5.	Chatílowo auf dem Erdboden.	— 15 5 50	324,12	+ 13,5
6.	Wuidropusk auf dem Erdboden.	— 16 5 50	326,96	+ 13,2
7.	Torjok auf dem Erdboden.	— 16 21 32	326,71	+ 11,1
8.	Moskau, 5t. üb. dem Boden in Bjeloigorod.	— 24 11 0	329,04	
9.	daselbst.	— 24 23 30	328,25	
10.	daselbst.	— 25 20 30	327,99	
11.	daselbst.	— 28 18 45	326,93	

Aus den mir mitgetheilten Beobachtungen, welche Herr Professor Perewoschtschikow im Universitätsgebäude zu Moskau anstellte, ergiebt sich ferner:

Beob.-Nr.	Orte.	Jahrg.	Barom.-Stand.	Ldft-Temperatur.
12.	Moskauer Universitätsgebäude.	1821.	331''',49	+ 4°,1
13.	daselbst.	1822.	332,05	+ 4,5
14.	daselbst.	1823.	332,39	+ 3,9
15.	daselbst.	1824.	330,93	+ 4,2
16.	daselbst.	1825.	333,18	+ 4,3

Ich werde nun, sowohl die einzelnen Ablesungen die während der Reise von Petersburg nach Moskau gemacht wurden, als auch die mittleren Barometerstände für den letzteren Ort, mit gleichzeitigen Beobachtungen in Danzig und in Mitau zusammenstellen, zuvor aber die Meereshöhe des Beobachtungslokales in der letztern Stadt ableiten. Die Danziger Beobachtungen wurden von Herrn Regierungs-Rath Kleefeld an einem um 7t. über der Ostsee gelegenen Punkte *), die Mitauer von Herrn Prof. Paucker in der Sternwarte der genannten Stadt angestellt **).

Mittlere Barometerstände und mittlere Temperatur der Luft.

	Mitau auf der Universitätssternw.		Danzig 7t. über der Ostsee.	
Jahrgang 1822	336''',32	(+ 6°,2)	336,74	+ 7°.3
— 1223	335,74	+ 5,1	336,42	+ 6.0
— 1824	334,68	+ 5.9	336,39	+ 7.1
— 1825	336,12	+ 5,1	337,33	+ 6.6
— 1826	336,92	+ 5,6	337.90	+ 6.6
— 1827	335.57	+ 5,5	336.76	+ 6.3
— 1828	336,14	+ 4,4	337,15	+ 5.3
— 1829	336,32	+ 3,2	337,31	+ 3,9
— 1830	336,12	+ 4,3	337,24	+ 5,7

*) Abgedruckt in: Schriften der naturforschenden Gesellschaft zu Danzig. Bd. II. Hft. 3. u. 4. Halle 1831.

**) Beilagen zur allgem. Deutschen Zeitung für Rufsland, welche ich durch Herrn Prof. Pauckers gütige Mittheilung besitze. Das

Es folgt daraus:

das Barometer in Mitau über der Ostsee.

12t.,4
15,6
28,6
22,1
19,3
21,9
19,5
19,2
21.0
im Mittel 20t.,0

Es wurde nun gefunden in der Zwischenzeit der Beobachtungen Nr. 2—11:

Petersburger M. Zt. 1828.	Danzig 7t. über der Ostsee.	Mitau 20t. über der Ostsee.
Juli 10,0	335'''.99	335''',47
— 11,0	335.50	333,65
— 12,0	334,15	330,38
— 13,0	331,41	330,15
— 14,0	333.13	329.60
— 15,0	332,16	330,88
— 16,0	333,57	332,06
— 17,0	334,47	332,62
— 18,0	335.36	333,64
— 19,0	335,56	334.03
— 20,0	334,23	333,75
— 21,0	333,59	332,56
— 22,0	334,72	333,43
— 23,0	334,34	333,13
— 24,0	334,74	333,28

---

in Mitau beobachtete Heberbarometer ist mit dem Fortinschen Normalbarometer der Dorpater Sternwarte verglichen und auf dasselbe reduzirt.

Petersburger M. Zt. 1828.	Danzig 7t. über der Ostsee.	Mitau 20t. über der Ostsee.
Juli 25,0	334‴,27	332‴,92
— 26,0	333,98	331,80
— 27,0	334,74	332,77
— 28,0	334,11	332,70
— 29,0	334,07	331,73

Man sieht dafs sich vom 10ten bis zum 29sten Juli und an beiden genannten Orten der Luftdruck ohne Ausnahme unter seinem mittleren jährlichen Werthe erhielt. Da nun, nach Vergleichung der Beobachtungen Nr. 8 bis 11 mit Nr. 12 bis 16, derselbe Umstand für die letzten Tage des Juli auch in Moskau stattfand, und da ferner das Mittel des Barometerstandes für den ganzen Monat Juli 1828 auch zu Kasan um 3‴,68 und zu Orenburg um nahe 4‴ unter dem mittleren jährlichen Stande für jeden dieser Orte war, so ist man anzunehmen berechtigt, die sogenannten zufälligen oder meteorologischen Aendrungen des Luftdrucks im Juli 1828 haben auch an den Orten 2 bis 7 in gleichem Sinne stattgefunden, wie zu derselben Zeit in Mitau und Danzig.

Unter dieser Voraussetzung erhält man die folgenden Angaben, welche sich sämmtlich auf den Erdboden in den genannten Wohnorten beziehen:

Nr. der Beob.	Orte.	Höhen über dem Meere: Vergleichung mit: Danzig	Mitau.	Wahrscheinl. Werthe.
2.	Pomorania.	(— 5t.,6)	16t,0	5t.
3.	Nowgorod.	4,9	14,3	10
4.	Waldaï.	130,6	139,2	135
5.	Chatilowo.	113,9	118,5	116
6.	Wuidropusk.	89,3	97,1	93
7.	Torjok.	97,6	108,2	103
8—11.	Moskau, Stadttheil Bjeloigorod.	75,6	84,4	80

Zu den zuletzt genannten Resultaten für die Höhe eines Punktes von Moskau, füge ich nun noch das auf das Universitätsgebäude derselben Stadt bezügliche Ergebniſs der unter 12 bis 16 genannten Jahres Mittel. Zur Vergleichung mit denselben dienten folgende correspondirende Resultate für Danzig und Mitau:

	Danzig, 7t. üb. d. Meere.		Mitau, 20t. üb. d. Meere.	
Jahr	Mittl. Bar.	Mittl. T.	Mittl. Bar.	Mittl. Temp.
1821.	336''',02	+ 6°,4		
1822.	336,74	+ 7,3	336''',32	
1823.	336,42	+ 6,0	335,74	+ 5°,1
1824.	336,39	+ 7,1	334,68	+ 5,9
1825.	337,33	+ 6,6	336,12	+ 5,1

und es folgt:

Höhe über dem Meere des Universitätsgebäudes in Moskau
durch Vergleich mit

Danzig	Mitau
66t.,1	—
57,5	73t.,7
75,8	61,9
59,1	67,2
64,0	56,9

oder im Mittel 64t.,7

II. Von Moskau bis Perm.

Beobachtungen.

Nach einem Gefäſsbarometer, welches mit einem Schwimmer versehen, und von Herrn Prof. Hansteen mit dem Pistor'schen Normal-Barometer auf der Altonaer Sternwarte in Uebereinstimmung gebracht war, wurde während der Reise von Moskau bis Perm beobachtet: *)

*) Ein zweites Herrn Professor Hansteen gehöriges Gefäſsbarometer nach Englefieldscher Construction (mit Durchschnitt der Röhre = $\frac{1}{17}$

Beob.	Orte.	Moskauer Mittl. Zeit. 1828.	Barometer-stand.	Temp. d. Luft.
17.	Nijnei Nowgorod . . (Obere Stadt 3t. üb. d. Bod.)	Aug. 6,04	327‴,65	+ 18°,3
18.	Stat. Poljana	— 9,92	328,14	—
19.	Kasan	— 18,24	333,39	—
20.	Sobakina	— 20.08	334.92	+ 13,5
21.	Tschurilin	— 20,22	335,19	+ 11,5
22.	Mitjeschka	— 20,83	334,73	+ 11,0
23.	Malmuisch.	— 21,17	334.40	+ 13,0
24.	Milet	— 21,82	332.91	+ 15,4
25.	Arporetsch	— 21,90	330.69	+ 15,7
26.	Mukikaksi.	— 22 12	330,64	+ 17,1
27.	Kojil	— 22,31	326,69	+ 13,6
28.	Usi	— 23,00	327.33	+ 13,0
29.	Suri	— 23,83	327,74	+ 13,3
30.	Höchster Punkt d. Strafse zwischen Suri u. Debiosui	— 23,90	325,89	+ 14,4
31.	Debiosui	— 23,96	327,62	+ 14,0
32.	Dubrowa.	— 24,81	332,99	+ 13,9
33.	Ochansk	— 24,95	332,84	+ 16,3
34.	Poludennaja	— 25,08	333,75	+ 18,5
35.	Perm.	— 25,83	336,01	+ 14,0
36.	daselbst.	— 26,83	336,67	+ 13,2
37.	daselbst.	— 28,08	334,99	+ 15,8

von dem Durchschnitt des Gefäfses) hatte zu Anfange der Reise und bis Moskau, bei einem Stande von 322‴, mit dem obengenannten Barometer übereingestimmt, stand aber nun in demselben Theile seiner Skale um 0‴,35 bis 0‴,40 niedriger als jenes. In diesen Berichtes Hist. Abtheil. B. 1. S. 252, 273 u. a. ist die ursprüngliche Reduction dieses Englefieldschen Barometers constant vorausgesetzt; ich habe aber später von Herrn Prof. Hansteen erfahren, dafs dasselbe auf dem Wege nach Kasan einiges Quecksilber verlor, während sich das erstgenannte Barometer mit Schwimmer unverändert und richtig erhielt.

Ich bemerke, dafs während unsrer Reise von Moskau bis Perm, sowohl in Kasan, als auch in Slatoust am südlichen Ural, dreimal täglich berichtigte Barometer abgelesen wurden, dafs mir aber bis jetzt nur die monatlichen Mittel dieser werthvollen correspondirenden Beobachtungen bekannt geworden sind *). Es scheint aber, dafs sich auch schon jetzt unsere einzelnen Ablesungen mit einigem Vortheil zu angenäherten Höhenbestimmungen anwenden lassen, wenn man nämlich zuvor über die Höhen von einigen der zuletzt genannten Punkte auf einem anderen Weg sichere Annahmen erhält. — Zu diesem Ende setze ich die Höhe über dem Meere für Perm . . . . 58$^{t.}$ d. h. so wie sie Herr Hofrath Pansner in Petersburg nach einer längeren Reihe von Barometerbeobachtungen in Perm uns mittheilte. — Nimmt man dann ferner, dem Flufsgefälle zu Folge, die Stadt Malmuisch um 4$^{t.}$ höher an als Kasan, so bleibt die, auch an sich wichtige Bestimmung der Meereshöhe dieses letztern Ortes zunächst erwünscht.

Sowohl für diesen Zweck, als auch zur Erkennung der meteorologischen Verhältnisse der Gegend, sind die täglichen Barometer- und ThermometerA-blesungen äufserst wichtig, welche Herr Dr. Thiele zu Kasan in den Jahren von Juli 1824 bis Juni 1828 und zu den Stunden 21^{h}, 3^{h} und 9^{h} ausführte, und von denen er mir die Originalschrift zu übergeben die Güte hatte. Diese Beobachtungen wurden in dem höhern Theil der Stadt an einem in Englische Zolle getheilten Barometer angestellt, und nach Zurückführung auf Pariser Linien und 0° Temperatur des Quecksilbers, habe ich ihnen eine Reduction von + 3‴,25 hinzugefügt, wodurch sie den wahren Luftdruck für einen in dem Niveau des Universitätsgebäudes zu Kasan befindlichen Punkt anzeigen. — Vom 18ten October 1827 bis zum 5ten Juni 1828 wurde nämlich täglich in dem eben genannten Gebäude durch Herrn Schestjakow an einem Gefäfsbarometer von Pixii zu denselben Stunden, wie an den Instrumenten von Hrn. Dr. Thiele

*) Diese, so wie auch der höchste und niedrigste Barometerstand in einem jeden Monat, wurden von Herrn Prof. Kupfer mitgetheilt in Annalen der Phys. B. 93. S. 500 u. f.

(und noch aufserdem um 0^h) beobachtet, und, in Folge von 730 gleichzeitigen Resultaten, sind die Thieleschen Ablesungen um $2''',24$ kleiner, als die von Herrn Schestjakow an dem Pixiischen Barometer; für welches wiederum Hr. Prof. Kupfer, durch Vergleichung mit einem richtigen Heberbarometer, eine Correction von $+ 1''',01$ ermittelte.

Die Beobachtungen an dem Pixiischen Barometer sind auch in den Jahren 1828 bis 1833 in dem Kasaner Universitätsgebäude täglich zu den genannten 4 Tagesstunden fortgesetzt, und die mittleren jährlichen Stände dieses Instruments, ebenso wie die beobachteten Lufttemperaturen, bekannt gemacht worden *).

Nach einem im Jahre 1824 durch den Ingenieur Pantelejew angestellten Nivellement hangt das Barometer im Kasaner Universitätsgebäude um 11t. ,8 über dem Wasser bei der Mündung der Kasanka in die Wolga, und man erhält nun, nach Anbringung der genannten Reductionen und Berichtigung des Instrumentes, für

Kasan, 11t. ,8 über der Wolga:

	Mittl. Barometerst.	Mittl. Temp. der Luft.**)
1824 Aug. 12. bis 1825 Jan. 12.	$335''',70$	$+ 4°,8$
1825.	336,83	+ 3,1
1826.	337,30	+ 2,1
1827.	336,26	+ 2,5
1828.	335,70	+ 1,3
1829.	336,64	+ 1,5
1830.	336,46	+ 3,2
1831.	336,66	+ 1,8
1832.	335,62	+ 0,9
1833.	335,85	+ 2,0

*) E. Knorr: Wuiwodui is barometritscheskich i termometritscheskich nabljudenji w' Kasanje.

**) Ich habe für die Jahre von 1824 bis 1827:

$$M = \frac{(21) + (3) + (9)}{3} - 0°,84$$

Zur Vergleichung mit diesen Beobachtungen füge ich folgende gleichzeitig und an Orten von bekannter Höhe angestellten hinzu:

	Danzig, 7t. üb. dem Meere		Mitau, 20t üb. dem Meere.		Moskau, 65t üb. d. Meere.	
1824 Aug. 12. bis 1825 Jan. 12.	335''',97	+ 7°,8				
1825.	337,33	+ 6,6	336''',12	+ 5°,1	333''',18	+ 4°,3
1826.	337,90	+ 6,6	336,92	+ 5,6		
1827.	336,76	+ 6,3	335,57	+ 5,5		
1828.	337,15	+ 5,3	336,14	+ 4,4		
1829.	337,31	+ 3,9	336,32	+ 3,2		
1830.	337,24	+ 5,7	336,12	+ 4,3		

Es folgt respektive aus den einzelnen Vergleichungen:

das Barometer in Kasan über dem Meere, nach den Beobachtungen in:

	Danzig.	Mitau.	Moskau.
1824 (5 Monat.)	10t.,4		
1825 Jahrgang.	13,3	11t.,3	19t.,5
1826 —	14,4	15,3	
1827 —	13,2	11,3	
1828 —	24,9	25,4	
1829 —	15,3	16,2	
1830 —	22,3	15,8	
Im Mittel	16t.,3	15t.,9	19t.,5

und aus allen verglichenen Beobachtungen:

die Höhe über dem Meere für das Barometer in Kasan .... = 16t.,3

---

und für 1828 bis 1833:

$$M = \frac{(21) + (0) + (3) + (9)}{4} - 0°,98$$

gesetzt, wo (21) (0) u. s. w. die Temperatur-Beobachtungen von 21h 0h u. s. w., M aber die wahre Mitteltemperatur bezeichnet. Beide Reductionsarten rechtfertigen sich durch die stündlichen Beobachtungen von Chiminelli in Padua und von Brewster in Leith.

die Höhe über dem Meere für die Mündung
der Kasanka in die Wolga . . . . = 4t.,5.

Ueber die Meereshöhe der zwei so eben genannten Punkte, war bisher eine Angabe von Herrn Kupfer *) und eine andre von Herrn Prof. Knorr **) vorhanden. Die erstere beruhte nur allein auf Kasaner Beobachtungen aus dem Jahre 1828, welche Herr Kupfer mit dem als constant und = 337''',30 vorausgesetzten mittlern Barometerstand am Meere verglich. Das demnächst angegebene Resultat von 20t.,5 für die Höhe des Kasaner Barometers über dem Meere, ist um etwas kleiner, als das von uns aus den Beobachtungen desselben Jahres (1828) erhaltene, weil nach wirklichen Messungen in Danzig und Mitau der mittlere Luftdruck an der Ostsee in diesem Jahre gröfser war, als der von Herrn Kupfer vorausgesetzte. —

Herr Knorr, der alle Kasaner Beobachtungen von 1828 bis 1833 besafs, zog aus ihnen folgende, von den meinigen äufserst abweichende Resultate:

Höhe über dem Meere für das Barometer
in Kasan 31t.,2
Höhe über dem Meere für die Mündung
der Kasanka in die Wolga 19,4

Die auffallende Verschiedenheit dieser Angaben erklärt sich jedoch vollkommen dadurch, dafs auch Herr Knorr den zur Vergleichung zugelassenen mittleren Barometerstand am Meere nicht aus wirklichen Beobachtungen entnahm, sondern ihn vielmehr constant und = 338''',589 voraussetzte.

Bis auf den heutigen Tag ist man aber zur Annahme eines so hohen Barometerstandes für ein eingebildetes Meeresniveau bei Kasan keineswegs berechtigt, weder durch die Beobachtungen, welche man an der Ostsee in gleicher Breite mit dieser Stadt erhielt, noch auch durch diejenigen, die am Eismeere auf dem Meridiane derselben angestellt wurden. Unsre Angabe von: 4t.,5 für die Höhe der Kasanka über dem Meere, mufs vielmehr

*) Annalen der Phys. B. 93. S. 505.

**) In dem obengenannten Russischen Programm.

so lange als wahrscheinlichstes Resultat der vorhandnen Beobachtungen betrachtet werden, bis sie entweder durch Jahrgänge von Barometerbeobachtungen an den Küsten des Schwarzen Meers, oder durch direkte trigonometrische Nivellemens zwischen der Wolga und diesem Meere, widerlegt ist. Alsdann erst wird man mit Recht, auch in diesem Falle, für eine Anomalie in der Constitution der Atmosphäre erklären dürfen, was man bis jetzt als Beweis für eine unerwartet niedrige Lage der Kasanka-Mündung zu halten gezwungen ist.

Es bedarf kaum der Erwähnung, dafs auch eine, auf dieselbe Weise bedingte, Lösung der berühmt gewordenen Frage wegen der Höhe des Kaspischen Sees durch das so eben genannte Resultat gewonnen wird. — Denn längs der Twerza und obern Wolga gemessen, beträgt die Flussbahn von Torjok bis an die Kasankamündung nahe 155 Deutsche Meilen, während die Wolga von diesem letztern Punkte bis an den Kaspischen See unterhalb Astrachan noch 205 Deutsche Meilen durchläuft. Unsre Beobachtungen ergeben nun innerhalb der ersten 155 Deutschen Meilen ein Gefälle von 98t.,5 und für die folgenden 250 Deutschen Meilen ein Gefälle von 4t.,5 + x, wenn man durch x die Tiefe des Kaspischen Sees unter dem Ocean andeutet, und wenn man einerlei Druck für Luftschichten von gleicher Höhe an der Ostsee und bei Kasan voraussetzt. Demnächst leuchtet ein, dafs, wie stark man auch die allmählige Abnahme des Flussgefälles von der Twerza bis zur Mündung der Wolga voraussetzt, ein beträchtlicher positiver Werth von x dennoch mit überwiegender Wahrscheinlichkeit folgt. Wollte man namentlich voraussetzen, dafs das Gefälle von Torjok bis Astrachan gleichmäfsig abnähme, und dafs es bei Astrachan selbst = 0 sei, so erhält man die Tiefe des Kaspischen Sees unter dem Ocean 42t.,8 und zugleich, dafs die Twerza bei Torjok um 0t.,810
und die Wolga bei Kasan um 0,416
für 1 Deutsche Meile ihres Laufes fallen.

Aus den oben unter Nr. 19, 23 und 35 genannten Beobachtungen folgt nun:

Moskauer M. Zt. 1828.	Barometerstand im Niveau des Meeres.
August 18,24	334''',63
— 21,17	335,97
— 25,83	340,57

und wenn man annimmt, dafs die Uebergänge von jedem dieser Werthe zum nächstfolgenden der Zeit proportional waren, so ergeben sich für die oben genannten Orte von Nr. 20 bis 35 folgende:

Höhen über dem Meere.

Station Sobákina . .	7t.
- Tschurilin . .	4
- Mitjeschka . .	14
Malmuisch	21
Station Milet	50
- Arporetsch .	80
- Mukikaksi . .	84
- Kojil	138
- Usi	138
- Suri	142
Höchster Punkt der Strafse zwischen Suri und Debiosui	169
Debiosui	146
Dubrowa	86
Ochansk	90
Poludénnaja	81
Perm	58

III. Von Perm bis Tobolsk.

Die folgenden Angaben für 21 Punkte, zwischen Perm und Bogoslowsk am nördlichen Ural, wurden ebenfalls aus den Ablesungen des im vorigen Abschnitte erwähnten Barometers, durch Reduktion auf Pariser Maafs und 0° Temperatur des Quecksilbers, erhalten.

Beob.-Nr.	Orte.	Permer M. Zt.	Barometer-stand.	Temp. der Luft.
	Uebergang über den Ural. 1828.			
38.	Station Januitschi	Aug. 28,25	333‴,65	+ 18°,0
39.	— Kruilasowo, 4t. über der Babka	— 28,92	334,92	+ 12,9
40.	Stat. Kungur ...	— 29,00	334,00	+ 16,5
41.	— Morgunowo	— 29,12	328,90	+ 16,9
42.	— Slatoústowo 8t. über den Quellen	— 29,29	332,44	+ 15,6
43.	Buikowa	— 29,86	329,69	+ 12,4
44.	Bisersk	— 30,02	329,16	+ 17,2
45.	Höchster Punkt zwischen Bisersk und Klenowsk....	— 30,12	322,20	+ 16,4
46.	Stat. Klenowsk .	— 30,16	328,03	+ 13,1
47.	— Kirgischansk	— 30,81	323,71	+ 11,1
48.	— Grobowsk .	— 31,01	323,09	+ 16,9
49.	— Bilimbajewsk	— 31,10	323,85	+ 17,0
50.	3 Werst von Bilimbajewsk am höchsten Punkt d. Straſse	— 31,12	320,59	+ 15,5
51.	Stat. Reschotui .	— 31,23	324,64	+ 14.8
52.	Jekatarinburg, 3t. über dem Iset ..	Sept. 2,26	328,05	+ 12,6
53.	daselbst.	— 2,91	329,33	+ 9,5
54.	daselbst.	— 3,89	328,08	+ 11,1
	Längs des nördlichen Urals.			
55.	Mostowaja..,.	Sept. 4,13	326,93	+ 14,8
56.	Tschaiduricha .	— 4,25	326,56	+ 12,4
57.	Nijnei Tagilsk.	— 6,92	329,42	+ 5,1
58.	daselbst.	— 6,98	329,45	+ 9,5
59.	Kuschwa	— 7,96	327,13	+ 9,5
60.	Höchst. Punkt d. Magnetberges Blagodat	— 7,99	321,80	+ 10,5

Beob.-Nr.	Orte.	Permer M. Zt. 1828.	Barometerstand.	Temp. der Luft.
61.	Höchst. Punkt d. Magnetberges Blagodat	Sept. 8,08	321,73	+ 10,5
62.	Bogoslowsk . . .	— 14,01	328,22	+ 8,5
63.	daselbst.	— 14,22	327,96	+ 13,6
64.	daselbst.	— 14,97	326,06	+ 12,5
65.	daselbst.	— 15,77	323,49	+ 10,2
66.	Bessonowa, 2t üb. der Ljalia	— 16,25	327,86	+ 10,1
67.	Jekatarinburg, 3t. über dem Iset . .	— 28,95	326,35	+ 3,6
68.	daselbst.	— 30,95	326,20	—

Beobachtungen in Slatoust, welches am Ural in 55°,24 Br. und nach einem Jahrgange von Barometerbeobachtungen in 183t. über dem Meere liegt *), ergeben den mittleren Luftdruck für den Monat September 1828 und im Meeresniveau dieser Vertikale 336‴,04; und es sind mir ferner folgende Barometerstände für einzelne Tage und ebenfalls für das Meeresniveau bekannt:

Augt. 28.	339‴,55	nach unsrer Beobachtung in Perm Nr. 37.
Sept. 4.	340‴,89	nach Beob. in Slatoust, wo an diesem Tage das absolute Maximum für den Monat September eintrat.

*) Es wurde nämlich beobachtet von 1827 November 1 bis 1828 November 1:

In Slatoust	322‴,36	+ 0°,6 T. d. L.
Im Kasaner Universitätsgebäude	335,62	+ 2°,4 T. d. L.

woraus, mit den oben angegebenen 16t.,3 für die Höhe des Kasaner Barometers über dem Meere, für Slatoust 183t. Höhe über dem Meere gefunden wird.

Sept. 14. Sept. 15.	337‴,91 335‴,75	nach Beobachtungen in Slatoust; denn Herr Kupfer fand die Höhe von Bogoslowsk aus unsern Beobb. Nr. 62 und Nr. 64, indem er angiebt, daſs gleichzeitig das Barometer in Slatoust um 4‴,86 niedriger gestanden habe als in Bogoslowsk *).
Sept. 21.	327‴,94	nach Beob. in Slatoust, wo an diesem Tage das absolute Minimum für den Monat September eintrat.

Man hat oft und an vielen Orten erfahren, daſs sich der Luftdruck weit längere Zeit in der Nähe eines einmal erreichten Maximumwerthes, als in der Nähe der Minima erhält, und dem gemäſs ist es auch im gegenwärtigen Falle nicht unwahrscheinlich, daſs, zwischen je zwei der hohen Barometerstände von August 28 bis September 14, nur ein der Zeit proportionaler Uebergang, nicht aber eine Trennung durch Minimumwerthe, stattgefunden habe, und eben dasselbe kann für die weit schnellere Abnahme vom Septbr. 15 bis Septbr. 21 angenommen werden. Um unter dieser Voraussetzung dem oben (Seite 362) angegebenen Mittelwerthe für den Monat September durch ein gleichförmiges Steigen an den Tagen von Septbr. 21, oder dem Tage des absoluten Minimum, bis zu Septbr. 30 zu genügen, erhält man wiederum für das Meeresniveau: Septbr. 30 338‴,04.

Es ergeben sich sodann aus den Beobachtungen Nr. 38 bis 68, wenn man die jedesmalige Luft-Temperatur im Meeresniveau aus der an der oberen Station beobachteten, nach der Decrescenz von 1° für 100t., ableitet, die folgenden:

Höhen über dem Meere.

Uebergang über den Ural.

Janúitschi	79t.
Fluſs Babka bei Kruilasówo	59

*) Vergl. Kupfer in Annalen der Physik Bd. 93. St. 514.

Kungur.	76t.
Morgunowo	146
Die Quellen bei Slatoústowo	90
Die Ortschaft Slatoústowo	98
Buikowa.	134
Bisersk	145
Höchst. Punkt zwischen Bisersk u. Klenowsk	240
Klenowsk	157
Kirgischansk.	216
Grobowsk.	231
Bilimbajewsk	221
3 W. v. Bilimbajewsk am höchsten Punkt der Strafse	265
Reschótui	208
Iset bei Jekatarinburg nach Nr. 52. .	163
daselbst - - 53. .	146
daselbst - - 54. .	166
daselbst - - 61. .	130
daselbst - - 68. .	157
daselbst im Mittel . . .	152t.

Längs des nördlichen Ural.

Mostowája	188
Tschaiduricha	190
Nijnei Tagilsk nach Nr. 57.	137
daselbst nach Nr. 58.	139
Kuschwa	166
Berg Blagodat	239
Bogoslowsk n. Nr. 62.	128
daselbst - - 63.	129

Bogoslowsk n. Nr. 64.	132t.
daselbst - - 65.	151
dasebst im Mittel....	137t.
Die Ljálja bei Bessónowa.........	85t.

Auf dem Gipfel des Blagodat mafs ich den Höhenwinkel des gleichfalls wegen seines Eisenreichtums berühmten Berges Katschkanar zu 0° 16′ 22″,5.
Die Entfernung des Beobachters von der Vertikale durch den Gipfel dieses Berges betrug, nach den Angaben der Hüttenpläne, 50 Werste oder 27368 Toisen. — Es folgt hieraus, wenn man den Betrag der Refraktion zu $\frac{1}{10}$ der Distanz in Bogen annimmt:

der Katschkanar über dem Blagodat: 222t.

und die Höhe über dem Meere für den Katschkanar 461t.

Die geographische Lage dieses Berges ergiebt sich aus seiner so eben genannten Entfernung vom Blagodat, und aus dem von eben daselbst gemessenen und oben (Seite 260) erwähnten Azimut: N. 23° 16′,70 W. Namentlich ist:

	Länge.	Breite..	Meereshöhe.
Blagodat	3h 49′ 46″,56	58° 16′ 56″	239t.
Katschkanar	3h 48′ 19″,21	58° 43′ 18″	461

In dem Obdorischen Gebirge, welches sich bei den einander nahe gelegenen Quellen der Flüsse Usa und Sob an den nördlichen Ural anschliefst, und jenseits des Polarkreises bis an das Eismeer fortsetzt habe ich die Lage und Höhe einiger Hauptpunkte durch folgende Beobachtungen bestimmt:

In Obdorsk auf dem hohen Ufer des Polui in

66° 31′ 7″ N. Breite,
4h 17′ 26″,05 Länge
und 12t.,0 über dem Meere,

erscheint das genannte Gebirge in fünf einzelne Gruppen getheilt, deren Azimut und Höhenwinkel folgendermafsen gefunden wurden:

1829. Decbr. 11. Bergspitze.	Azimut.	Höhenwinkel.
I.	9° 5′	0° 47′,00
II.	2° 44′	0° 49′,00
III.	352° 40′	0° 36′,25
IV.	341° 17′	0° 43′,25
V.	331° 7′	0° 24′,50

Die Azimutalabstände der einzelnen Bergspitzen habe ich mit dem Katerschen Kreise, und das wahre Azmuit der erstern mittels der Boussole, unter Annahme der magnetischen Declination nach Seite 134 und 136, bestimmt. Namentlich war

Magnet. Azim. von I. 354° 30′

Magnet. Declination 14 35,

wenn sämmtliche Azimute von Norden über Osten positiv gezählt werden.

Auf der Reise zu diesen Bergen fuhren wir von dem eben genannten Standpunkte, bei gewöhnlichem Trabe der Rennthiere, während 1^h 24′ gegen 341° 17′, und von dort aus 2 Werst weit gegen 315° 0′.

Nach Versuchen, die der Steuermann Iwanow bei seinen Aufnahmen an den Eismeerküsten machte, beträgt die mittlere Schnelligkeit der Schlittenrennthiere 7,9 Werst in 1 Stunde *), mithin lag der von uns erreichte Punkt von Obdorsk:

12,88 Werst, gegen 337° 20′,5.

Das Azimut des Berges I. betrug daselbst 15°,0.

Die Lage und Höhe dieses Gipfels folgt aus den eben genannten Angaben. Ich habe aber auch für die übrigen 4 Gruppen desselben Bergsystemes, die Höhe und Lage berechnet, nach der bei Besteigung der ersteren gemachten Bemerkung, dafs der Kamm welcher sie verbindet, von I. aus nach dem Azimut 215° streicht. — Unter Voraussetzung der Refraction zu $\frac{1}{10}$ der Distanz im Bogen erhält man aus dem Vorhergehenden:

---

*) Dieses Berichtes Histor. Abtheil. I. pag. 651. — Die Werst nehme ich nach Schubert (Rukowodswo djais tschislenji trigonometritscheskoi sjomks.) Petersburg, 1826 zu 3500 Engl. Fufs.

	Länge.	Breite.	Höhe über dem Meere.
Berggruppe I.	4h 18′ 36″,2	67° 12′,75	780t.
— II.	4 17 43,1	67 6,00	622
— III.	4 16 49,9	66 58,55	375
— IV.	4 16 8,5	66 53,00	349
— V.	4 15 42,3	66 49,17	201

Eine genaue Bestimmung der Höhe von Tobolsk über dem Meere schien mir sehr erwünscht, weil sie Aufschlufs geben würde über das Gefälle der Hauptflüsse des westlichen Sibirien, und somit auch über die Höhe der Barabinzischen Steppe und der merkwürdigen Seen an deren südlichem Rande. — Diesem Zwecke wurde nun, so vollständig als es ohne ein trigonometrisches Nivellement geschehen konnte, durch das mir mitgetheilte Verzeichnifs der Barometerablesungen entsprochen, welche Herr Dr. Albert in Tobolsk von 1810 bis 1821 an jedem Mittage mit unermüdetem Fleisse anstellte *). Freilich war das Instrument welches zu diesen werthvollen Beobachtungen gedient hatte, zur Zeit unsres Aufenthalts in Tobolsk nicht mehr vorhanden, indessen scheinen mir die Besorgnisse wegen eines constanten Fehlers desselben durch folgende Erfahrungen bedeutend ermäfsigt. Aus mehrmals an jedem Tage wiederholten Ablesungen des oben erwähnten Hansteenschen Barometers fand ich zu Tobolsk den Luftdruck im Mittel für:

1828. Octbr. 9. bis Novbr. 4. 335‴,19

und aus den Albertschen Beobachtungen nach Reduktion auf 0° und Pariser Maafs:

1811.	Octbr. 9. bis Novbr. 4.	333‴,75
1812.	- - - - - -	333,18
1813.	- - - - - -	334,08
1814.	- - - - - -	335,20
1815.	- - - - - -	336,10
1816.	- - - - - -	336,44

*) Dasselbe Tagebuch enthält Beobachtungen der Luft-Temperaturen für die Jahre 1806 bis 1821.

1817.	Octbr. 9. bis Novbr. 4.	333‴,98
1818.	- - - - - -	333,19
1819.	- - - - - -	335,65
1820.	- - - - - -	335,55
Im Mittel	Octbr. 9. bis Novbr. 4.	334‴,71

Ferner fand ich zwischen den genannten Tagen aus meinen Beobachtungen:

	Minimum.	Maximum.
im Jahre 1828.	330‴,89	341‴,52

und aus den Albertschen für dieselben Tage im Mittel aus den Jahren:

	Minimum.	Maximum.
von 1811 bis 1820	328‴,13	341‴,60,

wodurch gleichzeitig wahrscheinlich wird, dafs der Barometerstand im October und November des Jahres 1828, wegen des geringern Betrages der Variation, die normale Gröfse für dieselbe Jahreszeit um etwas übertroffen habe, Herrn Alberts Barometer aber ohne beträchtlichen constanten Fehler gewesen sei.

In der folgenden Tafel habe ich nun die jährlichen Mittel aus den Beobachtungen in Tobolsk mit den gleichzeitigen in Danzig zusammengestellt, und daraus die Meereshöhe des Irtuisch bei ersterem Orte berechnet, wobei freilich wiederum die bei Kasan erwähnte Voraussetzung: gleichen Druckes in einerlei Niveauschicht, gemacht werden mufste.

Jahrgang	Danzig, 7t. üb. d. M.		Tobolsk, 4t. über dem Irtuisch.		Höhe d. Irtuisch üb. d. Meere.
	Barom.	Luft-Temp.	Barom.	Luft-Temp.	
1812.	336‴,43	+ 5°,2 R.	334‴,40	— 2°,3 R.	28t.,0
1813.	336,24	+ 6,6 -	334,75	— 1,2 -	20,5
1814.	336,31	+ 5,4 -	334,34	— 2,8 -	27,2
1815.	336,13	+ 5,7 -	335,43	— 2,7 -	11,6
1816.	335,27	+ 5,8 -	334,64	— 0,5 -	10,7
1817.	335,84	+ 6,5 -	334,82	— 2,2 -	15,5
1818.	336,66	+ 6,3 -	335,08	— 4,2 -	22,3
1819.	336,27	+ 6,9 -	335,30	— 5,3 -	14,9

Jahrgang	Danzig, 7t. üb. d. M Barom.	Luft-Temp.	Tobolsk, 4t. über dem Irtuisch. Barom.	Luft-Temp.	Höhe d. Irtuisch üb. d. Meere.
1820.	336''',07	+ 5°,9	335''',27	— 2°,8	13t.,8
1821.	336,02	+ 6,4	334,80	— 0,5	18,1
Mittel	336''',124	+ 6°,07	334''',883	— 2°,45	18t.,21

Die Tobolsker Beobachtungen von 1821 können noch mit den entsprechenden in Moskau verglichen werden, namentlich war:

Moskau, 64t.,7 über dem Meere.

	Barom.	Luft-Temp.
1821.	331''',49	+ 4°,1

woraus folgt für die Meereshöhe des Flufsniveaus bei Tobolsk:

19t.,6.

Mit Hinzuziehung dieses Resultates erhält man also im Mittel:

Den Irtuisch bei Tobolsk um 18t.,4 über dem Meere.

Die Höhe der Uferhügel, auf denen die obern Stadttheile von Tobolsk liegen, fanden wir durch folgende Beobachtung:

1828. Oct. 23.	Obere Stadt. Erdboden. Barom.	Luft-Temp.	4t. über dem Irtuisch. Barom.	Luft-Temp.
22h 15'			336''',73	— 1°,0
23h 0'	333''',99	— 0°,8		
2h 45'			336''',72	+ 0°,5

Es wird dadurch:

Erdboden in der obern Stadt.

Ueber dem Irtuisch 37t.,2

Ueber dem Meere 55,6

IV. Von Irkuzk bis Jakuzk.

Der Winterweg von Irkuzk nach Jakuzk führt anfangs durch ein mannichfach coupirtes Terrain, an welchem ein beträchtliches Ansteigen vorherrschend bemerkt wird, bis man bei Kátschuga die Quellgegend eines Zuflusses der Lena erreicht. Einige der folgenden Stationen liegen noch seitwärts von dem Thale dieses Flusses; aber 6 Meilen jenseits Kátschuga, bei Tiumenòwsk, betritt man das Eis des Hauptarmes der Lena, und bleibt auf demselben bis nach Jakuzk.

Es läfst sich daher erwarten, dafs sich das Gefälle dieses mächtigen Stromes mit einiger Sicherheit aus den folgenden Barometerablesungen ergeben wird, welche an vielen Punkren dieses Weges, im Niveau des Eisspiegels, angestellt wurden. Namentlich liegen von den Orten unterhalb Tiumenowsk nur diejenigen auf Bergen aufserhalb des Lenathals, für welche die Beobachtungen in dem folgenden Verzeichnifs eingeklammert sind.

Die in der 4ten Spalte angeführten Gröfsen des Luftdruckes erhielt ich durch meine Ablesungen an einem Heberbarometer, welches bei der Abreise von Irkuzk mit dem Hansteenschen Normalbarometer genau verglichen wurde. Herr Lieutenant Duc erreichte um 5 bis 10 Tage später dieselben Punkte des Lenathals, und beobachtete daselbst Stände des früher erwähnten Englefieldschen Barometers, welche, nach Anbringung der Correktion des Instrumests und Reduktion auf 0° Temperatur, die in der 6ten Spalte enthaltenen Resultate ergeben. — In der 3ten und 9ten Spalte habe ich zu dem Namen einer jeder der jenseits Tiumenowsk gelegenen Stationen, die längs des Flusses gemessene Entfernung von diesem Orte in Wersten hinzugefügt:

Irkuzker mittlere Zeit. 1829.	Erman's Beobachtungen. Orte.	Werste von Tiumenowsk.	Barometerst.	Lufttemp.	Due's Beobachtungen. Barometerst.	Lufttemp.	Orte.	Werste von Tiumenowsk.
März 18. 23h,75	Irkuzk		325''',76	— 10°,0				
März 19. 4h,00	Berg vor Chumutowsk		322,53	— 4,8				
— 8,75	Chumutowsk		325,23	— 14,5				
— 11,12	Jerdowsk		323,33	— 20,0				
— 17,00	Ustardinsk		322,17	— 14,0				
März 19. 23h,75	Olsonsk		314,87	— 10,5				
März 20. 0h,82	Bajendaisk		313,65	— 7,5				
— 4,00	Chogotsk		314,74	— 11,0				
— 9,62	Mansursk		314,71	— 17,2				
— 16,33	Katschuga		316,66	— 16,5				
März 20. 20h,00	Wercholensk		317,72	— 12,0				
März 21. 0h,75	Tiumenowsk		321,07	— 6,0				
— 4,42	Petrowsk	25	320,15	— 3,6				
— 14,33	Ustilga	88	324,32	— 8,6				
März 21. 20h,50	Botowsk	123	326,83	— 7,0				
März 22. 0h,75	daselbst	123	326,67	— 5,1				

Irkuzker mittlere Zeit. 1829.	Erman's Beobachtungen. Orte.	Werste von Tiumenowsk.	Barometerst.	Lufttemp	Duc's Beobachtungen. Barometerst.	Lufttemp	Orte.	Werste von Tiumenowsk.
März 22. 6h,66	Djadinsk	171	327‴,40	— 10°,0				
— 8.70	Basowsk	184	327.98	— 15,5				
März 22. 18h,00	Sokninsk	224	328,25	— 24,3				
März 23. 0h,50	Osmolewsk	274	325.66	— 5.5				
— 5,50	Turuzk	327	325,25	— 10,0				
— 11,50	Ustkuzk	361	325,20	— 17,1				
März 23. 18h.50	daselbst	361	325.68	— 18,5				
März 24. 0h,50	Poduimachinsk	389	325,99					
— 3,00	Kokuisk	409	326,78	— 4.0				
— 4,00					322,28	— 2,0	Irkuzk	
— 9.00	Sarowsk	439	327,91	— 7,5				
— 19,50					316,97	— 8,8	Chogotsk	
— 19,85					317.11	— 7,0	daselbst	
— 21.45					317,15	— 4,5	daselbst	
— 21,50	Potapowsk	480	331,04	— 4.5				
März 24. 22h,70	daselbst	480	330,81	— 4,0				
März 25. 1h,00	Makarowsk	495	330.96	— 3,5				

Irkuzker mittlere Zeit. 1829.	Erman's Beobachtungen. Orte.	Werste von Tiumenowsk.	Barometerst.	Lufttemp.	Due's Beobachtungen. Barometerst.	Lufttemp.	Orte.	Werste von Tiumenowsk.
[März 25. $4^h,50$	Berg vor Kirensk		$324''',06$	$0°,0$]				
— 4,70					$321''',47$	— 4,5	Katschuga	
— 7,25	Kirensk	513	330,90	— 16,6				
— 19,80	daselbst	513	331,29	— 14,5				
März 25. $20^h,90$					323,14	— 13,4	Tiumenowsk	
März 26. $1^h,20$	daselbst	513	329,90	— 4,0				
— 3,40					222,76	— 5,0	Panamarewsk	50
— 12,00	Skoloschnaja	585	330,73	— 17,0				
— 12,33					324,78	— 14,5	Grusnowsk	99
— 20,50					325,43	— 14.8	daselbst	99
März 26. $20^h,70$					325,33	— 14,5	daselbst	99
März 27. $1^h,28$					324,82	— 4,0	Golowsk	144
— 2,00	Itschora	665	329,99	— 4,0				
— 4,66	Mudinsk	687	330,81					
— 9,50	Iwanowsk	707	330,22	— 13,5				
[— 18,00	Berg vor Dubrowa		326,82	— 10,0]				
— 20,00	Dubrowa	752	329,56	— 8,0				

Irkuzker mittlere Zeit. 1829.	Erman's Beobachtungen. Orte.	Werste von Tiumenowsk.	Barometerst.	Lufttemp.	Due's Beobachtungen. Barometerst.	Lufttemp.	Orte.	Werste von Tiumenowsk.
März 27. $20^h,30$					326‴,00	— 1,9	Bojarsk	259
— 22,60					326,06	— 0,3	Osmolewsk	274
März 27. $23^h,38$					325,87	— 0,2	daselbst	274
März 28. $0^h,65$					325,78	— 0,3	daselbst	274
— 2,70					325,48	+ 1,2	daselbst	274
— 7,00	Parschinsk	804	328‴,51	— 8,0				
— 10,74					324,75	— 10,0	Ustkuzk	361
— 11,50					324,70	— 10,2	daselbst	361
— 18,66	Witimsk	854	327,18	— 9,0				
— 20,03					323,28	— 5,0	daselbst	361
März 28. $20^h,30$					323,30	— 4,9	daselbst	361
März 29. $0^h,65$					323,07	+ 4,5		381
— 1,00	Krestowsk	899	324,93	— 0,3				
— 6,00					323,04	+ 4,4	Suchowsk	419
— 11,33					322,63	+ 1,5	Markowsk	447
— 20,50	Kantinsk	969	323,92	— 1,5	325,07	— 1,0	daselbst	447
März 29. $20^h,63$					325,20	— 1,0	daselbst	447

Irkuzker mittlere Zeit. 1829.	Erman's Beobachtungen. Orte.	Werste von Tiumenowsk.	Barometerst.	Lufttemp.	Due's Beobachtungen. Barometerst.	Lufttemp.	Orte.	Werste von Tiumenowsk.
März 30. 4^{h},93					325''',45	+ 1,0	Saborsk	496
— 5,25	Buchtarminsk	1007	325''',74	— 1,2				
— 5,33					325,37	+ 1,0	daselbst	496
— 8.66	Murjerinsk	1032	325,52	— 2,0				
— 10,30					326,20	— 6,2	Kirensk	513
— 12,30					326,28	— 10,0	daselbst	513
— 22,05					324,34	— 4,0	daselbst	513
— 23,00	Jerbinsk	1116	328,01	0,0				
März 30. 23^{h},80					324,16	— 0,8	daselbst	513
März 31. 2^{h},50					323,40	+ 1,3	daselbst	513
— 9,70					321,96	— 0,1	daselbst	513
— 19,60	Beresowsk	1226	325,41	— 13,0				
März 31. 21^{h},66					321,79	+ 1,1	daselbst	513
April 1. 0^{h},56					321,85	+ 3,0	daselbst	513
— 4,50	Delgcisk	1256	326,31	— 1,0				
— 17,50	Nelensk	1275	330,57	— 15,6				
April 1. $20,^{h}50$					328,77	— 6,0	Wischnjakowa	578

Irkuzker mittlere Zeit. 1829.	Erman's Beobachtungen. Orte.	Werste von Tiumenowsk.	Barometerst.	Lufttemp.	Due's Beobachtungen. Barometerst.	Lufttemp.	Orte.	Werste von Tiumenowsk.
April 2. $1^h,75$					328‴,92	— 1,5	Iljinsk	618
— 6,31					329,63	— 4,4	Itschora	665
— 11,00					330,20	— 11,0	Mudinsk	687
— 20,12					330,90	— 10,7	daselbst	687
April 2. $23^h,66$					331,19	— 3,2	Iwanowsk	707
April 3. $0^h,00$	Olekma	1348	332‴,72	— 5,5				
— 1,03					331,06	— 2,6	daselbst	707
— 10,50					328,20	— 2,0	Berg v. Dubrowa]	
— 18,50	Namana	1408	335,58	— 3,0				
April 3. $20^h,90$					333,00	— 10,5	Dubrowa	752
April 4. $0^h,50$	Garawaluik	1448	334,14	— 19,0				
— 6,50					332,21	— 9,0	Ruisinsk	818
April 4. $22^h,30$					328,60	— 9,0	Witimsk	854
April 5. $2^h,25$					326,25	— 2,2	daselbst	854
— 5,00					324,63	— 3,0	daselbst	854
— 10,00	Issit	1658	329,88	— 16,0	322,38	— 3,2	daselbst	854
— 18,00	daselbst	1658	328,27	— 11,0				

Irkuzker mittlere Zeit. 1829.	Erman's Beobachtungen. Orte.	Werste von Tiumenowsk.	Barometerst.	Lufttemp.	Due's Beobachtungen. Barometerst.	Lufttemp.	Orte.	Werste von Tiumenowsk.
April 5. 21^h,90					322''',21	— 4,0	Witimsk	854
April 6. 0^h,40					323,16	— 3,5	daselbst	854
— 3,75					323,83	— 2,0	daselbst	854
— 8,66	Batama	1768	326''',31	— 5,5				
April 6. 20^h,33	Tojon-Aruin	1824	329,02	— 7,0				
April 7. 0^h,73					328,56	— 4,0	daselbst	854
— 3,25					328,86		daselbst	854
— 8,72					330,03	— 13,0	Krestowsk	899
— 12,50					330,53	— 21,1	daselbst	899
— 17,20	Taboga	1906	333,71	— 8,0				
April 7. 21^h,00					330,87	— 16,5	daselbst	899
April 8. 0^h,66					330,38	— 9,2	Peskowsk	916
— 10,20	Jakuzk, 4^t üb. der Lena	1926	333,31	— 14,0	328,95	— 18,0	Kantinsk	969
— 20,66	daselbst	1926	331,49	— 9,0	326,90	— 12,0	daselbst	969
April 8. 23^h,00	daselbst	1926	331,22	— 8,0	325,92	— 7,0	daselbst	969
April 9. 9^h,42	daselbst	1926	333,23	— 18,0				

Irkuzker mittlere Zeit. 1829.	Erman's Beobachtungen.				Due's Beobachtungen.			
	Orte.	Werste von Tiumenowsk.	Barometerst.	Lufttemp.	Barometerst.	Lufttemp.	Orte.	Werste von Tiumenowsk.
April 9. 11^h,75					328''',09	— 9,5	Suinginulsk	1029
April 9. 21^h,75					329,65	— 9,2	daselbst	1029
April 10. 1^h,03	Jakuzk	1926	331''',28	— 7,0				
— 9,92	daselbst	1926	331,42	— 15,0				
— 16,25	daselbst	1926	332,92	— 13,0				
April 10. 21^h,20					330,87	— 14,4	Jidinsk	1152
April 11. 0^h,66	daselbst	1926	333,22	— 6,0				
— 9,86	daselbst	1926	333,42	— 15,0				
— 10,00					332,13	— 13,0	Beresowsk	1226
April 11. 18^h,83					334,07	— 16,1	daselbst	1226
April 12. 3^h,75					334,41	— 4,0	Nelensk	1275
— 11,70	daselbst	1926	334,81	— 14,0	336,06	— 12,0	Olekma	1348
April 12. 19^h,10	daselbst	1926	335,41	— 11,0	336,52	— 11,0	daselbst	1348
April 13. 16^h,60	daselbst	1926	337,61	— 10,0	335,81	— 15,0	daselbst	1348
April 14. 6^h,16	daselbst	1926	335,61	— 6.0	335,10	— 5,0	daselbst	1348
— 16.50	daselbst	1926	336,41	— 9,0				
— 18,75					335,46	— 14,0	Soljansk	1373

Irkuzker mittlere Zeit. 1829.	Erman's Beobachtungen. Orte.	Werste von Tiumenowsk.	Barometerst.	Lufttemp.	Due's Beobachtungen. Barometerst.	Lufttemp.	Orte.	Werste von Tuimenowsk.
April 15. $1^h,92$	Jakuzk	1926	336''',62	— 1°,0				1526
— 12,30					336''',04	— 20°,0	Marchinsk	
— 16,80	daselbst	1926	336,26	— 15,0				
April 15. $21^h,80$					335,91	— 4,9	daselbst	1526
April 16. $3^h,70$	daselbst	1926	335,22	— 4,0				
— 16,80	daselbst	1926	334,63	— 4,0				
— 20,00					332,74	— 4,1	Issit	1658
April 16. $23^h,25$					332,11	— 0,0	Jurinsk	1693
April 17. $3^h,50$					331,14	+ 5,8	daselbst	1693
— 6,70	daselbst	1926	332,14	0,0				
— 19,80	daselbst	1926	331,55	— 2,0				
April 17. $20^h,75$					330,57	— 4,0	Batama	1768
April 18. $10^h,66$					330,58	— 4,5	daselbst	1768
— 20,50	daselbst	1926	330,32	— 2,0	331,60	— 2,0	daselbst	1768
— 21,75					331,94	+ 0,3	daselbst	1768
April 20. $17^h,20$	daselbst	1926	332,22	+ 2,0				

Um zunächst das Gefälle der Lena unterhalb Tiumenowsk zu ermitteln, habe ich alle gleichzeitigen Beobachtungen mit einander verglichen welche zwischen diesem Orte und Jakuzk vorhanden sind, und zwar wurden, zur Verminderung des Einflusses temporärer meteorologischer Verschiedenheiten, stets 10 bis 12 Ablesungen so ausgesucht, daſs sich die Mittel der Beobachtungszeiten an den obern und untern Stationen sehr nahe gleich ergaben. Bezeichnet man dann mit d die in Wersten und von Tiumenowsk an gemessene Länge des Flusses, so folgt:

d			Höhenunterschied
99	bis	600	76t.,2
274	—	779	41,3
485	—	977	23,0
513	—	1210	33,3
758	—	1430	44,7
854	—	1727	43,8
953	—	1926	46,5
1219	—	1926	14,3
1348	—	1926	5,3
1475	—	1926	8,0
1681	—	1926	13,7
1764	—	1926	2,3

wobei sämmtliche Höhenunterschiede mit einerlei Zeichen und zwar so zu nehmen sind, daſs der von Tiumenowsk entferntere Punkt sich tiefer ergab als der nähere.

Diesen Resultaten zu Folge lassen sich die Höhen des Lenaspiegels, für Orte die zwischen Tiumenowsk und Jakuzk liegen, durch den Ausdruck:

$$H - 0^{t.},1240\ d + 0,00002955\ d^2$$

genügend darstellen, in welchem H die in Toisen ausgedrückte Höhe von Tiumenowsk und d die Länge der Lena zwischen diesem Orte und dem Punkte, dessen Höhe gesucht wird, in Wersten bedeuten.

Aus den Beobachtungen von März 24. folgt ferner:

Irkuzk über Kokuisk 56t.,0

Irkuzk über Sarowsk 71,7

oder hieraus vermöge des eben genannten Ausdruckes für das Gefälle der Lena: Irkuzk über Jakuzk respective:

	136t.,2
und	148,8
mithin im Mittel Irkuzk über Jakuzk	142t.,5.

Was nun die absoluten Höhen für die Reihe von Orten betrifft, deren relative Höhen sich aus den vorstehenden Beobachtungen ergeben, so können folgende durch unsre Barometer erhaltnen mittleren Stände zu deren Auffindung benutzt werden.

1829.		Ueber Irkuzk	Barom.	Lufttemp.
Febr. 16. bis Febr. 21.	16 Beobb. bei Kjachta	+ 153t.	310''',11	— 15°,2
März 18. bis April 8.	55 Beobb. an der Lena	— 64	326,33	— 9,4
März 24. bis April 21.	80 Beobb. an der Lena	— 81	327,44	— 5,9
April 8. bis April 22.	29. Beobb. zu Jakuzk	— 41t.,5	333,89	— 4,0

Das erstere dieser Resultate beruht auf Ablesungen welche ich an dem Hansteenschen Barometer während unseres Aufenthaltes an der Chinesischen Gränze bei Kjachta machte. Den Höhenunterschied zwischen diesem Orte und Irkuzk habe ich aber nach Beobachtungen gerechnet, die während der Reise der Russischen Akademiker unter Katharina mit Instrumenten angestellt wurden, welche zwar mit einem constanten Fehler behaftet gewesen zu sein scheinen, dennoch aber zur Bestimmung von Höhenunterschieden dienen konnten. Die übrigen Angaben beruhen sämmtlich auf unsern oben angeführten Beobachtungen, und zwar die 3te auf denen von Herrn Lieutenant Duc, die 2te und 4te auf den Ablesungen meines Barometers. Die hinzugefügten Tiefen unter Irkuzk sind das Mittel aus denen der einzelnen Orte, an welchen eine jede der genannten Beobachtungsreihen erhalten wurde, und bezeichnen daher Punkte auf welche sich die dabeistehenden Barometerstände unter der hier hinreichend angenäherten Voraussetzung beziehen, dafs der Druck in einer Luftsäule von 140t. den Höhen proportional abnehme.

Vergleicht man nun diese Beobachtungen mit dem mittleren Barometerstande von 337''',48, welcher bei der Reise von Kapitain Wrangel für das Eismeer bei Ustjansk gefunden wurde, und daher der Umgegend der Lena am besten entsprechen dürfte, so ergiebt sich

Irkuzk über dem Meere:

nach	I. . . .	168t.,9
—	II. . .	195,2
—	III. . .	201,3
—	IV. . .	185,4

oder mit Rücksicht auf die Anzahl der Beobachtungen:

194t.

Vermöge dieses Resultates kann man nunmehr alle im Lenathale zwischen Tiumenowsk und Jakuzk gelegenen Punkte unmittelbar auf das Meeresniveau beziehen. Aus unsern vorstehenden Beobachtungen lassen sich aber noch aufserdem über die Gestalt des Terrains zwischen Irkuzk und Tiumenowsk einige Aufschlüsse gewinnen, indem man, nach dem Obigen, den letzten Ort zu 16t.,5 unter Irkuzk oder 177t.,5 über dem Meere annimmt. Es zeigt sich alsdann, dafs, während Herr Duc von Irkuzk nach Tiumenowsk reiste, der Luftdruck nahe unverändert geblieben ist, und dafs hingegen in den Stunden von März 19,0 bis März 21,0, in denen ich denselben Weg zurücklegte, eine starke Abnahme des Barometerstandes im Meeresniveau stattfand. Setzt man die damals eingetretnen Veränderungen der Zeit proportional, sowohl während der 28 Stunden meiner Reise von Irkuzk nach Chogotsk, als auch während der folgenden 12 Stunden, in denen ich von Chogotsk nach Kátschuga fuhr, so erhält man für diesen Theil des Weges die im Folgenden angegebnen Höhen:

	Ueber dem Meere
Kjachta	347t.
Irkuzk	194
Berg von Chumutowsk	226
Chumutowsk	174
Jerdowsk	187
Ustardinsk	186
Olsonsk	262
Bajendaisk	276
Chogotsk	252

	Ueber dem Meere
Mansursk	251t.
Kátschuga	235
Lena bei Wercholensk	223
— — Tiumenowsk	178
— — Kirensk	122
— — Witimsk	93
— — Beresowsk	70
— — Olekma	64
— — Jakuzk	48t.

und ferner

	Ueber der Lena	Ueber dem Meere
Berg am rechten Lenaufer, 10 Werst vor Kirensk	83t.,7	206t.,3
Berg am rechten Lenaufer, 5 Werst vor Dubrowa	33,5	134,8
Ein andrer Punkt des rechten Thalrandes zwischen Iwanowsk u. Dubrowa	46,4	149,1

V. Von Jakuzk bis Ochozk.

Die unten folgenden Barometerstände habe ich auf der Reise von Jakuzk bis zum Strande des Ochozker Meeres, beim Uebergange über das Aldanische Gebirge, gemessen. Zur hypsometrischen Anwendung derselben ist, aufser der gewöhnlichen Unsicherheit wegen meteorologischer Veränderungen, auch noch eine entschiedene Differenz des Luftdruckes in einerlei Niveauschichten zu beachten, welche sich an den Gränzen des durchschnittnen Bezirkes, den Meridianen von Ochozk und von Jakuzk, zu erkennen gab.

Die im vorigen Abschnitte angeführten Barometerablesungen in Jakuzk, und eine ähnliche Reihe von 84 Ablesungen zwischen Mai 22. und Mai 30. in Ochozk, 2t. über dem Meere, ergeben nämlich respective, wenn man beide auf den Seehorizont reduzirt:

1829.	Länge.	Barom.
April 8. bis April 22.	127° 24',6	337''',91
Mai 22. bis Juni 30.	140 51,2	331,31

Eine so merkwürdige Verschiedenheit zwischen dem Luftdrucke im Meeresniveau im Innern von Sibirien und an den Küsten des Ochozkischen Meeres, ist auch durch frühere Beobachtungen in Ochozk und durch andre auf Kamtschatka, in Bolscherezk, Petro Pauls Hafen und Tigilsk vollkommen bestätigt. Um aber bei Höhenmessungen im Aldanischen Gebirge diesen Umstand gehörig in Rechnung zu bringen, müfste die Art des Ueberganges von dem stärkeren zum geringeren Drucke, oder, was identisch ist, die Gestalt bekannt sein, welche die Luftschichten von gleicher Dichtigkeit in diesem Theile der Erde besitzen. Obgleich es nun sehr wahrscheinlich ist, dafs die hohen Gipfel des Aldanischen Gebirges zur Trennung der Bezirke von ungleichen Luftdruck eben so wirksam sind, wie zur Abgränzung verschiedener thermischer Klimate, so habe ich doch, bis auf nähere Erörterung, die einfachere Annahme eines der Länge der Orte proportionalen Ueberganges vorgezogen. Bei der Berechnung der in der folgenden Tafel angegebenen Höhen über dem Meere ist daher:

$$337''',91 - \text{l. } 0''',4909$$

als Luftdruck am Meeresufer genommen worden, wenn l. die von Jakuzk an gegen Osten positiv gezählte Länge des Beobachtungsortes in Graden bezeichnet.

Jakuzker Mittlere Zeit. 1829.	Orte.	Barom.	Luft-T.	Höhe üb. d. Meere.
April 23. 3h,02	Talbuijachtatsk	335''',16	+ 3°,6	32t.
— 3,70	daselbst	334,97		
— 4,30	daselbst	334,70	+ 1,0	
— 7,30	Tegulinsk	334,18	— 2,0	39
— 13,75	Tschasuigjisk	332,29		54
April 23. 14h,20	daselbst	332,59	— 3,5	
April 24. 0h,70	Porotowsk	330,79		75
— 2,50	daselbst	330,81	— 1,0	

Jakuzker Mittlere Zeit. 1829.	Orte.	Barom.	Luft-T.	Höhe üb. d. Meere.
April 24. 8h,25	Tschuroptschinsk	331''',53	— 5°,0	59t.
— 13,60	Aruilachinsk	331,04	— 7,0	58
— 13,90	daselbst	331,09		
April 24. 18h,40	daselbst	330,94		
April 25. 3h,25	Lebegine	328,25	+ 3,5	96
— 7,00	Menjega	327,98	— 2,5	100
— 12,00	Amginsk	327,73	— 1,5	99
— 19,00	daselbst	328,01		
— 20,45	daselbst	328,38		
April 25. 23h,75	daselbst	328,09		
April 26. 8h,33	Nochinsk	324,97		117
— 10,20	daselbst	324,55	— 3,2	
— 17,50	daselbst	326,02		
— 20,00	daselbst	326,53		
April 26. 22h,60	daselbst	326,96		
April 27. 10h,00	Aldanskji Perewos	329,90	— 15,0	66
— 13,50	daselbst	329,65		
— 19,50	daselbst	329,24	— 9,5	
April 27. 23h,00	daselbst	328,75		
April 28. 11h,12	Nachtlager, 4 W. hinter Bjelskji Perewos	324,79	— 6,0	119
— 18,01	daselbst	325,12	— 3,5	
April 28. 20h,40	daselbst	324,99	+ 2,0	
April 29. 0h,10	Erster Berg hinter Bjelskji Perewos	322,39	+ 0,4	151
— 2,25	Zweiter Berg hinter Bjelskji Perewos	316,06		234
— 11,75	Tschernoljes	322,41	— 2,0	154
— 18,25	daselbst	321,64		
— 20,90	daselbst	321,69		
April 29. 23h,40	daselbst	321,22	+ 1,5	
April 30. 9h,60	Garnastach	315,20		239
— 19,20	daselbst	314,89	+ 1,1	

Jakuzker Mittlere Zeit. 1829.	Orte.	Barom.	Luft-T.	Höhe üb. d. Meere.
April 30. 20h,25	Garnastach	314''',81	+ 2°,0	
April 30. 22h,90	daselbst	314,99	+ 2,6	
Mai 1. 2h,00	daselbst	314,90	+ 0,2	
— 5,90	daselbst	314,48	— 2,0	
— 10,00	daselbst	315,04	— 1,7	
— 18,40	daselbst	315,95	— 3,8	
Mai 1. 21h,90	daselbst	315,83	— 1,0	
Mai 2. 1h,25	daselbst	315,60	+ 1,7	
— 8,40	daselbst	315.53	— 2,0	
— 9,40	daselbst	315.63	— 3,6	
Mai 2. 17h,80	daselbst	315,20	— 0,6	
Mai 6. 21h,00	Allachjuna	310,41	0,0	299
Mai 7. 2h,50	Berg am rechten Ufer der Antscha	305,26	— 0,2	367
— 22,50	Antscha	304.63	— 0,0	374
Mai 8. 21h,00	Am See Tungor	304,06	+ 1,8	382
Mai 9. 2h,70	Berg vor Choinja	301,69	— 0,6	408
— 22,00	Choinja od. Kapitanskji Sasjeg	306.33	+ 5,0	350
Mai 9. 23h,00	daselbst	306,53	+ 5,0	
Mai 10. 3h,75	Berg Kapitan	286.03	+ 1,0	630
Mai 11. 4h,50	Judomsk	302,90		3[illegible]8
— 6,20	daselbst	301.20		
— 8,50	daselbst	301,97		
Mai 11. 22h,50	daselbst	305.25	+ 5,5	
Mai 13. 2h,25	Ketanda	297,83	+ 1,0	430
— 6,33	daselbst	299,05		
Mai 13. 16h,90	daselbst	300,70	— 5,0	
Mai 14. 19h,70	Sommerzelte v. Amgikan	317,72		182
Mai 15. 23h,70	Arki	320,60		142
Mai 16. 23h,50	Meta	329,75		26
Mai 17. 2h,50	daselbst	329,15		

Jakuzker Mittlere Zeit. 1829.	Orte.	Barom.	Luft-T.	Höhe üb. d. Meere.
Mai 18. 5h,00	Jelaner Jurten, 2t. üb. Hochwasser	325''',39		
— 14,50	daselbst	326,50		
Mai 22. 21h,70	Ochozk, 2t. üb. Hochwasser	331,81		2
Mai 23. 4h,50	daselbst	331,49		
— 9,40	daselbst	331,03		
— 11,00	daselbst	331,63		
Mittel für: Mai 22.-Juni 30.	daselbst	331''',15		

Zwischen Jakuzk und Amginsk wechselt Lärchenwald mit grasreichen Niederungen, auf denen die Jakutischen Bewohner dieser Gegend sehr zahlreiche Rindviehheerden ernähren. Die Beobachtung in Amginsk geschah am Flusse Amga. Oestlich von diesem Flusse wird die Lärchenwaldung so dicht, dafs die Schlittenwege aufhören, und von dort bis über das Aldanische Gebirge nur Saumtransport üblich ist. — Die Jakutischen Jurten von Nochinsk sind von bewaldeten Berggipfeln umgeben. — Aehnliche übersteigt man zwischen Nochinsk und Aldanskji Perewos. Nur der Abhang dieser hohen Gegend gegen das linke Ufer des Flusses Aldan ist ohne Waldung, und bietet die erste Uebersicht der Aldanischen Bergkette. Es zeigen sich am rechten Ufer des Flusses waldige Vorberge, hinter denen in weiter Ferne nackte und zum Theil mit Schnee bedeckte Gipfel mit sehr schroffen Contouren hervortreten.

Anstehende Formationen beginnen wieder am Aldan, und setzen dann fort bis nach Ochozk *). Die zwei erwähnten Berge

*) Nach seinen geognostischen Charakteren zerfällt das Aldanische Gebirge, da wo wir es überschritten, in drei Hauptgruppen, nämlich: 1) Kalkformation vom Aldanthale bis zu den Quellen der Bjelaja Rjekà, 2) Grauwackengruppe von dort bis Ketanda, 3) Porphyrformation mit Sienit und Granit von Ketanda bis zur Ebene.

hinter Bjelskji Perewos gehören zu dem linken oder südlichen Thalrande der Bjelaja Rjekà, eines Zuflusses zum Aldan. Die entsprechenden Felswände des gegenüber stehenden nördlichen Ufers sind höher als die von mir gemessenen, und nordwärts hinter jenen ragen weit entfernte, jedoch noch immer mit dünner Waldung bedeckte Gipfel hervor.

Die Jurten von Tschernoljes liegen ebenfalls an der Bjelaja Rjekà, und der Tungusische Wohnplatz Garnastach zwischen zweien Armen desselben Flusses. Hohe Berge, mit steilen Felswänden gegen den Flufs, umgeben diesen Ort von allen Seiten. Einer derselben im Süden der Jurte deren geographische Lage ich bestimmte (oben Seite 284 und 385), heifst bei den Tungusen Ulagtschan.

Ich mafs auf der Ebene von Garnastach eine nach dem Azimut des Gipfels dieses Berges gerichtete horizontale Linie von 252 Pariser Fufs, und beobachtete an deren Endpunkten A und B folgende Höhenwinkel:

Bei A:	Gipfel des Ulagtschan	15°	1',69
Bei B:	derselbe	15	57,27
daselbst:	Letzte Lärche, im Vertikal des Gipfels	15	15'
daselbst:	Ende der dichten Waldung, ebenso	14	4'

Es folgt der Gipfel des Ulagtschan:

185t.,3 über Garnastach

424 über dem Meere

und: Ende der dichten Waldung:

351t. über dem Meere.

Letzte Lärchen:

390t. über dem Meere *).

*) Bei den zwei letzten Angaben ist die mittlere Neigung des Bergabhanges zu 20° angenommen. Wollte man dieselbe 40° setzen, so würden die beiden zuletzt genannten Höhen respective 392t. und 412t. Nach Ansicht des Berges halte ich indefs die obige Annahme für die wahrscheinlichste.

Zwischen Garnastach und der Station Allachjuna, die in einem Längenthale an dem Flusse gleichen Namens gelegen ist, überstiegen wir den Theil des Aldanischen Gebirges, welches Sem Chrebti, d. i. die 7 Rücken, genannt wird. Er erreicht die obere Gränze von pinus larix.

Auch von dem Berge am rechten Ufer der Antscha, auf welchem wir bis auf 367$^{t.}$ über dem Meere anstiegen, wurde bemerkt, dafs die Lärchenwaldung in dieser Höhe schon sehr dünn geworden sei und auf den umgebenden Berggipfeln gänzlich fehle.

Zwischen der Jurte Choinja und dem Berge Kapitan geht man durch ein circusartig abgeschlossenes Thal, dessen Boden, in einerlei Höhe mit Choinja (350$^{t.}$ über dem Meere), während des ganzen Jahres mit Eis bedeckt ist.

Auf einer Reise von Ochozk nach dem Gebirge Marekan bestimmte ich noch folgende Höhen:

1829. Juli 1.	Barom.	Luft-T.	Höhe üb. d. Meere.
Am Meere	331''',85	+ 7°,5	
Rechter Thalrand der grofsen Marekanka:			
1) an der Mündung:	329,80	+ 7,0	26$^{t.}$,3
2) 10 Werst aufwärts:	327,57	+ 7,0	55,1

V. Auf Kamtschatka.

Während meiner Reise durch Kamtschatka habe ich die folgenden Barometerablesungen gemacht, um die Höhe der Gebirge welche ich ersteigen konnte, zu bestimmen. Correspondirende Beobachtungen mit verglichenen Instrumenten erhielt ich aus Tigilsk, 25$^{t.}$ über dem Meere, und von Petro Pauls Hafen im Meeresniveau selbst. Die ersteren wurden von dem Gouverneur der Westküste der Halbinsel, Herrn Kapitain Sabjelow, an einem Barometer angestellt, welches ich ihm hinterliefs, nachdem es mit dem von mir im Innern des Landes anzuwendenden verglichen worden war. Die Ablesungen in Petro Pauls Hafen wurden hingegen unter dem Deck der Corvette Krotkoi und in der Wasserlinie dieses Fahrzeuges an einem Dollondschen Barometer erhalten, dessen Correction ich auf gleiche Weise bestimmt habe. In der folgenden Tafel sind, so wie früher, sowohl meine Beobachtungen, als die von Tigilsk und Petro Pauls Hafen auf Pariser Linien und 0° Temperatur des Quecksilbers reduzirt.

Petro Pawlowsker mittl. Zeit. 1829.	Im Innern der Halbinsel.			Tigilsk.		Petro Pauls Hafen.	
	Ort der Beobachtung.	Barometer.	Luft-Temp.	Barometer.	Luft-Temp.	Barometer.	Luft-Temp.
Aug. 20. 4h,38	3t. über dem Tigilfluſs	330‴,94	+ 10°,0				
— 5,50	daselbst	331,30					
— 5,00	Krásuaja Sopka	327,24	+ 9,0				
Aug. 23. 9h,53	Sedanka	326,85		329‴,80		337‴,12	+ 8°,8
— 11,27	daselbst	325,60	+ 11,0			337,12	+ 9,7
— 18,78	daselbst	326,00				337,54	+ 10,6
Aug. 24. 8h,28	Erste Lagerplatz jenseits Sedánka	324,35	+ 8,0			334,95	+ 8,4
— 19,28	daselbst	323,28	+ 9,0	329,97		334,28	+ 9,3
Aug. 25. 8h,25	Boden des Kraters zwischen d. Baidarenbergen	319,40	+ 9,0	328,88		334,25	+ 9,3
Aug. 26. 0h,75	Lavastrom auf einem Baidarenberge	309,96	+ 10,5	329,22		334,13	+ 11,1
— 17,75	Lagerplatz an der obern Sedánka	305,50	+ 7,8	331,86		334,44	+ 10,2
— 20,28	Hochebene zwischen Trachytkegeln	304,93	+ 11,0	332,38		334,43	+ 10,2

Petro Pawlowsker mittl. Zeit. 1829.	Im Innern der Halbinsel.			Tigilsk.		Petro Pauls Hafen.	
	Ort der Beobachtung.	Barometer.	Luft-Temp.	Barometer.	Luft-Temp.	Barometer.	Luft-Temp.
Aug. 27. 6h,28	See auf der Stolbowaja Tundra	310‴,46	+ 9°,5	332‴,34		334‴,00	+ 11°,9
— 19,28	Ost-Ende der Stolbowaja Tundra	308,75	+ 7,0	333,30		334,16	+ 10,6
Aug. 28. 21h,28	Jelowka	329,81		332,44		336,61	+ 15,1
— 22,78	daselbst	329,61		332,50		336,61	+ 15,1
Aug. 29. 0h,78	daselbst	329,21		332,56		336,70	+ 14,8
— 4,80	daselbst	328,44		332,20		336,80	+ 9,1
— 10,25	daselbst	327,95		331,42		337,04	+ 7,5
— 21,25	daselbst	329,76	+ 13,0	331,54		336,95	+ 12,5
— 22,29	daselbst	328,73		331,46		336,83	+ 13,0
Aug. 30. 0h,62	daselbst	328,24	+ 15,8	331,12		336,92	+ 15,5
— 17,25	Erster Lagerplatz auf dem Wege zum Schiwélutsch	326,34	+ 10,0	330,85		336,17	+ 12,2
Aug. 31. 0h,80	Fruchtbare Vorberge NW. vom Schiwélutsch	310,82	+ 13,0	329,82		335,34	+ 13,3

Petro Pawlowsker mittl. Zeit. 1829.	Im Innern der Halbinsel.			Tigilsk.		Petro Pauls Hafen.	
	Ort der Beobachtung.	Barometer.	Luft-Temp.	Barometer.	Luft-Temp.	Barometer.	Luft-Temp.
Aug. 31. 18h,02	Der Punkt A am NW.Abhang des Schiwélutsch	300''',62	+ 9°,0	329''',14		334''',57	+ 9°,3
Sept. 1. 15h,29	daselbst	305,84	− 0,5	330,85	+ 1°,3	334,82	+ 10,2
Sept. 2. 19h,80	daselbst	305,38	+ 1,0	332,14		333,73	+ 12,5
Sept. 3. 8h,38	daselbst	303,48	+ 2,0	332,07		332,55	+ 5,7
Aug. 31. 22h,04	Gränze für alnus incana am Schiwélutsch	297,60	+ 9,5				
Sept. 1. 0h,54	Höchster an diesem Tage erreichter Punkt	278,37	+ 3,0				
Sept. 2. 22h,62	daselbst	278,33	− 3,0				
Sept. 3. 0h,90	Der Punkt B auf dem Schiwélutsch	273,92	0,0			334,07	+ 10,0
Sept. 9. 20h,28	Dorf Kliutschewsk	327,07					
Sept. 10. 2h,00	Gränze für alnus incana am Kliutschewsker Vulkan	296,55	+ 7,0			333,32	+ 11,3

Petro Pawlowsker mittl. Zeit. 1829.	Im Innern der Halbinsel.			Tigilsk.		Petro Pauls Hafen.	
	Ort der Beobachtung.	Barometer.	Luft-Temp.	Barometer.	Luft-Temp.	Barometer.	Luft-Temp.
Sept. 10. 20h,28	Höchster Lagerplatz auf demselben	270‴,70	− 1°,0			331‴,96	+ 6°,0
Sept. 11. 0h,50	Untere Ende eines neuen Lavastroms auf dem Pik desselben	239,45	− 1,0			331,47	+ 6,5
Sept. 20. 21h,25	Kirgana am Kamtschatkafluſs	324,70	+ 10,0			336,00	

Durch Vergleichung mit Tigilsk würden die nun zu berechnenden Höhen auf eine constante und daher nicht zufällige Weise kleiner werden, als durch Vergleichung mit Petro Pauls Hafen, wenn man nicht Rücksicht nähme auf die anderweitig bekannte Abnahme, welche sich in den Jahres Mitteln des Barometerstandes ergiebt, indem man auf der Halbinsel gegen Norden fortschreitet.

Es sind namentlich:

die mittlern Barometerstände am Meere:

			Barometerst.	Luft-Temp.
Mündung des Tigil	in 58°	Breite	331‴,99	+ 2°,5
Petro Pauls Hafen	- 53	-	334,06	

er ergiebt sich daher für 5° Breitenunterschied eine scheinbare Differenz der Meereshöhen von 24t..83. Nimmt man nun an, dieser Unterschied der Höhen wachse proportional mit dem Breitenunterschiede, und werden durch

φ die Breite eines Barometers am Meere

φ' - - - correspondirenden im Lande

beide in Graden ausgedrückt, so hat man zu der berechneten Höhe zu addiren, wegen Breitenunterschiedes:

$$4^{t.},966\ (\varphi - \varphi').$$

Unter dieser Voraussetzung habe ich folgende Höhenangaben erhalten, und zugleich in der $\frac{P-T}{2}$ überschriebenen Spalte den halben Unterschied der aus den Beobachtungen in Petro Pauls Hafen und in Tigilsk gezogenen Resultate hinzugefügt:

	Höhe üb. d. Meere.	$\frac{P-T}{2}$
Tigilsk	25t.	
Krasnaja-Sopka	79	
Sedanka	80 *)	
Erster Lagerplatz jenseits Sedanka	116	+ 4
Boden des Kraters zwischen den Baidarenbergen	165	+ 10

*) Nach den Beobachtungen in Tigilsk.

	Höhe üb. d. Meere.	$\frac{P-T}{2}$
Lavastrom auf einem der Baidarenberge	297[t.]	+ 7
Lagerplatz an der obern Sedanka	374	− 8
Hochebene zwischen Trachytkegeln	388	− 12
See auf der Stolbowaja Tundra	310	− 14
Ost-Rand der Stolbowaja Tundra	337	− 19
Ortschaft Jelowka am Fluſs gleichen Namens	77	+ 7
Erster Lagerplatz auf dem Wege zum Schiwélutsch	98	+ 9
Fruchtbare Vorberge NW. von Schiwélutsch	300	+ 10
Der Punkt A am NW. Abhange des Schiwélutsch	385	− 7
Obere Gränze für alnus incana am Schiwélutsch	442	
Höchster Punkt, den ich bei der ersten Besteigung des Schiwélutsch erreichte	729	

In Felsenspalten wachsen daselbst Saxifraga Merkii, Draba (Ermania) parryoides, *Cham.* Salix arctica, *Pallas.*

Der Punkt B an der Schneegränze der NW.-Seite des Schiwélutsch	823	

Es folgt namentlich B über A: 2625,12 Pariser Fuſs. (Vergl. Seite 291.)

Dorf Kliutschewsk am Kamtschatkaflusse	75	
Obere Gränze für alnus incana am Kliutschewsker Vulkan	482	
Höchster Lagerplatz auf dem Kliutschewsker Vulkane	829	

In dieser Höhe wächst noch Salix arctica in hinreichender Menge, um unseren Pferden als Futter zu dienen. Es liegt daher sowohl die obere Gränze der Elsen als auch die Schneegränze am Kliutschewsker Vulkane um 40 bis 50 Toisen höher als am Schiwélutsch.

	Höhe üb. d. Meere.
Unteres Ende eines neuen Lavastroms auf dem Pik des Kliutschewsker Vulkans	1333t.
Kirgana am Kamtschatkaflusse ..	138

Die Lage und Höhe der Gipfel des Schiwélutsch und des Kliutschewsker Vulkanes, zu deren Erreichung mir die Mittel fehlten, habe ich durch trigonometrische Operationen folgendermaſsen bestimmt:

Wie oben (Seite 292 und 293) angeführt, fand ich am Fuſse und am Nordwest-Abhange des Schiwélutsch, wenn man die Azimute von Norden an rechts herum zählt:

Am Standpunkt A:	Azimut.	Scheinb. Höhenwinkel.
Des Punktes B.	125° 15′,30	+ 15° 11′,43
Schiwélutsch rechte Spitze	*)	+ 18° 54′,37

Am Standpunkt B:	Azimut.	Scheinb. Höhenwinkel.
Des Punktes A.		— 15 7′,62
Schiwélutsch rechte Spitze	124° 15′,30	+ 23° 25′,12

Es ergiebt sich hieraus, mittels des oben gefundenen Höhenunterschiedes, zwischen A und B in der Horizontalebene des Punktes A der Abstand AB: 1614t.,83

und, indem man in dem Dreiecke ABR den Winkel bei B nach den eben genannten Beobachtungen annimmt, und das Verhältniſs der Seiten AR und BR so setzt, daſs es den bei A und B gemessenen und für Refraktion und Krümmung der Erde corrigirten Höhenwinkeln des Punktes R entspricht

*) Das am Punkt A gemessene Azimut der rechten Spitze des Schiwelutsch kann aus den oben angeführten Gründen nicht concurriren.

R oder rechte Spitze des Schiwélutsch:

über A: 989t.,8
über dem Meere: 1374t.,8
von A: 1′ 43″ südlich
0′ 18″,20 Zt. östlich.

Für die Lage und Höhe der linken Spitze des Schiwélutsch fand ich:

Am Standpunkt A:	Azimut.	Scheinb. Höhenwinkel.
Linke Spitze des Schiwélutsch	101° 56′,05	+ 18° 20′,00

Am Standpunkt B:	Azimut.	Scheinb. Höhenwinkel.
Linke Spitze des Schiwélutsch	86° 38′,30	+ 18° 48′,62

und hieraus durch Auflösung des Dreiecks ABL:

L oder linke Spitze des Schiwélutsch:

über A: 1266t.5
über B: 824,8
über dem Meere:
respektive { 1651t.,5 / 1647.8 }
im Mittel: 1649t.,7
von A: 0′ 50″ südlich
0′ 28″,52 Zt. östlich.

Die absolute Lage der Punkte A, B, R und L habe ich aus der, Seite 291 angeführten, Beobachtung in Jelowka bestimmt, und zwar beziehen sich die daselbst für die linke Spitze bestimmten Azimute und Höhenwinkel um so sicherer auf denselben Punkt des Berges, welcher in dem so eben erwähnten Dreiecke mit L bezeichnet ist, als sowohl unter jener wie unter diesem der höchste aller sichtbaren Punkte der pikförmigen linken Gruppe des Vulkanes verstanden wurde. Die Identität des Punktes, welcher in Jelowka die rechte Spitze benannt wurde, mit demjenigen, welchem ich während meines Aufenthaltes an den Punkten A und B denselben Namen gab, soll jedoch nicht behauptet werden.

Die Beobachtung in Jelowka:

	Azimut.	Scheinb. Höhenwinkel.
Linke Spitze des Schiwélutsch	137° 43',46	+ 5° 7',00

und die aus dem Obigen folgende:

Höhe der linken Spitze des Schiwélutsch } 1572t.,7 über Jelowka

ergeben:

Linke Spitze des Schiwélutsch:
von Jelowka 13' 21" südlich
1' 28",46 Zeit östlich.

Man erhält demnach mit Hinzuziehung der oben (Seite 291 und 344) abgeleiteten Lage von Jelowka:

	Länge.			Breite.			Höhe üb. d. Meere.
Des Schiwélutsch							
linke Spitze	10h	35'	45",79	56°	40'	32"	1649t.,7
rechte Spitze	10	35	35,47	56	39	39	1374,8
Punkt B.	10	35	27,31	56	40	23	822,5 *)
Punkt A.	10	35	17,27	56	41	22	385,0

Die Breite für die Punkte A und B wurde, oben (Seite 293), aus den daselbst am Kater'schen Kreise gemessenen Sonnenhöhen um 14" kleiner gefunden als jetzt aus dem in Jelowka genommenen Azimute, zugleich aber ergab sich an der angeführten Stelle + 18" als wahrscheinlicher Fehler jener Bestimmung.

Die linke Spitze und die rechte Spitze des Schiwélutsch sind die zwei höchsten Punkte des sie verbindenden Hauptstockes dieses Gebirges, welcher sich von der ersteren gegen SW. langsam verflacht, und in dieser Richtung 2,5 Meile weit bis Chartschinsk fortsetzt. An diese Hauptmasse schliefst sich eine von der Ebene aus nach O. 15° S. streichende Felsenrippe, auf welcher der Punkt B liegt. — Ihre Oberfläche erhebt sich in der zuletzt genannten Richtung, anfangs langsam und hernach immer steiler, bis jenseits der Schneegränze, wo das Fortschreiten auf derselben durch senkrecht entgegenstehende Felswände verhindert

*) Schneegränze.

wird. Mehrere gleiche Rippen oder Kämme laufen in ähnlichen Richtungen gegen den Hauptstock, und erreichen denselben an Punkten, an denen seine Oberfläche bereits höher liegt als die Schneegränze. Je zwei dieser Felsenrippen, welche senkrechte Seitenwände haben, sind durch ein Thal getrennt, dessen Sohle sich horizontal und in 380^t Höhe über dem Meere bis zu dem senkrechten Nordwest-Abhang des Hauptstockes erstreckt. An den unteren Theilen dieser Felswände sind Hügel von Trümmern ihres eigenen Gesteines angelagert, welche die Steilheit des Abhanges gegen die genannten Thäler vermindern.

Die Lage und Höhe des Vulkanes von Kliutschewsk, welcher als ich ihn sah, im September 1829, aus seinem Gipfel glühende Steine, Asche und Wasserdampf ausstiefs, während ein mächtiger Lavastrom, etwas unterhalb des Gipfels hervorbrach und an seinem Westabhange hinabflofs, habe ich durch astronomische Beobachtungen und terrestrische Winkelmessungen an den Orten Kliutschewsk und Kosuirewsk am Kamtschatkaflusse, und an einem dritten um 4 Werst westlich von der an demselben Flusse gelegenen Ortschaft Kirgana befindlichen Punkte bestimmt.

Für die zwei zuerst genannten Orte sind folgende oben abgeleitete Bestimmungen vorhanden:

	Länge.	Breite.	Höhe ü. d. M.	Kliutschewsker Vulkan. Azimut.	Kliutschewsker Vulkan. Scheinbarer Höhenwinkel.
Kliutschewsk.	10^h 33′ 27″,52	56° 19′ 55″	75^t		+ 8° 24′,62
Kosuirewsk.	10^h 28′ 55″,21	55° 52′ 5″	121^t	69° 8′,96	+ 3° 53′,25

Den Höhenunterschied zwischen Kliutschewsk und Kosuirewsk habe ich nach dem Gefälle des Kamtschatkaflusses angenommen, so wie es sich durch die direkt gemessene Höhe von Kliutschewsk und dessen Abstand vom Meere ergiebt. Es folgt nun aus diesen Werthen, auf demselben Wege wie für die linke Spitze des Schiwélutsch, und indem man, so wie es bisher geschehen ist, die terrestrische Refraction zu $\frac{1}{10}$ des im Bogen eines gröfsesten Kreises gemessenen Abstandes annimmt.

	Länge.	Breite.	Höhe ü. d. M.
Gipfel des Kliutschewsker Vulkanes.	10^h 32′ 43″,20	56° 4′ 18″	2465^t

Der dritte und letzte Punkt von welchem ich den Kliutschewsker Vulkan gesehen und dessen Azimut und Höhenwinkel gemessen habe, (S. 300) liegt auf einem ebenen Moore, 4 Werst westlich von Kirgana dessen Höhe über dem Meere im Obigen zu 138ᵗ bestimmt wurde. Die Momente in denen ich Sonnenhöhen an diesem Punkte mafs (Seite 300) lagen nahe am Mittag, ebenso wie diejenigen Momente in denen ich den Abstand des Berges von dem östlichen Sonnenrande bestimmte. Jene Beobachtungen reichen daher nicht hin um gleichzeitig die Länge und Breite des Standpunktes und das wahre Azimut des Berges, ohne Hinzuziehung von anderweitig Bekanntem, zu bestimmen. Setzt man hingegen die Länge und Breite des Kliutschewsker Vulkanes so wie ich sie so eben nach den Beobachtungen in Kliutschewsk und Kosuirewsk angegeben habe, so findet man aus der Beobachtung auf Seite 300 für das Moor bei Kirgana:

Septb. 20. 23^h 5′ K.: M—K = 0^h 18′ 16″.04
φ = 54° 52′ 7″.
Länge = 10^h 25′ 14″,36

und daselbst

Kliutschewsker Vulkan.

Azimut.	Scheinb. Höhenw.
40° 36′,58	+ 0° 48′,625.

Nimmt man wiederum die Refraktion zu $\frac{1}{10}$ des im Bogen ausgedrückten Abstandes, so folgt für des:

Kliutschewsker Vulkanes.

Höhe.

2321^t,3 über dem Moor bei Kirgana
2459 ,3 über dem Meere.

wenn man die Höhe meines Standpunktes auf dem Moore mit der der Ortschaft Kirgana, in welcher das Barometer abgelesen wurde, gleich annimmt. Ein Ansteigen des Weges zwischen beiden Punkten habe ich in der That nicht wahrgenommen, dennoch könnte ein Höhenunterschied von 6^t leicht unbemerkt geblieben sein, wodurch eine vollkommene und daher mehr als erwartete Übereinstimmung dieses letztern Resultates für die Höhe des Kliutschewsker Vulkanes, mit dem früher erhaltenen, von 2465^t über dem Meere, einträte.

Zu bemerken ist noch, dafs, während ich die Beobachtungen auf dem Moore bei Kirgana anstellte, der Himmel völlig heiter, und die Luftschicht über der Ebene in einer Bewegung war welche die näher gelegenen Objekte flimmernd erscheinen liefs. In Folge dieser Beschaffenheit der Luft mag es geschehen sein dafs ich den Tolbátschinsker Vulkan an dem genannten Tage selbst im Fernrohr nicht entdecken konnte, obgleich die Kamtschadalen von Kirgana versicherten, dafs sie ihn von dem beschriebenen Standpunkte dicht neben dem Kliutschewsker Vulkane oftmals gesehen hatten. Zur Festlegung des Tolbátschinsker Vulkanes hatte ich bereits früher eine Beobachtung in Kosuirewsk gemacht (Seite 296) namentlich:

	Länge.	Breite.	Tolbátschinsker Vulkan. Azimut.	Tolbátschinsker Vulkan. Scheinbarer Höhenwinkel.
Kosuirewsk.	10^h 28′ 55″,21	55° 52′ 5″	92° 29′,96	+ 4° 41′,75

Aus dieser ergeben sich nun folgende Bedingungen für den mehrerwähnten Standpunkt auf dem Moore bei Kirgana:

Vorausgesetzt für den Tolbátschinsker Vulkan. Abstand von Kosuirewsk.	Vorausgesetzt für den Tolbátschinsker Vulkan. Höhe über dem Meere.	Folgt für das Moor bei Kirgana: Azimut. des Tolbátschinsker Vulkanes.	Folgt für das Moor bei Kirgana: Scheinb. Höhenw. des Tolbátschinsker Vulkanes.
5000^t	534	31° 6′	— 7′ 40″
10000	954	34 42	+ 11 46
15000	1381	38 2	+ 28 43
20000	1813	41 5	+ 44 45

Diese Angaben sind wenigstens im Stande die bisherige Ungewifsheit über Lage und Höhe des in Rede stehenden Berges beträchtlich zu ermäfsigen und namentlich für denselben eine Höhe von 1200^t bis 1400^t über dem Meere sehr wahrscheinlich zu machen. Nur die zwischen diesen Gränzen gelegenen Werthe der Höhen genügen nämlich gleichzeitig einer jeden der zwei vorhandenen Angaben: dafs der Tolbátschinsker Vulkan von dem Standpunkte bei Kirgana, nicht durch den Kliutschewsker Vulkan verdeckt sei (welcher die Azimute von 39°,5 bis 41°,0 einnimmt) und dafs des ersteren Höhenwinkel klein genug sei, um den Berg nur bei einer durch atmosphärische Umstände etwas verstärkten Refraktion hervortreten zu lassen. Die Stelle welche der Tolbátschinsker Vulkan auf einer später mitzutheilenden Zeichnung der von Kliutschewsk aus sichtbaren Berge einnimmt, gewährt, ebenfalls in Verbindung mit der Beobachtung zu Kosuirewsk, eine Andeutung über dessen Höhe und Lage und hatte mich schon früher veranlafst dieselben auf:

1300ᵗ über dem Meere

und von Kosuirewsk: um 14052ᵗ nach 92° 29',96 Azimut, zu setzen. Es scheint mir daher dafs man in Folge der bei Kirgana gewonnenen Bestätigung dieser Angaben, bei denselben mit einiger Zuversicht bleiben kann.

Auf der im Mittelgebirge der Halbinsel zwischen Sedanka und Jelowka gelegenen Stolbowaja Tundra, deren Höhe über dem Meere zu 337ᵗ gefunden wurde, habe ich die magnetischen Azimute mehrerer von dort sichtbaren Bergspitzen bestimmt. Nach den Beobachtungen in Tigilsk und in Jelowka ist für die magnetische Declination auf der Stolbowaja Tundra 5°,72 O. zu setzen, und es ergeben sich hiermit die folgenden vom astronomischen Norden an rechts herum gezählten Azimute. — Über die mit den Buchstaben i bis n bezeichneten Punkte werde ich in meinem historischen Reise-Berichte das Nähere erwähnen.

Vom Ostrande der Stolbowaja Tundra:

Die Wajompolschen Berge . .	12°,31
Entfernte Berge, m.	26°,47
Felsiger Abhang des Orlowoe Gniesdo (Adlernest), n	89°,47
Schiwélutsch höchster Punkt .	125°,47
Gipfel des Kliutschewsker Vulkanes	171°,97
Beschneiter Bergrücken: linker Rand:	215°,97
rechter Rand:	240°.97
Punkt i	255°,47
k:	291°,47

Vom Ostrande der Stolbowoja Tundra:

Schneeflecke auf felsigen Bergen, l:	339°,47
Berg Sissel (die Nadel)	346°,97

Aus den Azimuten des Schiwélutsch und des Klintschewsker Vulkanes ergiebt sich daher endlich für den Ostrand der Stolbowaja Tundra:

Länge: 10^h 31′ 42″,4
Breite: 57° 4′ 36″.

Berlin, gedruckt bei A. W Hayn.

Zusammenstellung der in diesem Theile gewonnenen Resultate.

Die Längen oder Breiten welche aus Russischen Karten entnommen sind, habe ich, um sie von meinen eigenen Bestimmungen zu unterscheiden, ohne Secunden angegeben.

Orte.	Länge östlich von Paris.	Breite.	Höhe üb. d. Meere in Pariser Fufsen.	Magnetische Declination.	Moment der Declinations-Beobachtung. Mittl. Zeit des Orts.
					1828.
Potsdam	10° 45′ 0″	52° 23′ 14″		17° 28′ 31″ W.	April 7. 10h 44′
daselbst	10 45 0	52 23 14		17 36 9 W.	— 23 54
Königsberg	18 9 42	54 42 49		13 22 6 W.	April 30. 5h 54′
Petersburg	27 57 28	59 56 29		6 45 19 W.	Mai 19. 10h 32′
daselbst	27 57 28	59 56 29		6 44 57 W.	Mai 20. 12h 11′
daselbst	27 57 28	59 56 29		6 43 21 W.	Mai 28. 13h 49′
daselbst	27 57 28	59 56 29		6 54 57 W.	Mai 29. 2h 10′
daselbst	27 57 28	59 56 29		6 44 46 W.	Mai 31. 13h 8′
daselbst	27 57 28	59 56 29		6 56 40 W.	Juni 2. 2h 22′
daselbst	28 0 58	59 58 31		7 2 14 W.	Juni 3. 1 52′
daselbst	28 0 28	59 58 31		6 46 42 W.	— 13h 31
Pomoranja			30		

Orte.	Länge östlich von Paris.	Breite.	Höhe üb. d. Meere in Pariser Fufsen.	Magnetische Declination.	Moment der Declinations-Beobachtung. Mittl. Zeit des Orts.
					1828.
Nowgorod welikji	28° 58′ 38″	58° 31′ 4″	60	6° 26′ 1″ W.	Juli 13. 0h 37′
daselbst	28 58 38	58 31 4	60	6 29 43 W.	— 2 8
Waldai			810		
Chatílowo			696		
Wuidropusk			558		
Torjok			618		
Moskwa	35 15 22	55 46 31	388	2 56 36 W.	Juli 21. 0h 14′
daselbst	35 17 54	55 45 13		3 4 47 W.	Juli 22. 22h 47′
daselbst	35 17 54	55 45 13		3 0 22 W.	Juli 23. 9h 48′
Bogorodsk	36 3 13	55 46 56		3 19 55 W.	Juli 29. 17h 59′
10 Werst nach Sudogda	38 31 23	55 57 0		1 22 57 W.	Aug. 1. 23h 0′
Osáblikowo	40 6 4	55 54 30		0 13 57 W.	Aug. 3. 11h 28′
Doskino	41 14 12	56 9 15		0 27 31 O.	Aug. 4. 21h 34′
Nijnei Nowgorod	41 36 40	56 19 20		0 45 39 O.	Aug. 8. 1h 41′
Tschugúnui	43 19 48	56 6 24		1 29 5 O.	Aug. 10. 11h 49′

Orte.	Länge östlich von Paris.	Breite.	Höhe üb. d. Meere in Pariser Fufsen.	Magnetische Declination.	Moment der Declinations-Beobachtung. Mittl. Zeit des Orts.
					1828.
Angikowa	45° 49′	55° 44′		1° 38′ 50″ O.	Aug. 12. 11^h 21′ *)
Kasankamündung			27		
Kasan	46 47 9	55 47 50″	98	2 22 1 O.	Aug. 15. 10^h 25′
Kaspische Meer			— 257		
Sobakina			42		
Tschurilin			24		
Mitjeschka	47 33 40	56 13 0	84	2 43 36 O.	Aug. 20. 10^h 10
Malmuisch			126		
Milet			390		
Arporetsch			480		
Mukikaksi			504		
Kojil			828		
Usi			828		
Suri			852		

*) Mit $\Delta\vartheta = -11'$ $\Delta\varphi = -16'$ nach den Angaben der Karten, verbunden mit meinen Bestimmungen der zunächst gelegenen Orte.

Orte.	Länge östlich von Paris.	Breite.	Höhe üb. d. Meere in Pariser Fufsen.	Magnetische Declination.	Moment der Declinations-Beobachtung. Mittl. Zeit des Orts.
					1828.
Höchster Punkt zwischen Suri uud Debjósui			1014		
Debjósui			876		
Dubrowa	52 10′	57° 42′	516	6° 0′ 30″ O.	Aug. 24. 9h 54 *)
Ochansk			540		
Poludénnaja			486		
Perm	53 53 32″	58 1 14″	348	6 20 25 O.	Aug. 25. 13h 59′
daselbst	53 53 32	58 1 14		6 21 57 O.	Aug. 26. 14h 11′
Januitschi			474		
Kruilasowo	54 17 14	57 33 45	354	6 15 15 O	Aug. 28. 20h 21′
Kungur			456		
Morgunowo			876		
Slatoustowo			588		
Buikowa	55 6	56 53	804	7 11 51 O.	Aug. 29. 10h 7′**)

*) Mit $\Delta\vartheta = -11'$ Bogen nach den genannten Angaben.

**) Mit $\Delta\vartheta = -42'$ $\Delta\varphi = -8'$ Bogen, ebenso.

Orte.	Länge östlich von Paris.	Breite.	Höhe üb. d. Meere in Pariser Fuſsen.	Magnetische Declination.	Moment der Declinations-Beobachtung. Mittl. Zeit des Orts.
					1828.
Biſersk			870		
Berg zwischen Biſersk u. Klenowsk			1440		
Klenowsk			942		
Kirgischansk	56° 45′ 50″	56° 50′ 30″	1296	6° 40′ 58″ O.	Aug. 30. 9h 34′
Grobowsk			1386		
Bilimbajewsk			1326		
3 Werst von Bilimbajewsk			1590		
Reschótui			1248		
Jekatarinburg	58 13 49	56 50 38	912	7 23 21 O.	Aug. 31. 10h 11′
daselbst	58 13 49	56 50 38	912	7 24 33 O.	Sept. 1. 9h 19′
Mostowája			1128		
Tschaiduricha			1140		
Nijnei Tagilsk	57 32 50	57 54 36	828		
Kuschwa	57 22 28	58 17 5	996	7 46 31 O.	Sept. 8. 8h 55′
Magnetberg Blagodat	57 26 38	58 16 56	1434	68 0 52 O.	— 23 13

Orte.	Länge östlich von Paris.	Breite.	Höhe üb. d. Meere in Pariser Fuſsen.	Magnetische Declination.	Moment der Declinations-Beobachtung. Mittl. Zeit des Orts.
					1828.
Katschkanar	57° 4′ 48″	58° 43′ 18″	2766		
Werchoturie	58 25 41	58 52 19		8° 48′ 38″ O.	Sept. 11. 9h 44′
Bogo*s*lowsk			822		
Bes*s*ónowa			510		
*S*ugazk	61 23 47	56 59 48		7 56 21 O.	Oct. 2. 10h 31′
Tjumen	63 6 50	57 9 35		9 11 21 O.	Oct. 3. 22h 4′
Ju*j*akowa	64 45 59	57 31 50		9 16 17 O.	Oct. 5. 12h 7′
Tobolsk	65 55 41	58 11 24	110	9 39 9 O.	Oct. 20. 10h 18′
daselbst. Obere Stadt	65 55 41	58 11 40	334	9 44 43 O.	Oct. 24. 0h 54′
daselbst	65 56 18	58 12 15		9 56 19 O.	Nov. 4. 6h 41′
Den*j*ikowo	67 35 19	59 57 48		10 48 30 O.	Nov. 24. 5h 24′
daselbst	67 35 19	59 57 48		10 58 37 O.	Nov. 24. 6h 11′
Jelisarowo	66 1 10	61 15 0		11 43 45 O.	Nov. 26. 10h 23′
Schorkal	63 13 44	62 44 20		11 14 56 O.	Nov. 28. 7h 44′
Beresow	62 43 36	63 55 59		11 34 40 O.	Dec. 1. 8h 4′

Orte.	Läuge östlich von Paris.	Breite.	Höhe üb. d. Meere in Pariser Fufsen.	Magnetische Declination.	Moment der Declinations-Beobachtung. Mittl. Zeit des Orts.
					1828.
Beresow	62° 43′ 36″	63° 55′ 59″		11° 50′ 25″ O.	Dec. 19. 11h 10′ *)
Obdorsk	64 21 31	66 31 7		14 39 54 O.	Dec. 8. 4h 32′
daselbst	64 21 31	66 31 7		14 30 1 O.	Dec. 11. 5h 56′
Obdorische Gebirge					
1ste Kuppe	64 39 3	67 12 45	4680		
2te —	64 25 47	67 6 0	3732		
3te —	64 12 28	66 58 33	2250		
4te —	64 2 7	66 53 0	2094		
5te —	63 55 34	66 49 10	1206		
					1829.
Ajewskji Wolok	69 29	56 34 50		9 16 53 O.	Jan. 6. 9h 12′
Tara	71 44	56 54 0		9 36 11 O.	Jan. 13. 11h 3′
Tschuluim	78 54	55 5 41		8 57 13 O.	Jan. 17. 18h 49′
Ojasch	81 40	55 37 15		8 9 41 O.	Jan. 19. 10h 42′
Tomsk	82 48 36	56 29 39		8 42 10 O.	Jan. 21. 1h 17′

*) Während eines Nordlichts.

Orte.	Länge östlich von Paris.	Breite.	Höhe üb. d. Meere in Pariser Fufsen.	Magnetische Declination.	Moment der Declinations-Beobachtung. Mittl. Zeit des Orts.
					1829.
Tomsk	82° 48′ 36″	56° 29′ 39″		8° 37′ 44″ O.	Jan. 22. 1h 37′
daselbst	82 48 36	56 29 39		8 30 10 O.	— 7 22
Kasulka	89 26	56 1 30		7 10 38 O.	Jan. 25. 9h 50′
Krasnojarsk	90 36 55	56 1 0		6 41 38 O.	Jan. 27. 9h 10′
daselbst	90 36 55	56 1 0		6 31 50 O.	Jan. 29. 7h 15′
Alsálewsk	96 16	55 27 6		4 50 48 O.	Febr. 2. 11h 44′
Irkuzk	101 59 30	52 16 20	1164	1 48 51 O.	Febr. 7. 7h 54′
daselbst	101 59 30	52 16 20	1164	1 52 33 O.	Febr. 8. 8h 23′
daselbst	101 59 30	52 16 20	1164	1 55 30 O.	März 3. 10h 38′
Troizko Sawsk	104 8 0	50 21 5	2082	0 33 0 W.	Febr. 17. 11h 53′
Monachónowo	104 8 35	50 58 6		0 31 49 O.	Febr. 22. 8h 31′
Arsentschewa	104 35 25	51 16 42		0 11 32 O.	Febr. 24. 9h 51′
Auf dem Baikal	103 51 22	52 3 48		1 0 49 O.	Febr. 26. 4h 20′
Berg vor Chumutowsk			1356		
Chumutowsk			1044		
Jerdowsk			1122		

Orte.	Länge östlich von Paris.	Breite.	Höhe üb. d. Meere in Pariser Fufsen.	Magnetische Declination.	Moment der Declinations-Beobachtung. Mittl. Zeit des Orts.
					1829.
Ustardinsk			1116		
Olsonsk			1572		
Bagendaisk			1656		
Chogotsk			1512		
Mansursk	103° 21′	53° 25′	1506	1° 18′ 21″ O.	März 20. 8h 36′
Katschuga			1410		
Wercholensk			1338		
Botowsk	103 2	55 9 58″	976	1 26 3 O	März 21. 23h 5′
Ustkuzk	103 37	56 46 3	820	2 15 8 O.	März 23. 10h 10′
Berg am rechten Lenaufer			1238		
Kirensk	105 44	57 47 18	732	0 59 10 O.	März 25. 10h 2′
Berg vor Dubrowa			809		
Iwanowsk	108 14	58 37 44	627	1 0 21 O.	März 27. 9h 44′
Parschinsk	109 11	59 7 15	581	0 35 34 O.	März 28. 9h 1′
Jerbinsk	113 55	60 28 1	456	1 42 36 O.	März 30. 21h 17′
Nelensk	116 8	60 0 0	404	1 45 27 O.	April 1. 11h 2′

Orte.	Länge östlich von Paris.	Breite.	Höhe üb. d. Meere in Pariser Fufsen.	Magnetische Declination.	Moment der Declinations-Beobachtung. Mittl. Zeit des Orts.
					1829.
Olekma	117° 13′	60° 22′ 24″	384	2° 27′ 37″ W.	April 3. 0h 48′
Issik	123 38	60 47 6	316	2 49 34 W.	April 5. 9h 56′
Jakuzk	127 24 35″	62 1 29	268	5 53 40 W.	April 9. 9h 6′
daselbst	127 24 35	62 1 29		5 47 48 W.	April 10. 9h 47′
daselbst	127 24 35	62 1 29		5 54 36 W.	April 15. 10h 15′
daselbst	127 24 35	62 1 29		5 45 41 W.	April 20. 11h 11′
Talbuijachtatsk			192		
Tegulinsk			234		
Tschasuigisk			324		
Porotowsk	129 29 28	62 1 10	450	4 46 17 W.	April 24. 2h 19′
Tschuroptschinsk			354		
Aruilachinsk			348		
Lebegine	131 21 41	62 11 18	576	2 17 57 W.	April 25. 1h 30′
Menjega			600		
Amginsk			594		
Nochinsk	132 36 29	61 56 45	702	2 10 51 W.	April 26. 20h 4′

Orte.	Länge östlich von Paris.	Breite.	Höhe üb. d. Meere in Pariser Fufsen.	Magnetische Declination.	Moment der Declinations-Beobachtung. Mittl. Zeit des Orts.
					1829.
Aldanskji Perewos	133° 13′ 43″	61° 53′ 22″	396	3° 7′ 7″ W.	April 27. 10h 43′
Bei Bjelskji Perewos			714		
1ster Berg hinter Bjelskji Perewos			906		
2ter Berg hinter Bjelskji Perewos			1404		
Tschernoljes	134 2 32	61 31 13	924	3 30 27 W.	April 29. 20h 57′
Garnastach	134 39 48	61 29 36	1431	3 43 16 W.	Mai 1. 21h 35′
Berg Ulagtschan			2544		
Obere Gränze v. Pin. larix			2340		
Allach Juna			1794		
Berg am rechten Ufer der Antscha			2202		
Antscha	136 19 26	61 0 59	2244	2 38 23 W.	Mai 7. 11h 21′
Am See Tungor			2292		
Bergpafs 8 W. v. Choinja			2448		

Orte.	Länge östlich von Paris.	Breite.	Höhe üb. d. Meere in Pariser Fufsen.	Magnetische Declination.	Moment der Declinations-Beobachtung. Mittl. Zeit des Orts.
Jurte Choinja			2100		
Berg Kapitan			3780		
Judomsk			2328		
Ketanda	138° 57′ 0″	60° 40′ 12″	2580	2° 34′ 56″ W.	
Sommerzelte v. Amgikan			1092		
Arki			852		
Meta			156		
Ochozk	140 51 10	59 21 29	12	2 21 55 W.	Mai 20. 12h 31′
daselbst	140 51 10	59 21 29	12	2 23 8 W.	Mai 22. 10h 22′
daselbst	140 51 10	59 21 29	12	2 18 35 W.	Mai 23. 11h 2′
daselbst	140 51 10	59 21 29	12	2 15 4 W.	Mai 25. 12h 20′
daselbst	140 51 10	59 21 29	12	2 15 34 W.	Mai 31. 12h 13′
daselbst	140 51 10	59 21 29	12	2 16 8 W.	Juni 3. 13h 51′
daselbst	140 51 10	59 21 29	12	2 13 12 W.	Juni 9. 11h 20′
daselbst	140 51 10	59 21 29	12	2 17 48 W.	Juni 16. 12h 44′
Mündung des Tigilflusses	155 54 19	58 1 25		4 6 5 O.	Aug. 13. 1h 6′

Orte.	Länge östlich von Paris.	Breite.	Höhe üb. d. Meere in Pariser Fufsen.	Magnetische Declination.	Moment der Declinations - Beobachtung. Mittl. Zeit des Orts.
Tigilsk	136° 16′ 0″	57° 45′ 55″	150	4° 1′ 32″ O.	Aug. 17. 10^h 50′
Krasnaja Sopka			474		
Sedanka			480		
Erstes Nachtlager jenseits Sedanka			696		
Boden des Kraters zwischen den Baidarenbergen			990		
Lavastrom auf den Baidarenbergen			1782		
Nachtlager an der obern Sedanka			2244		
Hochebene zwischen Trachytkegeln			2328		
See auf der Stolbowaja Tundra			1860		

Orte.	Länge östlich von Paris.	Breite.	Höhe üb. d. Meere in Pariser Fuſsen.	Magnetische Declination.	Moment der Declinations - Beobachtung. Mittl. Zeit des Orts.
					1829.
Ostrand der Stolbowaja Tundra	157° 55′ 36″	57° 4′ 36″	2022		
Jelowka	158 34 20	56 53 53	462	6° 21′ 26″ O.	Aug. 29. 4h 23′
daselbst	158 34 20	56 53 53	462	6 15 23 O.	Sept. 5. 10 13
See auf dem Wege zum Schiwélutsch			588		
Fruchtbare Vorberge des Schiwélutsch			1800		
Der Pnnkt A am Schiwélutsch	158 49 19	56 41 22	2310		
Elsengränze an demselben			2652		
Schneegränze bei B am Schiwélutsch	158 51 50	56 40 23	4935		
Rechte Spitze des Schiwélutsch	158 53 52	56 39 39	8249		

Orte.	Länge östlich von Paris.	Breite.	Höhe üb. d. Meere in Pariser Fufsen.	Magnetische Declination.	Moment der Declinations - Beobachtung. Mittl. Zeit des Orts.
					1829.
Linke Spitze des Schiwélutsch	158° 56′ 27″	55° 40′ 32″	9898		
Chartschinsk	158 23 1	56 31 6		6° 26′ 12″ O.	Sept. 7. 9h 36′
Kliutschewsk	158 21 53	56 19 55	450	6 25 24 O.	Sept. 9. 8h 58′
Elsengränze am Kliutschewsker Vulkane			2892		
Salix arctica häufig, an demselben			4974		
Unteres Ende eines neuen Lavastromes an demselb.			7998		
Gipfel des Kliutschewsker Vulkanes	158 10 48	56 4 18	14790		
Kosuirewsk	157 13 48	55 52 5	726	5 19 6 O.	Sept. 16. 0h 39′
Tolbátschinsker Vulkan	157 40 8	55 51 26	7800		
Tschápinsker Sommerjurten	156 56 11	55 20 45			

Orte.	Länge östlich von Paris.	Breite.	Höhe üb. d. Meere in Pariser Fufsen.	Magnetische Declination.	Moment der Declinations - Beobachtung. Mittl. Zeit der Luft.
					1829.
Maschura	156° 34′ 58″	55° 4′ 21″		3° 40′ 1″ O.	Sept. 19. 4h 15′
Moor bei Kirgana	156 18 35	54 52 7	864		
Natschika	155 55 14	53 6 30		4 2 29 O.	Sept. 27. 11h 21′
Petro Pauls Hafen	156 19 48	53 0 27		4 5 45 O.	Sept. 30. 8h 35′
Neu - Archangelsk auf Sitcha	222 14 20	57 2 44		28 18 49 O.	Nov. 11. 12h 25′
San Francisco	235 15 0	37 48 44		14 54 59 O.	Dec. 6. 8h 36′
					1830.
Rio de Janeiro	314 34 39	— 22 53 54		2 3 9 O.	Mai 23. 1h 42′
daselbst	314 34 39	— 22 53 54		2 8 3 O.	Mai 25. 9h 7′
daselbst	314 34 39	— 22 53 54		2 12 35 O.	Mai 26. 10h 5′
daselbst	314 34 39	— 22 53 54		2 4 43 O.	Juni 2. 10h 21′
daselbst	314 34 39	— 22 53 54		2 17 37 O.	Juni 5. 7h 21′
daselbst	314 34 39	— 22 53 54		2 3 57 O.	Juni 5. 11h 56′
daselbst	314 34 39	— 22 53 54		2 8 55 O.	Juni 13. 0h 18′

Verbesserungen.

Seite	14	Zeile	31	anstatt	Durchmesser lies Halbmesser
-	38	-	3	-	cos δ. cos t l. cos δ. sin t
-	68	-	17	-	wenn die l. wenn μ die
-	70	-	18	-	13° l. 11°
-	79	-	7	-	8^h l. 9^h, bei 23 Berenices
-	144	-	12	-	ϑ. 59^h 56' l. ϑ. 19^h 56'
-	148	-	10	-	189° 3',00 l. 189° 0',00
-	227	-	19	-	1^h 25' K l. 1^h 5' K
-	231	-	14	-	$\Delta a = - 6'',939$ l. $\Delta a = + 6'',939$
-	256	-	35	-	42° 33',00 l. 42° 38',00
-	284	-	34	-	(10) — (10) l. (10) — (20)

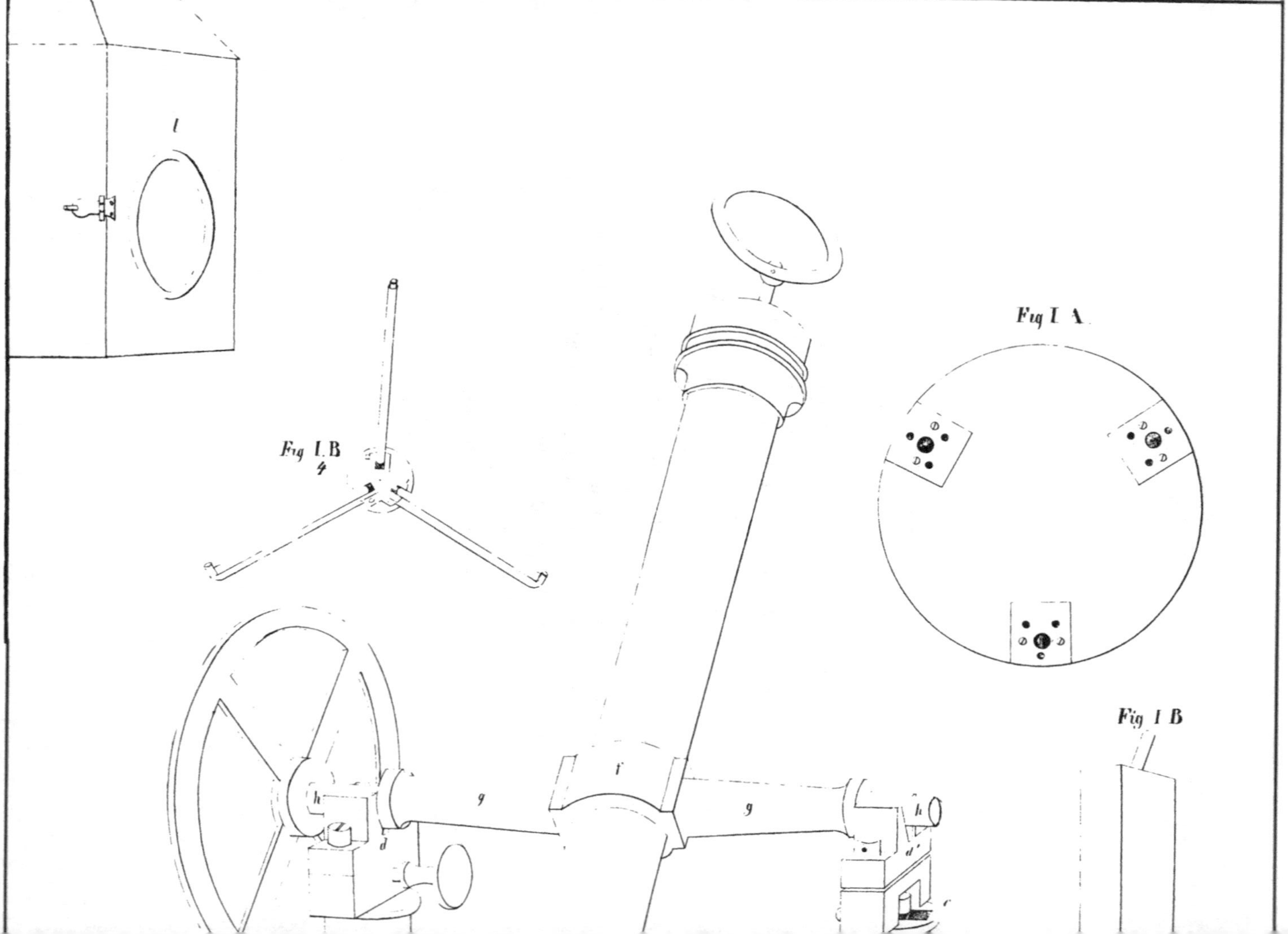
l
Fig I.B
4
Fig I A.
Fig I B
h
g
f
g
h
d
d'
c

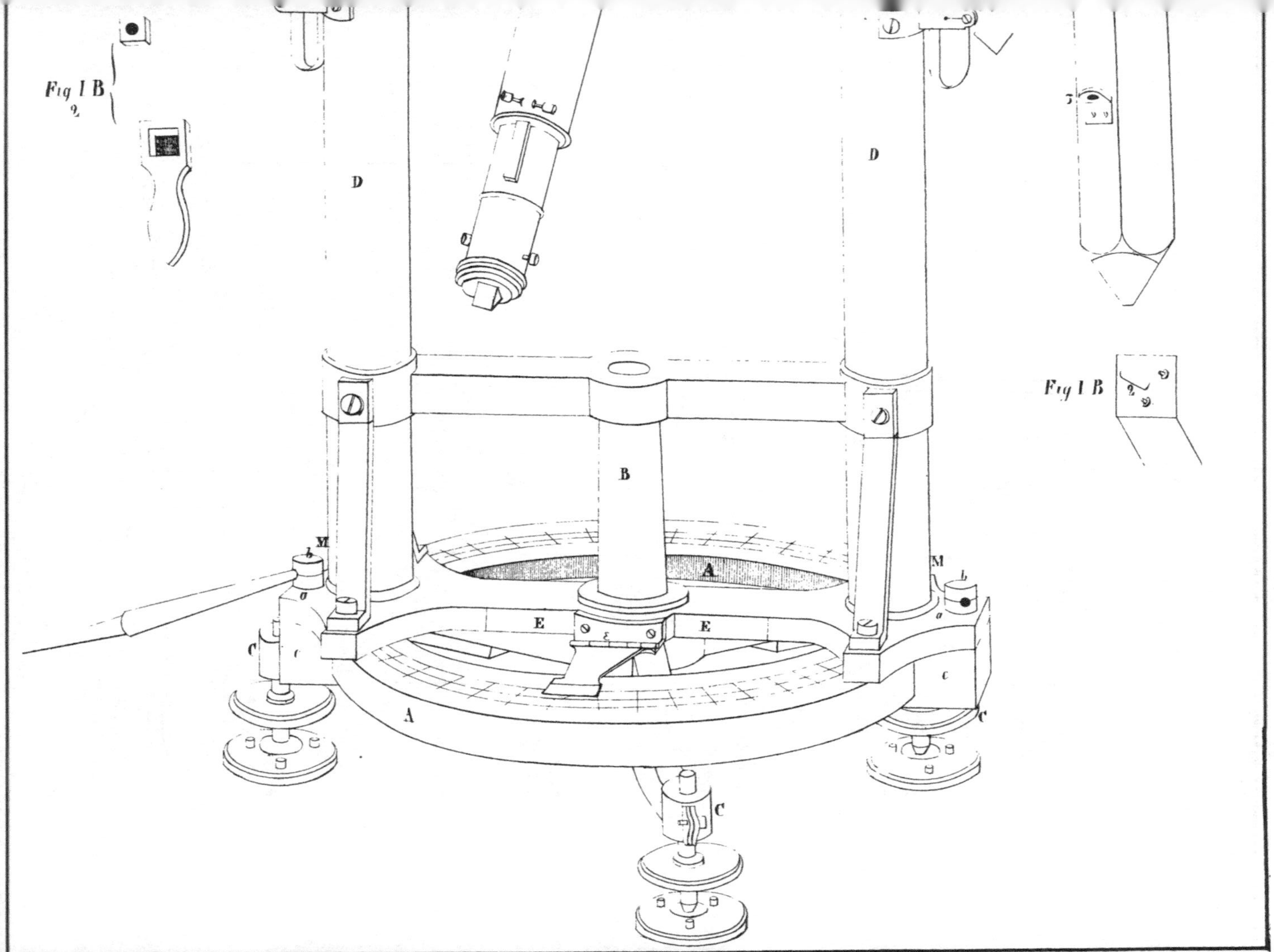

Fig I B
2
D
D
B
A
E
E
A
M
M
b
b
a
a
C
C
C
c
c
Fig I B
2

Fig. IV.

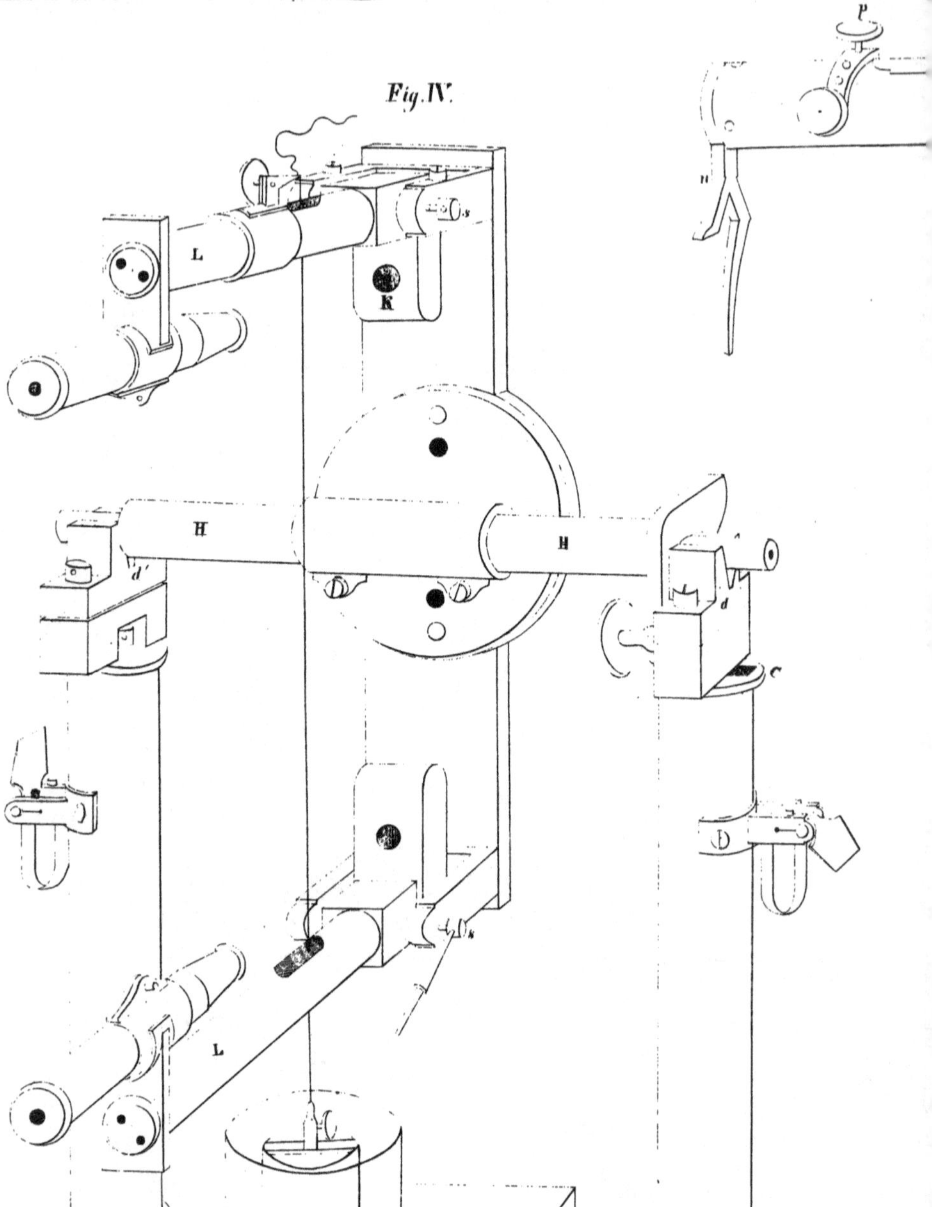

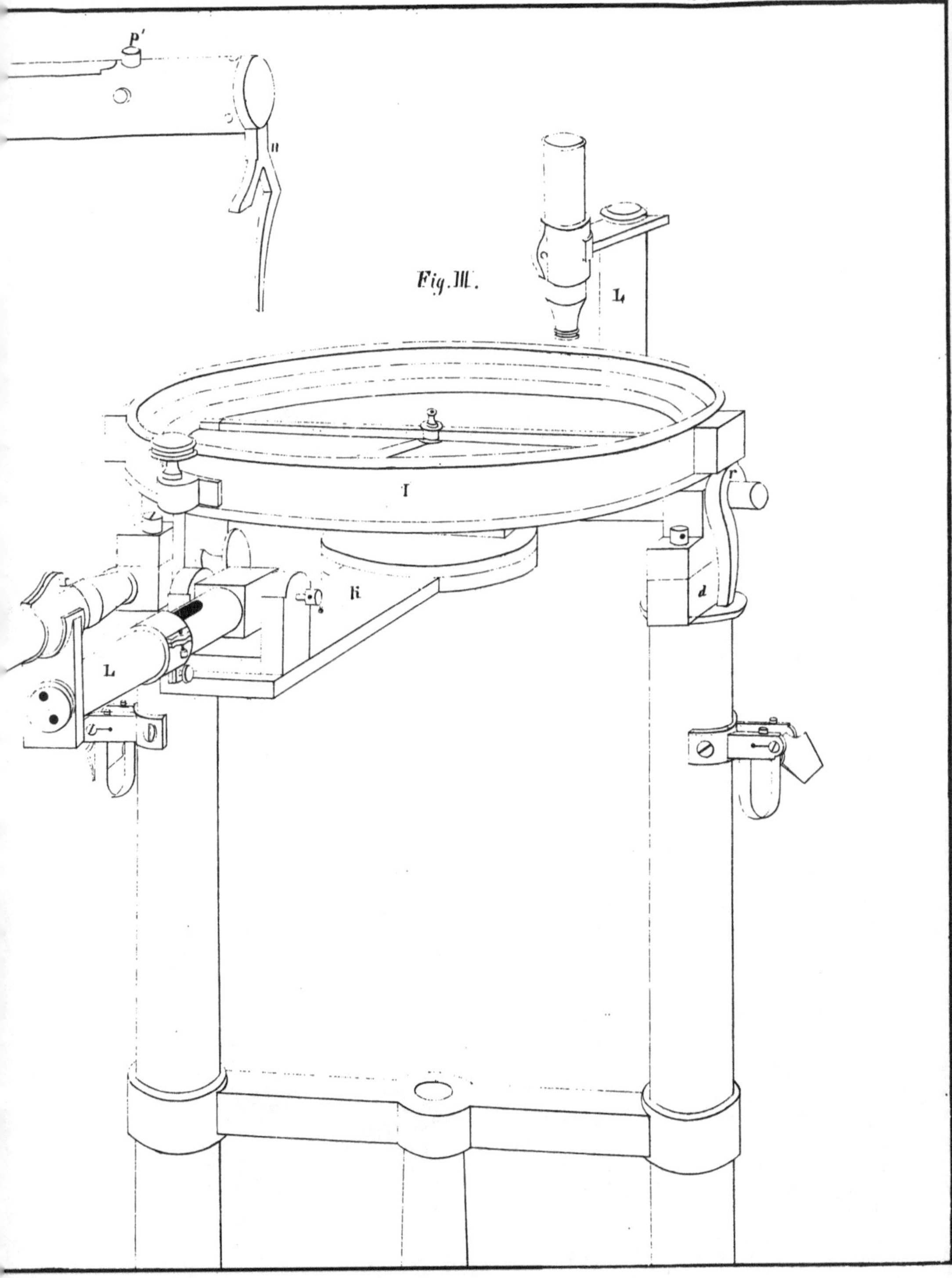
P'
n
Fig. III.
L,
I
r
k
d
L

FSC
www.fsc.org
MIX
Papier | Fördert gute Waldnutzung
FSC® C083411

Kolibri 360 GmbH
Ferdinand-Jühlke-Straße 7
99095 Erfurt, Deutschland
produktsicherheit@kolibri360.de